群論

榎本直也
Enomoto Naoya
[著]

NBS
Nippyo
Basic Series
日評ベーシック・シリーズ

日本評論社

はじめに

本書では「群」とよばれる数学的概念について概説する.「群」の概念は 1830 年頃にガロアによって生み出された. それは, 代数方程式 $f(x)$ の根全体 X の持つ対称性の集まり G を考え, G の構造と「根の公式」を結びつけるものであった. また, クラインが提唱したエルランゲン・プログラム (1872) は, 空間 X の変換全体 (変換群) G によって不変な量を用いて幾何学を特徴づける枠組みだった. このように,「群」の概念は, ある対象 X とその対称性の集まり G の組として導入された. 一方で, 偉大なパイオニアたちの手によって, 対象 X の存在を仮定しない抽象的な形での群の定義が確立され, 今日の多くの教科書は, まず「群の公理的定義」が与えられて, 群の構造を調べるというスタイルで執筆されている. また, 群論は, 抽象代数学を学ぶ上での入門と位置付けられ, 準同型定理の理解を 1 つの目標として代数学のカリキュラムに組み込まれていることも多い. その目標に照らせば, 数十ページで準同型定理まで駆け上がることも可能で, 実際そのように執筆されている良い書物も多数ある.

しかし, 数学の研究であれ, 自然科学の諸分野への応用であれ, 群 G は対称性として働く X と強く結びついて, 数学的構造の持つ対称性を記述し, 数学的構造の持つ不変量をとり出すために利用され, さまざまな興味深い「現象」をその背後で統制する. そこで本書では, むしろ準同型定理に至る前の段階でも, 群の概念を使ってさまざまな数学的な対象や現象を眺めることができるという点を, 行列に関係する例や群の作用の視点から述べることに紙数を割いた. 本書の特徴として次の点が挙げられる.

- 「群の集合への作用」を重点的に解説する．
- 学部初年級から慣れ親しんできた行列に関連する具体例を多く扱う．
- 有限群の構造を解析する議論を最小限に抑える．
- 群の線型表現の入門的な内容について述べる．

本書は大きく分けて 3 つのパートからなっている．

第 1 部は，群の基礎概念を学ぶ初級編である．まず第 1 章で「変換の集まり」としての群のイメージを強調することから始め，第 2 章で群とその部分群の定義を与えて，さまざまな例をみる．第 3 章では，群を扱う上での基本的な道具である生成系，元の位数，巡回群，準同型写像，直積などについて述べる．第 3 章の末尾でそれ以降へ向けた展望の節を設けた．

第 2 部は，群を学ぶ上で中核をなす概念について述べる．第 4 章では，群の作用とその軌道の概念を導入し，その例をみながら，群作用がさまざまな対象と結びついていることを紹介する．第 5 章では，群を群に作用させることを通して，剰余類や剰余類集合，共役類などについて述べる．とくに,「軌道-固定部分群定理」と「剰余類集合としての記述」は第 4 章と第 5 章の中核をなす内容であり，これらに関わる具体例は「準同型定理」に至る前に触れてみるというのが本書の構成の大きな特徴である．第 6 章では，正規部分群や剰余群といった概念を導入し，準同型定理について述べる．自己同型群，両側剰余類，半直積といったやや進んだ話題を適宜取捨選択することで，ここまでの全 6 章の内容が群論入門としての標準的な内容をカバーしていると思う．

第 3 部は，群の構造についてさらに進んだ内容について述べる第 7 章と，群の表現論について述べる第 8 章からなる．第 7 章では，群構造の記述や分析のために必要な有限生成アーベル群の基本定理・生成元と基本関係式・可解性・シローの定理などを紹介する．第 8 章では，(有限) 群の線型表現と指標の理論の入門的な内容を扱う．最近の書物では，群論入門の内容と有限群の表現論の基礎的な内容が 1 冊にまとまった書物があまりないことも考慮して，表現と指標の理論について述べた．行列に関する内容を織り込みながら群論について学ぶという観点からも本書のゴールの 1 つとして自然なものであろうと思う．第 7 章と第 8 章とをほぼ独立して読めるので，構造論よりも先に表現論に進む読み方も可能である．

上でも述べたように，全章にわたって，行列のなす群やそれに関連する話題を挿入した．たとえば，実特殊直交群 SO_3 や特殊ユニタリ群 SU_2 の生成系，二重被覆性や既約表現，ボレル部分群に関連するグラスマン多様体や旗多様体と対称群の関わり，といった話題である．本書で群を学ばれる方には，1 年生で学ぶ行列や線型代数の内容を時には復習しつつ，その先につながるさまざまな数学的対象を，群論という視点から垣間見ていただければと思う．また講義をされる側の方には，行列のなす群や表現論をとり入れた講義計画を作るための一助になれば幸いである．

本書を読むための予備知識として，集合と写像の基本的な内容 (とくに全単射，直積集合などの用語) に加えて，行列のなす群や表現を扱う部分では，線型代数における表現行列や固有値の考え方，内積などについての学習を前提としている．また，本書では，同値関係について明示的に説明することを避け，必要な議論を群作用に関する軌道分解に押し付けている．これらの予備知識や関連項目については，本シリーズの [19], [20], [5] などをご参照いただきたい．参考にした書物や関連する分野の書物を巻末に挙げた．とくに私自身も学部のときに手にとった [13] には議論の進め方や素材の点で多くの影響を受けている．本書には大小さまざまな例や問があるが，これらはあくまでアラカルトであり，初見で難しそうであれば一旦スキップして先へ進んでもよい．問にはなるべく解答や略証を付したが,「自分の手でチェックせよ」とある問については省略してある．なお，第 6 章までの内容にいったん目を通すということを最初の目標として考えたとき，線型代数の内容に対する理解や慣れが相対的に必要な証明や例などには ♣，それ以外に全体的にみて内容的に最初は飛ばして読んでも差し支えない証明や例などには ♡ を付けた．ただし，これらの中には第 7, 8 章で用いるものも含まれている．

謝辞

本書を執筆するにあたって，多くの書物やこれまでに筆者と数学的な議論をしてくださったすべての方に感謝したい．とくに，以下の方々に御礼申し上げる．大野真裕氏，榎本彦衛氏は，本書の草稿に目を通していただき，多くの誤りや不明瞭な記述の指摘および改善のための多くの助言をいただいた．斉藤義久氏は，本書の構想の段階から執筆の方向性やとり上げるべき内容やその程度などについて多くの議論をしていただいた．池田岳，木村嘉之，阿部拓郎，佐藤隆夫，沼田泰英の各氏は原稿の一部に目を通していただき，誤りの指摘や執筆のアイデアを提供していただいた．また本書の草稿は，電気通信大学における「現代数学入門B」「応用代数学」「代数学基礎論」など学部・大学院を対象とした講義の準備を下敷きとしている．受講生の西谷幸太郎氏からは一部の図版にアドバイスをいただいた．最後に，日本評論社の飯野玲氏・筧裕子氏には，本書の執筆をお勧めいただき，執筆の方向性や内容の取扱いなど多くの面でご尽力いただいた．と同時に，滞りがちになる執筆を辛抱強く励まし，そして忍耐強く原稿の完成を待っていただいたことに改めて厚く御礼申し上げたい．

なお，本書の執筆の多くの部分は，コロナ禍以前，新宿三丁目の喫茶店「珈琲貴族エジンバラ」で行った．おいしい珈琲と 24 時間営業に感謝したい．

2022 年 夏

榎本 直也

本書で用いる記号の一例

$\mathbb{Z}, \mathbb{Q}, \mathbb{R}, \mathbb{C}$	それぞれ整数，有理数，実数，複素数全体.
δ_P	条件 P を満たすときは 1，満たさないときは 0 という値をとる関数．δ_{ij} は $i = j$ のみ 1 で他は 0.
$\mathrm{diag}(d_1, \ldots, d_n)$	対角成分が $d_1, \ldots, d_n$ の (n 次) 対角行列.
$\mathrm{diag}(A_1, \ldots, A_s)$	行列 $A_1, \ldots, A_s$ をブロック対角に並べた行列.
$\mathrm{mod}\ n$	n を法として.
$n \mid a$	n が a を割り切る.
$S_{ij}(\lambda)$, $D_k(\mu)$, P_{ij}	3 種類の基本行列．(例 3.10)
E_{ij}	(i, j)-行列単位．(i, j)-成分のみ 1 で他は 0.
I_n	n 次単位行列.
$\mathbb{K}^n$	$\mathbb{K}$ の元を成分とする n 項列ベクトル全体.
$\boldsymbol{e}_1, \ldots, \boldsymbol{e}_n$	$\mathbb{K}^n$ の基本ベクトル．$\boldsymbol{e}_i$ は第 i 成分のみ 1 で他は 0.
R_θ，σ_θ	回転および線対称移動を表す 2 次行列 (1.1).
$\mathbb{Z}_N$	$\{0, 1, 2, \ldots, N-1\}$ に N を法とする加法で定義される群.
C_N	$\{x^i\ (0 \leqq i \leqq N-1)\}$ に $x^i x^j = x^{i+j\ (\mathrm{mod}\ N)}$ で積を定義して得られる N 次巡回群.
$\sqcup$	交わりのない和集合.

目次

第1章

変換の集まりから「群」の概念へ

「群」の概念は,「ある集合上の変換の集まり」として見出された．集合 X に対し，X から X への全単射の全体を $\mathfrak{S}(X)$ とかくとき，$\mathfrak{S}(X)$ の (空でない) 部分集合 G であって，次の 2 つの性質を満たすものを考えよう．

(T1)　$f, g \in G \Rightarrow f$ と g の合成 $f \circ g \in G$

(T2)　$f \in G \Rightarrow f$ の逆写像 $f^{-1} \in G$

本章では，4 つの具体的な場面において，この条件を満たす G の例をみる．これらは，次章以降で述べる「群 G」および「群 G の集合 X への作用」の簡明な例である．

1.1　回転と線対称移動の行列表示

まず平面上の一次変換を思い出そう．実数成分の 2 次行列 $A = \begin{bmatrix} a & b \\ c & d \end{bmatrix}$ を左から $\mathbb{R}^2$ の列ベクトルに掛ける操作

$$\begin{bmatrix} x \\ y \end{bmatrix} \mapsto \begin{bmatrix} ax + by \\ cx + dy \end{bmatrix}$$

は，平面上の点を一斉に動かす線型写像である．行列の積は写像の合成と一致している．すなわち，A で動かしてから B で動かす操作は，BA で動かす操作に一致する．最も代表的な操作として，回転と線対称移動がある．

$$R_\theta = \begin{bmatrix} \cos\theta & -\sin\theta \\ \sin\theta & \cos\theta \end{bmatrix} \qquad (0 \leqq \theta < 2\pi), \qquad \sigma_\theta = \begin{bmatrix} \cos 2\theta & \sin 2\theta \\ \sin 2\theta & -\cos 2\theta \end{bmatrix} \qquad (0 \leqq \theta < \pi) \tag{1.1}$$

とおくと，R_θ を左から掛ける操作は，平面上の点 $\begin{bmatrix} x \\ y \end{bmatrix}$ を，原点 O を中心とし，反時計回りに θ 回転させる移動を表し，σ_θ を左から掛ける操作は，原点を通り x 軸正の向きとのなす角が θ の直線 $(\cos\theta)\,y=(\sin\theta)\,x$ に関する線対称移動を表す．これらはいずれも全単射であり，逆写像は，逆行列 $R_\theta^{-1}=R_{-\theta}$, $\sigma_\theta^{-1}=\sigma_\theta$ による移動である．一般に，A による移動が全単射であるための必要十分条件は A が正則であることであり，A による移動の逆写像は A^{-1} による移動に対応する．そこで 2 次正則行列の全体

$$\mathrm{GL}_2(\mathbb{R})=\left\{\begin{bmatrix} a & b \\ c & d \end{bmatrix} \middle|\ a,b,c,d\in\mathbb{R}\ \text{かつ}\ ad-bc\neq 0\right\}$$

の空でない部分集合 G であって，本章冒頭の条件 (T1), (T2) に対応する次の条件

$$A,B\in G\Rightarrow AB\in G,\qquad A\in G\Rightarrow A^{-1}\in G$$

を満たすものを探す．ここではさらに強く次のことに注目して G の例を探そう．すなわち，もし A,B による移動が平面上のある図形 D を保つとすると，移動の合成に対応する AB，逆写像に対応する A^{-1} もその図形を保つ．したがって，**平面上のある図形を 1 つ固定し，その図形を保つような $\mathrm{GL}_2(\mathbb{R})$ の元をすべて求めることで G の例が得られる．**

最初の例として，原点を中心とし，座標軸に平行に置かれた (正方形ではない) 長方形を保つ操作をすべて挙げると次の 4 つになる．

e	$c=R_\pi$	$r_x=\sigma_0$	$r_y=\sigma_{\pi/2}$
$\begin{bmatrix} 1 & 0 \\ 0 & 1 \end{bmatrix}$	$\begin{bmatrix} -1 & 0 \\ 0 & -1 \end{bmatrix}$	$\begin{bmatrix} 1 & 0 \\ 0 & -1 \end{bmatrix}$	$\begin{bmatrix} -1 & 0 \\ 0 & 1 \end{bmatrix}$
恒等変換	原点中心 π 回転	x 軸線対称	y 軸線対称

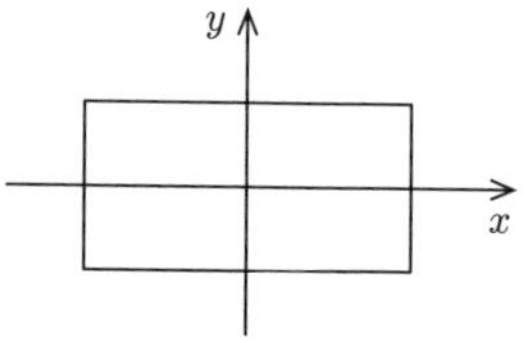

この 4 種類の変換の合成 (行列の積) がどれになるかを表にまとめてみよう．たとえば，$c\circ r_x=r_y$ であるから，c の行で r_x の列に r_y を記入する．

問 1.1 表 (1.2) を自分の手でチェックせよ．

$G_1 = \{e, c, r_x, r_y\}$ からどの 2 つを (同じ元をとってもよい) とって合成しても再び 4 つの元のどれかになるので，条件 (T1) が成り立つ．4 つの元の逆写像は自分自身なので条件 (T2) も成り立つ．

G_1	e	c	r_x	r_y
e	e	c	r_x	r_y
c	c	e	r_y	r_x
r_x	r_x	r_y	e	c
r_y	r_y	r_x	c	e

(1.2)

またこの 4 つの元は，どの 2 つを合成しても合成の順番によらず結果が等しくなる．このような性質を「可換」という．これは次の例では成り立たない．

長方形の代わりに，原点を中心として (1,0) に 1 つの頂点がくるように置かれた正三角形を考え，この正三角形を自身に移すような操作をすべて挙げてみよう．

e $\quad$ $c_1(= R_{2\pi/3})$ $\quad$ $c_2(= R_{4\pi/3})$

$$\begin{bmatrix} 1 & 0 \\ 0 & 1 \end{bmatrix} \qquad \frac{1}{2}\begin{bmatrix} -1 & -\sqrt{3} \\ \sqrt{3} & -1 \end{bmatrix} \qquad \frac{1}{2}\begin{bmatrix} -1 & \sqrt{3} \\ -\sqrt{3} & -1 \end{bmatrix}$$

恒等変換 $\quad$ 原点中心 $2\pi/3$ 回転 $\quad$ 原点中心 $4\pi/3$ 回転

$r_1(= \sigma_0)$ $\quad$ $r_2(= \sigma_{\pi/3})$ $\quad$ $r_3(= \sigma_{2\pi/3})$

$$\begin{bmatrix} 1 & 0 \\ 0 & -1 \end{bmatrix} \qquad \frac{1}{2}\begin{bmatrix} -1 & \sqrt{3} \\ \sqrt{3} & 1 \end{bmatrix} \qquad \frac{1}{2}\begin{bmatrix} -1 & -\sqrt{3} \\ -\sqrt{3} & 1 \end{bmatrix}$$

x 軸線対称 $\quad$ $y = \sqrt{3}x$ 対称 $\quad$ $y = -\sqrt{3}x$ 対称

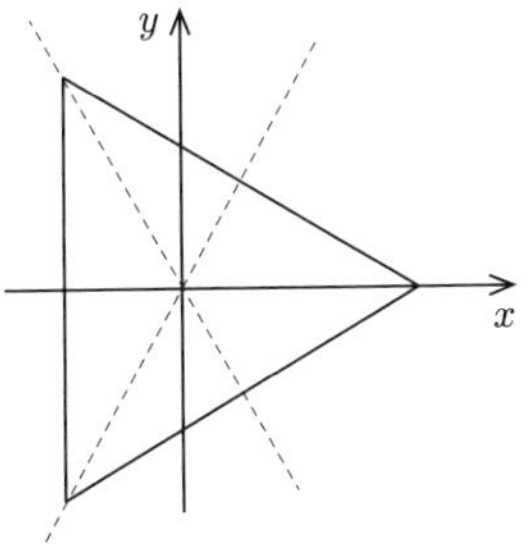

この 6 個の元の合成は，次を使えば，手早く計算できる．

問 1.2 加法定理を用いて次を示し，表 (1.3) を自分の手でチェックせよ．

$$R_\theta \sigma_\varphi = \sigma_{\varphi+\theta/2}, \quad \sigma_\varphi R_\theta = \sigma_{\varphi-\theta/2}, \quad R_{\theta_1} R_{\theta_2} = R_{\theta_1+\theta_2}, \quad \sigma_{\varphi_1}\sigma_{\varphi_2} = R_{2(\varphi_1-\varphi_2)}.$$

ここでも $G_2 = \{e, c_1, c_2, r_1, r_2, r_3\}$ はどの 2 つの元をとってきて合成しても再び 6 個の元のいずれかであり，条件 (T1) が成り立つ．c_1, c_2 の逆写像はそれぞれ c_2, c_1 であり，e, r_1, r_2, r_3 の逆写像はいずれも自分自身だから，条件 (T2) も成り立つ．

G_2	e	c_1	c_2	r_1	r_2	r_3
e	e	c_1	c_2	r_1	r_2	r_3
c_1	c_1	c_2	e	r_2	r_3	r_1
c_2	c_2	e	c_1	r_3	r_1	r_2
r_1	r_1	r_3	r_2	e	c_2	c_1
r_2	r_2	r_1	r_3	c_1	e	c_2
r_3	r_3	r_2	r_1	c_2	c_1	e

(1.3)

もちろん G として $\mathrm{GL}_2(\mathbb{R})$ 自身をとっても (T1), (T2) は満たされる．実際，2 つの正則行列の積は正則であり，正則行列の逆行列は正則だからである．また，

問 1.2 から，回転すべて，あるいは回転と線対称移動すべてからなる集合

$$\{R_\theta\ (0 \leqq \theta < 2\pi)\}, \qquad \{R_\theta, \sigma_\varphi\ (0 \leqq \theta < 2\pi, 0 \leqq \varphi < \pi)\}$$

も (T1), (T2) を満たす．しかし，たとえば $r_1 \circ r_2 = c_2$ のように，線対称移動すべてからなる $\{\sigma_\theta\ (0 \leqq \theta < \pi)\}$ は (条件 (T2) を満たすが) 条件 (T1) を満たしていない．

1.2　n 文字の置換

n 個の文字 $1, 2, \ldots, n$ からなる有限集合 $X_n = \{1, 2, \ldots, n\}$ を考える．全単射 $\sigma : X_n \to X_n$ は $n!$ 個あり，それら全体のなす集合を $\mathfrak{S}_n$ とかく．全単射 $\sigma : X_n \to X_n$ のことを $1, 2, \ldots, n$ の**置換**といい，σ による行き先 $\sigma(1), \sigma(2), \ldots, \sigma(n)$ を並べて $\begin{bmatrix} 1 & 2 & \cdots & n \\ \sigma(1) & \sigma(2) & \cdots & \sigma(n) \end{bmatrix}$ と表示することもある．たとえば $n = 3$ のとき，6 個の全単射を図示してみよう．

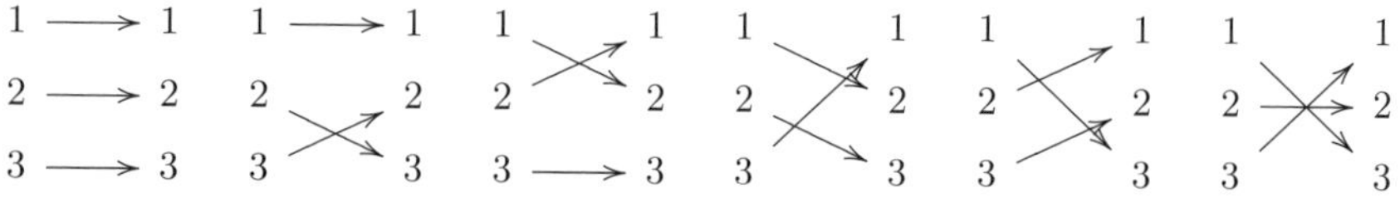

$$\begin{bmatrix} 1 & 2 & 3 \\ 1 & 2 & 3 \end{bmatrix} \quad \begin{bmatrix} 1 & 2 & 3 \\ 1 & 3 & 2 \end{bmatrix} \quad \begin{bmatrix} 1 & 2 & 3 \\ 2 & 1 & 3 \end{bmatrix} \quad \begin{bmatrix} 1 & 2 & 3 \\ 2 & 3 & 1 \end{bmatrix} \quad \begin{bmatrix} 1 & 2 & 3 \\ 3 & 1 & 2 \end{bmatrix} \quad \begin{bmatrix} 1 & 2 & 3 \\ 3 & 2 & 1 \end{bmatrix}$$

しかし，いちいちこれらをすべてかくのは大変なので，次のような記号を導入しよう．r 個の相異なる整数 $1 \leqq i_1, i_2, \ldots, i_r \leqq n$ に対して，$\sigma(i_k) = i_{k+1}\ (1 \leqq k \leqq r-1)$ および $\sigma(i_r) = i_1$ を満たし，さらに $\sigma(i) = i\ (i \neq i_1, i_2, \ldots, i_r)$ となっているとき，この σ を $(i_1, i_2, \ldots, i_r)$ とかいて，r **項巡回置換**とよぶ．とくに 2 項巡回置換を**互換**とよぶ．恒等写像は e とかく．この表記を用いると，$n = 3$ の場合は次のように表せる．

$$\mathfrak{S}_3 = \{e, (23), (12), (123), (132), (13)\}.$$

次に，2 つの全単射 $\sigma, \tau : X_n \to X_n$ の合成 $\sigma \circ \tau : X_n \to X_n$ を考えよう．合成の順番に注意する．$\sigma \circ \tau$ とは，まず τ で移してから σ で移すという合成写像である．たとえば，

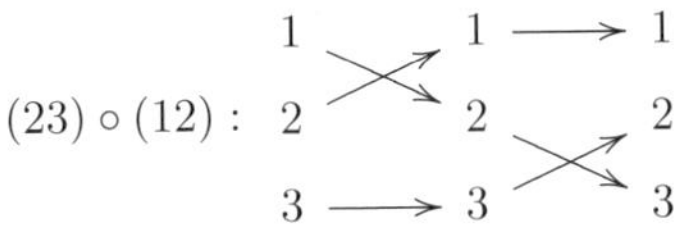

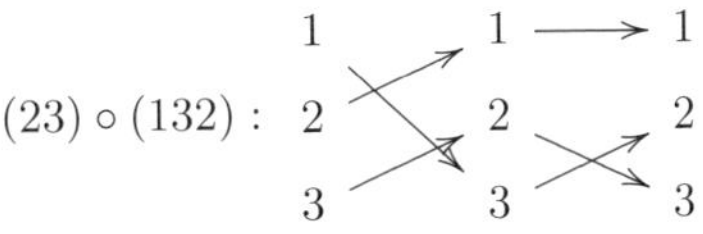

から，$(23)\circ(12)=(132)$, $(23)\circ(132)=(12)$ となる．

問 1.3　$n=3$ の場合，$\sigma\circ\tau$ を σ の行，τ の列に書き込むことで表 (1.4) が得られることを自分の手でチェックせよ．

$\mathfrak{S}_3$	e	(123)	(132)	(23)	(12)	(13)
e	e	(123)	(132)	(23)	(12)	(13)
(123)	(123)	(132)	e	(12)	(13)	(23)
(132)	(132)	e	(123)	(13)	(23)	(12)
(23)	(23)	(13)	(12)	e	(132)	(123)
(12)	(12)	(23)	(13)	(123)	e	(132)
(13)	(13)	(12)	(23)	(132)	(123)	e

(1.4)

$\mathfrak{S}_3$ においても条件 (T1), (T2) がともに満たされている．たとえば，(123), (132) の逆写像はそれぞれ (132), (123) である．e, (12), (23), (13) の逆写像はいずれも自分自身である．

ここで前節で作成した表 (1.3) を思い出そう．これは正三角形を保つ 6 個の全単射線型写像の全体 $G_2=\{e,c_1,c_2,r_1,r_2,r_3\}$ の合成を表にしたものだった．写像としては $\mathbb{R}^2\to\mathbb{R}^2$ と $X_3\to X_3$ ではまったく違うが，左下図のように正三角形の頂点に 1, 2, 3 の番号をふって 3 頂点の置換と対応させる

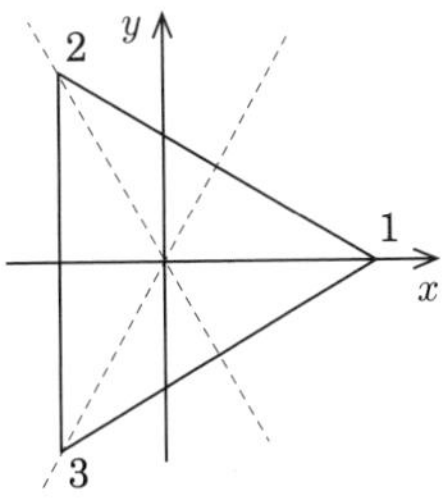

$$
\begin{aligned}
e &\mapsto e,\\
R_{2\pi/3}=c_1 &\mapsto (123),\\
R_{4\pi/3}=c_2 &\mapsto (132),\\
\sigma_0=r_1 &\mapsto (23),\\
\sigma_{\pi/3}=r_2 &\mapsto (12),\\
\sigma_{2\pi/3}=r_3 &\mapsto (13)
\end{aligned}
\tag{1.5}
$$

により，表 (1.4) と (1.3) は一致する，すなわち対応する元の合成が完全に一致することがみてとれる．つまり，条件 (T1), (T2) を満たす 2 つの集合 G_2 と $\mathfrak{S}_3$ は，**元がどのような集合上の全単射であったかということを忘れて，単に 2 つの元**

の合成がどの元になっているのかだけに着目するとまったく同じ構造を持っている．

$n=4$ の場合を考えてみよう．$\mathfrak{S}_4$ は 24 個の全単射からなる．この中には，恒等変換 e，互換 (ij) が ${}_4\mathrm{C}_2=6$ 個，3 項巡回置換 (ijk) が $4\times 2=8$ 個，4 項巡回置換 $(1ijk)$ が 6 個ある．残り 3 個は巡回置換ではなく，たとえば 1,2 と 3,4 をそれぞれ入れ替える全単射であり，これは，$(12)\circ(34)$ である．$\circ$ を省略して $(12)(34)$ とかく．$(34)(12)=(12)(34)$ である．この形の全単射は 3 個ある．ここではとくに 4 個の全単射からなる次の 2 つの部分集合をみてみよう．

$$H_1=\{e,(12),(34),(12)(34)\},\qquad H_2=\{e,(12)(34),(13)(24),(14)(23)\}.$$

問 1.4　H_1,H_2 の元の合成が以下の表になることを自分の手でチェックせよ．

H_1	e	(12)	(34)	$(12)(34)$
e	e	(12)	(34)	$(12)(34)$
(12)	(12)	e	$(12)(34)$	(34)
(34)	(34)	$(12)(34)$	e	(12)
$(12)(34)$	$(12)(34)$	(34)	(12)	e

(1.6)

H_2	e	$(12)(34)$	$(13)(24)$	$(14)(23)$
e	e	$(12)(34)$	$(13)(24)$	$(14)(23)$
$(12)(34)$	$(12)(34)$	e	$(14)(23)$	$(13)(24)$
$(13)(24)$	$(13)(24)$	$(14)(23)$	e	$(12)(34)$
$(14)(23)$	$(14)(23)$	$(13)(24)$	$(12)(34)$	e

(1.7)

2 つの表から，H_1,H_2 はいずれも条件 (T1), (T2) を満たすことがわかる．どの元も逆写像は自分自身になる．さらに，

$$e\mapsto e,\qquad (12)\mapsto(12)(34),\qquad (34)\mapsto(13)(24),\qquad (12)(34)\mapsto(14)(23)$$

によって，H_1,H_2 の元の合成は完全に一致する．しかも表 (1.2) と比較すると，

$$e\mapsto e,\qquad c\mapsto(12),\qquad r_x\mapsto(34),\qquad r_y\mapsto(12)(34)$$

によって，長方形を保つ全単射線型写像の全体 G_1 と H_1，したがって H_2 も，元の合成が完全に対応する．

一方，H_1,H_2 はもともとの $X_4=\{1,2,3,4\}$ 上の全単射の集まりとみると，元の動かし方に大きな違いがある．H_1 に属する 4 つの全単射のどれを用いても 1

の行き先は 1 自身か 2 であり，3 の行き先も 3 自身か 4 である．つまり，X_4 の中に H_1 の全単射でたがいに移りあうことのできない 2 つのグループ $\{1,2\}$ と $\{3,4\}$ ができている．しかし，H_2 に属する 4 つの全単射の場合，1 は，1, 2, 3, 4 のどれにでも移すことができる．これは 2, 3, 4 のどれをみてもそうである．このように，合成だけみれば完全に対応する H_1 と H_2 でも，もともとの X_4 の元の動かし方は異なる．G_1 と H_1, H_2 の関係はどうだろう．もちろん $\mathbb{R}^2 \to \mathbb{R}^2$ と $X_4 \to X_4$ とでは写像としては異なるが，長方形の 4 つの頂点に右下図のように 1, 2, 3, 4 と番号をふって 4 頂点の置換とみなせば，c は 1, 3 という 2 つの頂点を入れ替え，2, 4 という 2 つの頂点を入れ替える．r_x は 1, 4 を入れ替え，2, 3 を入れ替える．r_y は 1, 2 を入れ替え，3, 4 を入れ替える．つまり，

$$\begin{aligned} e &\mapsto e, \\ R_\pi = c &\mapsto (13)(24), \\ \sigma_0 = r_x &\mapsto (14)(23), \\ \sigma_{\pi/2} = r_y &\mapsto (12)(34) \end{aligned}$$

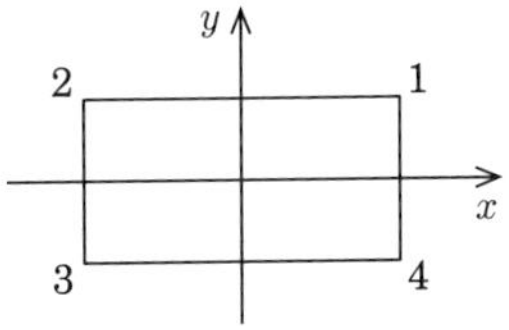

という対応でみれば，集合とその上の全単射写像の集合の組 ($\{$長方形の 4 頂点$\}$, G_1) と (X_4, H_2) は，単に G_1, H_2 の元の合成が対応しているというだけでなく，変換する集合の動かし方まで込めて完全に対応する．これは (X_4, H_1) とは異なる．この見方は本章の最後で再び考える．

1.3 一次分数変換

複素平面 $\mathbb{C}$ から原点を除いた領域 $X = \mathbb{C}\backslash\{0\}$ を考える．4 つの関数

$$f_1(z) = z, \qquad f_2(z) = -z, \qquad f_3(z) = \frac{1}{z}, \qquad f_4(z) = -\frac{1}{z}$$

は，X 上の全単射である．この 4 つの関数の合成を調べよう．たとえば，$f_2 \circ f_3(z) = f_2\left(\frac{1}{z}\right) = -\frac{1}{z}$ だから $f_2 \circ f_3 = f_4$ となる．

問 1.5 $f_i \circ f_j$ を i 行 j 列に書き込むことで，表 (1.8) が得られることを自分の手でチェックせよ．

K_1	f_1	f_2	f_3	f_4
f_1	f_1	f_2	f_3	f_4
f_2	f_2	f_1	f_4	f_3
f_3	f_3	f_4	f_1	f_2
f_4	f_4	f_3	f_2	f_1

(1.8)

これにより $K_1 = \{f_1, f_2, f_3, f_4\}$ が条件 (T1), (T2) をともに満たしていることがわかる．

さらに表 (1.2), (1.6), (1.7) を思い出して，たとえば，

$$e \mapsto f_1, \quad c \mapsto f_2, \quad r_x \mapsto f_3, \quad r_y \mapsto f_4$$

と対応させれば，K_1 は G_1, H_1, H_2 と合成まで込めて対応することがわかる．

次に，$Y = \mathbb{C}\backslash\{0,1\}$ とすると

$$g_1(z) = z, \quad g_2(z) = 1 - z, \quad g_3(z) = \frac{1}{z},$$
$$g_4(z) = \frac{z}{z-1}, \quad g_5(z) = \frac{1}{1-z}, \quad g_6(z) = \frac{z-1}{z}$$

で定義される $g_1, \ldots, g_6 : Y \to Y$ はいずれも全単射である．全単射なのは，たとえば $w = \dfrac{z}{z-1}$ を逆に解いて $z = \dfrac{w}{w-1}$ とできることからわかる．

合成は，たとえば $g_4 \circ g_5(z) = g_4\left(\dfrac{1}{1-z}\right) = \dfrac{\dfrac{1}{1-z}}{\dfrac{1}{1-z} - 1} = \dfrac{1}{z} = g_3(z)$ と計算する．

問 1.6　$g_1, \ldots, g_6$ の合成から表 (1.9) が得られることを自分の手でチェックせよ．

K_2	g_1	g_2	g_3	g_4	g_5	g_6
g_1	g_1	g_2	g_3	g_4	g_5	g_6
g_2	g_2	g_1	g_6	g_5	g_4	g_3
g_3	g_3	g_5	g_1	g_6	g_2	g_4
g_4	g_4	g_6	g_5	g_1	g_3	g_2
g_5	g_5	g_3	g_4	g_2	g_6	g_1
g_6	g_6	g_4	g_2	g_3	g_1	g_5

(1.9)

これにより，$K_2 = \{g_1, g_2, g_3, g_4, g_5, g_6\}$ も条件 (T1), (T2) を満たしていることがわかる．また，表 (1.3), (1.4) を思い出すと，たとえば

$$g_1 \mapsto e, \quad g_2 \mapsto (23), \quad g_3 \mapsto (12), \quad g_4 \mapsto (13), \quad g_5 \mapsto (123), \quad g_6 \mapsto (132)$$

により，K_2 は $G_2, \mathfrak{S}_3$ と合成まで込めて対応することがわかる．

1.4　体の自己同型と根の置換$^{\heartsuit}$

集合 $\mathbb{Q}(\sqrt{2}) = \{a + b\sqrt{2} \mid a, b \in \mathbb{Q}\}$ を考える．$(a_1 + b_1\sqrt{2}) + (a_2 + b_2\sqrt{2}) = (a_1 + a_2) + (b_1 + b_2)\sqrt{2}$ であり，$a + b\sqrt{2}$ の形の元は有理数倍してもこの形であることから，$\mathbb{Q}(\sqrt{2})$ は $\mathbb{Q}$ 上のベクトル空間で $(1, \sqrt{2})$ で生成される．また，$\sqrt{2}$ は

無理数なので，$a+b\sqrt{2}=0$ を満たす有理数 a,b は $a=b=0$ に限る．したがって，$(1,\sqrt{2})$ は $\mathbb{Q}$ 上一次独立であり，$\mathbb{Q}$ 上 2 次元のベクトル空間 $\mathbb{Q}(\sqrt{2})$ の基底となる．

このベクトル空間のもう一つの特徴は，

$$(a_1+b_1\sqrt{2})(a_2+b_2\sqrt{2})=(a_1a_2+2b_1b_2)+(a_1b_2+a_2b_1)\sqrt{2}$$

から，このベクトル空間の中で掛け算ができる ($x,y\in\mathbb{Q}(\sqrt{2})$ ならば $xy\in\mathbb{Q}(\sqrt{2})$ が成り立つ) という点である．

この議論をもう少し複雑な場合に考えよう．ω を 1 の 3 乗根 $\dfrac{-1+\sqrt{3}i}{2}$ とする．

$$\mathbb{Q}(\sqrt{2},\sqrt{3})=\{a+b\sqrt{2}+c\sqrt{3}+d\sqrt{6}\mid a,b,c,d\in\mathbb{Q}\},$$
$$\mathbb{Q}(\sqrt[3]{2},\omega)=\{a+b\sqrt[3]{2}+c\sqrt[3]{4}+d\omega+e\sqrt[3]{2}\omega+f\sqrt[3]{4}\omega\mid a,b,c,d,e,f\in\mathbb{Q}\}$$

を考えてみる．$\mathbb{Q}$ 上のベクトル空間であることは $\mathbb{Q}(\sqrt{2})$ と同様である．

問 1.7 次の各組が $\mathbb{Q}$ 上一次独立であることを示せ．

(1) $(1,\sqrt{2},\sqrt{3},\sqrt{6})$　　(2) $(1,\sqrt[3]{2},\sqrt[3]{4})$　　(3) $(1,\sqrt[3]{2},\sqrt[3]{4},\omega,\sqrt[3]{2}\omega,\sqrt[3]{4}\omega^2)$

この問から $\mathbb{Q}(\sqrt{2},\sqrt{3})$ は $\mathbb{Q}$ 上 4 次元，$\mathbb{Q}(\sqrt[3]{2},\omega)$ は $\mathbb{Q}$ 上 6 次元のベクトル空間であることがわかる．$\sqrt{12}=2\sqrt{3}, \sqrt{18}=3\sqrt{2}, \sqrt[3]{4}\sqrt[3]{4}=2\sqrt[3]{2}$ などに注意すれば，$\mathbb{Q}(\sqrt{2},\sqrt{3}), \mathbb{Q}(\sqrt[3]{2},\omega)$ の中で掛け算ができることも $\mathbb{Q}(\sqrt{2})$ と同様である．

注意 実は，$V=\mathbb{Q}(\sqrt{2}),\mathbb{Q}(\sqrt{2},\sqrt{3}),\mathbb{Q}(\sqrt[3]{2},\omega)$ のいずれも，0 でない元の逆数が再びそれぞれに属している (つまり，$x\in V$ が $x\neq 0$ ならば $\dfrac{1}{x}\in V$ が成り立つ) ことが示せる．このような性質を「体をなす」という．$\mathbb{R},\mathbb{Q},\mathbb{C}$ も体をなす．$\mathbb{Z}$ は $\dfrac{1}{n}\notin\mathbb{Z}$ $(n\neq 0,\pm 1)$ なので体をなさない．後の章で有限個の元が体をなす $\mathbb{F}_p$ も登場する．以下で考えるのは，2 つの体 $\mathbb{Q}(\sqrt{2},\sqrt{3}),\mathbb{Q}(\sqrt[3]{2},\omega)$ の自己同型写像であるが，ここではさしあたって逆数のことは考えなくてもよい範囲で議論する．

$V=\mathbb{Q}(\sqrt{2},\sqrt{3})$ または $\mathbb{Q}(\sqrt[3]{2},\omega)$ のとき，

($\mathbb{Q}$ 上の) 線型写像 $\varphi: V\to V$ で，$\varphi(1)=1$ かつ「積を保つ」全単射

という条件を満たす φ がどれだけあるか調べよう．ここで，積を保つとは，どんな 2 元 $x, y \in V$ に対しても $\varphi(xy) = \varphi(x)\varphi(y)$ が成り立つということである．

線型写像なので基底の行先を調べる．1 の行先は決まっていて，しかも積を保つので，$V = \mathbb{Q}(\sqrt{2}, \sqrt{3})$ の場合は，$\varphi(\sqrt{2}), \varphi(\sqrt{3})$ の行先だけ決めればよい．$\mathbb{Q}$ 上のベクトル空間の間の線型写像は，$\varphi(ax) = a\varphi(x)$ $(a \in \mathbb{Q}, x \in V)$ を満たすから，$\varphi(2) = 2\varphi(1) = 2$ である．積を保つことから $\varphi(2) = \varphi((\sqrt{2})^2) = \varphi(\sqrt{2})^2$ より，$\varphi(\sqrt{2}) = \pm\sqrt{2}$ に限られ，同様に，$\varphi(\sqrt{3}) = \pm\sqrt{3}$ に限られる．よって，条件を満たす φ は次の 4 個 $\varphi_1, \varphi_2, \varphi_3, \varphi_4$ となる．

	φ_1	φ_2	φ_3	φ_4
1	1	1	1	1
$\sqrt{2}$	$\sqrt{2}$	$-\sqrt{2}$	$\sqrt{2}$	$-\sqrt{2}$
$\sqrt{3}$	$\sqrt{3}$	$\sqrt{3}$	$-\sqrt{3}$	$-\sqrt{3}$
$\sqrt{6}$	$\sqrt{6}$	$-\sqrt{6}$	$-\sqrt{6}$	$\sqrt{6}$

N_1	φ_1	φ_2	φ_3	φ_4
φ_1	φ_1	φ_2	φ_3	φ_4
φ_2	φ_2	φ_1	φ_4	φ_3
φ_3	φ_3	φ_4	φ_1	φ_2
φ_4	φ_4	φ_3	φ_2	φ_1

(1.10)

問 1.8　$\varphi_1, \ldots, \varphi_4$ が積を保ち，それらの合成は表 (1.10) になることを自分の手でチェックせよ．

これにより $N_1 = \{\varphi_1, \varphi_2, \varphi_3, \varphi_4\}$ は条件 (T1), (T2) を満たし，表 (1.10) は表 (1.2), (1.6), (1.7), (1.8) と対応する．たとえば，N_1 と G_1 は次のように対応させればよい．

$$\varphi_1 \mapsto e, \quad \varphi_2 \mapsto c, \quad \varphi_3 \mapsto r_x, \quad \varphi_4 \mapsto r_y$$

$V = \mathbb{Q}(\sqrt[3]{2}, \omega)$ の場合も同様に考える．$\varphi(\sqrt[3]{2})$ と $\varphi(\omega)$ の値を決めればよく，積を保つことと $\mathbb{Q}$ 上の線型写像であることから，$\varphi(\sqrt[3]{2})^3 = \varphi((\sqrt[3]{2})^3) = \varphi(2) = 2$ となり，$\varphi(\sqrt[3]{2})$ は 2 の 3 乗根 $\sqrt[3]{2}, \sqrt[3]{2}\omega, \sqrt[3]{2}\omega^2 = -\sqrt[3]{2} - \sqrt[3]{2}\omega$ のいずれかに移るしかない．また，$\varphi(\omega)^3 = \varphi(\omega^3) = \varphi(1) = 1$ より，$\varphi(\omega)$ は 1 の 3 乗根に移ることになるが，$\varphi(\omega) = 1 = \varphi(1)$ だと全単射にならない．よって $\varphi(\omega) = \omega, \omega^2 (= -1 - \omega)$ のいずれかになる．このことから，φ は次の $\psi_1, \cdots, \psi_6$ の 6 個となる．

	ψ_1	ψ_2	ψ_3	ψ_4	ψ_5	ψ_6
1	1	1	1	1	1	1
$\sqrt[3]{2}$	$\sqrt[3]{2}$	$\sqrt[3]{2}\omega$	$\sqrt[3]{2}\omega^2$	$\sqrt[3]{2}$	$\sqrt[3]{2}\omega$	$\sqrt[3]{2}\omega^2$
$\sqrt[3]{4}$	$\sqrt[3]{4}$	$\sqrt[3]{4}\omega^2$	$\sqrt[3]{4}\omega$	$\sqrt[3]{4}$	$\sqrt[3]{4}\omega^2$	$\sqrt[3]{4}\omega$
ω	ω	ω	ω	ω^2	ω^2	ω^2
$\sqrt[3]{2}\omega$	$\sqrt[3]{2}\omega$	$\sqrt[3]{2}\omega^2$	$\sqrt[3]{2}$	$\sqrt[3]{2}\omega^2$	$\sqrt[3]{2}$	$\sqrt[3]{2}\omega$
$\sqrt[3]{4}\omega$	$\sqrt[3]{4}\omega$	$\sqrt[3]{4}$	$\sqrt[3]{4}\omega^2$	$\sqrt[3]{4}\omega^2$	$\sqrt[3]{4}\omega$	$\sqrt[3]{4}$

	ψ_1	ψ_2	ψ_3	ψ_4	ψ_5	ψ_6
ψ_1	ψ_1	ψ_2	ψ_3	ψ_4	ψ_5	ψ_6
ψ_2	ψ_2	ψ_3	ψ_1	ψ_5	ψ_6	ψ_4
ψ_3	ψ_3	ψ_1	ψ_2	ψ_6	ψ_4	ψ_5
ψ_4	ψ_4	ψ_6	ψ_5	ψ_1	ψ_3	ψ_2
ψ_5	ψ_5	ψ_4	ψ_6	ψ_2	ψ_1	ψ_3
ψ_6	ψ_6	ψ_5	ψ_4	ψ_3	ψ_2	ψ_1

(1.11)

問 1.9 $\psi_1, \ldots, \psi_6$ が積を保ち，それらの合成は表 (1.11) になることを自分の手でチェックせよ．

これにより $N_2 = \{\psi_1, \psi_2, \psi_3, \psi_4, \psi_5, \psi_6\}$ は条件 (T1), (T2) を満たし，表 (1.11) は表 (1.3), (1.4), (1.9) と対応する．たとえば，N_2 と G_2 は次のように対応させればよい．

$$\psi_1 \mapsto e, \quad \psi_2 \mapsto c_1, \quad \psi_3 \mapsto c_2, \quad \psi_4 \mapsto r_1, \quad \psi_5 \mapsto r_2, \quad \psi_6 \mapsto r_3.$$

歴史的には,「群」の概念は，代数方程式の根の集合の対称性として見出された．たとえば，$(x^2-2)(x^2-3)$ の根全体を X, x^4-10x^2+1 の根全体を Y とすると

$$X = \{\pm\sqrt{2}, \pm\sqrt{3}\}, \qquad Y = \{\pm\sqrt{2} \pm \sqrt{3}\}$$

とどちらも 4 つの実数からなり，$N_1 = \{\varphi_1, \varphi_2, \varphi_3, \varphi_4\}$ の元は，X, Y 上の全単射を与える．4 つの根の動かし方は次のようになる．

X	φ_1	φ_2	φ_3	φ_4
$\sqrt{2}$	$\sqrt{2}$	$-\sqrt{2}$	$\sqrt{2}$	$-\sqrt{2}$
$-\sqrt{2}$	$-\sqrt{2}$	$\sqrt{2}$	$-\sqrt{2}$	$\sqrt{2}$
$\sqrt{3}$	$\sqrt{3}$	$\sqrt{3}$	$-\sqrt{3}$	$-\sqrt{3}$
$-\sqrt{3}$	$-\sqrt{3}$	$-\sqrt{3}$	$\sqrt{3}$	$\sqrt{3}$

Y	φ_1	φ_2	φ_3	φ_4
$\sqrt{2}+\sqrt{3}$	$\sqrt{2}+\sqrt{3}$	$-\sqrt{2}+\sqrt{3}$	$\sqrt{2}-\sqrt{3}$	$-\sqrt{2}-\sqrt{3}$
$\sqrt{2}-\sqrt{3}$	$\sqrt{2}-\sqrt{3}$	$-\sqrt{2}-\sqrt{3}$	$\sqrt{2}+\sqrt{3}$	$-\sqrt{2}+\sqrt{3}$
$-\sqrt{2}+\sqrt{3}$	$-\sqrt{2}+\sqrt{3}$	$\sqrt{2}+\sqrt{3}$	$-\sqrt{2}-\sqrt{3}$	$\sqrt{2}-\sqrt{3}$
$-\sqrt{2}-\sqrt{3}$	$-\sqrt{2}-\sqrt{3}$	$\sqrt{2}-\sqrt{3}$	$-\sqrt{2}+\sqrt{3}$	$\sqrt{2}+\sqrt{3}$

X の場合は，どれも $\pm\sqrt{2}, \pm\sqrt{3}$ のいずれかもしくは両方を入れ替えるだけなので，根の集合と対称性の組 (X, N_1) は，前にみた $(X_4 = \{1,2,3,4\}, H_1)$ の組と対応する．しかし，(Y, N_1) は，N_1 の 4 つの全単射を使うことで $\sqrt{2}+\sqrt{3}$ をほかの 3 つの根にも動かせることに注目すると，前にみた (X_4, H_2) や ($\{$ 長方形の 4 頂点 $\}, G_1$) に対応する．

さらに，x^3-2 の 3 つの根の全体を $Z = \{\sqrt[3]{2}, \sqrt[3]{2}\omega, \sqrt[3]{2}\omega^2\}$ とおくと，$N_2 =$

$\{\psi_1, \psi_2, \psi_3, \psi_4, \psi_5, \psi_6\}$ の元は，Z 上の全単射となり，根を次のように動かす．

Z	ψ_1	ψ_2	ψ_3	ψ_4	ψ_5	ψ_6
$\sqrt[3]{2}$	$\sqrt[3]{2}$	$\sqrt[3]{2}\omega$	$\sqrt[3]{2}\omega^2$	$\sqrt[3]{2}$	$\sqrt[3]{2}\omega$	$\sqrt[3]{2}\omega^2$
$\sqrt[3]{2}\omega$	$\sqrt[3]{2}\omega$	$\sqrt[3]{2}\omega^2$	$\sqrt[3]{2}$	$\sqrt[3]{2}\omega^2$	$\sqrt[3]{2}$	$\sqrt[3]{2}\omega$
$\sqrt[3]{2}\omega^2$	$\sqrt[3]{2}\omega^2$	$\sqrt[3]{2}$	$\sqrt[3]{2}\omega$	$\sqrt[3]{2}\omega$	$\sqrt[3]{2}\omega^2$	$\sqrt[3]{2}$

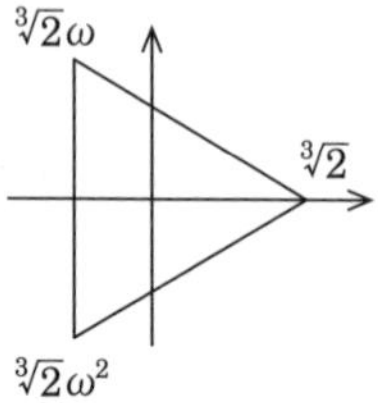

この 3 つの根を複素平面上においた正三角形に対応させてみればわかるように，6 個の全単射は 3 つの頂点のすべての入れ替えと対応しているので，組 (Z, N_2) は組 $(X_3 = \{1,2,3\}, \mathfrak{S}_3)$ と動かし方も込めて対応している．具体的に置換でかけば対応は次のようになる．

$$\psi_1 \mapsto e, \quad \psi_2 \mapsto (123), \quad \psi_3 \mapsto (132), \quad \psi_4 \mapsto (23), \quad \psi_5 \mapsto (12), \quad \psi_6 \mapsto (13).$$

ガロアは，根の集合 X の持つ「対称性」の集まり G を考えることにより，代数方程式の根の集合 X の持つ性質 (= 四則演算と累乗根で表示できること) を G の性質 (= 後の章でみる「可解性」) に還元する,「**ガロア理論**」とよばれている枠組みの基礎を得た．

第 1 章のむすび

今日，数学や自然科学の営みの中で，**何らかの興味深い対象 X に対し，それの持つ「対称性の集まり G」を見出すことにより，X の持つ構造や性質を精密に調べることが**，さまざまな場面で行われ，群論は重要な役割を果たしている．第 1 章でみてきたように，出自の異なる X から同じ構造を持った G が得られ，逆に同じ G であっても $(X, G), (Y, G)$ では G による X の元の動かし方と Y の元の動かし方に本質的な違いが生じることもある．そこで，常に具体的な (X, G) の組のまま個別に考えるのではなく，**X の上の全単射たちの集まりという具体的な出自を捨象して，G の満たす性質だけを抽象化した「群」という概念を導入する**ことで,「G の構造」と「G による X の動かし方」を分析する汎用性の高い枠組みを得ることができる．次章からこれらの点について順次述べていく．ただし本書では，抽象的枠組みだけでなく，興味深い具体的な対象を群論的に眺めてみることも目標の 1 つであることは忘れないようにしたい．

第2章

群と部分群

本章では，前章で注目した $\mathfrak{S}(X)$ の (空でない) 部分集合 G が満たす 2 つの条件

$$\text{(T1)}\quad f,g \in G \Rightarrow \text{合成 } f \circ g \in G, \qquad \text{(T2)}\quad f \in G \Rightarrow \text{逆写像 } f^{-1} \in G$$

から,「群とその部分群」の概念を抽出し，いろいろな具体例に触れる.

2.1 群の定義

G が $\mathfrak{S}(X)$ の (空でない) 部分集合，つまり全単射の集まりなら自然にその合成写像や恒等写像，逆写像が意味を持っていた．群の抽象的な定義をするためには，G が全単射の集まりであったことは忘れて，集合 G に対して (T1), (T2) の持っている性質のみを抽出する必要がある．そこでまず，G は単に集合であるとし，G の 2 個の元に G の元を 1 つ対応させることを考える．G の 2 個の元の組全体は G の直積集合とよばれ，$G \times G$ とかかれる．G の 2 個の元 (つまり $G \times G$ の元) (g_1, g_2) に G の元を 1 つずつ対応させることを，G 上の**二項演算**といい，(g_1, g_2) に対応する G の元を写像の合成の場合にならって $g_1 \circ g_2$ と表す.

G 上の二項演算

$$G \times G \to G \qquad (g_1, g_2) \to g_1 \circ g_2$$

が与えられたとき，どのような性質を満たしているべきだろうか.

写像の合成は結合法則 $f \circ (g \circ h) = (f \circ g) \circ h$ を満たすので，G 上の二項演算

も $(g_1 \circ g_2) \circ g_3 = g_1 \circ (g_2 \circ g_3)$ を満たすことを要請する[1]．さらに，$\mathfrak{S}(X)$ の (空でない部分集合の) 場合には，恒等写像 id_X があり，全単射な写像 $f: X \to X$ に対して $f \circ f^{-1} = f^{-1} \circ f = \mathrm{id}_X$ となる逆写像 f^{-1} が意味を持った．恒等写像は，すべての f に対して，$f \circ \mathrm{id}_X = f = \mathrm{id}_X \circ f$ を満たすものであり，f の逆写像とは，$f \circ g = \mathrm{id}_X = g \circ f$ を満たす g のことである．そこで二項演算 $\circ$ に対しても，恒等写像にあたるものとして単位元，逆写像にあたるものとして逆元の存在を要請する．集合 G とその上の二項演算が群をなすことを次のように定義する．

定義 2.1　集合 G と G 上の二項演算 $\circ: G \times G \to G$ が次の条件を満たすとき，G と $\circ$ の組 $(G, \circ)$ は**群**をなすという；

(G1) **結合性**．任意の $g_1, g_2, g_3 \in G$ に対し，$(g_1 \circ g_2) \circ g_3 = g_1 \circ (g_2 \circ g_3)$ が成り立つ．

(G2) **単位元の存在**．G の元 e が存在して，任意の $g \in G$ に対して，$g \circ e = e \circ g = g$ が成り立つ．これを満たす e を G の**単位元**という．

(G3) **逆元の存在**．G の各元 g ごとに $g \circ x = x \circ g = e$ を満たす G の元 x が存在する．この x を g^{-1} とかいて，g の**逆元**という．

G が有限集合の場合には G は**有限群**であるといい，G の元の個数を $|G|$ とかいて，有限群 G の**位数**という．G が無限集合のときには，G は**無限群**であるという．

この定義からただちにわかることを確認しておこう．

命題 2.2　集合 G とその上の二項演算 $\circ$ が群をなすとき，

(1)　単位元はただ一つである．また，G の各元 g に対し，g の逆元はただ一つである．

(2)　$g, h \in G$ に対し，$(g \circ h)^{-1} = h^{-1} \circ g^{-1}$, $(g^{-1})^{-1} = g$.

証明　(1)　$e, e' \in G$ が条件 (G2) を満たすとき，e' に関する条件 (G2) で $g = e$ とすれば，$e' \circ e = e$．逆に，e に関する条件 (G2) で $g = e'$ とすれば $e' \circ e = e'$．

1]　結合法則があれば，$(g_1 \circ (g_2 \circ g_3)) \circ g_4 = ((g_1 \circ g_2) \circ g_3) \circ g_4 = (g_1 \circ g_2) \circ (g_3 \circ g_4) = g_1 \circ (g_2 \circ (g_3 \circ g_4)) = g_1 \circ ((g_2 \circ g_3) \circ g_4)$ のように，対応する元をどこから考えてもよくなり，上の場合，$g_1 \circ g_2 \circ g_3 \circ g_4$ という G の元が定まると考えることができる．一般結合法則とよばれ，帰納法で示せる．

よって $e = e'$. また, $x, y \in G$ が, $g \circ x = x \circ g = e$ かつ $g \circ y = y \circ g = e$ を満たすとすると, $y \overset{(G2)}{=} y \circ e = y \circ (g \circ x) \overset{(G1)}{=} (y \circ g) \circ x = e \circ x \overset{(G2)}{=} x$.

(2)　$(g \circ h) \circ (h^{-1} \circ g^{-1}) \overset{(G1)}{=} g \circ (h \circ (h^{-1} \circ g^{-1})) \overset{(G1)}{=} g \circ ((h \circ h^{-1}) \circ g^{-1}) \overset{(G3)}{=} g \circ (e \circ g^{-1}) \overset{(G2)}{=} g \circ g^{-1} \overset{(G2)}{=} e$. $(h^{-1} \circ g^{-1}) \circ (g \circ h) = e$ も同様. $g \circ g^{-1} = g^{-1} \circ g = e$ を g^{-1} についてみれば, 後半も成立. □

定義 2.3　群 $(G, \circ)$ のどんな元 g, h をとってきても必ず $g \circ h = h \circ g$ が成り立つとき, 群 $(G, \circ)$ は**可換群** (あるいは**アーベル群**) であるという. これが成り立たない場合には, 非可換群 (あるいは非アーベル群) という.

次の問は, 線型代数で逆行列を用いた計算をするときと同じように, $g_1 \circ h = g_2$ なら g_1^{-1} を左から掛けて $h = g_1^{-1} \circ g_2$ のように計算できることを意味している. 群 G は可換とは限らないので, どちら側から掛けるかを明示しなければいけないことも逆行列の場合と同様である.

問 2.1　$(G, \circ)$ を群, $g_1, g_2, g_3 \in G$ とする. このとき, 次を示せ.

(1)　$g_1 \circ x = g_2$ を満たす $x \in G$ は, $x = g_1^{-1} \circ g_2$ ただ一つであり, $y \circ g_1 = g_2$ を満たす $y \in G$ は, $y = g_2 \circ g_1^{-1}$ ただ一つである.

(2)　$g_1 \circ g_3 = g_2 \circ g_3$ ならば $g_1 = g_2$. $g_3 \circ g_1 = g_3 \circ g_2$ ならば $g_1 = g_2$.

二項演算 $\circ$ に結合法則を課しているので, 群 G の元 g と正の整数 n に対して, $g^n = \overbrace{g \circ g \circ \cdots \circ g}^{n}$, $g^0 = e$, $g^{-n} = \overbrace{g^{-1} \circ g^{-1} \circ \cdots \circ g^{-1}}^{n}$ と定義すると, 指数法則

$$g^n \circ g^m = g^{n+m}, \qquad (g^n)^m = g^{nm}$$

が任意の整数 n, m に対して成立する. 非可換な群では, $g^n h^n = (gh)^n$ とは限らないことも含め, 行列の計算と同様である.

注意　ここまで二項演算を $\circ$ とかいてきたが, やがていちいち $\circ$ とかかなかったり, $\cdot$ を用いたり, 何もかかず単に $g_1 g_2$ などとかくようになる. 群は G と $\circ$ の組 $(G, \circ)$ だが, とくに強調したい場合以外, 何もかかずに「群 G」とかくことがほとんどである. また, 一般論では群を与える二項演算 $\circ$ を「積」とよび, 上のように「掛ける」と言い表すことが多いが, これからみるように, 加法を二項演算とする群もある.

行列の例で群とその上の二項演算についてみてみよう．

例 2.1　$M_n(\mathbb{R}) = \{$実数を成分とする n 次正方行列$\}$ とおく．

$M_n(\mathbb{R})$ とその上の二項演算 $A \circ B = A + B$ は群をなす．実際，行列の和は $M_n(\mathbb{R})$ 上の二項演算で結合性を満たし，単位元は零行列，A の逆元は $-A$ である．行列の加法は可換だから，この群は可換群である．とくに $n = 1$ の場合，実数全体の集合 $\mathbb{R}$ も，実数の加法を二項演算とする群をなす．

$A \circ B = AB$ と定義すると，$M_n(\mathbb{R})$ 上の別の結合法則を満たす二項演算が定義される．$Ae = eA = A$ がすべての $A \in M_n(\mathbb{R})$ に対して成り立つような e は $e = I_n$(n 次単位行列) に限られるが，正則でない行列 A には $Ax = xA = I_n$ となる逆元 x がとれない．したがって，$M_n(\mathbb{R})$ とその上の二項演算 $A \circ B = AB$ は群をなさない．

そこで，正則行列の全体を

$$\mathrm{GL}_n(\mathbb{R}) = \{\text{実数成分の } n \text{ 次正則行列}\}$$

とおけば，正則行列の積は再び正則行列だから，$A \circ B = AB$ は $\mathrm{GL}_n(\mathbb{R})$ 上の結合法則を満たす二項演算であり，単位行列 I_n が単位元，$A \in \mathrm{GL}_n(\mathbb{R})$ の逆元が A^{-1} となる．すなわち，$\mathrm{GL}_n(\mathbb{R})$ は行列の積を二項演算とすることで群をなす．この群を，$\mathbb{R}$ 上の**一般線型群**という．(正則) 行列の積は $n \geqq 2$ では可換ではないから，$\mathrm{GL}_n(\mathbb{R})$ は $n \geqq 2$ では非可換群である．$n = 1$ の場合，$\mathrm{GL}_1(\mathbb{R}) = \{x \in \mathbb{R} \mid x \neq 0\}$ をとくに，$\mathbb{R}^\times$ とかく．これは実数の積を二項演算とする可換群である．

ここで述べたことは，$\mathbb{R}$ の代わりに複素数全体 $\mathbb{C}$ や有理数全体 $\mathbb{Q}$ でも同様である．また有限体，たとえば素数 p に対する $\mathbb{F}_p$ でもよい．(有限体については，命題 2.12 のあとに説明がある．) これらのように四則演算のできる代数構造を「体」とよび，体 $\mathbb{K}$ の元を成分に持つような正則行列の全体 $\mathrm{GL}_n(\mathbb{K})$ は行列の積に関して群をなす．とくに $n = 1$ の場合は $\mathbb{K}^\times = \{x \in \mathbb{K} \mid x \neq 0\}$ が積に関して群をなす．

われわれの出発点だった例を改めて述べておこう．

例 2.2　X を集合とするとき，$\mathfrak{S}(X) = \{$全単射 $f : X \to X\}$ は，写像の合成

を二項演算として群をなす (全単射写像の合成は全単射であることから，合成は $\mathfrak{S}(X)$ 上の二項演算を定める)．結合性は写像の合成に関する結合性であり，単位元が恒等写像 id_X，$f \in \mathfrak{S}(X)$ の逆写像 $f^{-1} : X \to X$ も全単射で $\mathfrak{S}(X)$ に属し，f の逆元となる．

2.2 部分群

線型代数でベクトル空間について学んだとき，数ベクトル空間 $\mathbb{R}^n$ の中に，同次連立一次方程式の解空間のような重要なベクトル空間が含まれていた．ベクトル空間 V の和とスカラー倍に関してベクトル空間となっている $W \subset V$ を V の部分ベクトル空間とよんでいた．$\mathbb{K}$ 上のベクトル空間 V の部分集合 W が，V の部分ベクトル空間であることを示すには，ベクトル空間の公理まで戻る必要はなく，

$$(1)\quad \mathbf{0} \in W,\quad (2)\quad \boldsymbol{w}_1, \boldsymbol{w}_2 \in W \Rightarrow \boldsymbol{w}_1 + \boldsymbol{w}_2 \in W,\quad (3)\quad k \in \mathbb{K}, \boldsymbol{w} \in W \Rightarrow k\boldsymbol{w} \in W$$

という 3 条件をすべて満たすことを示せばよかった．このことを「W は V の和とスカラー倍で閉じている」といった．

群の場合も，$\mathrm{GL}_n(\mathbb{K})$ や $\mathfrak{S}(X)$ の中に重要な群の例が豊富に存在する．そこで，群 G の部分群を次のように定義する．

定義 2.4 群 G の二項演算を $\circ$ とかく．G の部分集合 H が $\circ$ に関して群をなしている (すなわち，$\circ$ が H 上の二項演算になっていて，群の定義の 3 条件が満たされている) とき，H は G の**部分群**であるという．H が G の部分群であることを，単なる部分集合と区別するために，$H \leqq G$ とかく．とくに，G 自身や単位元のみ $\{e\}$ は G の部分群であり，**自明な部分群**とよばれる．また，G 自身以外の部分群を**真部分群**という．

群 G の部分集合 H が部分群となっているための必要十分条件を，部分ベクトル空間の場合との類似で述べれば，「H が G の二項演算と逆元で閉じていること」となる．次の命題にはこれ以上説明を付けることは避け，実質的に部分群の定義であると考えてよい．後の例でもこの命題の条件を確かめることがほとんどである．

命題 2.5　群 G の部分集合 H が G の部分群となる必要十分条件は，次の 3 条件をすべて満たすときである．

(1)　G の単位元 $e \in H$.

(2)　$h_1, h_2 \in H \Rightarrow h_1 \circ h_2 \in H$.

(3)　$h \in H \Rightarrow h^{-1} \in H$.

また，群 G の空でない部分集合 H が「$h_1, h_2 \in H \Rightarrow h_1 h_2^{-1} \in H$」を満たすとき，$H$ は G の部分群である．

例題 2.1　群 G の部分群 H, K に対し，$H \cap K$ は G の部分群であることを示せ．

解　$H, K \leqq G$ だからいずれも G の単位元 e を含む．よって $e \in H \cap K$. $x, y \in H \cap K$ に対し，$H \leqq G$ だから，$xy, x^{-1} \in H$. 同様に $K \leqq G$ だから，$xy, x^{-1} \in K$. よって $xy, x^{-1} \in H \cap K$ となるから，$H \cap K \leqq G$. □

問 2.2　$\mathbb{C}^\times$ を乗法で群とみなしたとき，$S^1 = \{z \in \mathbb{C}^\times \mid |z| = 1\}$ は部分群だが，$\{z \in \mathbb{C}^\times \mid 0 < |z| \leqq 1\}$ や $\{z \in \mathbb{C}^\times \mid \mathrm{Re}(z) > 0\}$ は部分群ではないことを示せ．

2.3　一般線型群とその部分群

$\mathbb{K} = \mathbb{R}, \mathbb{C}, \mathbb{Q}, \mathbb{F}_p$ などの場合，$\mathbb{K}$-係数 n 次正則行列全体 $\mathrm{GL}_n(\mathbb{K})$ は行列の積に関して群をなしていた．$\mathrm{GL}_n(\mathbb{K})$ の部分群をいろいろみてみよう．

$$T_n(\mathbb{K}) = \{A \in \mathrm{GL}_n(\mathbb{K}) \mid A \text{ は対角行列}\}$$

は $\mathrm{GL}_n(\mathbb{K})$ の部分群である．実際，正則な対角行列の対角成分は 0 でなく，

$$\mathrm{diag}(a_1, \ldots, a_n)\,\mathrm{diag}(b_1, \ldots, b_n)^{-1} = \mathrm{diag}(a_1 b_1^{-1}, \ldots, a_n b_n^{-1}) \in T_n(\mathbb{K})$$

となるからである．

行列式 1 の正則行列からなる

$$\mathrm{SL}_n(\mathbb{K}) = \{A \in \mathrm{GL}_n(\mathbb{K}) \mid \det A = 1\}$$

は $\mathrm{GL}_n(\mathbb{K})$ の部分群である．実際，$A, B \in \mathrm{SL}_n(\mathbb{K})$ のとき，$\det(AB^{-1}) = \det A(\det B)^{-1} = 1$ より $AB^{-1} \in \mathrm{SL}_n(\mathbb{K})$ となるからである．$\mathrm{SL}_n(\mathbb{K})$ を n **次特殊線型群**とよぶ．

例題 2.2 $\mathrm{GL}_n(\mathbb{K})$ の中で上三角行列全体のなす集合 $B_n^+(\mathbb{K})$，下三角行列全体のなす集合 $B_n^-(\mathbb{K})$，対角成分が 1 の上三角行列全体のなす集合 $U_n^+(\mathbb{K})$，対角成分が 1 の下三角行列全体のなす集合 $U_n^-(\mathbb{K})$ は，いずれも $\mathrm{GL}_n(\mathbb{K})$ の部分群であることを示せ．$B_n^\pm$ を $\mathrm{GL}_n(\mathbb{K})$ の**ボレル部分群**という．

解 B_n^+, U_n^+ についてのみ示す．$X = [x_{ij}], Y = [y_{ij}]$ とする．

$X, Y \in B_n^+$ のとき，$i > j$ に対して，$k \geqq i > j$ なら $y_{kj} = 0$, $k < i$ なら $x_{ik} = 0$．よって XY の (i, j)-成分 $\sum_{k=1}^{n} x_{ik} y_{kj} = 0$ となり，$XY \in B_n^+$．とくに，XY の (i, i)-成分が $x_{ii} y_{ii}$ に等しいことに注意すれば，$X, Y \in U_n^+$ なら $XY \in U_n^+$．

次に，$X \in B_n^+$ かつ $XY = I_n$ のとき，$Y \in B_n^+$ を示す．$\det X = x_{11} x_{22} \cdots x_{nn} \neq 0$，とくに $x_{ii} \neq 0$ であることに注意し，$\sum_{k=1}^{n} x_{ik} y_{kj} = \delta_{ij}$ をみる．

$i = n$ とすると，$k < n$ で $x_{nk} = 0$ だから，$x_{nn} y_{nj} = \delta_{nj}$．よって，$y_{nn} = x_{nn}^{-1}$ かつ $y_{nj} = 0\ (j < n)$．$i = n - 1$ とすると，$k < n - 1$ で $x_{n-1,k} = 0$．$j \leqq n - 1$ のとき，上で $y_{nj} = 0$ を示したので，$x_{n-1,n-1} y_{n-1,j} = \delta_{n-1,j}\ (j \leqq n - 1)$．よって $y_{n-1,n-1} = x_{n-1,n-1}^{-1}$ かつ $y_{n-1,j} = 0\ (j < n - 1)$．

以下帰納的に，$y_{ii} = x_{ii}^{-1}$ かつ $y_{ij} = 0\ (i > j)$ が言えて，$X^{-1} = Y \in B_n^+$．$X \in U_n^+$ なら $x_{ii} = 1$ だから $X^{-1} \in U_n^+$．□

例題 2.3 整数を成分とし，行列式が ± 1 であるような正則行列の全体を $\mathrm{GL}_n(\mathbb{Z})$ とかくとき，$\mathrm{GL}_n(\mathbb{Z})$ は $\mathrm{GL}_n(\mathbb{R})$ の部分群であることを示せ．

解 $A, B \in \mathrm{GL}_n(\mathbb{Z})$ に対し，AB は整数成分を持ち，$\det(AB) = \det A \cdot \det B = \pm 1$ なので，$AB \in \mathrm{GL}_n(\mathbb{Z})$．$A^{-1}$ は余因子行列 $\widetilde{A}$ を用いて $A^{-1} = \dfrac{1}{\det A} \widetilde{A}$ と表せる．(i, j)-余因子は整数を成分とする行列の行列式だから整数であり，$\det A = \pm 1$ だから，$A^{-1} \in \mathrm{GL}_n(\mathbb{Z})$ になる．□

線型代数で学習したいくつかの特別な行列を考えよう．

$\mathbb{K}=\mathbb{R}$ とし，$A\,{}^tA={}^tAA=I_n$ を満たす実数係数 n 次正方行列 A のことを n 次**(実) 直交行列**という．この行列は $A^{-1}={}^tA$ を満たす．

$\mathbb{R}^n$ の標準内積 $(\boldsymbol{x},\boldsymbol{y})={}^t\boldsymbol{x}\boldsymbol{y}=x_1y_1+\cdots+x_ny_n$ に関する $\boldsymbol{x}\in\mathbb{R}^n$ の大きさを $\|\boldsymbol{x}\|=\sqrt{(\boldsymbol{x},\boldsymbol{x})}$ とかく．n 次実直交行列の n 個の列ベクトルは $\mathbb{R}^n$ の標準内積 (ユークリッド内積) に関して正規直交している．

例題 2.4 次の 2 つが $\mathrm{GL}_n(\mathbb{R})$ の部分群であることを示せ．

$$\mathrm{O}_n=\{A\in\mathrm{GL}_n(\mathbb{R})\mid A\,{}^tA=I_n\},\qquad \mathrm{SO}_n=\mathrm{O}_n\cap\mathrm{SL}_n(\mathbb{R}).$$

それぞれ n 次 **(実) 直交群**，n 次 **(実) 特殊直交群**とよばれる．

解 $A,B\in\mathrm{O}_n$ のとき，$(AB^{-1})\,{}^t(AB^{-1})=AB^{-1}\,{}^t(B^{-1})\,{}^tA=A\,{}^tBB\,{}^tA=A\,{}^tA=I_n$ より $AB^{-1}\in\mathrm{O}_n$ だから O_n は $\mathrm{GL}_n(\mathbb{R})$ の部分群．SO_n は部分群の共通部分だから部分群である．□

$\det{}^tA=\det A$ に注意すると，実直交行列の行列式は ±1 のいずれかになる．$B=\mathrm{diag}(1,\ldots,1,-1)\in\mathrm{O}_n$ をとると，$A\in\mathrm{O}_n$ の行列式が -1 なら，$BA\in\mathrm{O}_n$ かつ $\det BA=1$ となって，$BA\in\mathrm{SO}_n$ となる．$B=B^{-1}$ に注意すれば，$O_n=\mathrm{SO}_n\bigsqcup B\cdot\mathrm{SO}_n$ と 2 つの交わりのない和に分割される．ここで第 2 項は SO_n の元に B を左から掛けて得られる行列全体で，すべて行列式 -1 である．

補題 2.6 実直交行列 A は，$\mathbb{R}^n$ の任意の 2 点間の (標準内積に関する) 距離を保つ．すなわち，任意の $\boldsymbol{x},\boldsymbol{y}\in\mathbb{R}^n$ に対し，$\|A\boldsymbol{x}-A\boldsymbol{y}\|=\|A(\boldsymbol{x}-\boldsymbol{y})\|=\|\boldsymbol{x}-\boldsymbol{y}\|$ が成り立つ．

証明 A が直交行列なら，$(A\boldsymbol{x},A\boldsymbol{y})={}^t(A\boldsymbol{x})A\boldsymbol{y}={}^t\boldsymbol{x}\,{}^tAA\boldsymbol{y}={}^t\boldsymbol{x}\boldsymbol{y}=(\boldsymbol{x},\boldsymbol{y})$．とくに $\boldsymbol{y}=\boldsymbol{x}$ とすれば，$\|A\boldsymbol{x}\|=\|\boldsymbol{x}\|$ が任意の $\boldsymbol{x}\in\mathbb{R}^n$ に対して成り立つ．よって，任意の $\boldsymbol{x},\boldsymbol{y}\in\mathbb{R}^n$ に対し，$\|A\boldsymbol{x}-A\boldsymbol{y}\|=\|A(\boldsymbol{x}-\boldsymbol{y})\|=\|\boldsymbol{x}-\boldsymbol{y}\|$．□

例 2.3 O_2 や SO_2 がどのような行列からなる群かを明示的にかく．$A=\begin{bmatrix}a & b\\ c & d\end{bmatrix}$

が，$A^tA = I_2$ を満たすとき，直接の成分計算で，$a^2+c^2=b^2+d^2=1$ かつ $ab+cd=0$ となる．$a=\cos\theta, c=\sin\theta, b=\sin\theta', d=\cos\theta'$ とおくと，$\cos\theta\sin\theta'+\sin\theta\cos\theta'=\sin(\theta+\theta')=0$ から，$\theta+\theta'=2k\pi$ または $(2k+1)\pi$ であり，$A=\begin{bmatrix}\cos\theta & -\sin\theta\\ \sin\theta & \cos\theta\end{bmatrix}=R_\theta$ または $\begin{bmatrix}\cos\theta & \sin\theta\\ \sin\theta & -\cos\theta\end{bmatrix}=\sigma_{\theta/2}$ となる．行列式はそれぞれ $1,-1$ であることに注意すると次のようになる．

$$\mathrm{O}_2=\left\{\text{回転 } R_\theta,\ \text{線対称移動 } \sigma_{\theta/2}\ (0\leqq\theta<2\pi)\right\}, \tag{2.1}$$

$$\mathrm{SO}_2=\{\ \text{回転 } R_\theta\ (0\leqq\theta<2\pi)\} \tag{2.2}$$

例 2.4 SO_3 がどのような行列からなる群かをみよう．

命題 2.7 SO_3 は，原点を通る直線を軸とした回転全体に一致する．

証明♣ $A\in\mathrm{SO}_3$ とすると，A には固有値 1 の固有ベクトルがある．実際，$\det(A-I_3)=\det(A-A^tA)=\det(A(I_3-{}^tA))=\det A\det({}^t(I_3-A))=\det(I_3-A)=-\det(A-I_3)$ より $\det(A-I_3)=0$ なので，1 は A の固有値だからである．固有値 1 の大きさ 1 の固有ベクトルを $\boldsymbol{v}$ とおく．$\boldsymbol{v}$ に直交し，原点を通る平面 H 上の直交する大きさ 1 のベクトル $\boldsymbol{w}_1,\boldsymbol{w}_2$ をとる．補題 2.6 の証明でみたように，A は内積，したがって 2 つのベクトルのなす角を保つことから H を保つ．つまり，$P=[\boldsymbol{v},\boldsymbol{w}_1,\boldsymbol{w}_2]$ という直交行列を用いて，$P^{-1}AP=\left[\begin{array}{c|c}1 & 0\\ \hline 0 & A'\end{array}\right]$ と表される．A,P が直交行列だから，左辺は直交行列でその行列式は $\det A=1$ に等しい．したがって，右辺，とくに A' も直交行列であり，$\det A'=1$ となって $A'\in\mathrm{SO}_2$．これは回転行列である．したがって，A は $\boldsymbol{v}$ を方向ベクトルとする原点を通る直線に関する回転を表す．

逆に，原点を通る直線を軸とする回転は，回転軸方向の大きさ 1 のベクトル $\boldsymbol{v}$ とそれに垂直な平面上の直交する大きさ 1 のベクトル $\boldsymbol{w}_1,\boldsymbol{w}_2=\boldsymbol{v}\times\boldsymbol{w}_1$ をとれば，$(\boldsymbol{v},\boldsymbol{w}_1,\boldsymbol{w}_2)$ に関する表現行列が $\begin{bmatrix}1 & 0\\ 0 & R_\theta\end{bmatrix}$ となる線型写像である．したがって，$A=P\begin{bmatrix}1 & 0\\ 0 & R_\theta\end{bmatrix}P^{-1}$ $(P=[\boldsymbol{v},\boldsymbol{w}_1,\boldsymbol{w}_2])$ を用いて $\boldsymbol{x}\mapsto A\boldsymbol{x}$ と表せる．右辺の 3 つの行列はいずれも SO_3 に属するから $A\in\mathrm{SO}_3$ である．□

原点を通る平面に関する面対称移動を表す行列も O_3 の元になることが同様に示せる．xy 平面に関する面対称移動を表す $B = \mathrm{diag}(1,1,-1)$ をとると，$O_3 = SO_3 \sqcup B \cdot SO_3$ と交わりのない和に分割されるから，O_3 の元は，空間内の原点を通る直線に関する回転と xy 平面に関する面対称移動の合成で表される．ただし，たとえば，$-I_3 \in O_3$ は原点に関する点対称移動を引き起こすので，O_3 には回転や面対称移動ではないものも含まれる．

例 2.5 $\mathbb{R}^2$ や $\mathbb{R}^3$ 内の図形 D が与えられたとき，D を保つ O_2, O_3 の元全体は O_2, O_3 の部分群をなす．

$\mathbb{R}^2$ の場合，

- D を原点を中心とし，2 辺が軸に平行になるように置かれた (正方形でない) 長方形とすれば，$\{R_0, R_\pi, \sigma_0, \sigma_{\pi/2}\}$ が D を保つ位数 4 の群であり，O_2 の部分群である．$\sigma_\theta \notin SO_2$ なので，SO_2 の部分群ではない．$\{R_0, R_\pi\}$ は SO_2 の部分群である．
- D を原点を中心とし，1 辺が y 軸と平行になるように置かれた正三角形とすれば，$\{R_0, R_{2\pi/3}, R_{4\pi/3}, \sigma_0, \sigma_{\pi/3}, \sigma_{2\pi/3}\}$ が D を保つ位数 6 の群であり，O_2 の部分群であるが，SO_2 の部分群ではない．$\{R_0, R_{2\pi/3}, R_{4\pi/3}\}$ は SO_2 の部分群である．

同様に，D を，原点を中心とし $(1,0)$ が 1 つの頂点になっているような正 n 角形とすると，$\left\{R_{2k\pi/n}, \sigma_{k\pi/n}\ (0 \leqq k \leqq n-1)\right\}$ が D を保つ O_2 の部分群である．この群を位数 $2n$ の**二面体群** D_n という．SO_2 との共通部分として得られる部分群は $\left\{R_{2k\pi/n}\ (k = 0, 1, 2, \ldots, n-1)\right\}$ である．

$\mathbb{R}^3$ の場合，原点が重心となるように置かれた正多面体 D が与えられたとき，D を保つ SO_3 の元 (原点を通る軸に関する回転) 全体は，SO_3 の部分群をなす．

たとえば，D が正四面体の場合，この部分群は位数 12 の群になる．なぜなら，恒等変換以外に，各面の重心と原点を結ぶ直線に関する $2\pi/3$, $4\pi/3$ 回転が，各面ごとに合計 8 個，正四面体の対辺の中点を結ぶ直線に関する π 回転が 3 個あるからである．

この群のことを**正四面体群**とよぶ．(正四面体群や正六面体群の構造は例 3.17，正二十面体群の構造は問 3.17 で述べる．)

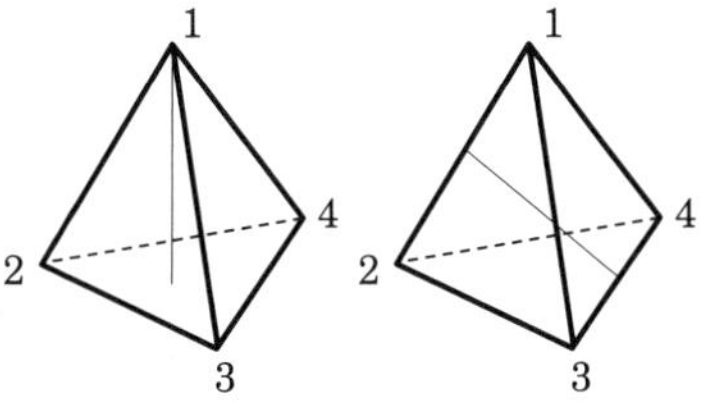

例 2.6 全単射 $f:\mathbb{R}^n \to \mathbb{R}^n$ が，任意の $\boldsymbol{x},\boldsymbol{y} \in \mathbb{R}^n$ に対し $\|f(\boldsymbol{x})-f(\boldsymbol{y})\| = \|\boldsymbol{x}-\boldsymbol{y}\|$ を満たすとき，f は $\mathbb{R}^n$ の**合同変換**であるという．合同変換の合成は合同変換であり，恒等写像は合同変換で，合同変換の逆写像も合同変換だから，$\mathbb{R}^n$ の合同変換の全体 $E(\mathbb{R}^n)$ は，写像の合成に関して群をなし．$\mathbb{R}^n$ **の合同変換群** (あるいは**ユークリッドの運動群**) とよばれる．直交行列の引き起こす $\boldsymbol{x} \mapsto A\boldsymbol{x}$ は合同変換であり，O_n は $E(\mathbb{R}^n)$ の部分群とみなせる．実は，合同変換は平行移動を除くと O_n の元しかないことが示せる．

命題 2.8$^\heartsuit$ 合同変換 $f:\mathbb{R}^n \to \mathbb{R}^n$ は，n 次実直交行列 A と $\boldsymbol{b} \in \mathbb{R}^n$ を用いて，$f(\boldsymbol{x}) = A\boldsymbol{x} + \boldsymbol{b}$ $(\boldsymbol{x} \in \mathbb{R}^n)$ と一意的に表せる．

証明 合同変換 $f:\mathbb{R}^n \to \mathbb{R}^n$ に対して，$g(\boldsymbol{x}) = f(\boldsymbol{x}) - f(\boldsymbol{0})$ とおく．$g(\boldsymbol{0}) = \boldsymbol{0}$ である．また，f が合同変換なので，$\|g(\boldsymbol{x}) - g(\boldsymbol{y})\| = \|f(\boldsymbol{x}) - f(\boldsymbol{y})\| = \|\boldsymbol{x}-\boldsymbol{y}\|$ が任意の $\boldsymbol{x},\boldsymbol{y}$ で成り立つ．$\boldsymbol{y} = \boldsymbol{0}$ とすれば，任意の $\boldsymbol{x}$ で $\|g(\boldsymbol{x})\| = \|\boldsymbol{x}\|$ となる．これを用いて $\|g(\boldsymbol{x}) - g(\boldsymbol{y})\|^2 = \|\boldsymbol{x}\|^2 - 2(g(\boldsymbol{x}), g(\boldsymbol{y})) + \|\boldsymbol{y}\|^2$ と $\|\boldsymbol{x}-\boldsymbol{y}\|^2 = \|\boldsymbol{x}\|^2 - 2(\boldsymbol{x},\boldsymbol{y}) + \|\boldsymbol{y}\|^2$ を比較すれば，$(g(\boldsymbol{x}), g(\boldsymbol{y})) = (\boldsymbol{x},\boldsymbol{y})$ が任意の $\boldsymbol{x},\boldsymbol{y}$ で成り立つ．

$k \in \mathbb{R}$ に対し，$\|g(k\boldsymbol{x}) - kg(\boldsymbol{x})\|^2 = \|g(k\boldsymbol{x})\|^2 - 2(g(k\boldsymbol{x}), kg(\boldsymbol{x})) + \|kg(\boldsymbol{x})\|^2 = \|k\boldsymbol{x}\|^2 - 2k(g(k\boldsymbol{x}), g(\boldsymbol{x})) + \|k\boldsymbol{x}\|^2 = \|k\boldsymbol{x}\|^2 - 2k(k\boldsymbol{x},\boldsymbol{x}) + k^2\|\boldsymbol{x}\|^2 = 0$ となって $g(k\boldsymbol{x}) = kg(\boldsymbol{x})$ が言え，$g(\boldsymbol{x}+\boldsymbol{y}) = g(\boldsymbol{x}) + g(\boldsymbol{y}) = 0$ も同様に示せる．したがって，g は線型写像であり，$g(\boldsymbol{x}) = A\boldsymbol{x}$ と一意的に表せる．すると $(\boldsymbol{x},\boldsymbol{y}) = (g(\boldsymbol{x}), g(\boldsymbol{y})) = (A\boldsymbol{x}, A\boldsymbol{y}) = {}^t\boldsymbol{x}{}^tAA\boldsymbol{y}$ において $\boldsymbol{x} = \boldsymbol{e}_i, \boldsymbol{y} = \boldsymbol{e}_j$ とすれば，A の n 個の列ベクトルが正規直交していることがわかるので，$A \in O_n$．$\boldsymbol{b} = f(\boldsymbol{0})$ と一意的に決まる．□

さらに一般に，$A \in \mathrm{GL}_n(\mathbb{R})$ と $\boldsymbol{b} \in \mathbb{R}^n$ を用いて $f(\boldsymbol{x}) = A\boldsymbol{x} + \boldsymbol{b}$ と表される $\mathbb{R}^n$

上の全単射の全体 $\mathrm{Aff}(\mathbb{R}^n)$ は，写像の合成に関して群をなし，$\mathbb{R}^n$ の**アフィン変換群**とよばれる．$\mathrm{GL}_n(\mathbb{R})$ は $\mathrm{Aff}(\mathbb{R}^n)$ の部分群とみなせる．実際，$f_i(\boldsymbol{x}) = A_i\boldsymbol{x} + \boldsymbol{b}_i$ $(i = 1, 2)$ のとき，$f_1 \circ f_2(\boldsymbol{x}) = f_1(A_2\boldsymbol{x} + \boldsymbol{b}_2) = A_1(A_2\boldsymbol{x} + \boldsymbol{b}_2) + \boldsymbol{b}_1 = A_1A_2\boldsymbol{x} + (A_1\boldsymbol{b}_2 + \boldsymbol{b}_1)$ だから $f_1 \circ f_2 \in \mathrm{Aff}(\mathbb{R}^n)$ であり，$f(\boldsymbol{x}) = A\boldsymbol{x} + \boldsymbol{b}$ の逆変換は，$\boldsymbol{x} \mapsto A^{-1}\boldsymbol{x} - A^{-1}\boldsymbol{b}$ となって $\mathrm{Aff}(\mathbb{R}^n)$ に属す．

$\mathrm{GL}_n(\mathbb{C})$ の部分群の中でも，とくに $n = 2$ の場合，次の問にある 2 次特殊ユニタリ群 SU_2 は今後も本文中の随所で扱う．

問 2.3 $\mathbb{K} = \mathbb{C}$ とし，$\overline{{}^t\!A}A = A\overline{{}^t\!A} = I_n$ を満たす n 次正方行列 A を n 次**ユニタリ行列**とよぶ．ここで $\overline{A}$ は，A のすべての成分の複素共役をとって得られる行列であり，A がユニタリ行列なら $\overline{{}^t\!A} = A^{-1}$ である．次の 2 つが $\mathrm{GL}_n(\mathbb{C})$ の部分群であることを示せ．

$$\mathrm{U}_n = \{A \in \mathrm{GL}_n(\mathbb{C}) \mid \overline{{}^t\!A}A = I_n\}, \qquad \mathrm{SU}_n = \mathrm{U}_n \cap \mathrm{SL}_n(\mathbb{C}).$$

それぞれ n 次**ユニタリ群**，n 次**特殊ユニタリ群**という．さらに，

$$\mathrm{SU}_2 = \left\{ \begin{bmatrix} a & b \\ -\bar{b} & \bar{a} \end{bmatrix} \;\middle|\; a, b \in \mathbb{C},\ |a|^2 + |b|^2 = 1 \right\}$$

と具体的に表示できることを示せ．

2.4 対称群と交代群

$X_n = \{1, 2, \ldots, n\}$ 上の全単射を n 文字の置換とよび，その全体 $\mathfrak{S}(X_n)$ は写像の合成に関して群をなす[2]．これを $\mathfrak{S}_n$ とかき，n 次**対称群**という．これは位数 $n!$ の有限群である．r 個の相異なる整数 $1 \leqq i_1, i_2, \ldots, i_r \leqq n$ に対して，$\sigma(i_k) = i_{k+1}$ $(1 \leqq k \leqq r-1)$ および $\sigma(i_r) = i_1$ を満たし，さらに $\sigma(i) = i$ $(i \neq i_1, i_2, \ldots, i_r)$ となっているとき，この σ を $(i_1, i_2, \ldots, i_r)$ とかいて，長さ r の**巡回置換**といい[3]，とくに長さ 2 の巡回置換を**互換**とよんでいた．$(i, i+1)$ のよう

2] 置換の合成を「置換の積」ということが多く，以下本書でもそうかいてしまう．

3] たとえば (1,2,3) だけでなく (2,3,1) と (3,1,2) のように順番に入れ替えたものは同じ巡回置換を表すことにする．また，いちいち区切らず単に $(i_1 i_2 \cdots i_r)$ や (123) とかくことも多い．

に隣り合った 2 文字を入れ替えるものを**隣接互換**という．$(ij)^{-1} = (ij)$ であり，$(i_1 i_2, \ldots i_r)^{-1} = (i_1 i_r i_{r-1} \ldots i_2)$ である．

例題 2.5 $\sigma \in \mathfrak{S}_n$ に対し，$\sigma(a_1 a_2 \ldots a_k)\sigma^{-1} = (\sigma(a_1)\sigma(a_2)\ldots\sigma(a_k))$ を示せ．

解 $b \neq \sigma(a_j)$ $(1 \leqq j \leqq k)$ のとき，$\sigma^{-1}(b) \neq a_j$ $(1 \leqq j \leqq k)$ なので，$\sigma(a_1, a_2, \ldots, a_k)\sigma^{-1}(b) = \sigma\sigma^{-1}(b) = b$．他方，$(\sigma(a_1, a_2, \ldots, a_k)\sigma^{-1})(\sigma(a_j)) = \sigma(a_1, a_2, \ldots, a_k)(a_j)$ になるから，$j < k$ なら $\sigma(a_{k+1})$，$j = k$ なら $\sigma(a_1)$ となるので，主張が成り立つ．□

補題 2.9 どんな置換も互換の積として表せる，すなわち

(1) 任意の置換は，共通する文字を含まない巡回置換の積で表せる．

(2) 巡回置換は互換の積で表せる．

(3) 互換は隣接互換の積で表せる．

証明 (1) は具体例でみる．たとえば，$\sigma = \begin{bmatrix} 1&2&3&4&5&6&7&8&9 \\ 7&6&8&2&1&4&9&3&5 \end{bmatrix}$ なら，1 から順番に行先を拾って $1 \to 7 \to 9 \to 5 \to 1$ と読み，ここから (1795) という巡回置換を取り出す．次にここに現れない，たとえば 2 から始めて $2 \to 6 \to 4 \to 2$ と読み，(264) を取り出す．さらに $3 \to 8 \to 3$ から (38) を取り出す．よって $\sigma = (1795)(264)(38)$ となる．なお，交わりのない巡回置換は可換なので順番はどのように並べてもよい．(2) は $(i_1 i_2 \ldots i_r) = (i_1 i_r)(i_1 i_{r-1}) \cdots (i_1 i_2)$ から従う．(3) は $i < j$ に対し，$s_k = (k, k+1)$ を用いて $(ij) = s_i s_{i+1} \cdots s_{j-2} s_{j-1} s_{j-2} \cdots s_{i+1} s_i$ から従う．□

偶数個の互換の積で表される置換を**偶置換**，奇数個の互換の積で表される置換を**奇置換**という．単位元は偶置換である．次の命題は置換の重要な性質である．

命題 2.10 置換を互換の積で表すとき，その表示に現れる互換の個数の偶奇は一意的に定まる．

この命題が非自明なのは，たとえば，$(13) = (12)(23)(12) = (23)(12)(23)$ のよ

うに，互換の積として表す方法が 1 通りではないからである．表し方がいろいろあると，それらを使って表示を書き換えることで，偶数個の互換の積で表されていた置換を奇数個の互換の積で表せるかもしれない．実際には，書き換えの方法は，$s_i^2 = e$ と $s_i s_{i+1} s_i = s_{i+1} s_i s_{i+1}$ と $s_i s_j = s_j s_i$ $(|i-j| > 1)$ しかないようにみえるので，互換の積で表した表示を書き換えるとしても，使われている互換の個数の偶奇は変わらないようにみえる．しかし書き換えの規則が上であげたものしかないことの証明は，この命題の証明よりずっと難しい (例題 7.4 参照)．この命題の証明のために 1 回の互換で偶奇が 1 回だけ変わることがはっきりしている対象を用意する．たとえば，n 変数の差積 $\Delta_n = \prod_{1 \leqq i < j \leqq n} (X_i - X_j)$ である．n 文字の置換は $X_1, \ldots, X_n$ の変数の入れ替えを引き起こす．しかし，X_i, X_{i+1} を入れ替えると，$(X_i - X_{i+2}) \cdots (X_i - X_n)$ と $(X_{i+1} - X_{i+2}) \cdots (X_{i+1} - X_n)$ はちょうど入れ替わり，$(X_i - X_{i+1})$ だけ符号が変わる．つまり，互換で変数を入れ替えると差積は (-1) 倍になる．したがって，もしある置換 σ を使って変数を入れ替えたとき，偶数個の互換で表されていれば Δ_n の符号は変わらないが，奇数個の互換で表されていれば符号が変わる．同じ元で変数を入れ替えた結果が異なる符号になることはあり得ないから，偶置換かつ奇置換ということはない．

命題 2.11　$\mathfrak{A}_n = \{\sigma \in \mathfrak{S}_n \mid \sigma \text{は偶置換}\}$ は，$\mathfrak{S}_n$ の部分群であり，n **次交代群**とよばれる．$|\mathfrak{A}_n| = \dfrac{n!}{2}$ である．

証明　偶置換の合成は定義から偶置換．また互換の逆元は自分自身であることに注意すると，互換の積 $\sigma = \sigma_1 \cdots \sigma_r$ の逆元 $\sigma^{-1} = \sigma_r^{-1} \cdots \sigma_1^{-1}$ も互換の積である．つまり偶置換の逆元も偶置換になる．よって $\mathfrak{A}_n$ は $\mathfrak{S}_n$ の部分群である．また $\sigma \circ (12)$ は，σ と偶奇が異なることに注意すれば，$\sigma \mapsto \sigma \circ (12)$ は，偶置換と奇置換の間の 1 対 1 対応を与えるから，偶置換と奇置換の数は等しく $\dfrac{n!}{2}$ 個．□

例 2.7　$H_1 = \{e, (12), (34), (12)(34)\}$, $H_2 = \{e, (12)(34), (13)(24), (14)(23)\}$ は，いずれも $\mathfrak{S}_4$ の部分群である．H_1 には奇置換が含まれるため $\mathfrak{A}_4$ の部分群ではないが，H_2 は偶置換のみからなるため $\mathfrak{A}_4$ の部分群である．

2.5 $\mathbb{Z}_N$ と $\mathbb{Z}_N^\times$

整数の全体 $\mathbb{Z}$ は加法を二項演算としてアーベル群をなす．整数の加法は結合法則を満たし，単位元は 0 であり，n の逆元は $-n$ である．なお，$\mathbb{Z}$ は乗法では群にならない．

2 以上の整数 N を 1 つ固定する．集合 $\{0,1,2,\ldots,N-1\}$ を考え

$$n_1 \circ n_2 = (n_1 + n_2 \text{を } N \text{ で割った余り})$$

で定義される二項演算を考える．n_1+n_2 を N で割った余りを r，$r+n_3$ を N で割った余りを r' とすれば，$n_1+n_2=qN+r$, $r+n_3=q'N+r'$ と表せて，$n_1+n_2+n_3=qN+q'N+r'$ となる．つまり，$(n_1\circ n_2)\circ n_3=(n_1+n_2+n_3$を N で割った余り$)$ である．$n_1\circ(n_2\circ n_3)$ も同様に $(n_1+n_2+n_3)$ を N で割った余りになる．したがって，$\circ$ は $\{0,1,2,\ldots,N-1\}$ 上の結合法則を満たす二項演算であり，単位元は 0，$0<n<N$ の逆元は $N-n$ となる．よって $\{0,1,2,\ldots,N-1\}$ は二項演算 $\circ$ に関して群をなす．この群を $\mathbb{Z}_N$ とかく．

掛け算について

$$n_1 * n_2 = (n_1 n_2 \text{を } N \text{ で割った余り})$$

とすると，これは $\{0,1,2,\ldots,N-1\}$ 上の可換な二項演算である．

問 2.4　$*$ が結合法則を満たすことを示せ．

単位元として 1 がとれるが，$n*0=1$ となる n はとれないから，0 の逆元はない．したがって，$\{0,1,2,\ldots,N-1\}$ は $*$ では群にならない．0 を除いた $\{1,2,\ldots,N-1\}$ だと，たとえば $N=6$ のとき $2*3=0$ となってしまい二項演算にならない．

命題 2.12　2 以上の自然数 N に対して，

$$\mathbb{Z}_N^\times = \{n \mid 1 \leqq n < N \text{ で } n \text{ と } N \text{ は互いに素}\}$$

は，$n_1 * n_2 = (n_1 n_2$を N で割った余り$)$ を二項演算とするアーベル群になる．

証明 $n_1, n_2 \in \mathbb{Z}_N^\times$ とする．$n_1 n_2 = Nq + r$ と表したとき，余り r と N をともに割り切る素数 p があると，n_1, n_2 の少なくとも一方を割り切ることになり n_1, n_2 が N と互いに素であることに反する．よって r は N と互いに素となり，$*$ は $\mathbb{Z}_N^\times$ 上の二項演算になる．単位元は 1 である．n と N が互いに素のとき，$N-1$ 個の整数 $n, 2n, 3n, \ldots, (N-1)n$ を N で割った余りを考える．n, N が互いに素なので in $(1 \leqq i \leqq N-1)$ を N で割った余りが 0 になることはない．他方，in と jn を N で割った余りが等しいとすると，$(i-j)n$ が N で割り切れる．n と N は互いに素だから $i-j$ が N で割り切れる．$-N < i-j < N$ だから $i = j$ となるしかない．つまり，$N-1$ 個の整数 $n, 2n, 3n, \ldots, (N-1)n$ を N で割った余りはすべて相異なる．しかも 0 をとれないので，これには $1, 2, \ldots, N-1$ がちょうど 1 回ずつ現れる．よって $n * x = 1$ となる $1 \leqq x \leqq N-1$ がとれる[4]．$nx = qN + 1$ となっているから，x, N の公約数は 1 を割り切るしかないため，x, N は互いに素である．つまり $x \in \mathbb{Z}_N^\times$ となる．よって $\mathbb{Z}_N^\times$ の各元に逆元がとれる．□

例 2.8 $\mathbb{Z}_4$, $\mathbb{Z}_5^\times$，$\mathbb{Z}_8^\times$ の群の様子を調べてみよう．第 1 章でやったように，$n_1 \circ n_2$ の結果を n_1 の行の n_2 列に書き込むことで表を作る．この 3 つの群はいずれも位数 4 の有限群である．

$\mathbb{Z}_4$ と $\mathbb{Z}_5^\times$ とは，$0 \mapsto 1$, $1 \mapsto 2$, $2 \mapsto 4$, $3 \mapsto 3$ で二項演算まで含めて対応することがみえる．

$\mathbb{Z}_4$	0	1	2	3
0	0	1	2	3
1	1	2	3	0
2	2	3	0	1
3	3	0	1	2

$\mathbb{Z}_5^\times$	1	2	3	4
1	1	2	3	4
2	2	4	1	3
3	3	1	4	2
4	4	3	2	1

$\mathbb{Z}_8^\times$	1	3	5	7
1	1	3	5	7
3	3	1	7	5
5	5	7	1	3
7	7	5	3	1

(2.3)

しかし，$\mathbb{Z}_8^\times$ とは対応がつかず，この群はむしろ第 1 章でみていた (正方形でない) 長方形の対称性から得られる位数 4 の有限群 $\{e, c, r_x, r_y\}$ と，たとえば，$1 \mapsto e$, $3 \mapsto c$, $5 \mapsto r_x$, $7 \mapsto r_y$ で二項演算まで含めて対応する．

4] このことは a, b が互いに素のとき，$ax + by = 1$ を満たす整数 x, y がとれることを意味する．より一般に，a, b の最大公約数を d とすれば，$ax + by = d$ となる整数 x, y がとれることもわかる．これらはユークリッドの互除法を用いて示してもよい．

$|\mathbb{Z}_N^\times|$ は N と互いに素な 1 以上 N 以下の整数の個数である (オイラーの ϕ 関数). とくに, N が素数 p のときは, $|\mathbb{Z}_p^\times| = p-1$ である. $\mathbb{Z}_p$ は足し算に関してアーベル群であり, 0 を除けば掛け算の余りに関してもアーベル群になっている. このように 0 を除けば加減乗除ができる代数構造のことを**体**という. $\mathbb{Q}, \mathbb{R}, \mathbb{C}$ は無限個の元からなる体の例だが, $\mathbb{Z}_p$ は有限個からなる体 (**有限体**) の例である. $\mathbb{Z}_p$ が体であることを強調したい場合には, $\mathbb{F}_p$ とかく[5].

例 2.9 p を素数とするとき, $|\mathrm{GL}_n(\mathbb{F}_p)|$ を求めよう. そのためには, $\mathbb{F}_p$ の元を成分とする n 個の一次独立な列ベクトルのとり方の総数を数えればよい. 1 列目は零ベクトル以外の列ベクトルを p^n-1 通り. 2 列目は, 1 列目の定数倍以外の p^n-p 通り. 3 列目は, 1 列目と 2 列目の一次結合で表される p^2 個以外からとればよいので p^n-p^2 通りとなる. 以下同様に考えて

$$|\mathrm{GL}_n(\mathbb{F}_p)| = (p^n-1)(p^n-p)(p^n-p^2)\cdots(p^n-p^{n-1}) = p^{n(n-1)/2}\prod_{i=1}^{n}(p^i-1)$$

である. また, $U_n^\pm(\mathbb{F}_p)$ は対角成分がすべて 1 であり, 右上あるいは左下の成分は自由に選んでよいことに注意すれば, $|U_n^\pm(\mathbb{F}_p)| = p^{n(n-1)/2}$ である.

演習問題

問 2.5 群 G のすべての元 g が $g^2=e$ を満たすなら G は可換であることを示せ.

問 2.6 ♡ 関数 $f:\mathbb{R}\to\mathbb{R}$ が, 任意の $x, y \in \mathbb{R}$ に対して, $f(xy)\{f(x)-f(y)\} = (x-y)f(x)f(y)$ を満たすとする. $f(x)\neq 0$ となる $x\in\mathbb{R}$ が少なくとも 1 つ存在するとき, そのような x の全体 $G=\{x\in\mathbb{R} \mid f(x)\neq 0\}$ は乗法群 $\mathbb{R}^\times$ の部分群であることを示せ.

5] 有限体の位数は, 素数の冪に限られ, 各素数の冪ごとに同型を除いてただ一つ存在する. ただし, 本書で扱うのは素数 p に対する $\mathbb{F}_p$ のみである.

問 2.7 ♡ $k \geqq 1$ とし，$\mathfrak{n}_k = \left\{ \sum_{j \geqq i+k} a_{ij} E_{ij} \;\middle|\; a_{ij} \in \mathbb{K} \right\}$ とおく．$A \in \mathfrak{n}_k, A' \in \mathfrak{n}_{k'}$ のとき，$AA' \in \mathfrak{n}_{k+k'}$ となることを示し，$U^{(k)} = \{I_n + A \mid A \in \mathfrak{n}_k\}$ が $U_n^+(\mathbb{K})$ の部分群であることを示せ．

問 2.8 $J_{n,1} = \begin{bmatrix} I_n & 0 \\ 0 & -1 \end{bmatrix}$，$I_{p,q} = \begin{bmatrix} -I_p & \mathbf{0} \\ \mathbf{0} & I_q \end{bmatrix}$，$J_n = \begin{bmatrix} 0 & I_n \\ -I_n & 0 \end{bmatrix}$ とする．

(1) **ローレンツ群** $\mathrm{SO}_{n,1} = \{A \in \mathrm{GL}_{n+1}(\mathbb{R}) \mid {}^t A J_{n,1} A = J_{n,1}, \det A = 1\}$ は $\mathrm{GL}_{n+1}(\mathbb{R})$ の部分群であることを示せ．さらに $g \in \mathrm{SO}_{n,1}$ の $(n+1, n+1)$-成分 $g_{n+1,n+1} \geqq 1$ または $\leqq -1$ であることを示し，$\mathrm{SO}^\circ_{n,1} = \{g \in \mathrm{SO}_{n,1} \mid g_{n+1,n+1} \geqq 1\}$ が $\mathrm{SO}_{n,1}$ の部分群であることを示せ．

(2) $\mathrm{SU}_{p,q} = \{g \in \mathrm{SL}_{p+q}(\mathbb{C}) \mid {}^t\overline{g} I_{p,q} g = I_{p,q}\}$ は $\mathrm{SL}_{p+q}(\mathbb{C})$ の部分群であることを示し，$\mathrm{SU}_{1,1}$ の元の具体的な表示を求めよ．

(3) $2n$ **次実シンプレクティック群** $\mathrm{Sp}_{2n} = \{A \in \mathrm{GL}_{2n}(\mathbb{R}) \mid {}^t A J_n A = J_n\}$ は $\mathrm{GL}_{2n}(\mathbb{R})$ の部分群であることを示せ．

問 2.9 ♡ 次の K, A, N はいずれも Sp_{2n} の部分群で，いずれの部分群の元も行列式が 1 であることを示せ．

$$K = \left\{ \begin{bmatrix} A & B \\ -B & A \end{bmatrix} \;\middle|\; A, B \in M_n(\mathbb{R}),\ A + iB \in \mathrm{U}_n \right\},$$

$$A = \left\{ \begin{bmatrix} D & 0 \\ 0 & D^{-1} \end{bmatrix} \;\middle|\; D \text{ は対角成分がすべて正の } n \text{ 次対角行列} \right\},$$

$$N = \left\{ \begin{bmatrix} P & Q \\ \mathbf{0} & {}^tP^{-1} \end{bmatrix} \;\middle|\; P \in U_n^+(\mathbb{R}),\ P\,{}^tQ = Q\,{}^tP \right\}$$

注意 ♡ $\mathbb{K} = \mathbb{R}$ または $\mathbb{C}$ とし，V を $\mathbb{K}$ 上のベクトル空間とする．写像 $b : V \times V \to \mathbb{K}$ が双線型形式であるとは，任意の $\boldsymbol{x} \in V$ に対して，$b(\boldsymbol{x}, \bullet), b(\bullet, \boldsymbol{x}) : V \to \mathbb{K}$ がいずれも線型写像であるときをいう．さらに，任意の $\boldsymbol{x}, \boldsymbol{y} \in V$ に対して，$b(\boldsymbol{x}, \boldsymbol{y}) = b(\boldsymbol{y}, \boldsymbol{x})$ を満たすとき，b は対称形式であるといい，任意の $\boldsymbol{x}, \boldsymbol{y} \in V$ に対して，$b(\boldsymbol{x}, \boldsymbol{y}) = -b(\boldsymbol{y}, \boldsymbol{x})$ を満たすとき，b は交代形式であるという．交代形式 b に対しては，任意の $\boldsymbol{x} \in V$ に対して $b(\boldsymbol{x}, \boldsymbol{x}) = 0$ となる．$K = \mathbb{C}$ の場合，任意の $\boldsymbol{x}, \boldsymbol{x}', \boldsymbol{y} \in V$ と $k \in \mathbb{K}$ に対して，$b(\boldsymbol{x} + \boldsymbol{x}', \boldsymbol{y}) = b(\boldsymbol{x}, \boldsymbol{y}) + b(\boldsymbol{x}', \boldsymbol{y}), b(a\boldsymbol{x}, \boldsymbol{y}) =$

$\overline{a}b(\boldsymbol{x},\boldsymbol{y})$ と $b(\boldsymbol{x},\boldsymbol{y})=\overline{b(\boldsymbol{y},\boldsymbol{x})}$ を満たすとき，b をエルミート形式という．

$\mathbb{R}^n$ の標準内積 $b(\boldsymbol{x},\boldsymbol{y})={}^t\boldsymbol{x}\boldsymbol{y}$ は対称形式，$\mathbb{C}^n$ の内積 $b(\boldsymbol{x},\boldsymbol{y})=\overline{{}^t\boldsymbol{x}}\boldsymbol{y}$ はエルミート形式である．一般に，対称 [交代] 行列 J に対して，$b_J(\boldsymbol{x},\boldsymbol{y})={}^t\boldsymbol{x}J\boldsymbol{y}$ により，$\mathbb{R}^n$ 上の対称 [交代] 形式が定義される．また，エルミート行列 H に対して，$b_H(\boldsymbol{x},\boldsymbol{y})=\overline{{}^t\boldsymbol{x}}H\boldsymbol{y}$ により，$\mathbb{C}^n$ 上のエルミート形式が定義される．直交群 O_n は，$\mathbb{R}^n$ の標準内積に関して，任意の $\boldsymbol{x},\boldsymbol{y}\in V$ に対して $(A\boldsymbol{x},A\boldsymbol{y})=(\boldsymbol{x},\boldsymbol{y})$ を満たすものの全体であった．一般に，b を，行列式が 0 でない対称 [交代，エルミート] 行列から定まる対称 [交代] 形式 b_J またはエルミート形式 b_H のいずれかとしたとき，b を不変に保つ行列，すなわち任意の $\boldsymbol{x},\boldsymbol{y}$ に対して $b(A\boldsymbol{x},A\boldsymbol{y})=b(\boldsymbol{x},\boldsymbol{y})$ を満たすような A は可逆で，その全体は群をなす．U_n は $\mathbb{C}^n$ の標準内積，Sp_n は，交代行列 J_n から定まる $\mathbb{R}^{2n}$ の交代形式 $b(\boldsymbol{x},\boldsymbol{y})=x_1y_{2n}+\cdots+x_ny_{n+1}-x_{n+1}y_n-\cdots-x_{2n}y_1$，$\mathrm{SO}_{n,1}$ は，$J_{n,1}$ から定まる $\mathbb{R}^n$ の対称形式 $b(\boldsymbol{x},\boldsymbol{y})=x_1y_1+\cdots+x_ny_n-x_{n+1}y_{n+1}$，$\mathrm{SU}_{p,q}$ は，$H=I_{p,q}$ から定まる $\mathbb{C}^n$ のエルミート形式 $b(\boldsymbol{x},\boldsymbol{y})=-\overline{x_1}y_1-\cdots-\overline{x_p}y_p+\overline{x_{p+1}}y_{p+1}+\cdots+\overline{x_{p+q}}y_{p+q}$ に対し，それぞれを不変に保つ行列全体のなす群である．

第3章

群を調べるための基本ツール

第1章や第2章では，有限群の場合に，$g, h \in G$ に対して gh が G のどの元になるかを g 行 h 列に書き込む表をかいた．この表のことを G の**乗積表**という．前章まではこの表から2つの群の間の対応を読みとったが，無限群ではもちろん，位数の大きい有限群でも，実際に群の構造を調べるにはサイズが大きすぎて役に立たない．本章では，群を調べるための基本概念——元の位数・生成系・準同型と同型・直積など——や巡回群とよばれる群のクラスについて調べる．

3.1 元の位数

定義 3.1 群 G の元 g に対し，$g^n = e$ となる1以上の整数 n が存在するとき，そのような n の中で最小のものを g の**位数** (order) といい，$\mathrm{ord}(g)$ とかく．このような n がとれないとき，g は**無限位数**であるという．

例 3.1 (1) $\mathbb{Z}$ を加法に関して可換群とみると，単位元0以外のどの元も何回足しても0にはならないから無限位数である．

(2) $n = 2$ のとき，$\mathrm{GL}_2(\mathbb{R})$ の中で，原点を中心とする反時計周りの θ 回転を表す行列 R_θ は，θ が (有理数)$\times\pi$ のとき有限位数であり，それ以外では無限位数である．とくに，$\theta = \dfrac{m}{n}\pi$ (n, m は互いに素) と表せていれば，位数は n または $2n$ である．たとえば，$R_{\pi/3}$ の位数は6，$R_{2\pi/3}$ の位数は3である．原点を通る直線に関する線対称移動を表す行列 σ_θ は位数2である．

(3) n 次対称群 $\mathfrak{S}_n$ の中で，k 項巡回置換の位数は k である．とくに互換の位数は 2 である．

例 3.2 一般には，gh の位数と g, h の位数を結びつけることは難しい．

(1) 3 次対称群 $\mathfrak{S}_3$ において，$(12), (23)$ はいずれも互換で位数 2 だが，その積 $(12)(23) = (123)$ の位数は 3 である．

(2) $\mathrm{GL}_2(\mathbb{R})$ の 2 つの行列 $\begin{bmatrix} \frac{1}{2} & 0 \\ 0 & 2 \end{bmatrix}$ や $\begin{bmatrix} 2 & 0 \\ 0 & -\frac{1}{2} \end{bmatrix}$ は無限位数である．しかし，2 つの積は，$\begin{bmatrix} 1 & 0 \\ 0 & -1 \end{bmatrix}$ なので位数 2 である．したがって，無限位数の元の積が無限位数になるとは限らない．また，$\begin{bmatrix} 0 & 1 \\ -1 & 0 \end{bmatrix}$ や $\begin{bmatrix} 0 & 2 \\ -\frac{1}{2} & 0 \end{bmatrix}$ は位数 4 であるが，その積 $\begin{bmatrix} 0 & 1 \\ -1 & 0 \end{bmatrix} \begin{bmatrix} 0 & 2 \\ -\frac{1}{2} & 0 \end{bmatrix} = \begin{bmatrix} -\frac{1}{2} & 0 \\ 0 & -2 \end{bmatrix}$ は無限位数になる．したがって，有限位数の元の積が有限位数であるとも限らない．

群の元の位数について次のようなことは簡単にわかる．

補題 3.2 G を群とする．

(1) $g^n = e$ となる正の整数 n が存在すれば，g の位数は n の約数である．

(2) g の位数が n のとき，g^m の位数は $\dfrac{n}{n, m \text{ の最大公約数}}$ である．

(3) G が可換群なら，位数 a の元 g と位数 b の元 h の積 gh の位数は a, b の最小公倍数の約数である．

(4) G が有限群なら，G のすべての元の位数は有限である．

証明 (1) g の位数を m として，n を m で割った余りを r とおく．$n = mq + r$ と表すと，$e = g^n = g^{mq+r} = g^{mq}g^r = (g^m)^q g^r = g^r$．しかし $r \neq 0$ とすると $r < m$ なので m の最小性に反し矛盾である．よって $r = 0$，つまり m は n の約数である．

(2) n, m の最大公約数を d とおく．$n = dn', m = dm'$ と表す．$(g^m)^{\frac{n}{d}} = g^{mn'} = g^{m'n} = (g^n)^{m'} = e$．

そこで $0 < j < \dfrac{n}{d}$ で $(g^m)^j = e$ となったとしてみる．$g^{mj} = e$ だから (1) より

n は mj の約数なので，$nk = mj$，つまり $n'k = m'j$ と表せる．d は最大公約数だから n', m' は互いに素なので，j は $n' = \dfrac{n}{d}$ で割り切れる．しかし $0 < j < n'$ にそのような j はない．したがって，$(g^m)^j \neq e$ だから，g^m の位数は $\dfrac{n}{d}$ である．

(3)　a, b の最小公倍数を ℓ とすると，$g^\ell = h^\ell = e$ である．$gh = hg$ だから，$(gh)^\ell = g^\ell h^\ell = e$．よって (1) から gh の位数は ℓ の約数である．

(4)　$g \in G$ に対し，$g, g^2, g^3, \ldots$ はすべて G の元だから，G が有限群であるとすると，$g^{m_1} = g^{m_2}$ となる $m_1 > m_2$ がとれる．すると $g^{m_1 - m_2} = e$ となって g の位数は $m_1 - m_2$ の約数，とくに有限である．□

後の章で，有限群 G の場合，$\mathrm{ord}(g)$ は $|G|$ の約数になることを証明する (系 5.3).

3.2　巡回群

群 G の g を1つとると $g, g^2, g^3, \ldots$ や $g^{-1}, g^{-2}, g^{-3}, \ldots$ はすべて G の元になる．$g^m (g^k)^{-1} = g^{m-k}$ だから，$\langle g \rangle = \{g^n \ (n \in \mathbb{Z})\}$ は G の部分群になる．これを g で**生成される巡回部分群**という．$g^m g^k = g^{m+k} = g^m g^k$ だから，この部分群は可換群である．

定義 3.3　群 G の中にある元 g が存在して，$G = \langle g \rangle$ となっているとき，G は**巡回群**であるといい，g を G の**生成元**という．

巡回群は可換群であるが，巡回群でない可換群もすぐに作れる．

例 3.3　(1)　整数全体 $\mathbb{Z}$ を加法で群とみなす場合，1 とその逆元 -1 を n 回足せばすべての整数が得られるから，$\mathbb{Z} = \langle 1 \rangle$ となり，$\mathbb{Z}$ は巡回群である．1 は $\mathbb{Z}$ の生成元である．また $\mathbb{Z} = \langle -1 \rangle$ でもあるから，-1 も $\mathbb{Z}$ の生成元である．± 1 以外の整数 m (とその逆元 $-m$) をいくつ加えても m の倍数しか得られないから，m は $\mathbb{Z}$ の生成元ではない．m の倍数全体 $\langle m \rangle = \{nm \mid n \in \mathbb{Z}\} = m\mathbb{Z}$ は $\mathbb{Z}$ の巡回部分群である．

(2)　N を法とする加法で定義された可換群 $\mathbb{Z}_N$ は巡回群で，1 は生成元である．たとえば $\mathbb{Z}_8 = \langle 3 \rangle$ でもある．実際，3 を 8 を法として加えていくと，

$3, 6, 1, 4, 7, 2, 5, 0$ の順にすべての元が得られるからである．つまり，3 は $\mathbb{Z}_8$ の生成元である．しかし，$\langle 2\rangle = \{0, 2, 4, 6 = 2^{-1}\}$ は位数 4 の巡回部分群であり，2 は $\mathbb{Z}_8$ の生成元ではない．

(3)　$\mathbb{Z}_5^{\times} = \langle 2\rangle = \langle 3\rangle$ である．なぜなら，5 を法として $2^1 = 2, 2^2 = 4, 2^3 = 3$, $3^1 = 3, 3^2 = 4, 3^3 = 2$ だからである．しかし，$\langle 4\rangle = \{1, 4\} \neq \mathbb{Z}_5^{\times}$ は位数 2 の巡回部分群である．よって，$\mathbb{Z}_5^{\times}$ は巡回群で，その生成元として 2 または 3 がとれるが，$1, 4$ は生成元にならない．

(4)　$\mathbb{Z}_8^{\times}$ は巡回群ではない．$1, 3, 5, 7$ いずれも 2 乗すると 1 になってしまうので，g^n は 1 または $g\ (= g^{-1})$ しかとれないからである．

例 3.4　0 でない複素数全体 $\mathbb{C}^{\times}$ は乗法で可換群をなす．1 以上の整数 N に対し，

$$G_N = \{z \in \mathbb{C}^{\times} \mid z^N = 1\} = \left\{\cos\frac{2k\pi}{N} + i\sin\frac{2k\pi}{N}\ (0 \leqq k \leqq N-1)\right\}$$

は $\mathbb{C}^{\times}$ の位数 N の部分群である．実際 $z_1^N = z_2^N = 1$ のとき，$(z_1 z_2^{-1})^N = z_1^N z_2^{-N} = 1$ より $z_1 z_2^{-1} \in G_N$ となるからである．ド・モアブルの定理から，$G_N = \left\langle \cos\frac{2\pi}{N} + i\sin\frac{2\pi}{N}\right\rangle$ となるので，G_N は巡回群である．たとえば，$N = 7$ の場合には，$g = \cos\frac{2\pi}{7} + i\sin\frac{2\pi}{7}$ だけでなく，次図のように $(g^2)^n\ (1 \leqq n \leqq 7)$ からもすべての元が得られるので g^2 も G_N の生成元としてとれる．

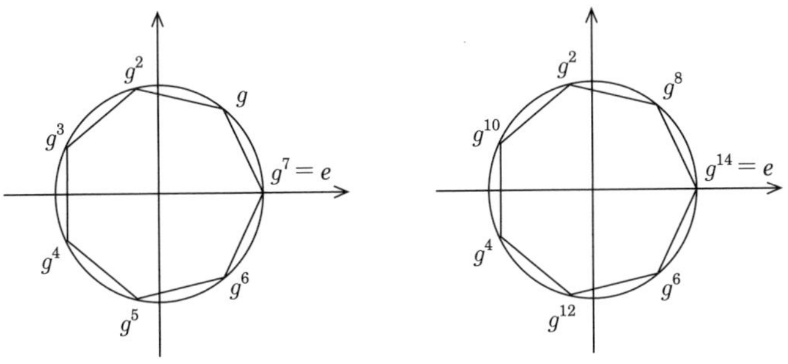

ここでみた例のように，巡回群の生成元のとり方は一意的ではない．どのような元が生成元となれるかを一般的にまとめると次の命題を得る．

命題 3.4 (巡回群の生成元)

(1) 有限群 G が巡回群であるための必要十分条件は，位数が $|G|$ に等しい元を持つことである．

(2) 群 G が位数 n の元 g を生成元とする巡回群のとき，$g^m \in G$ が G の生成元となるための必要十分条件は，m と n が互いに素となることである．

証明 (1) $|G| = n$ とおく．位数 $|G|$ の元 $g \in G$ が存在するとき，$g, g^2, \ldots, g^{n-1}$ はどれも相異なる元で，しかも e とも異なる．実際，$i > j$ で $g^i = g^j$ となったとすると，$g^{i-j} = e$ となって g が位数 n であることに矛盾する．したがって，$G = \{e, g, g^2, \ldots, g^{n-1}\}$ でなければならず，G は巡回群で g が生成元となる．

逆に，G が巡回群で g が生成元であるとする．G は有限群だから g の位数は有限なので，$\mathrm{ord}(g) = m$ とおく．$\{e, g, g^2, \ldots, g^{m-1}\}$ はすべて相異なり，$g^{qm+j} = g^j$ $(j = 0, 1, 2, \ldots, m-1)$ が成り立つから，$G = \{g^k\ (k \in \mathbb{Z})\} = \{e, g, g^2, \ldots, g^{m-1}\}$ となって G の位数が m に一致する．つまり $m = n$ である．

(2) $\mathrm{ord}(g^m) = n$ となる条件を求めればよく，補題 3.2 (2) から従う．□

次に，巡回群の部分群の様子を調べよう．

命題 3.5 (巡回群の部分群)

(1) 巡回群の部分群は巡回群になる．

(2) 有限巡回群 G の部分群の位数は $|G|$ の約数である．

(3) 位数 n の巡回群 G の場合，n の任意の約数 d に対して，位数 d の部分群がただ一つ存在し，それは $\{g \in G \mid g^d = e\}$ で与えられる．

証明 (1) $G = \langle g \rangle$ とする．自明な部分群 $\{e\}$ は巡回群なので，G の部分群 $H \neq \{e\}$ が巡回群であることを示す．

G の元はすべて g^m と表せているので，$g^m \in H$ となる最小の正の整数 m_0 をとる．$g^k \in H$, $k = jm_0 + r$ $(0 \leqq r < m_0)$ とすると，$H \ni g^k (g^{m_0})^{-j} = g^r$ と m_0 の最小性から $r = 0$ となる．よって H のすべての元は $(g^{m_0})^j$ の形で表され，H は巡回群である．

(2) $G = \langle g \rangle$ とし，$|G| = \mathrm{ord}\, g = n$ とする．H を G の部分群として，m_0 を (1) と同様にとる．n と m_0 の最大公約数を $0 < d_0 \leqq m_0$ とすると，$nr + m_0 s = d_0$

となる整数 r, s が存在する．このとき，$g^{d_0} = g^{nr}g^{m_0 s} = (g^{m_0})^s \in H$ であり，m_0 の最小性から $m_0 = d_0$ となる．したがって，m_0 は n の約数となるから，$|H| = \mathrm{ord}(g^{m_0}) = \dfrac{n}{n, m_0\text{の最大公約数}} = \dfrac{n}{m_0}$ となり，$|H|$ は $n = |G|$ の約数である．

(3) (2) の最後の議論から，n の約数 m_0 が異なれば $|H|$ が異なるので，位数を指定するとその位数を持つ G の部分群は高々1 つである．そこで n の約数 d をとる．$\left(g^{n/d}\right)^j$ $(j = 1, 2, \ldots, d-1)$ は $0 < \dfrac{nj}{d} < n$ より e と異なり，$(g^{n/d})^d = e$ だから，$\mathrm{ord}\left(g^{n/d}\right) = d$．したがって，$H = \langle g^{n/d} \rangle$ は位数 d の部分群となる．

このとき，$((g^{n/d})^j)^d = g^{nj} = e$ より，H の元はすべて $x^d = e$ を満たす．逆に，$x^d = e$ を満たす $x \in G$ をとる．$x = g^k$ と表せば，$g^{kd} = e$ だから，$n = \mathrm{ord}(g)$ は kd の約数となる．$nn' = kd$ とおけば，$x = g^{nn'/d} = (g^{n/d})^{n'} \in H$ である．□

例 3.5 $\mathbb{Z}$ の部分群は $m\mathbb{Z}$ (m は 0 以上の整数) に限られる．実際，$\{0\} \neq H$ を $\mathbb{Z}$ の部分群とすると，$a \in H$ なら $-a \in H$ だから，H は正の整数を含む．H に含まれる整数の中で最小のものを m とする．H は部分群だから m の整数倍全体 $m\mathbb{Z}$ を含む．$b \notin m\mathbb{Z}$ が H に含まれると，b を m で割った余りを $0 < r < m$ とすれば，$b = mq + r$ とかける．$mq \in m\mathbb{Z} \subset H$ だから，$r = b - mq \in H$ となる．これは m の最小性に反する．よって $H = m\mathbb{Z}$ となる．同様の方法で，$\mathbb{C}^\times$ の有限部分群は例 3.4 の巡回群 G_N (N は 1 以上の整数) に限られる．部分群に含まれる正の偏角を持つ元のうち偏角最小のものに注目すればよい．

問 3.1 $\mathbb{Z}_{13}^\times$ および $\mathbb{Z}_{25}^\times$ はいずれも 2 を生成元とする巡回群になることを示せ．さらに，2 以外に生成元としてとれる元をすべて挙げよ．

3.3 群の生成系

$g \in G$ で生成される巡回部分群 $\langle g \rangle$ に含まれない G の元 h が存在する場合，g, h をともに含むような G の部分群には，g^n, h^n だけでなく，$g^n h^m, h^m g^n$ や ghg^{-1} や $h^{-1}g^{-1}h$ も含まれなければならない．つまり g, h, g^{-1}, h^{-1} を適当な順番で有限個掛けてできる元はすべて含まれる．そこで

$$\langle g, h \rangle = \{x_1 x_2 \cdots x_k \mid k \geqq 0, x_i \in \{g^{\pm 1}, h^{\pm 1}\}\ (i = 1, \ldots, k)\}$$

とすると，これは G の部分群になる．実際，$x_1x_2\cdots x_m, y_1y_2\cdots y_\ell \in \langle g,h\rangle$ なら，$x_1x_2\cdots x_m(y_1y_2\cdots y_\ell)^{-1} = x_1x_2\cdots x_m y_\ell^{-1}\cdots y_2^{-1}y_1^{-1}$ において $x_i, y_j^{-1} \in \{g^{\pm1}, h^{\pm1}\}$ なので，$(x_1x_2\cdots x_m)(y_1y_2\cdots y_\ell)^{-1} \in \langle g,h\rangle$ となるからである．G の部分群 H が g,h を含めば $\langle g,h\rangle$ のすべての元が H に含まれるので，$\langle g,h\rangle$ は，g,h を含むような G の部分群の中で包含関係に関して最小の部分群である．もしこれが G 全体になるなら，G は 2 つの元 g,h で生成されるという．一般に次のように定義しよう．

定義 3.6 群 G の部分集合 S が与えられたとき，$S^{-1} = \{s^{-1} \mid s \in S\}$ とかくことにする．このとき，

$$\langle S\rangle = \{x_1x_2\cdots x_k \mid k \geqq 0, x_i \in S\cup S^{-1}\ (i=1,\ldots,k)\}$$

とおく．これは S を含むような G の部分群の中で包含関係に関して最小の部分群である．$\langle S\rangle = G$ となっているとき，G は S で**生成される**，あるいは S は G の**生成系**であるという．S の元たちを G の**生成元**とよぶ．有限個の元からなる生成系を持つとき，**有限生成**であるという．

有限群はもちろん有限生成だが，有限生成でない群もすぐに作れる．

例 3.6 加法群 $\mathbb{Q}$ は有限生成ではない． 実際，もし $\left\{\dfrac{b_1}{a_1}, \dfrac{b_2}{a_2}, \ldots, \dfrac{b_n}{a_n}\right\}$ なる $\mathbb{Q}$ の生成系がとれたとすると，$a_1a_2\cdots a_n$ の素因数分解に現れない素数 p をとったとき，$\dfrac{1}{p} \in \mathbb{Q}$ は $\sum_{i=1}^{n} m_i \dfrac{b_i}{a_i}$ $(m_1, m_2, \ldots, m_n \in \mathbb{Z})$ とは表せず矛盾である．

以下ではいろいろな群の生成系をみる．生成系を一組とったとき，群の元を生成元の積として表す方法は一意的とは限らず，また，群の生成系のとり方も一意的ではないことにも注意しよう．

例 3.7 位数 $2n$ の二面体群 $D_n = \left\{R_{2k\pi/n}, \sigma_{k\pi/n}\ (k=0,1,2,\ldots,n-1)\right\}$ を考える．問 1.2 でみたように，$R_{2\pi/n}^k = R_{2k\pi/n}, R_{2k\pi/n}\sigma_{\pi/n} = \sigma_{(k+1)\pi/n}$ となるので，$D_n = \langle R_{2\pi/n}, \sigma_{\pi/n}\rangle$．たとえば，$R_{2\pi/n}\sigma_{\pi/n} = \sigma_{2\pi/n} = \sigma_{\pi/n}R_{2\pi/n}^{n-1}$ であるから，$\sigma_{2\pi/n}$ を上の 2 つの生成元の積で表す方法は 1 通りではない．また，$R_{2\pi/n} =$

$\sigma_{2\pi/n}\sigma_{\pi/n}$ なので，$D_n = \langle \sigma_{\pi/n}, \sigma_{2\pi/n} \rangle$ と別の 2 元を生成元としてとることもできる．

例 3.8 n 次対称群 $\mathfrak{S}_n$ の生成系として隣接互換全体がとれる (補題 2.9).

$$\mathfrak{S}_n = \langle (i, i+1)\ (i = 1, 2, \ldots, n-1) \rangle.$$

$(13) = (12)(23)(12) = (23)(12)(23)$ であることから，隣接互換の積として表す表し方は一意的ではない．

対称群の場合，別の生成系もとれる．

例題 3.1 $n \geqq 3$ のとき，$\mathfrak{S}_n = \langle (1k)\ (k = 2, 3, \ldots, n) \rangle = \langle (12), (23 \cdots n) \rangle$ を示せ．

解 任意の置換は互換の積で表せた．$i < j$ とするとき，$(ij) = (1j)(1i)(1j)$ だから，任意の互換は $(1k)$ の形の互換の積として表せる．したがって，$\mathfrak{S}_n = \langle (1k)\ (k = 2, 3, \ldots, n) \rangle$．次に，$k = 2, 3, \ldots, n-1$ に対して，例題 2.5 から

$$(23 \cdots n)(1k)(23 \cdots n)^{-1} = (1, k+1)$$

であることに注意すれば，帰納的に $(1k)$ の形の互換は (12) と $(23 \cdots n)$ とその逆元を用いて表せる．よって $\mathfrak{S}_n = \langle (12), (23 \cdots n) \rangle$． □

n 次交代群 $\mathfrak{A}_n$ の場合，互換は奇置換なので交代群には入らない．$i \neq k$ のとき，$(ij)(jk) = (ijk)$ であることに注意すれば，3 項巡回置換はすべて $\mathfrak{A}_n$ の元である．

例題 3.2 $n \geqq 3$ とし，n 次交代群 $\mathfrak{A}_n$ を考える．

(1) $\mathfrak{A}_n$ は，3 項巡回置換全体で生成されることを示せ．

(2) 相異なる $1 \leqq a, b \leqq n$ を一組固定したとき，$(a, b, k)\ (k \neq a, b)$ という $n-2$ 個の 3 項巡回置換で $\mathfrak{A}_n$ が生成されることを示せ．

解 (1) $\mathfrak{A}_n$ の元は偶数個の互換の積として表されるので，2 つの互換の

積が 3 項巡回置換のみで表せることを示せばよい．$(ij)(k\ell)$ $(i<j, k<\ell)$ を考えよう．$i=k, j=\ell$ ならこの積は e，$j=k$ なら $(ij\ell)$，それ以外の場合は，$(ij)(k\ell)=(ij)(jk)(jk)(k\ell)=(ijk)(jk\ell)$，といずれも 3 項巡回置換の積で表せる．

(2) 例題 3.1 と同様に，a を 1 つ固定すると (ak) $(k \neq a)$ で $\mathfrak{S}_n$ が生成されるので，偶置換 σ は，$\sigma=(ak_1)(ak_2)\cdots(ak_{2m-1})(ak_{2m})$ と偶数個の積で表せる．$k_{2i-1} \neq k_{2i}$ であるとしてよいので，$\sigma=(ak_2k_1)\cdots(ak_{2m}k_{2m-1})$．もし $k_{2i} \neq b$ なら，$(ak_{2i}k_{2i-1})=(abk_{2i-1})^{-1}(abk_{2i})(abk_{2i-1})$ と置き換えればよい．□

問 3.2 4 次交代群 $\mathfrak{A}_4=\langle(134),(14)(23)\rangle$ を示せ．さらに，$n \geqq 5$ なら，$\mathfrak{A}_n=\langle(ab)(cd) \mid 1 \leqq a,b,c,d \leqq n$ はすべて相異なる$\rangle$ を示せ．

例 3.9 $G=\left\langle X=\begin{bmatrix} i & 0 \\ 0 & -i \end{bmatrix}, Y=\begin{bmatrix} 0 & 1 \\ -1 & 0 \end{bmatrix}\right\rangle \subset \mathrm{GL}_2(\mathbb{C})$ を考える．このとき，$Z=XY=\begin{bmatrix} 0 & i \\ i & 0 \end{bmatrix}$ とおくと，

$$
\begin{aligned}
&YZ=X, \quad ZX=Y, \quad YX=-Z, \quad ZY=-X, \quad XZ=-Y, \\
&X^2=Y^2=Z^2=-I_2
\end{aligned}
$$

なので，$G=\{\pm I_2, \pm X, \pm Y, \pm Z\}$ という位数 8 の有限群となる．これを**四元数群**とよび Q_8 とかく．$\pm X, \pm Y, \pm Z$ はすべて位数 4 であり，$-I_2$ は位数 2 である．

例 3.10 $\mathbb{K}=\mathbb{R},\mathbb{C},\mathbb{F}_p$ などの体とする．(i,j)-行列単位 E_{ij} を (i,j)-成分のみ 1 でほかの成分は 0 である n 次行列とする．線型代数で学んだように，行列の基本変形は次の**基本行列**によって引き起こされる．

$$
\begin{aligned}
&S_{ij}(\lambda)=I_n+\lambda E_{ij}, \qquad D_k(\mu)=I_n+(\mu-1)E_{kk}, \\
&P_{ij}=I_n-(E_{ii}+E_{jj})+(E_{ij}+E_{ji}), \qquad (\lambda,\mu \in \mathbb{K}^\times,\ 1 \leqq i \neq j \leqq n,\ 1 \leqq k \leqq n).
\end{aligned}
$$

$S_{ij}(\lambda)A$ は，A の i 行に j 行の λ 倍を加えた行列，$D_k(\mu)A$ は，A の k 行を μ 倍した行列，$P_{ij}A$ は，A の i 行と j 行を入れ替えた行列を与える．すなわち基本行列を左から掛けることで行基本変形が引き起こされる．右から掛けると列基本変形が引き起こされる．基本行列は正則で，逆行列も基本行列である．

n 次行列 A の階数が r のとき，行基本変形と列基本変形を繰り返すことによって $\begin{bmatrix} I_r & 0 \\ 0 & 0 \end{bmatrix}$ に変形できる．これは，$PAQ = \begin{bmatrix} I_r & 0 \\ 0 & 0 \end{bmatrix}$ となる $P, Q \in \mathrm{GL}_n(\mathbb{K})$ がとれることを意味する．A が正則なら，$PAQ = I_n$ となるから，$A = P^{-1}Q^{-1}$ となる．このことから次の命題が従う．

命題 3.7 $\mathbb{K}$ を体とするとき，基本行列の全体は，$\mathrm{GL}_n(\mathbb{K})$ の生成系を与える．

$$\mathrm{GL}_n(\mathbb{K}) = \langle S_{ij}(\lambda),\ D_k(\mu),\ P_{ij} \mid \lambda, \mu \in \mathbb{K}^{\times},\ 1 \leqq i \neq j \leqq n,\ 1 \leqq k \leqq n \rangle$$

$\mathrm{SO}_3, \mathrm{SU}_2$ の生成系を考える．

命題 3.8 SO_3 は z 軸周りの回転と y 軸周りの回転で生成される．すなわち

$$\mathrm{SO}_3 = \left\langle H_\psi = \begin{bmatrix} \cos\psi & -\sin\psi & 0 \\ \sin\psi & \cos\psi & 0 \\ 0 & 0 & 1 \end{bmatrix},\ K_\theta = \begin{bmatrix} \cos\theta & 0 & -\sin\theta \\ 0 & 1 & 0 \\ \sin\theta & 0 & \cos\theta \end{bmatrix} \quad (0 \leqq \psi, \theta < 2\pi) \right\rangle.$$

証明 $g \in \mathrm{SO}_3$ とし $g\boldsymbol{e}_2$ を考える．y 軸周りに回転して $K_\theta g\boldsymbol{e}_2$ が xy 平面に入るように動かす．次に，z 軸周りに回転して $H_\psi K_\theta g\boldsymbol{e}_2$ を y 軸上へ動かす．SO_3 の元はベクトルの長さを変えないので，必要ならさらに π 回転して $H_\psi K_\theta g\boldsymbol{e}_2 = \boldsymbol{e}_2$ としてよい．命題 2.7 より，$\boldsymbol{e}_2$ を固定する $H_\psi K_\theta g \in \mathrm{SO}_3$ は y 軸周りの回転となるので，$K_{\theta'}$ と表せ，$g = K_{-\theta}H_{-\psi}K_{\theta'}$ と表せる．□

命題 3.9 $\mathrm{SU}_2 = \left\langle h_\psi = \begin{bmatrix} e^{i\psi} & 0 \\ 0 & e^{-i\psi} \end{bmatrix},\ k_\theta = \begin{bmatrix} \cos\theta & -\sin\theta \\ \sin\theta & \cos\theta \end{bmatrix} \quad (0 \leqq \psi, \theta < 2\pi) \right\rangle.$

証明 問 2.3 から SU_2 の元 $g = \begin{bmatrix} a & b \\ -\bar{b} & \bar{a} \end{bmatrix}$ $(|a|^2 + |b|^2 = 1)$ と表せる．$a = a_1 + ia_2$, $b = b_1 + ib_2$ とおくと $a_1^2 + a_2^2 + b_1^2 + b_2^2 = 1$．$\sqrt{a_1^2 + b_1^2} = \cos\psi$, $\sqrt{a_2^2 + b_2^2} = \sin\psi$ となる ψ をとり，$a_1 = \cos\psi\cos 2\phi_1$, $b_1 = -\cos\psi\sin 2\phi_1$, $a_2 = \sin\psi\cos 2\phi_2$, $b_2 = \sin\psi\sin 2\phi_2$ と ϕ_1, ϕ_2 をとると $g = k_{\phi_1+\phi_2}h_\psi k_{\phi_1-\phi_2}$ が確かめられる．□

例 3.11♡ ［$\mathbb{Z}$ 上の単因子論］ 整数を成分とする正則行列で行列式が ± 1 であるものの全体を $\mathrm{GL}_n(\mathbb{Z})$ とした．余因子行列を用いた表示をみれば，整数を成分

とする正則行列で逆行列も整数を成分とする行列となるものの全体が $\mathrm{GL}_n(\mathbb{Z})$ である．この例の目標は，$\mathrm{GL}_n(\mathbb{Z})$ の生成系を与えることである．そのために，例 3.10 で復習した体 $\mathbb{K}$ 成分の行列の階数標準形 $\begin{bmatrix} I_r & 0 \\ 0 & 0 \end{bmatrix}$ が整数を成分とする行列の場合にどうなるかを考え，次の定理を示す．

定理 3.10　整数を成分とする $m \times n$ 行列 A に対し，

$$PAQ = \left[\begin{array}{c|c} \mathrm{diag}(d_1, d_2, \ldots, d_r) & \mathbf{0} \\ \hline \mathbf{0} & \mathbf{0} \end{array}\right] \text{ かつ } d_i | d_{i+1} \ (1 \leqq i \leqq r-1)$$

を満たす正の整数 $d_1, \ldots, d_r$ と $P \in \mathrm{GL}_m(\mathbb{Z}), Q \in \mathrm{GL}_n(\mathbb{Z})$ が存在する．さらに，$d_1, \ldots, d_r$ は A から一意的に定まる．これを A の**単因子**という．

注意　この定理は，有限生成アーベル群の基本定理 (定理 7.4) を証明するために用いる．

証明に入る前に，ウォーミングアップをする．まず，2 つの整数を並べた $[a, b]$ を考え，$a > 0$ としよう．このとき，$b \neq 0$ なら，$b = aq + r$ $(0 \leqq r < a)$ となる余り r をとることで，a の q 倍を b から引くことにより，$[a, r]$ となる．$r \neq 0$ なら順番を入れ替えて，$[r, a]$ とし，$a = rq' + r'$ $(0 \leqq r' < r)$ となる余り r' をとることで，r の q' 倍を a から引くことにより，$[r, r']$ となる．これを繰り返すことで，a, b の最大公約数 d に対し，$[d, 0]$ が得られる．これはユークリッドの互除法である．一気にかくと，$ax + by = d$ となる整数 x, y を用いて，$\begin{bmatrix} x & -\dfrac{b}{d} \\ y & \dfrac{a}{d} \end{bmatrix} \in \mathrm{GL}_2(\mathbb{Z})$ を考え，$[a, b] \begin{bmatrix} x & -\dfrac{b}{d} \\ y & \dfrac{a}{d} \end{bmatrix} = [d, 0]$ である．転置すれば，列ベクトルに対しても $\begin{bmatrix} x & y \\ -\dfrac{b}{d} & \dfrac{a}{d} \end{bmatrix} \begin{bmatrix} a \\ b \end{bmatrix} = \begin{bmatrix} d \\ 0 \end{bmatrix}$ とできる．この操作は一般に n 個の整数の組に対しても同様に適用できる．$[a_1, a_2, \ldots, a_n]$ を考え，$a_1 \neq 0$ とする．a_1, a_2 の最大公約数 d_1 に対し，列基本変形で $[d_1, 0, a_3, \ldots, a_n]$ とできる．d_1, a_3 の最大公約数 d_2 に対し，1, 3 列について上と同じ操作を行えば $[d_2, 0, 0, a_4, \ldots, a_n]$ とできる．これを繰り返すことで，$a_1, a_2, \ldots, a_n$ の最大公約数 d に対し，$[d, 0, 0, \ldots, 0]$ とできる．

転置をとることで列ベクトルにも同様の操作が可能である．

2×2 でも同様の議論ができる．y_1, y_2 が正の整数で y_2 が y_1 の倍数でないとき，y_1, y_2 の最大公約数 d に対し，$y_1z_1+y_2z_2=d$ となる整数 z_1, z_2 を用いて $\begin{bmatrix} 1 & 1 \\ -\dfrac{z_2y_2}{d} & \dfrac{z_1y_1}{d} \end{bmatrix}\begin{bmatrix} y_1 & 0 \\ 0 & y_2 \end{bmatrix}\begin{bmatrix} z_1 & -\dfrac{y_2}{d} \\ z_2 & \dfrac{y_1}{d} \end{bmatrix}=\begin{bmatrix} d & 0 \\ 0 & \dfrac{y_1y_2}{d} \end{bmatrix}$ となり，$\dfrac{y_1y_2}{d}$ は整数で，さらに d で割り切れる．1 番目と 3 番目の行列は $\mathrm{GL}_n(\mathbb{Z})$ に入る．一般に r 個の正の整数 $y_1, \ldots, y_r$ に対しても，その最大公約数を d とすれば，これを同様に繰り返すことで $\mathrm{diag}[y_1, y_2, \ldots, y_r]$ を $\mathrm{diag}[d_1, y_2', \ldots, y_r']$ であって $d|y_i'$ $(2 \leqq i \leqq r)$ とできる．さらにこれを繰り返せば，$\mathrm{diag}[d_1, d_2, \ldots, d_r]$ かつ $d_i|d_{i+1}$ $(1 \leqq i \leqq r-1)$ とできる．

定理3.10の前半の証明 (存在)． $A=\mathbf{0}$ なら示すべきことはないので，$A\neq\mathbf{0}$ とする．A の成分の中に 0 でないものがあるので，必要なら P_{ij} を使って行と列を入れ替えることで $a_{11}\neq 0$ としてよい．さらに必要なら $D_1(-1)$ を使って 1 行目を -1 倍すれば $a_{11}>0$ としてよい．

このとき，まず 1 行目の n 個の成分の最大公約数を x_1 として $AB=\begin{bmatrix} d & \mathbf{0} \\ * & * \end{bmatrix}$ となる $B\in\mathrm{GL}_n(\mathbb{Z})$ がとれる．これの第 1 列の最大公約数を d' として $B'AB=\begin{bmatrix} d' & * \\ \mathbf{0} & * \end{bmatrix}$ となる $B'\in\mathrm{GL}_m(\mathbb{Z})$ がとれる．ここで一般には行の入れ替えが必要になるので 1 行目の 2 列目以降は再び 0 ではなくなることもあるが，$d\geqq d'$ であることに注意する．もし 1 行目の 2 列目以降に 0 でない成分があれば上と同じ操作をもう一度行って $B'ABB''=\begin{bmatrix} d'' & \mathbf{0} \\ * & * \end{bmatrix}$ とし，1 列目の 2 行目以下に 0 でない成分があれば $B'''B'ABB''=\begin{bmatrix} d''' & * \\ \mathbf{0} & * \end{bmatrix}$ とできる．0 でない成分が残っている限りこれを繰り返すと $d\geqq d'\geqq d'''\geqq\cdots$ という正の整数の減少列が得られる．これは有限回で止まる．したがって，$P_1AQ_1=\begin{bmatrix} y_1 & \mathbf{0} \\ \mathbf{0} & A_1 \end{bmatrix}$ となる正の整数 y_1 と $P_1\in\mathrm{GL}_m(\mathbb{Z}), Q_1\in\mathrm{GL}_n(\mathbb{Z})$ がとれる．今度は A_1 に対しても同様の操作を繰り返して，$P'AQ'=\left[\begin{array}{c|c} \mathrm{diag}(y_1, \ldots, y_r) & \mathbf{0} \\ \hline \mathbf{0} & \mathbf{0} \end{array}\right]$ とでき，さらに $r\times r$ の部分に注目すれ

ば，$P''P'AQ'Q''=\left[\begin{array}{c|c}\mathrm{diag}(d_1,\dots,d_r) & \mathbf{0}\\ \hline \mathbf{0} & \mathbf{0}\end{array}\right]$ かつ $d_i|d_{i+1}$ $(1\leqq i\leqq r-1)$ とできる．□

定理3.10の後半の証明 (一意性).　一意性を示すために，PAQ という基本変形で不変な量を導入する．$m\times n$ 行列 $A=[a_{ij}]$ に対して，$i_1,\dots,i_s$ 行以外と $j_1,\dots,j_s$ 列以外をすべてとり除いてできる s 次行列 $[a_{ij}]_{\substack{i=i_1,\dots,i_s\\ j=j_1,\dots,j_s}}$ を考え，その行列式の値を $D^{j_1,\dots,j_s}_{i_1,\dots,i_s}$ とかく．これを s 次小行列式とよぶ．整数を成分とする行列 A のすべての s 次小行列式の最大公約数を D_s とかいて A の s 次行列式因子とよぶ．行列式因子は，$S_{ij}(\lambda)$ $(\lambda\in\mathbb{Z})$, $D_k(-1)$, P_{ij} の左または右からの掛け算によって引き起こされる行および列基本変形で不変である．

実際，$D_k(-1), P_{ij}$ は小行列式の符号にしか影響しないので行列式因子を変えない．$S_{ij}(\lambda)$ を左から掛けて行基本変形する場合，i 行に j 行の λ 倍が加えられるので，i 行と j 行をともに含む小行列式の値，i 行を含まない小行列式の値は変えない．i 行を含み j 行を含まない $S_{ij}(\lambda)A$ の小行列式 $D'^{j_1,\dots,j_s}_{i_1,\dots,i,\dots,i_s}$ は，行列式の行に関する線型性から $D'^{j_1,\dots,j_s}_{i_1,\dots,i,\dots,i_s}=D^{j_1,\dots,j_s}_{i_1,\dots,i,\dots,i_s}+\lambda D^{j_1,\dots,j_s}_{i_1,\dots,j,\dots,i_s}$ を満たす．A の r 次行列式因子は右辺を割り切るので，左辺を割り切る．逆に右辺の第 2 項に現れる $D^{j_1,\dots,j_s}_{i_1,\dots,j,\dots,i_s}$ は，$S_{ij}(\lambda)A$ の r 次小行列式でもあることに注意すると，左辺と右辺第 2 項が $S_{ij}(\lambda)A$ の r 次行列式因子で割り切れ，したがって右辺の第 1 項も割り切れる．よって，$S_{ij}(\lambda)A, A$ の行列式因子は一致する．列基本変形の場合も同様である．

$m\times n$ 行列 $\left[\begin{array}{c|c}\mathrm{diag}(d_1,\dots,d_r) & \mathbf{0}\\ \hline \mathbf{0} & \mathbf{0}\end{array}\right]$ の行列式因子は，$D_1=d_1, D_2=d_1d_2,\dots,D_r=d_1d_2\cdots d_r$ である．補題からこれが A の行列式因子と一致するので，$d_i=\dfrac{D_{i-1}}{D_i}$ となり A から一意的に定まる．□

系 3.11　$\mathrm{GL}_n(\mathbb{Z})=\langle S_{ij}(\lambda), D_k(-1), P_{ij}\mid \lambda\in\mathbb{Z}\backslash\{0\},\ 1\leqq i\neq j\leqq n,\ 1\leqq k\leqq n\rangle.$

3.4 群の同型と準同型写像

第 1 章ではいくつかの群が乗積表を込めて 1 対 1 に対応することを手で確かめてもらうことで，2 つの群が「合成に関して同じ構造を持つ」ことをみた．2 つの群 G_1, G_2 があり，それぞれの二項演算を $\circ_1, \circ_2$ と区別してかくことにする．全単射 $f : G_1 \to G_2$ によってそれぞれの乗積表が一致することを式でかくと，$g \circ_1 g' \in G_1$ という元の f による行き先 $f(g \circ_1 g')$ と，$f(g), f(g') \in G_2$ の積 $f(g) \circ_2 f(g')$ とが一致しているということ，つまり，$f(g \circ_1 g') = f(g) \circ_2 f(g')$ である．2 つの群の二項演算の構造を比較するためには，このような「二項演算を保つ写像」を考える必要がある．これは線型代数で 2 つのベクトル空間を比較するために，「和とスカラー倍を保つ写像 = 線型写像」が必要であったことと対応している．

定義 3.12 群 $(G_1, \circ_1)$ から群 $(G_2, \circ_2)$ への写像 $f : G_1 \to G_2$ が，任意の $g, g' \in G_1$ に対して $f(g \circ_1 g') = f(g) \circ_2 f(g')$ を満たすとき，f は G_1 から G_2 への**準同型写像**であるという．さらに f が全単射のとき，f は G_1 から G_2 への **(群の) 同型写像**であるという．G_1 から G_2 への同型写像が存在するとき，G_1, G_2 は群として**同型**であるといい，$G_1 \cong G_2$ とかく．

群の定義には単位元や逆元の存在があるが，「積を保つ = 準同型写像」という条件だけから単位元は単位元に，逆元は逆元に移ることが導かれる．

命題 3.13 群 G_1 から群 G_2 への準同型写像 $f : G_1 \to G_2$ に対し，次が成立する．

(1) 群 G_1, G_2 の単位元を e_1, e_2 とすると，$f(e_1) = e_2$.

(2) 任意の $g \in G_1$ に対し，$f(g^{-1}) = f(g)^{-1}$.

(3) $g \in G_1$ の位数が m のとき，$f(g)$ の位数は m の約数である．とくに，f が群の同型写像なら，$f(g)$ の位数は m である．

証明 (1) $f(e_1) \circ_2 f(e_1) \overset{\text{準同型}}{=} f(e_1 \circ_1 e_1) = f(e_1)$ だから，$f(e_1)$ の G_2 における逆元を両辺に掛けると，$f(e_1) = e_2$.

(2) $f(g) \circ_2 f(g^{-1}) \overset{\text{準同型}}{=} f(g \circ_1 g^{-1}) = f(e_1) = e_2$. $f(g^{-1}) \circ_2 f(g) = e_2$ も同様にわかる．よって $f(g)^{-1} = f(g^{-1})$.

(3)　$g^m = e_1$ より，$f(g)^m \overset{\text{準同型}}{=} f(g^m) = f(e_1) = e_2$．よって $\mathrm{ord}(f(g))$ は m の約数となる．f が同型写像のとき，もし $1 \leqq k \leqq m-1$ で $f(g)^k = e_2$ となったとすると，$f(g^k) = f(g)^k = e_2$．ここで f は全単射だから，e_2 へ移るのは e_1 のみなので，$g^k = e_1$．これは $\mathrm{ord}(g) = m$ に反す．よって $\mathrm{ord}(f(g)) = m$．□

例題 3.3　G_1, G_2, G_3 を群とし，$f_1 : G_1 \to G_2$, $f_2 : G_2 \to G_3$ を準同型写像とするとき，合成写像 $f_2 \circ f_1$ は準同型写像である．

解　$g, h \in G_1$ に対し，$f_2 \circ f_1(gh) \overset{\text{合成の定義}}{=} f_2(f_1(gh)) \overset{f_1\text{は準同型}}{=} f_2(f_1(g)f_1(h)) \overset{f_2\text{は準同型}}{=} f_2(f_1(g))f_2(f_1(h)) \overset{\text{合成の定義}}{=} (f_2 \circ f_1)(g)(f_2 \circ f_1)(h)$．□

問 3.3　$\varphi : G_1 \to G_2$ が群の同型写像であるとき，φ の逆写像 φ^{-1} は群の準同型写像であることを示せ．

例題 3.4　加法に関する群 $\mathbb{R}$ と，乗法に関する群 $\mathbb{R}_{>0} = \{x \in \mathbb{R} \mid x > 0\}$ を考える．このとき，$\exp : \mathbb{R} \to \mathbb{R}_{>0}; x \mapsto e^x$ は同型写像であることを示せ．

解　$\exp(x+y) = e^{x+y} = e^x e^y = \exp(x)\exp(y)$ だから積を保つ．$y = e^x$ は単調増加関数だから $\exp$ は単射．$y \in \mathbb{R}_{>0}$ に対し，$x = \log(y)$ とおけば，$\exp(x) = y$ となるから，$\exp$ は全射．よって $\exp$ は群の同型写像である．□

例 3.12　(1)　第 1 章でみた (1.5) が乗積表を保つことは，群の同型 $D_3 \cong \mathfrak{S}_3$ が成り立つことを示している．

(2)　複素数の乗法に関する群 $S^1 = \{z \in \mathbb{C}^\times \mid |z| = 1\}$ と行列の積に関する群 SO_2 は同型である．実際，$f : S^1 \to \mathrm{SO}_2$ を $e^{i\theta} \mapsto R_\theta$ $(0 \leqq \theta < 2\pi)$ で定義すれば，全単射で，$f(e^{i\theta_1} \cdot e^{i\theta_2}) = f(e^{i(\theta_1+\theta_2)}) = R_{\theta_1+\theta_2} = R_{\theta_1}R_{\theta_2}$ だからである．

(3)　$N \geqq 2$ に対し，複素数の乗法に関する群 $G_N = \{z \in \mathbb{C}^\times \mid z^N = 1\}$ と N を法とした加法に関する群 $\mathbb{Z}_N$ は同型である．実際，$f : G_N \to \mathbb{Z}_N$ を $e^{2k\pi i/N} \mapsto k$ $(k = 0, 1, \ldots, N-1)$ で定義すれば，$f(e^{2k_1\pi i/N} \cdot e^{2k_2\pi i/N}) = f(e^{2(k_1+k_2)\pi i/N}) = (k_1 + k_2\text{を}\ N\ \text{で割った余り}) = k_1 \circ k_2$ である．

(4) 正則行列 s を 1 つ固定して，$\varphi(g)=sgs^{-1}$ とする．$\det g=1$ なら $\det(sgs^{-1})=\det g=1$ だから $\varphi:\mathrm{SL}_n(\mathbb{R})\to\mathrm{SL}_n(\mathbb{R})$ を定める．$\varphi(g_1g_2)=sg_1g_2s^{-1}=sg_1s^{-1}\cdot sg_2s^{-1}=\varphi(g_1)\varphi(g_2)$ だから φ は準同型写像である．$\varphi(g_1)=\varphi(g_2)$ とすると $sg_1s^{-1}=sg_2s^{-1}$ だから，左から s^{-1}，右から s を掛けると $g_1=g_2$ となる．よって φ は単射である．$A\in\mathrm{SL}_n(\mathbb{R})$ とすると $s^{-1}As\in\mathrm{SL}_n(\mathbb{R})$ で，$\varphi(s^{-1}As)=s(s^{-1}As)s^{-1}=A$ だから，φ は全射である．よって φ は群の同型写像になる．

注意 (巡回群の「一意性」) G が無限位数の巡回群なら生成元 g を用いて $G=\{g^n\ (n\in\mathbb{Z})\}$ と表せ，$g^n\mapsto n$ によって群の同型 $G\to\mathbb{Z}$ が得られる．したがって無限位数の巡回群は同型を除いてただ一つ存在し，$\mathbb{Z}$ と同型である．G が位数 N の巡回群なら生成元 g を用いて $G=\{e=g^0,g,g^2,\ldots,g^{N-1}\}$ と表せ，$g^ng^m=g^{n+m\text{ を }N\text{ で割った余り}}$ から，$g^n\mapsto n$ で群の同型 $G\to\mathbb{Z}_N$ が得られる．よって位数 N の巡回群も同型を除いてただ一つ存在し，$\mathbb{Z}_N$ と同型である．本書では，巡回群を乗法的にかいて証明を述べることもあり，そのような場合には，位数 N の巡回群を C_N とかくこともある．

命題 3.13 (3) は，2 つの群が同型でないことを示す道具の 1 つとして，各元の位数を比較する方法があることを教えてくれる．

例 3.13 4 次交代群 $\mathfrak{A}_4$ と二面体群 D_6 はともに位数 12 の群だが，同型ではない．実際，D_6 には，$R_{\pi/3}$ という位数 6 の元があるが，$\mathfrak{A}_4$ の元の位数は $1,2,3$ のみである．(位数 2 の元は $(12)(34),(13)(24),(14)(23)$ の 3 個で，残りは 8 個の 3 項巡回置換である．)

注意 2 つの群 G_1,G_2 について同じ位数を持つ元の個数が完全に一致していても，G_1,G_2 は同型とは限らない [1, 例 9.11].

問 3.4 有理数全体 $\mathbb{Q}$ を加法で群とみなし，0 でない有理数全体 $\mathbb{Q}^\times$ を乗法で群とみなすとき，$\mathbb{Q}$ と $\mathbb{Q}^\times$ は群として同型か.

線型写像 f に対して，その像 $\mathrm{Im}\, f$ や核 $\mathrm{Ker}\, f$ は意味のある (部分) ベクトル空間の例を豊富に与えてくれるものであった．群の準同型写像においても同じ役割を果たす部分群がある．

命題 3.14　群 G_1, G_2 と準同型写像 $f : G_1 \to G_2$ に対し，次が成り立つ．

(1)　H が G_1 の部分群のとき，$f(H)$ は G_2 の部分群である．とくに，G_2 の部分群 $f(G_1)$ を f による G_1 の像といい，$\mathrm{Im}\, f$ とかく．

(2)　$\mathrm{Ker}\, f = \{g \in G_1 \mid f(g) = e_2\}$ は G_1 の部分群である．これを f の核とよぶ．f が単射であるための必要十分条件は，$\mathrm{Ker}\, f = \{e_1\}$ である．

証明　(1)　$f(H)$ は $f(e_1) = e_2$ を含む．$x, y \in f(H)$ とすると，$f(g) = x, f(g') = y$ となる $g, g' \in H$ がとれる．$xy = f(g)f(g') = f(gg')$．H は部分群だから $gg' \in H$．よって $xy \in f(H)$．また，H が部分群であることから $g^{-1} \in H$．よって $f(H) \ni f(g^{-1}) = f(g)^{-1} = x^{-1}$．よって $f(H) \leqq G_2$．

(2)　$e_1 \in \mathrm{Ker}\, f$．$g, g' \in \mathrm{Ker}\, f$ とすると $f(g) = f(g') = e_2$ より，$f(gg') = f(g)f(g') = e_2 e_2 = e_2$ より $gg' \in \mathrm{Ker}\, f$．$f(g^{-1}) = f(g)^{-1} = e_2^{-1} = e_2$ より $g^{-1} \in \mathrm{Ker}\, f$．よって $\mathrm{Ker}\, f \leqq G_1$．

f が単射のとき，$f(e_1) = e_2$ だから e_1 以外に e_2 へ移る元はなく $\mathrm{Ker}\, f = \{e_1\}$．逆に $\mathrm{Ker}\, f = \{e_1\}$ のとき，$f(g) = f(g')$ とすると，$e_2 = f(g)^{-1}f(g') = f(g^{-1})f(g') = f(g^{-1}g')$ だから $g^{-1}g' \in \mathrm{Ker}\, f = \{e_1\}$．よって $g^{-1}g' = e_1$．つまり $g = g'$．よって f は単射である．□

問 3.5　群 G, H と準同型写像 $f : G \to H$，および H の部分群 K に対し，K の逆像 $f^{-1}(K) = \{g \in G \mid f(g) \in K\}$ は G の部分群であることを示せ．

例 3.14　(1)　$\det(AB) = \det A \cdot \det B$ だから行列式をとる写像

$$\det : \mathrm{GL}_n(\mathbb{K}) \to \mathbb{K}^{\times};\, A \mapsto \det A$$

は $\mathrm{GL}_n(\mathbb{K})$ から，乗法に関する群 $\mathbb{K}^{\times}$ への準同型写像である．その核は，特殊線型群 $\mathrm{SL}_n(\mathbb{K}) = \{A \in \mathrm{GL}_n(\mathbb{K}) \mid \det A = 1\}$ である．$\mathrm{O}_n, \mathrm{U}_n$ に制限すれば，$\mathrm{O}_n \to \{\pm 1\}, \mathrm{U}_n \to S^1$ が得られ，その核はそれぞれ $\mathrm{SO}_n, \mathrm{SU}_n$ である．

(2) 置換の符号 sgn を偶置換なら 1，奇置換なら −1 と定義する．このとき，$\mathrm{sgn}(\sigma\tau) = \mathrm{sgn}(\sigma)\,\mathrm{sgn}(\tau)$ が成り立つから，$\{\pm 1\}$ を積に関して群とみたとき，置換の符号をとる写像

$$\mathrm{sgn} : \mathfrak{S}_n \to \{\pm 1\}; \sigma \mapsto \mathrm{sgn}(\sigma)$$

は準同型写像である．$\{\pm 1\}$ の単位元は 1 だから，sgn の核は交代群 $\mathfrak{A}_n = \{\sigma \in \mathfrak{S}_n \mid \mathrm{sgn}(\sigma) = 1\}$ である．

例 3.15 $\varphi : \mathbb{R} \to \mathbb{C}^\times$ を $\varphi(x) = e^{2\pi i x}$ で定義すると加法群 $\mathbb{R}$ から乗法群 $\mathbb{C}^\times$ への準同型写像である．実際 $\varphi(x+y) = e^{2\pi(x+y)i} = e^{2\pi i x}e^{2\pi i y} = \varphi(x)\varphi(y)$ だからである．$e^{2\pi i x} = 1 \Leftrightarrow x \in \mathbb{Z}$ だから，$\mathrm{Ker}\,\varphi = \mathbb{Z}$ であり，像 $\mathrm{Im}\,\varphi = \{$ 絶対値 1 の複素数 $\} = S^1$ となる．φ は数直線を S^1 の上に巻き付けているとみることができる．

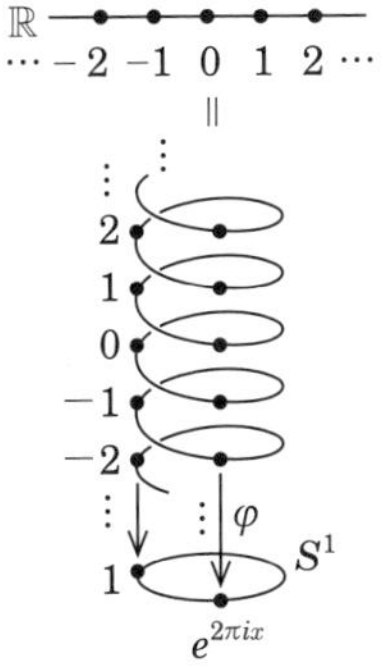

例 3.16 $N \geqq 2$ に対し，$f_N : \mathbb{C}^\times \to \mathbb{C}^\times$ を $f_N(z) = z^N$ で定義する．$f_N(zw) = (zw)^N = z^N w^N = f_N(z)f_N(w)$ だから f_N は準同型写像である．$\mathrm{Ker}\,f_N = \{z \in \mathbb{C}^\times \mid z^N = 1\} = G_N$ である．任意の $u \in \mathbb{C}^\times$ に対して，$z^N = u$ は必ず解 z を持つから，$\mathrm{Im}\,f_N = \mathbb{C}^\times$ である．

f_N は絶対値 1 の複素数を絶対値 1 の複素数に移すので，$f_N : S^1 \to S^1$ も全射な準同型写像である．これは単位円を N 重巻きにして S^1 に重ねているとみることができる．

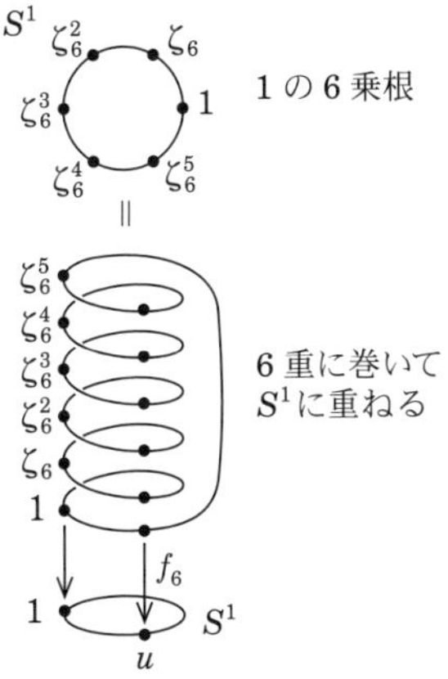

問 3.6 $\mathbb{C}^\times$ の部分群 $H = \{1, -1, i, -i\}$ をとる．$\varphi^{-1}(H)$ と $f_6^{-1}(H)$ はそれぞれ $\mathbb{R}, \mathbb{C}^\times$ のどのような部分群になるか具体的に決定せよ．

例 3.17 $\mathbb{R}^2$ や $\mathbb{R}^3$ 内の図形を保つ直交行列全体のなす群を対称群やその部分群

と結びつける方法をみる．

第1章で (1.3) と (1.4) という乗積表を比較したとき，左下図のように正三角形の頂点に番号を付けて二面体群 D_3 の元を3文字の置換とみなして $\mathfrak{S}_3$ の元と対応させた．D_3 の二項演算である変換の合成は $\mathfrak{S}_3$ の二項演算である頂点の置換の積に他ならないから，これは準同型写像 $D_3 \to \mathfrak{S}_3$ を与える．第1章では，1対1対応であることを直接みた．

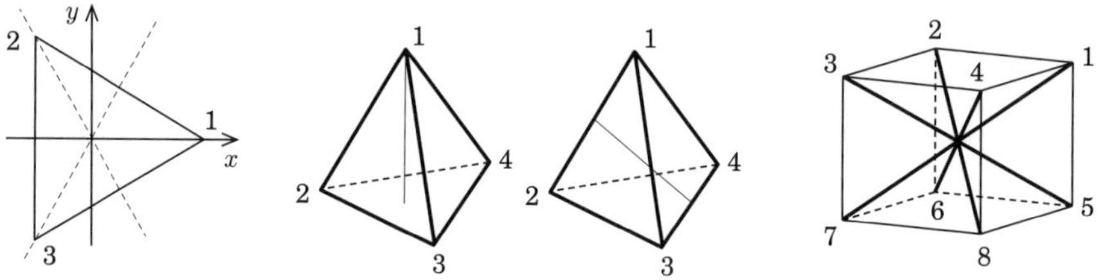

原点を通る直線に関する回転 (つまり SO_3 の元) のうちで，原点を重心とする正四面体を保つもの全体のなす群を正四面体群 T_4 という．上図のように正四面体の4つの頂点を $1, 2, 3, 4$ と番号付けすると，各変換は $\{1, 2, 3, 4\}$ の置換を引き起こし，変換の合成が頂点の置換の合成に対応することから，準同型写像 $T_4 \to \mathfrak{S}_4$ が得られる．すべての頂点を固定するような変換は恒等変換のみだから，単射である．たとえば，原点と頂点1を通る軸を中心とする反時計回りの $2\pi/3$ 回転は，4頂点の3項巡回置換 (234) を引き起こす．また，辺12と辺34の中点を結ぶ軸を中心とする π 回転は，4頂点の互換の積 (12)(34) を引き起こす．$|T_4| = 12$ だが，像には3項巡回置換がすべて含まれ，(12)(34), (13)(24), (14)(23) も含まれる．つまり $\{1, 2, 3, 4\}$ の置換のうち偶置換全体に一致するから，像は $\mathfrak{A}_4$ である．

原点を通る直線に関する回転のうちで，原点を重心とする立方体を保つもの全体のなす群を正六面体群 T_6 という．立方体には4本の対角線があり，立方体の回転はこの対角線を入れ替えるので，正六面体群から $\mathfrak{S}_4$ へ準同型写像が得られる．4本の対角線を固定するような回転は恒等変換のみだから単射である．たとえば辺23の中点と辺85の中点を結ぶ直線を軸とする π 回転は，28, 35 という対角線を入れ替えるが，17, 46 という対角線は固定する．つまり $\mathfrak{S}_4$ の互換を与える．このような回転は，辺の組に応じて6個ある．$\mathfrak{S}_4$ の互換6個がすべて得られ，互換全体は $\mathfrak{S}_4$ を生成するから像は $\mathfrak{S}_4$ 全体になる．なお，立方体を保つ回転は，恒等変換と上のもの以外に以下の 2 種類がある．

- 対面の中心を結ぶ直線に関する $\pi/2, \pi, 3\pi/2$ 回転，合計 9 個．
- 対角線を軸とする $2\pi/3, 4\pi/3$ 回転，合計 8 個．

命題 3.15 二面体群 $D_3 \cong 3$ 次対称群 $\mathfrak{S}_3$．正四面体群 $T_4 \cong 4$ 次交代群 $\mathfrak{A}_4$．正六面体群 $T_6 \cong 4$ 次対称群 $\mathfrak{S}_4$．

注意 立方体の各面の中心をとってできる正八面体を考えると，正八面体群は正六面体群と同型であり，正十二面体と正二十面体も同型である．正二十面体群の構造は，問 3.17 で扱う．

注意 正多面体を保つ直交行列全体からなる O_2 の部分群 G を考える場合，正四面体なら上と同様に頂点の置換とみて $G \to \mathfrak{S}_4$ が作れ，同型になる．(すべての頂点を固定する直交行列は一次独立な 3 つのベクトルを固定することになり恒等変換しかない．) しかし，正六面体の場合には，$G \to \mathfrak{S}_4$ は同型ではない．実際，原点に関する点対称移動は，立方体の対角線 4 本をすべて固定するので，単射でない．

問 3.7 正六面体群 T_4 の元は，立方体の対面の中心を結ぶ 3 本の軸に関する置換を引き起こすので，準同型写像 $f : T_4 \to \mathfrak{S}_3$ が得られる．$\mathrm{Ker}\, f$ を求めよ．さらに，$H = \{e, (123), (132)\} \leqq \mathfrak{S}_3$ に対して，部分群 $f^{-1}(H)$ を具体的に決定せよ．

例 3.18 群 G 中に位数 n の元 x と位数 2 の元 y があって，$xy = yx^{n-1}$ $(= yx^{-1})$ を満たすとき，x, x^{-1} $(= x^{n-1}), y$ $(= y^{-1})$ を有限個掛けて得られる元は，$xy = yx^{n-1}$ を繰り返し用いて x を左に y を右に寄せて $x^{m_1}y^{m_2}$ の形に書き直せる．つまり，$\langle x, y\rangle = \{x^m, x^m y \ (0 \leqq m \leqq n-1)\}$ である．この $2n$ 個の元がすべて相異なるなら，$x \mapsto R_{2\pi/n}, y \mapsto \sigma_{\pi/n}$ によって $\langle x, y\rangle \cong D_n$ という同型が得られる．たとえば，$\mathfrak{S}_5$ の中で $\langle (1234), (13)\rangle \cong D_4, \langle (12345), (15)(24)\rangle \cong D_5$ が成り立つ．

例 3.19 $\sigma \in \mathfrak{S}_n$ に対し，$(\sigma(i), i)$-成分 $(1 \leqq i \leqq n)$ のみ 1 で他は 0 となる行列

$$P_\sigma = E_{\sigma(1),1} + E_{\sigma(2),2} + \cdots + E_{\sigma(n),n}$$

と定義して，σ に対応する**置換行列**とよぶ．P_σ は，行を入れ替えれば単位行列になるので正則であり，$P_\sigma \in \mathrm{GL}_n(\mathbb{K})$ である．写像 $f : \mathfrak{S}_n \to \mathrm{GL}_n(\mathbb{C})$ を $f(\sigma) = P_\sigma$ で定義する．行列単位の積 $E_{ij}E_{k\ell} = \delta_{jk}E_{i\ell}$ に注意して

$$f(\sigma)f(\tau) = \sum_{i,j=1}^{n} E_{\sigma(i),i}E_{\tau(j),j} = \sum_{j=1}^{n} E_{\sigma(\tau(j)),j} = f(\sigma\tau)$$

となることから f は準同型写像である．$f(\sigma) = I_n$ のとき，$\sigma(i) = i$ $(i = 1, \ldots, n)$ だから f は単射である．

命題 3.16　対称群 $\mathfrak{S}_n$ は $\mathrm{GL}_n(\mathbb{K})$ の部分群として実現できる．($\{P_\sigma \mid \sigma \in \mathfrak{S}_n\}$ は $\mathfrak{S}_n$ と同型な $\mathrm{GL}_n(\mathbb{K})$ の部分群である．)

例 3.20 **(線型写像の表現行列)**　$\mathbb{K}$ 上のベクトル空間 V に対し，全単射な線型写像の全体を $\mathrm{GL}(V)$ とかく．これは写像の合成に関して $\mathfrak{S}(V)$ の部分群をなす．V が n 次元のとき，その基底 $\mathcal{B} = (\boldsymbol{v}_1, \ldots, \boldsymbol{v}_n)$ を一組固定すると，$(f(\boldsymbol{v}_1), \ldots, f(\boldsymbol{v}_n)) = (\boldsymbol{v}_1, \ldots, \boldsymbol{v}_n)A$ によって正則行列 A が一意的に定まる．これを f の $\mathcal{B}$ に関する表現行列とよんでいた．$f_1, f_2 : V \to V$ の $\mathcal{B}$ に関する表現行列を A_1, A_2 とすると $f_1 \circ f_2$ の表現行列は A_1A_2 となるので，$f \mapsto A$ という対応は，群の同型 $\mathrm{GL}(V) \to \mathrm{GL}_n(\mathbb{K})$ を与える．

3.5　自己同型群

群 G に対し，恒等写像 id_G は群の同型写像であり，同型の合成，同型写像の逆写像もいずれも同型写像だから

$$\mathrm{Aut}(G) = \{f : G \to G \text{ は群の同型写像}\}$$

は写像の合成に関して $\mathfrak{S}(G)$ の部分群をなす．これを G の**自己同型群**とよぶ．

例 3.21　$\mathrm{Aut}(C_N)$ を考える．C_N は巡回群だから，準同型写像 $f : C_N \to C_N$ は，生成元 g の行き先 $f(g) = g^m$ を決めると，$f(g^k) = f(g)^k = g^{mk}$ ですべての元の行き先が決まる．他方，同型写像は元の位数を保つから，f が同型になるためには，g^m の位数も N，つまり m と N は互いに素でなければならない．そこ

で，$f_m(g) = g^m$ (m は N と互いに素) と定義すると，$(f_m \circ f_{m'})(g) = f_m(g^{m'}) = g^{mm'} = g^{mm' \pmod N}$ だから，$f_m \circ f_{m'} = f_{mm' \pmod N}$ である．以上から，

$$\mathrm{Aut}(C_N) \ni f_m \mapsto m \in \mathbb{Z}_N^\times;$$

は群の同型写像となる．よって次の命題が成り立つ．

命題 3.17 $\mathrm{Aut}(C_N) \cong \mathbb{Z}_N^\times$. $\mathrm{Aut}(\mathbb{Z}) \cong \mathbb{Z}_2$.

注意 命題 5.4 で n が素数 p の場合，$\mathrm{Aut}(C_p) \cong \mathbb{Z}_p^\times \cong \mathbb{Z}_{p-1}$ を示す．一般には，$\mathbb{Z}_n^\times$ は ($n = 8$ を例 3.3 でみたように巡回群とは限らない) 可換群で，次節で述べる直積群の概念を用いて次のように求められる．[1, 定理 9.43] などを参照されたい．

定理 3.18 (1) p が奇素数のとき，$\mathbb{Z}_{p^e}^\times \cong \mathbb{Z}_{p^{e-1}(p-1)}$.

(2) $\mathbb{Z}_2^\times \cong \{e\}$. $\mathbb{Z}_{2^2}^\times \cong \mathbb{Z}_2$. $\mathbb{Z}_{2^e}^\times \cong \mathbb{Z}_2 \times \mathbb{Z}_{2^{e-2}}$ $(e \geqq 3)$.

非可換群の場合の例をみる前に，自己同型群 $\mathrm{Aut}(G)$ の中に特別な部分群があることに注意しておこう．

補題 3.19 G を群とする．$g \in G$ を 1 つ固定したとき，

$$\rho_g : G \to G; x \mapsto gxg^{-1}$$

と定義すると，G から G への同型写像になる．さらに，$\mathrm{Inn}(G) = \{\rho_g \mid g \in G\}$ は $\mathrm{Aut}(G)$ の部分群であり，G の**内部自己同型群**とよばれる．

証明 まず，$\rho_g(xy) = g(xy)g^{-1} = gxyg^{-1} = gxg^{-1}gyg^{-1} = \rho_g(x)\rho_g(y)$ より，ρ_g は準同型写像である．次に，$\rho_g(x) = e$ とすると，$gxg^{-1} = e$ より，$x = g^{-1}eg = e$ となるので，$\mathrm{Ker}\,\rho_g = \{e\}$，つまり ρ_g は単射である．$y \in G$ に対し，$\rho_g(g^{-1}yg) = g(g^{-1}yg)g^{-1} = y$ となるので，ρ_g は全射である．よって，ρ_g は同型写像である．

任意の $x \in G$ に対し，$(\rho_g \circ \rho_h)(x) = \rho_g(hxh^{-1}) = ghxhg^{-1} = (gh)x(gh)^{-1} = \rho_{gh}(x)$ より，$\rho_g \circ \rho_h = \rho_{gh} \in \mathrm{Inn}(G)$．すると $\rho_g \circ \rho_{g^{-1}} = \rho_{gg^{-1}} = \rho_e = \mathrm{id}_G$ となり，ρ_g の逆元は $\rho_{g^{-1}} \in \mathrm{Inn}(G)$．よって $\mathrm{Inn}(G) \leqq \mathrm{Aut}(G)$．□

もし G が可換群なら $gxg^{-1} = x$ だから，g によらず $\rho_g = \mathrm{id}_G$ で $\mathrm{Inn}(G) = \{\mathrm{id}_G\}$ となる．G が非可換群なら，一般には $\{\mathrm{id}_G\} < \mathrm{Inn}(G) < \mathrm{Aut}(G)$ となるが，

$\mathrm{Inn}(G) < \mathrm{Aut}(G)$ にどのくらいの差があるかを決めるのは易しくないことが多い.

例 3.22 $s = \begin{bmatrix} 0 & 1 \\ 1 & 0 \end{bmatrix}$ $(\notin \mathrm{SL}_2(\mathbb{R}))$ を用いて, $\varphi(g) = sgs^{-1}$ によって群の自己同型 $\varphi : \mathrm{SL}_2(\mathbb{R}) \to \mathrm{SL}_2(\mathbb{R})$ が定まる (例 3.12 (4)). もし $A \in \mathrm{SL}_2(\mathbb{R})$ を用いて $\varphi = \rho_A$ となっているとすると, 任意の $g \in \mathrm{SL}_2(\mathbb{R})$ に対して, $sgs^{-1} = AgA^{-1}$, つまり $(A^{-1}s)g = g(A^{-1}s)$ が成り立つ. しかし, これを満たすには $A^{-1}s = tI_2$ となるしかない (例 3.10 でみた $S_{12}(1), S_{21}(1) \in \mathrm{SL}_2(\mathbb{R})$ との可換性をみよ). 両辺の行列式をみると左辺は $\det s = -1$, 右辺は $t^2 > 0$ であり矛盾である. したがって, φ は自己同型だが内部自己同型ではない.

例 3.23 $\mathrm{Aut}(\mathfrak{S}_3)$ を考える. $\mathfrak{S}_3 = \langle (12), (23) \rangle$ だから自己同型写像は $(12), (23)$ の行き先で決まる. 位数を保つので, $(12), (23)$ の行き先は $(12), (23), (13)$ のいずれかになるため, 自己同型写像は高々6 個しかない. 他方, 次の問にあるように相異なる内部自己同型が 6 個あるので, 内部自己同型群と自己同型群は一致し, $|\mathrm{Inn}(\mathfrak{S}_3)| = |\mathrm{Aut}(\mathfrak{S}_3)| = 6$ である. 内部自己同型を対応させる $g \mapsto \rho_g$ は $G \to \mathrm{Inn}(G)$ は準同型だから, $\mathrm{Inn}(\mathfrak{S}_3)(\cong \mathrm{Aut}(\mathfrak{S}_3)) \cong \mathfrak{S}_3$ もわかる.

問 3.8 下の表を自分の手でチェックせよ.

内部自己同型	$\rho_e = \mathrm{id}$	$\rho_{(12)}$	$\rho_{(23)}$	$\rho_{(123)}$	$\rho_{(132)}$	$\rho_{(13)}$
(12) の行き先	(12)	(12)	(13)	(23)	(13)	(23)
(23) の行き先	(23)	(13)	(23)	(13)	(12)	(12)

実は次の定理が成り立つ. たとえば, [14, 7.4.3] や [16, 第 3 章 §2] を参照されたい.

定理 3.20 $\mathrm{Inn}(\mathfrak{S}_6) \neq \mathrm{Aut}(\mathfrak{S}_6)$. $n \neq 6$ のとき, $\mathrm{Inn}(\mathfrak{S}_n) = \mathrm{Aut}(\mathfrak{S}_n) \cong \mathfrak{S}_n$.

3.6 群の直積

2 つの群 G_1, G_2 が与えられたとき, そこから新しい群を作る方法の 1 つとして, 群の直積という考え方がある.

命題 3.21 2 つの群 $(G_1, \circ_1), (G_2, \circ_2)$ に対し，直積集合 $G_1 \times G_2$ は

$$(g_1, g_2) \circ (h_1, h_2) = (g_1 \circ_1 h_1, g_2 \circ_2 h_2) \qquad (g_i, h_i \in G_i, i = 1, 2)$$

を二項演算として群をなし，G_1, G_2 の**直積 (群)** という．有限個の直積 $G_1 \times \cdots \times G_r$ も同様に定義できる．G の n 個の直積を G^n とかくこともある．

証明 結合性は，$((g_1, g_2) \circ (h_1, h_2)) \circ (k_1, k_2) = (g_1 \circ_1 h_1, g_2 \circ_2 h_2) \circ (k_1, k_2) = ((g_1 \circ_1 h_1) \circ_1 k_1, (g_2 \circ_2 h_2) \circ_2 k_2)$ であることに注意すれば，G_1, G_2 の二項演算 $\circ_1, \circ_2$ が結合的であることから従う．単位元は，G_1, G_2 の単位元 e_1, e_2 の組 $(e_1, e_2) \in G_1 \times G_2$．$(g_1, g_2) \in G_1 \times G_2$ の逆元は $(g_1^{-1}, g_2^{-1}) \in G_1 \times G_2$．□

例 3.24 位数 2 の巡回群の直積 $\mathbb{Z}_2 \times \mathbb{Z}_2$ は，(i, j) $(i, j \in \{0, 1\})$ という 4 つの元からなるが，単位元 $(0, 0)$ 以外はすべて位数 2 であり，巡回群ではない．これは第 1 章でみた (正方形ではない) 長方形の対称性の群 $\{e, c, r_x, r_y\}$ と，たとえば

$$(0, 0) \mapsto e, \qquad (1, 0) \mapsto c, \qquad (0, 1) \mapsto r_x, \qquad (1, 1) \mapsto r_y$$

によって群として同型であり，対称群 $\mathfrak{S}_4$ の部分群 H_1, H_2 とも同型である．

では，$\mathbb{Z}_2 \times \mathbb{Z}_3$ はどうか．$(1, 1)^k = (k \bmod 2, k \bmod 3)$ だから，$(1, 1)^k$ は，$k = 2, 3, 4, 5, 6$ で $(0, 2), (1, 0), (0, 1), (1, 2), (0, 0)$ となり，位数 6 になる．よって，$(1, 1) \mapsto 1$ により $\mathbb{Z}_2 \times \mathbb{Z}_3 \cong \mathbb{Z}_6$ である．

命題 3.22 (中国剰余定理) 群の同型 $\mathbb{Z}_n \times \mathbb{Z}_m \cong \mathbb{Z}_{nm}$ が成り立つ必要十分条件は，n, m が互いに素である．

証明 n, m が互いに素とする．$(1, 1)^k = (k \bmod n, k \bmod m)$ だから，$(1, 1)^k = (0, 0)$ となる k は n, m の倍数．n, m は互いに素だから k は mn の倍数．したがって，$\mathrm{ord}(1, 1) = nm$ となるので，$\mathbb{Z}_n \times \mathbb{Z}_m \cong \mathbb{Z}_{nm}$.

逆に，n, m の公約数 $d > 1$ があると，$n = dn', m = dm'$ とおけば，$(a, b) \in \mathbb{Z}_n \times \mathbb{Z}_m$ に対し，$(a, b)^{n'm'd} = (0, 0)$ だから，(a, b) の位数は $n'm'd$ 以下になる．$d > 1$ だと $n'm'd < nm$ だから，すべての元の位数が nm より真に小さくなるため巡回群ではない．□

問 3.9 n, m が互いに素のとき，$\mathbb{Z}_n^\times \times \mathbb{Z}_m^\times \cong \mathbb{Z}_{nm}^\times$ を示せ．

群 G の 2 つの部分群 H, K が与えられたとき，$G \cong H \times K$ と分解できるなら群の構造を調べる上で役立つ．

命題 3.23　群 G の 2 つの部分群 H, K に対して，3 つの条件

(i)　$G = HK$，つまりすべての G の元は hk $(h \in H, k \in K)$ の形に表せる．

(ii)　$H \cap K = \{e\}$．

(iii)　H の元と K の元は可換，すなわち $hk = kh$ $(h \in H, k \in K)$．

がすべて満たされるとき，$f : H \times K \ni (h, k) \mapsto hk \in G$ は群の同型写像である．

証明　f が準同型であることは，$f((h_1, k_1) \circ (h_2, k_2)) = f((h_1h_2, k_1k_2)) = h_1h_2k_1k_2 \overset{\text{(iii)}}{=} h_1k_1h_2k_2 = f((h_1, k_1))f((h_2k_2))$．また，条件 (i) から f は全射である．そこで，$f((h, k)) = e$ $(h \in H, k \in K)$ とすると，$hk = e$．したがって，$h = k^{-1}$．左辺は H に属し，右辺は K に属す．条件 (ii) から，$h = k^{-1} = e$．したがって，$h = k = e$ となるので，$\mathrm{Ker}\, f = \{(e, e)\}$．よって，$f$ は単射．□

注意　条件 (i) $G = HK$ と (ii) $H \cap K = \{e\}$ が満たされていれば，$g = h_1k_1 = h_2k_2$ と表示できたとき，$H \ni h_2^{-1}h_1 = k_2k_1^{-1} \in K$ となるため，$h_2^{-1}h_1 = e, k_2k_1^{-1} = e$ となり，$h_1 = h_2, k_1 = k_2$．つまり，G の元を H の元と K の元の積として表示する方法は一意的である．

例題 3.5　絶対値 1 の複素数全体 S^1，$\mathbb{R}_{>0} = \{x \in \mathbb{R} \mid x > 0\}$ は複素数の乗法に関して $\mathbb{C}^\times$ の部分群である．このとき，$\mathbb{C}^\times \cong \mathbb{R}_{>0} \times S^1$ が成り立つことを示せ．

解　0 でない複素数 z は極形式を用いて $z = r(\cos\theta + i\sin\theta)$ $(r \in \mathbb{R}_{>0}, 0 \leqq \theta < 2\pi)$ と表せる．絶対値 1 の複素数で正の実数なのは $\mathbb{C}^\times$ の単位元 1 のみである．$\mathbb{C}^\times$ はアーベル群だから，S^1 と $\mathbb{R}_{>0}$ の元は可換である．よって直積分解 $\mathbb{C}^\times \cong \mathbb{R}_{>0} \times S^1$ が成り立つ．□

例 3.25　(1)　$\mathbb{Z}_{16}^\times = \{1, 3, 5, 7, 9, 11, 13, 15\}$ において，$H = \langle 3 \rangle = \{1, 3, 9, 11\} \cong \mathbb{Z}_4$ と $K = \langle 7 \rangle = \{1, 7\} \cong \mathbb{Z}_2$ は命題の 3 条件を満たすので，$\mathbb{Z}_{16}^\times \cong \mathbb{Z}_4 \times \mathbb{Z}_2$ が成り立つ．

(2)　$\mathfrak{S}_3$ で $H = \langle (12) \rangle \cong \mathbb{Z}_2$，$K = \langle (123) \rangle \cong \mathbb{Z}_3$ をとる．直積群 $H \times K \cong \mathbb{Z}_2 \times$

$\mathbb{Z}_3 \cong \mathbb{Z}_6$ と巡回群に同型だが，$\mathfrak{S}_3$ は非可換群なので $\mathfrak{S}_3 \not\cong H \times K$ である．この場合は命題の条件 (iii) が成り立たない．

(3)　$c = R_{\pi/n}, r = \sigma_{\pi/2n}$ とおくと，$D_{2n} = \{c^k, c^k r\ (0 \leqq k \leqq 2n-1)\}$ であり，$H = \{e, c^n\}, K = \{c^{2k}, c^{2k} r\ (1 \leqq k \leqq n-1)\}$ は，命題の 3 条件を満たすので，$D_{2n} \cong \mathbb{Z}_2 \times D_n$ が成り立つ．

問 3.10　$\mathrm{O}_3 \cong \mathrm{SO}_3 \times \mathbb{Z}_2$ を示せ．

3.7 初級編を終えて

第 1 章では乗積表を具体的に計算し，第 2, 3 章では群を調べるための最も基本的な概念やツールについて述べてきた．乗積表以外にも，たとえば群と生成系の組に対応して得られる**ケーリーグラフ**や部分群の包含関係に関する**ハッセ図**も具体的な群の様子を理解するために役立つ．群 G の生成系 S が 1 つ与えられたとき，$s_i \in S$ を用いて $s_i g_1 = g_2$ となっているとき，g_1 から g_2 へ s_i のついた矢印を引く．これによって群のすべての元を頂点集合とし，生成元によるつながり方を辺とする図形ができる．これを群 G とその生成系 S に対応するケーリーグラフという．たとえば，二面体群 D_4 で $R_{\pi/2}$ 回転 (実線) と線対称移動 $\sigma_{\pi/4}$ (点線) を生成系とした場合のケーリーグラフが左下図である．中央の図は四元数群 Q_8 においてX (実線)，Y (点線) を生成系としてとった場合のケーリーグラフである．後の章で登場する階数 2 の自由群のケーリーグラフ (の一部) が右下図である[1]．

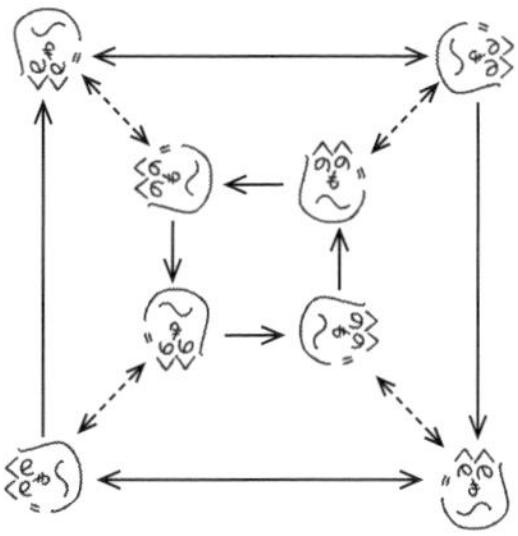

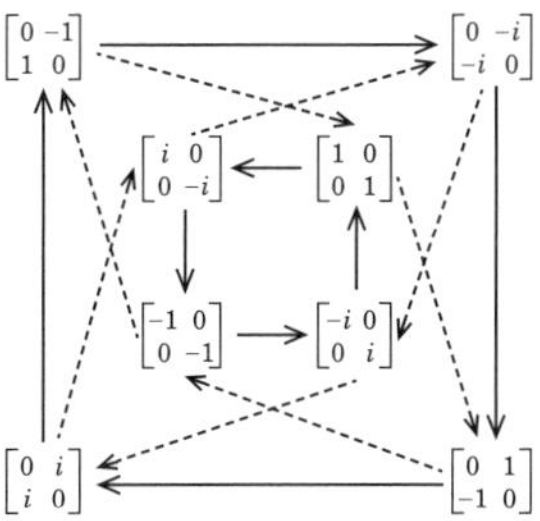

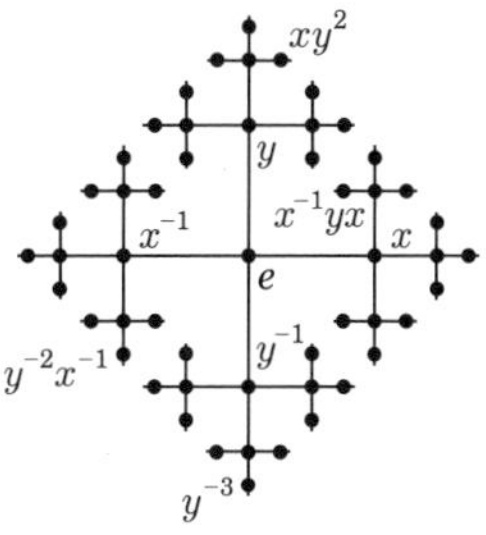

1] 右 [左] に進むときは x [x^{-1}] を左から掛け，上 [下] に進むときは y [y^{-1}] を左から掛ける．矢印は省略し，平面上に交わりなく実現するために，辺の長さを変えている．

他にもいろいろな群のケーリーグラフがきれいな図に表せる．ただし，同じ群でも生成元をとり換えるとグラフの様子は変わる．下図は $\mathfrak{S}_4$ の場合に，隣接互換 s_1, s_2, s_3 を生成系にとった場合 (左図) と $(1234), (123)$ を生成系にとった場合 (右図) のケーリーグラフである．

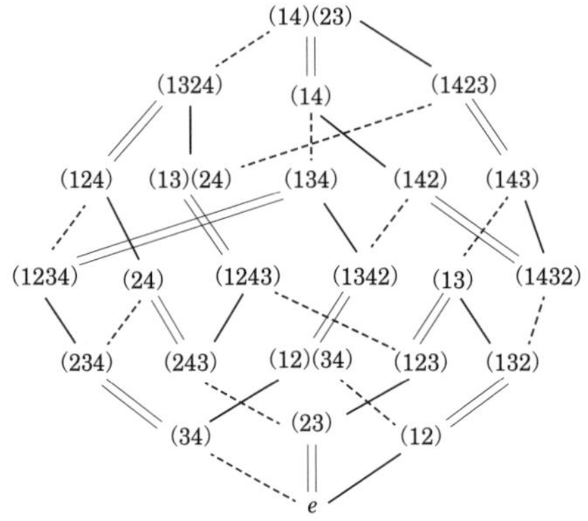

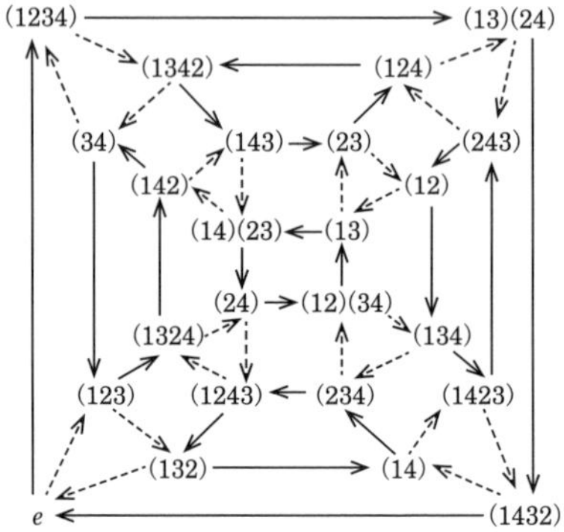

群 G の部分群を列挙し，$K \subset H$ のとき K, H を辺で結んで得られる図形を部分群の包含関係に関するハッセ図という．

群の発祥の地であった「ガロア理論」においては，ガロア群の部分群がガロア拡大の中間体と 1 対 1 に対応するという「ガロアの基本定理」があるため，包含関係を明示したリストが役立つ．たとえば，$\mathfrak{S}_3$ のハッセ図は右図である．これが第 1 章でみた代数方程式 $x^3 - 2 = 0$ の根や $\mathbb{Q}(\sqrt[3]{2}, \omega)$ の構造を理解するのに役立つ．

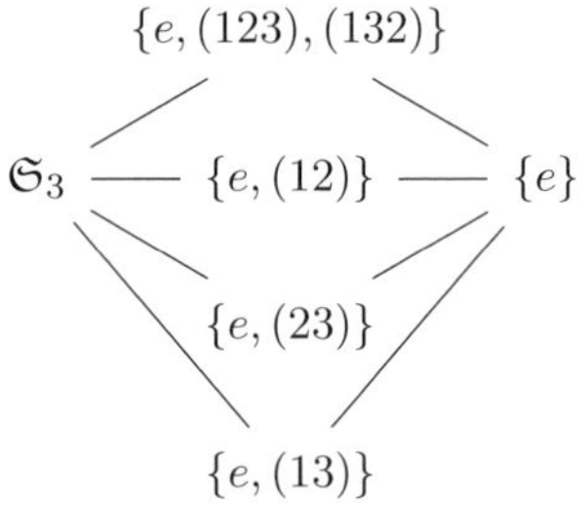

しかし現状ではまだ群を調べる手だてが足りない．次に進む手掛かりとして問題点を整理しておこう．

まず第一に

- 群の元の位数や部分群の様子について調べるための結果

が必要である．たとえば巡回群については，元の位数や生成元，部分群の構造が命題 3.4，命題 3.5 などで明らかになり，自己同型群も命題 3.17 である程度調べられているが，一般の (有限) 群において元の位数や部分群の様子についての情報はまだ得られていない．この点について最も基本的な結果として，後の章で，**コーシーの定理** (定理 4.14) と**ラグランジュの定理** (定理 5.2) をみる．

第二に

- 群の構造を記述するための概念

がさらに必要である．準同型写像を用いてさまざまな群を比較することはできるようになったが，群の構造をより詳細に調べるためには，**部分群による剰余類分解**や**共役類**のように群をいくつかに分割することやそこから得られる**正規部分群**とよばれる特別な部分群，さらには正規部分群を用いて群を割ってできる**剰余群**といった概念をみる必要がある．剰余群の考え方を使うことで準同型写像の導く比較をより精密に記述する「**準同型定理**」(定理 6.8) が得られる．また，命題 3.23 で述べた直積分解は特別な場合にしか成り立たない性質であり，群の構造を記述する概念としては狭い．より広いクラスの群の構造を記述する**半直積**について第 6 章で扱う．第 3 章では，群の生成系の概念を導入したが，群の元を生成元の積として表す方法が一意的ではないため，生成元の積の間にはさまざまな関係式がある．生成元の間の関係式を用いて群を記述する**基本関係式**の考え方は第 7 章で扱う．

ところで，さしあたって次のような問題を考えることはできる．

[**分類問題**]：位数 n の有限群を同型を除いて分類せよ．

群自体はさまざまな具体的構成が可能だが，同型なものは「同じ群」であるとみなすことにしたとき，位数ごとに非同型な有限群がどれだけあるかを分類する問題である．乗積表をみるだけでも，たとえば位数 4 の有限群は $\mathbb{Z}_4, \mathbb{Z}_2 \times \mathbb{Z}_2$ の 2 種類しかないことがわかるし，後でみるように，素数位数の有限群は巡回群に限ることが示せたり，有限群でも有限アーベル群なら分類を完全に記述できるなどの重要な結果も述べる．しかし，数学の問題としてみたとき，位数 n の有限群の分類問題は，n の素因数の冪が大きくなるにつれて分類の数が爆発的に増えてしまい，一般的に統制する方法がみつかることは期待しにくく，「良い問題」であるとは思われていない．数学の問題としては手ごろな個数と記述の明快さなどを兼ね備えた分類結果が「良い結果」とみなされることが多く，群論に関係した「良

い分類問題」として知られているのは，たとえば

- **有限単純群の分類** (3 つの無限系列と 26 個の散在型)
- **単純リー群の分類** (4 つの系列と 5 つの例外型)
- **ユークリッドの運動群** $E(2), E(3)$ **の部分群の分類** (正多面体群や結晶群)

といったものであり，これらは多くの場面で参照されている．

また群論における「良い定理」は，広い範囲の群に対して成立する定理であると考えられ，たとえば，すべての有限群に対して成立する強力な結果の 1 つである**シローの定理** (定理 7.22) はその典型的なものの 1 つである．本書ではあまり踏み込まないが，低位数の有限群や $|G|$ の素因数が少ない場合の構造を調べることは，有限群の構造を調べるための例題としては価値がある．

ここまでわれわれは，$\mathfrak{S}(X)$ の空でない部分集合の満たす条件 (T1), (T2) から群の公理をとり出して，そこからわかる基本的な概念をみてきた．この節で述べてきた進んだ概念や定理を得るために，次章からは，再び $\mathfrak{S}(X)$ との関係に戻る．群 G をさまざまな集合 X に対する $\mathfrak{S}(X)$ の中に実現すること，すなわち準同型写像 $G \to \mathfrak{S}(X)$ とその性質をみる．これは**群の作用**とよばれている．たとえば X として G 自身をとり，いろいろな作用のさせ方を調べることで群の構造についての新しい概念を得ることができる．逆に，X として群とは異なるさまざまな対象をとることで X 自身や G の構造を調べる手段が得られる．ここで扱う X は単なる集合とみるだけでなく，X 自身にもベクトル空間や位相空間などといった構造が入っている場合が多い．とくに X がベクトル空間 V の場合には，準同型写像 $G \to \mathrm{GL}(V)$ を与えることが考えられる．これは**群の (線型) 表現**とよばれる．第 8 章でその性質についてみることにする．

群の作用の考え方を本格的に導入しなくても，群の構造に関する概念 (たとえば，剰余類や共役類など) を学ぶことは可能だが，本書では，群の作用を通して群の構造だけでなく群とさまざまな対象との関わりや応用が幅広く眺められることを重視したい．

なお，問 2.3 は SU_2 を $\mathbb{R}^4$ の単位球面とみなせることを意味している．このように行列の作る連続的な群自身の位相や接平面の構造を調べることも重要であり，位相群，リー群とリー環といった分野が広がる．また，位相空間にあいた「穴」の様子を調べる基本群の概念はトポロジーの基本的な内容である．これらについ

ては本書では十分述べられなかったので，他書を参照してほしい．

演習問題

問 3.11 $G = \{(v_1, \ldots, v_n) \in (\mathbb{Z}_3)^n \mid v_1 + \cdots + v_n \equiv 0 \pmod 3\}$ は，$(\mathbb{Z}_3)^n$ の部分群であり，$\boldsymbol{x}_1 = (1, 1, 1, 0 \ldots, 0), \boldsymbol{x}_2 = (0, 1, 1, 1, \ldots, 0), \ldots, \boldsymbol{x}_{n-2} = (0, \ldots, 0, 1, 1, 1)$ と $\boldsymbol{y} = (0, 0, \ldots, 0, 1, 2)$ で生成されることを示せ．

問 3.12 次の 12 個の群はいずれも位数 24 の有限群である．これらを群として同型なもののグループに分けよ．

$$\mathbb{Z}_{24},\ \mathbb{Z}_{12} \times \mathbb{Z}_2,\ \mathbb{Z}_8 \times \mathbb{Z}_3,\ \mathbb{Z}_6 \times \mathbb{Z}_4,\ \mathbb{Z}_6 \times \mathbb{Z}_2 \times \mathbb{Z}_2,$$
$$\mathbb{Z}_4 \times \mathfrak{S}_3,\ \mathbb{Z}_2 \times \mathbb{Z}_2 \times \mathfrak{S}_3,\ \mathbb{Z}_2 \times \mathfrak{A}_4,\ \mathbb{Z}_3 \times D_4,\ \mathbb{Z}_2 \times D_6,\ D_{12},\ \mathfrak{S}_4.$$

問 3.13$^{\heartsuit}$ 空でない集合 S 上の二項演算 $*$ は，任意の $x, y \in S$ に対して，

$$\text{(i)} \quad x * y = y * x, \qquad \text{(ii)} \quad x * (x * y) = y$$

を満たすとする．$e \in S$ を 1 つとり，S 上の二項演算 $+$ を $x + y = e * (x * y)$ で定義する．このとき以下のことを示せ．

(1) S の任意の元 x, y に対して，$x + y = y + x, x + e = x$ が成り立つ．

(2) S の任意の元 x, y に対して，$z + x = y$ を満たす S の元 z は一意的で，$z = x * (y * e)$ である．とくに，$z + x = e$ となる $z = x * (e * e)$ である．

(3) 二項演算 $+$ が結合法則を満たすための必要十分条件は，任意の $x, y, z \in S$ に対して $x * (e * (y * z)) = z * (e * (x * y))$ が成り立つことである．この条件が満たされているとき，$(S, +)$ は e を単位元とする可換群になる．

(4) (3) の条件が満たされているとする．$e' \in S$ をとり，$x +' y = e' * (x * y)$ で S 上の二項演算 $+'$ を定義する．$\varphi(x) = e * (e' * x)$ とすると，$x, y \in S$ に対して，$\varphi(x + y) = \varphi(x) +' \varphi(y)$ が成り立つことを示せ．さらに φ は全単射である．これにより，$+'$ も結合法則を満たし，$(S, +)$ と $(S, +')$ は群として同型となる．

問 3.14 $\mathrm{SL}_n(\mathbb{K})$ は，$\{S_{ij}(\lambda) \mid 1 \leqq i \neq j \leqq n, \lambda \in \mathbb{K}^{\times}\}$ で生成されることを示せ．

問 3.15 N を 2 以上の整数とし，$\zeta_N = e^{2\pi i/N}$ とする．このとき，$\sigma \in \mathfrak{S}_n$ と $\boldsymbol{v} \in (\mathbb{Z}_N)^n$ に対して，$P_{\sigma,\boldsymbol{v}} = \sum_{i=1}^{n} \zeta_N^{v_{\sigma(i)}} E_{\sigma(i),i}$ と定義する．このとき，$G = \{P_{\sigma,\boldsymbol{v}} \mid \sigma \in \mathfrak{S}_n, \boldsymbol{v} \in (\mathbb{Z}_N)^n\}$ は $GL_n(\mathbb{C})$ の部分群で，その位数は $N^n(n!)$ であることを示せ．さらに，$H = \{P_{\sigma,\boldsymbol{v}} \in G \mid v_1 + v_2 + \cdots + v_n \equiv 0 \pmod{N}\}$ は，G の部分群で，その位数は $N^{n-1}(n!)$ であることを示せ．

注意 この G は後の章でみる「環積」とよばれる半直積群 $(\mathbb{Z}_N)^n \rtimes \mathfrak{S}_n$ を $\mathrm{GL}_n(\mathbb{C})$ の中に実現している．また，$N = 3, n = 8$ の場合，H は，$2 \times 2 \times 2$ のルービックキューブ群と同型になる．よくみかける $3 \times 3 \times 3$ のルービックキューブの場合はもう少し複雑になる．たとえば [35] は日本語で読める文献である．

問 3.16

(1) 群の同型 $\mathrm{GL}_2(\mathbb{F}_2) \cong \mathfrak{S}_3$ を示せ．

(2) $G = \mathrm{GL}_2(\mathbb{F}_3)$ とその部分群を考える．

(i) $u = \begin{bmatrix} 1 & 1 \\ 2 & 1 \end{bmatrix} \in G$ の位数を求めよ．

(ii) $\left\langle \begin{bmatrix} 1 & 1 \\ 0 & 1 \end{bmatrix}, \begin{bmatrix} 1 & 0 \\ 0 & 2 \end{bmatrix} \right\rangle \cong D_3$, $\left\langle \begin{bmatrix} 0 & 1 \\ 1 & 0 \end{bmatrix}, \begin{bmatrix} 1 & 0 \\ 0 & 2 \end{bmatrix} \right\rangle \cong D_4$ を示せ．

(iii) $\left\langle A = \begin{bmatrix} 0 & 1 \\ 2 & 0 \end{bmatrix}, B = \begin{bmatrix} 2 & 2 \\ 2 & 1 \end{bmatrix} \right\rangle \cong Q_8$ を示せ．

問 3.17 正二十面体群 G の構造を調べる．正二十面体の頂点に次ページの図のような番号を振って考える．G は次の形の元からなる．

- 頂点 i, i' を通る軸に関する $\frac{2k\pi}{5}$ 回転．$(k = 1, 2, 3, 4)$
- 対面の重心を通る軸に関する $\frac{2\pi}{3}, \frac{4\pi}{3}$ 回転．
- 対辺の中心を通る軸に関する π 回転．

以下では，2 つの点 a, b を結ぶ軸に関する θ 回転とは，b から a の方向へ右ねじが進む向きへ θ 回転することとする．

(1)　$|G| = 60$ であることを確認せよ．

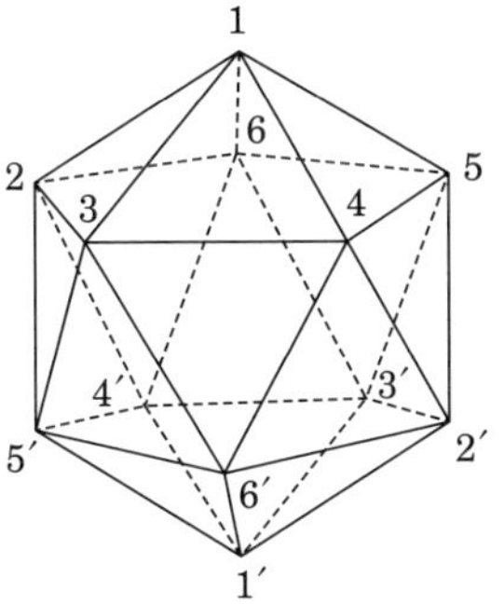

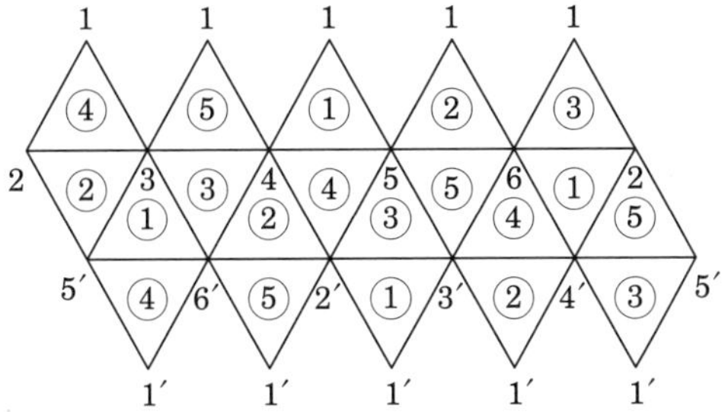

G とその部分群について調べるために，正二十面体の 20 個の面を上の展開図で与えられるように 5 色①～⑤で塗り分けて考える．G の元は，この 5 色の置換を引き起こす．たとえば，頂点 $1, 1'$ を結ぶ軸に関する $\dfrac{2\pi}{5}$ 回転は，①で塗られた面 4 個をすべて②で塗られた面へ移す．同じように考えると，②は③へ，③は④へ，⑤は①へそれぞれ移される．よってこの元 g_1 は，5 色の置換として 5 項巡回置換 (12345) を引き起こす．

(2)　頂点 $6, 6'$ を結ぶ軸に関する $\dfrac{2\pi}{5}$ 回転 g_2，対面 $123, 1'2'3'$ の重心を結ぶ軸に関する $\dfrac{2\pi}{3}$ 回転，対辺 $12, 1'2'$ の中心を結ぶ軸に関する π 回転は，それぞれ 5 色のどのような置換を引き起こすか．

(3)　$G \cong \mathfrak{A}_5$ を示せ．

(4)　G の中で，2 つの元から生成される部分群を考える．

(i)　$\langle g_1, g_2 \rangle = G$ を示せ．

(ii)　g_1 と対面 $452', 4'5'2$ の重心を結ぶ軸に関する $\dfrac{2\pi}{3}$ 回転で生成される部分群は G 全体と一致するか．

(iii)　対辺 $15, 1'5'$ の中心を結ぶ軸に関する π 回転と対辺 $16, 1'6'$ の中心を結ぶ軸に関する π 回転から生成される部分群は，D_5 と同型であることを示せ．

問 3.18 ♣♡ $\mathrm{GL}_n(\mathbb{R})$ の部分群 $K = \mathrm{O}_n$，対角成分が正の対角行列の全体 A(加法

群 $\mathbb{R}^n$ に同型)，$N = U_n^+(\mathbb{R})$ に対し，$\mathrm{GL}_n(\mathbb{R}) = KAN$ と分解することを示せ．これを $\mathrm{GL}_n(\mathbb{R})$ の岩澤分解とよぶ．

問 3.19 ♡ $(\ ,\ )$ を $\mathbb{R}^n$ の標準内積とする．$\boldsymbol{0} \neq \boldsymbol{v} \in \mathbb{R}^n$ に対し，$H_{\boldsymbol{v}} = \{\boldsymbol{x} \in \mathbb{R}^n \mid (\boldsymbol{x}, \boldsymbol{v}) = 0\}$ を $\boldsymbol{v}$ に直交する超平面といい，$r_{\boldsymbol{v}}(\boldsymbol{y}) = \boldsymbol{y} - \dfrac{2(\boldsymbol{y}, \boldsymbol{v})}{(\boldsymbol{v}, \boldsymbol{v})}\boldsymbol{v}$ で定義される線型写像 $r_{\boldsymbol{v}} : \mathbb{R}^n \to \mathbb{R}^n$ を $H_{\boldsymbol{v}}$ に関する鏡映という．$n \geqq 2$ とし，$f : \mathbb{R}^n \to \mathbb{R}^n$ が原点を固定する合同変換なら，f は高々 n 個の鏡映の合成で表されることを示せ．

問 3.20 ♣♡ $\mathbb{R}$ 上 4 次元のベクトル空間 $W = \left\{ \begin{bmatrix} a & b \\ -\bar{b} & \bar{a} \end{bmatrix} \ (a, b \in \mathbb{C}) \right\}$ とその基底

$$\mathcal{A} = \left(X_0 = I_2, X_1 = \begin{bmatrix} 0 & i \\ i & 0 \end{bmatrix}, X_2 = \begin{bmatrix} 0 & -1 \\ 1 & 0 \end{bmatrix}, X_3 = \begin{bmatrix} i & 0 \\ 0 & -i \end{bmatrix} \right)$$

とする．

(1) $g \in \mathrm{SU}_2$ に対し，$L_g : W \to W$ を $L_g(X) = gX$ で，$R_g : W \to W$ を $R_g(X) = Xg$ で定義すると，L_g, R_g の $\mathcal{A}$ に関する表現行列は SO_4 に属することを示せ．

(2) W を基底 $\mathcal{A}$ を用いて $\mathbb{R}^4$ と同一視する．$g \in \mathrm{SU}_2$ に対し，線型写像 $r_g : W \to W$ を $r_g(X) = -g\overline{{}^tX}g$ で定義する．$\mathbb{R}^4$ の鏡映はある $g \in \mathrm{SU}_2$ を用いて r_g と表されることを示せ．

第4章

群の集合への作用

われわれは $\mathfrak{S}(X)$ の (空でない) 部分集合 G の満たす 2 つの条件 (T1), (T2) を抽象化して群の定義を与えた．本章では群をさまざまな集合 X 上の全単射として "実現" する「群の集合への作用」の概念を導入する．これは，群 G の積と整合的になるように，集合 X 上の全単射全体 $\mathfrak{S}(X)$ の部分集合を与えることである．

4.1 イントロダクション——数え上げ問題と行列の標準化

本節では 2 つの例をとり上げて群の作用のイントロダクションを行う．

1 つ目の例は，「**円順列**」や「**数珠順列**」とよばれる数え上げ問題である．円形に並べられた玉の配置について，円順列とは，回転して重なる並べ方を同じ並べ方とみなしたとき，相異なる並べ方を数える問題であり，数珠順列とは，回転と裏返しで重なる並べ方を同じ並べ方とみなしたとき，相異なる並べ方を数える問題である．

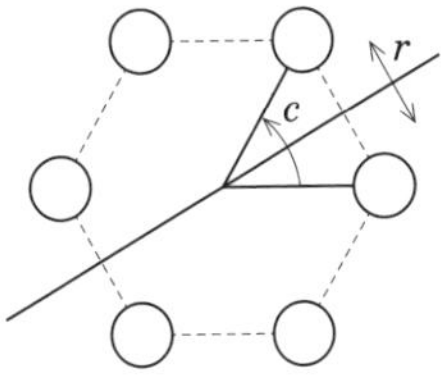

原点を中心とし，2 つの頂点が x 軸上にあるように置かれた正六角形を考える．この正六角形を保つ O_2 の元全体は，二面体群 $D_6 = \{R_{j\pi/3}, \sigma_{j\pi/6}\ (0 \leqq j \leqq 5)\}$ である．この節では簡単のため $c = R_{\pi/3}, r = \sigma_{\pi/6}$ とかくことにする．

この正六角形の 6 個の頂点に黒玉 3 個と白玉 3 個を並べることを考えよう．頂点の位置を区別すると ${}_6\mathrm{C}_3 = 20$ 通りの並べ方がある．この並べ方全体の集合を X とおく．X に属する並べ方を原点を中心として反時計回りに $\dfrac{\pi}{3}$ 回転するとそ

れぞれが X の別の並び方に移される．つまり，c という回転は，X に属する並べ方を一斉にほかの並べ方へ動かし，X 上の全単射 ρ_c を引き起こす．同様に，X に属する並べ方を $y = \left(\tan\dfrac{\pi}{6}\right)x$ に関して線対称移動させるとそれぞれが X の別の並び方に移される．つまり，r という線対称移動は，X に属する並べ方を一斉にほかの並べ方へ動かし，X 上の全単射 ρ_r を引き起こす．ρ_c (実線の矢印) と ρ_r (点線の矢印) を図示すると次のようになる．

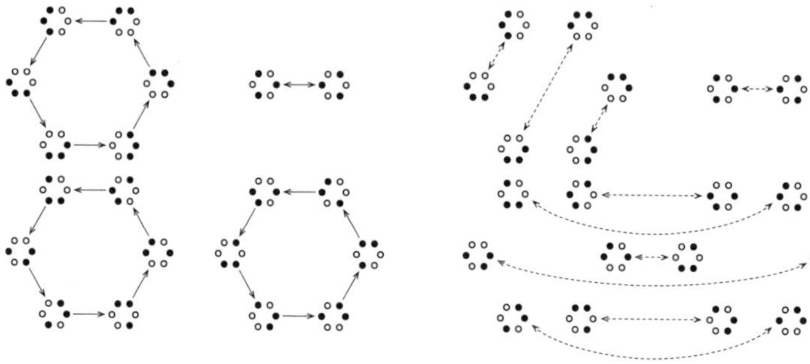

これは $c^j = R_{j\pi/3}$, $c^j r = \sigma_{(j+1)\pi/6}$ でも同様に，X 上の全単射 $\rho_{c^j}, \rho_{c^j r}$ が引き起こされる．とくに，$c^j, c^j r$ はもともと正六角形の回転と線対称移動であったから，全単射 $\rho_{c^j}, \rho_{c^j r}$ たちの合成が D_6 の積 (つまり $c^j, c^j r$ たちの合成) と整合的になっていることは明らかであろう．$\rho_{c^j} = \rho_c^j$ であり，$\rho_{c^j r} = \rho_c^j \circ \rho_r$ である．

D_6 の中で回転のみ $\{c^j\ (0 \leqq j \leqq 5)\}$ からなる部分群は $\mathbb{Z}_6$ に同型である．ρ_{c^j} $(0 \leqq j \leqq 5)$ たちだけを考える場合，$\mathbb{Z}_6 = \langle c \rangle$ が X に作用するといい，$\rho_{c^j}, \rho_{c^j r}$ $(0 \leqq j \leqq 5)$ すべてを考える場合，D_6 が X に作用するという．円順列の場合，$x \in X$ と同じ並べ方とみなされるのは，$\rho_{c^j}(x)$ $(0 \leqq j \leqq 5)$ であるから，X の中で ρ_{c^j} $(0 \leqq j \leqq 5)$ たちで移りあえない並べ方が何種類あるかが円順列の個数である．左上図からそれは 4 種類とわかる．たとえば，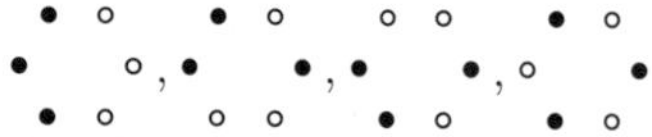 が相異なる円順列である．同様に，数珠順列の場合，裏返しは線対称移動であることに注意すると，$x \in X$ と同じ並べ方とみなされるのは，$\rho_{c^j}(x), \rho_{c^j r}(x)$ $(0 \leqq j \leqq 5)$ である．X の中で $\rho_{c^j}, \rho_{c^j r}$ $(0 \leqq j \leqq 5)$ たちで移りあえない並べ方が何種類あるかが数珠順列の個数となる．右上図もみることでそれは 3 種類とわかる．たとえば 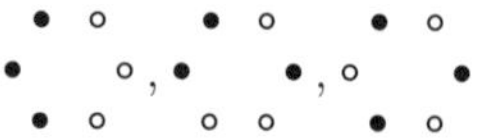 が相異なる数珠

順列である．

この 3 つの並べ方をすべての ρ_g $(g \in D_6)$ で移した行き先を図示してみると，下図を得る．

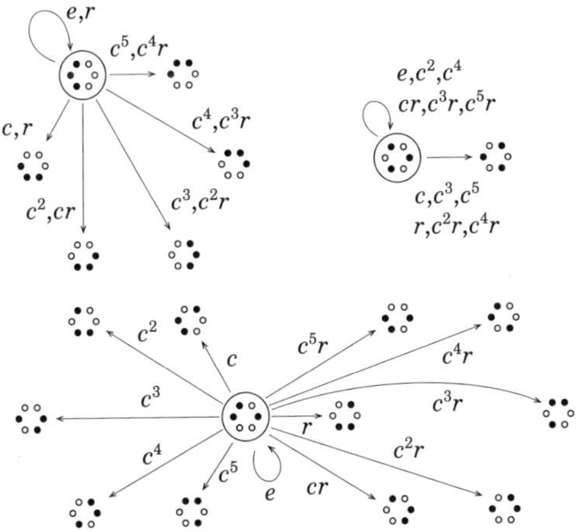

図 4.1

並べ方 $x \in X$ に対して，D_6 で引き起こされる全単射の行き先全体 $\{\rho_g(x) \mid g \in D_6\}$ を x の D_4-軌道という．つまり並べ方 x と回転と裏返しで同一視される並べ方の全体である．x を x 自身に動かす ρ_g は並べ方 x の持つ対称性であり，これが多いほど同一視される並べ方の数が少ないことが観察できる．より明示的に

$$x\text{と同一視される並べ方の総数} = \frac{D_6\text{の位数 }12}{x\text{の持つ回転・線対称性の総数}} \tag{4.1}$$

が成り立っている．これは円順列，$\mathbb{Z}_6$，回転対称性のみに注目しても同様に成り立っている．相異なる軌道の個数や 1 つの軌道に属する元の個数についての等式は後に一般的に示す．

もう一つの例として，行列の標準化を思い出そう．複素数を成分とする 2 次行列の全体を $X = M_2(\mathbb{C})$ とする．このとき，2 次正則行列 A を左から掛けることにより，$\rho_A(M) = AM$ という $\rho_A : X \to X$ が定義される．A が正則だから ρ_A は全単射である (逆写像は $\rho_{A^{-1}}$)．行列の積の結合性から，$\rho_{AB} = \rho_A \circ \rho_B$ が成り立つ．そこで，$G = \mathrm{GL}_2(\mathbb{C})$ として，$M \in X$ をすべての ρ_A で動かしてで

きる $\{\rho_A(M) \mid A \in \mathrm{GL}_2(\mathbb{C})\}$ を上の例と同様に，M の $\mathrm{GL}_2(\mathbb{C})$-軌道とよぶのは自然である．左から正則行列を掛けることで移りあう 2 次行列を同一視したとき，相異なる 2 次行列をすべて求めることが，上の例でみた円順列や数珠順列の問題に対応している．ところで，線型代数で学んだように，行基本変形によって簡約行列に変形することができ，簡約行列は，行基本変形のとり方によらず M から一意的に決まる．A が正則行列であるということと A が基本行列の積で表されることは同値だから，M の $\mathrm{GL}_2(\mathbb{C})$-軌道とは，$M$ の行基本変形で得られる行列全体であり，その中にはちょうど 1 個だけ簡約行列が含まれる．2 次の簡約行列は，$\begin{bmatrix} 0 & 0 \\ 0 & 0 \end{bmatrix}$, $\begin{bmatrix} 1 & x \\ 0 & 0 \end{bmatrix}$ $(x \in \mathbb{C})$, $\begin{bmatrix} 1 & 0 \\ 0 & 1 \end{bmatrix}$ であり，X はこのいずれかの行列の $\mathrm{GL}_2(\mathbb{C})$-軌道に含まれることになる．この例の場合には，相異なる軌道は無限個あるが，$\mathbf{0}, I_2$ 以外に $x \in \mathbb{C}$ という 1-パラメータで添え字づけられている．

X, G はそのままにして，$\varphi_A(M) = AXA^{-1}$ で定義される $\varphi_A : X \to X$ を考えると，これも X 上の全単射である ($\varphi_{A^{-1}}$ が φ_A の逆写像)．この場合，M の $\mathrm{GL}_2(\mathbb{C})$-軌道 $\{AMA^{-1} \mid A \in \mathrm{GL}_2(\mathbb{C})\}$ はどうなるだろうか♣．$M \mapsto PMP^{-1}$ で移りあう行列を同一視したとき，相異なる 2 次行列をすべて求めることが，上の例でみた円順列や数珠順列の問題に対応している．$M = \lambda I_2$ ならすべての行列と可換だからそれらは 1 個だけで 1 つの軌道になる．$M \neq \lambda I_2$ とする．線型代数で学んだように，M の固有値 λ, μ が相異なるときは，$P^{-1}MP = \begin{bmatrix} \lambda & 0 \\ 0 & \mu \end{bmatrix}$ と対角化できた．固有値が等しいとき，ケーリー–ハミルトンの定理から $(M - \lambda I_2)^2 = \mathbf{0}$ が成り立つ．これを $(M - \lambda I_2)(M - \lambda I_2) = \mathbf{0}$ とみると，$M \neq \lambda I_2$ のときは，$M - \lambda I_2 \neq \mathbf{0}$ の 2 つの列ベクトルが，固有値 λ の固有空間に入る．しかも固有空間は 1 次元なので，固有値 λ の固有ベクトル $\boldsymbol{v}$ を 1 つとれば，$\mathbf{0} \neq M - \lambda I_2$ の列ベクトルは $\boldsymbol{v}$ の定数倍になる．$[k\boldsymbol{v}, \ell\boldsymbol{v}] \begin{bmatrix} \alpha \\ \beta \end{bmatrix} = \boldsymbol{v}$ となるように，つまり $\alpha k + \beta \ell = 1$ となるように α, β をとれるので，$(M - \lambda I_2)\boldsymbol{w} = \boldsymbol{v}$ は解 $\boldsymbol{w}$ を持つ．その解を用いて $P = [\boldsymbol{v}, \boldsymbol{w}]$ とおけば，P は正則で $(M - \lambda I_2)[\boldsymbol{v}, \boldsymbol{w}] = [\boldsymbol{v}, \boldsymbol{w}] \begin{bmatrix} 0 & 1 \\ 0 & 0 \end{bmatrix}$，つまり，$P^{-1}MP = \begin{bmatrix} \lambda & 1 \\ 0 & \lambda \end{bmatrix}$ となる．以上から，X のどの元も $\begin{bmatrix} \lambda & 0 \\ 0 & \mu \end{bmatrix}$, $\begin{bmatrix} \lambda & 1 \\ 0 & \lambda \end{bmatrix}$ $(\lambda, \mu \in \mathbb{C})$ のいずれかの $\mathrm{GL}_2(\mathbb{C})$-軌道に含まれる．この場合も相異なる軌道は無限個ある．

ただし，最初の行列で λ, μ を入れ替えた対角行列は同じ軌道に属することに注意する．

群 G と集合 X に対して，G の積の構造を保つ $\mathfrak{S}(X)$ の部分集合を作り，それによって X の元を動かすことが「群 G の X への作用」を考えることである．G の引き起こす全単射で移りあうものを同一視したとき，相異なる X の元がどれだけあるかを調べることが，X の G-軌道を調べることである．ここでみた例のように，X が同じでも群が異なればその動かし方が変わるし，X と G が同じでも，動かし方が変われば軌道の様子が変化する．第 4, 5, 6 章では，群をさまざまな集合 X や群自身に作用させたときの軌道の様子を調べる一般的な方法を述べる．

4.2 群作用と軌道

G の積の構造を保つ $\mathfrak{S}(X)$ の部分集合を作ることは，準同型写像を与えることそのものである．そこで，群の集合への作用を次のように定義する．

定義 4.1 G を群とする．集合 X と群の準同型写像 $\rho: G \to \mathfrak{S}(X)$ の組 (ρ, X) を群 G の集合 X への**作用**という．これを G の X 上の**置換表現**とよぶこともある．

注意 $\rho: G \to \mathfrak{S}(X)$ が単射になっているとき，**忠実**な作用とよぶ．この場合，G は ρ の像として $\mathfrak{S}(X)$ の部分群となっている．これは，G のどの 2 つの元をとっても X 上の異なる全単射を引き起こすということであり，単位元以外に X 上の恒等写像を引き起こす G の元がない，といってもよい．上でみた円順列や数珠順列の場合の，$\mathbb{Z}_6$ や D_6 の X への作用は，忠実な作用である．しかし，一般には，忠実ではない作用も簡単に現れることを後でみる．

$\rho: G \to \mathfrak{S}(X)$ が与えられたとき，$g \in G$ の行き先を $\rho_g \in \mathfrak{S}(X)$ とかけば，ρ が準同型写像であるという条件は，$\rho_g \circ \rho_h = \rho_{gh}$ $(g, h \in G)$ である．単位元を単位元に移すから $\rho_e = \mathrm{id}_X$ である．また，$\rho_g \rho_{g^{-1}} = \rho_{gg^{-1}} = \rho_e = \mathrm{id}_X$ であり，$\rho_{g^{-1}} \rho_g = \mathrm{id}_X$ も成り立つから，ρ_g の逆写像が $\rho_{g^{-1}}$ である．他方，G の元と X の元の組 (g, x) に対して，$\rho_g(x) \in X$ を対応させると考えることで，$G \times X \to X$ という写像を考えているとみることもできる．群の集合への作用の定義は次のよ

うに述べられていることも多い．本書では 2 つの表記 $\rho : G \to \mathfrak{S}(X); g \mapsto \rho_g$ と $G \times X \to X; g \mapsto g * x$ をとくに断りなく併用していく．

定義 4.2　群 G と集合 X に対し，次の条件を満たす写像 $G \times X \to X; (g, x) \mapsto g * x$ を，G の X への (左) **作用**という．

(i)　任意の $x \in X$ に対して，$e * x = x$.

(ii)　任意の $g_1, g_2 \in G$ と $x \in X$ に対して，$g_1 * (g_2 * x) = (g_1 \circ g_2) * x$.

ここで与えた 2 つの定義は一致する．実際，準同型写像 $\rho : G \to \mathfrak{S}(X)$ が与えられたとき，$g * x = \rho_g(x)$ と定義することで，$G \times X \to X$ が定まる．$e * x = \rho_e(x) = \mathrm{id}_X(x) = x$ だから条件 (i) が成り立つ．また，$g_1, g_2 \in G$ に対し，$g_1 * (g_2 * x) \overset{*\text{の定義}}{=} \rho_{g_1}(g_2 * x) \overset{*\text{の定義}}{=} \rho_{g_1}(\rho_{g_2}(x)) \overset{\text{写像の合成}}{=} (\rho_{g_1} \circ \rho_{g_2})(x) \overset{\rho\text{は群準同型}}{=} \rho_{g_1 \circ g_2}(x) \overset{*\text{の定義}}{=} (g_1 \circ g_2) * x$ となるから条件 (ii) も成り立つ．逆は問とする．

問 4.1　条件 (i), (ii) を満たす $G \times X \to X; (g, x) \mapsto g * x$ が与えられたとき，$\rho_g(x) = g * x$ により $\rho_g : X \to X$ を定義すると，$\rho : g \mapsto \rho_g$ は G から $\mathfrak{S}(X)$ への群の準同型写像となる．これを示せ．

注意　$X \times G \to X$ が，$x *' e = x$ と $(x *' g_2) *' g_1 = x *' (g_2 g_1)$ $(g_1, g_2 \in G)$ を満たすとき，G は X に**右作用**するという．右作用 $X \times G \to X; (x, g) \mapsto x *' g$ が与えられているとき，$g * x = x *' g^{-1}$ とすれば，左作用に読み替えられるので，左右に本質的違いはないが，さまざまな群作用の中には，右作用とみる方が自然な例がたくさんある (たとえば例 4.7 中の注意)．しかし，本書では右作用は時折コメントするだけにとどめ，左作用を単に「作用」とよぶ．

群作用の実例をみる前に，軌道と固定化部分群の概念を導入する．

定義 4.3　群 G が集合 X に $\rho : G \to \mathfrak{S}(X)$ で作用しているとき，$x \in X$ に対し，

$$\mathcal{O}_x = \{\rho_g(x) \mid g \in G\} \ (= \{g * x \mid g \in G\})$$

を x の G-**軌道**という．

軌道の定義から簡単にわかることを述べよう．

補題 4.4　群 G が集合 X に作用しているとする．$x, y \in X$ に対し，$\mathcal{O}_x = \mathcal{O}_y$ であるか，$\mathcal{O}_x \cap \mathcal{O}_y = \varnothing$ であるかのいずれか一方が成り立つ．

証明　$\mathcal{O}_x \cap \mathcal{O}_y \neq \varnothing$ とし，$z \in \mathcal{O}_x \cap \mathcal{O}_y$ とおく．このとき，$g * x = z = g' * y$ となる $g, g' \in G$ と $x, y \in X$ がとれる．すると，$x = g^{-1} * (g' * y) = (g^{-1} \circ g') * y$ より $x \in \mathcal{O}_y$．さらに，任意の $g'' \in G$ に対して，$g'' * x = g'' * ((g^{-1} \circ g') * y) = (g'' \circ g^{-1} \circ g') * y \in \mathcal{O}_y$．つまり $\mathcal{O}_x \subset \mathcal{O}_y$．$\mathcal{O}_y \subset \mathcal{O}_x$ も同様に言えて $\mathcal{O}_x = \mathcal{O}_y$．□

この補題は，**2 つの相異なる軌道が交わることはない**という主張である．たとえば

$$\text{(i) } \mathcal{O}_x = \mathcal{O}_y \qquad \text{(ii) } x \in \mathcal{O}_y \qquad \text{(iii) } y \in \mathcal{O}_x \tag{4.2}$$

は同値になることに注意しておこう．また，G の X への作用が与えられると，X は軌道によって交わりのない和に分割される．これを G による X の**軌道分解**とよぶ．軌道が無限個になる場合もあるので，添字集合を用いて記述すれば，X の元の組 $\{x_\lambda\}_{\lambda \in \Lambda}$ が存在して，$X = \bigsqcup_{\lambda \in \Lambda} \mathcal{O}_{x_\lambda}$ と交わりのない和に分解する．このとき，$\{x_\lambda\}_{\lambda \in \Lambda}$ 軌道分解の**完全代表系**という．これは各軌道から 1 つずつ代表元をとっているだけなので，$x'_\lambda \in \mathrm{O}_{x_\lambda}$ をとれば，$\{x'_\lambda\}$ も完全代表系となる．前節の円順列・数珠順列の例で言えば，相異なる円順列として , 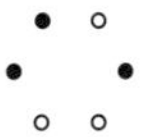, 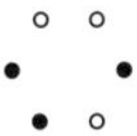, 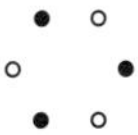 をとっても 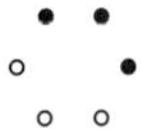, 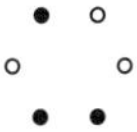, 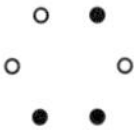, 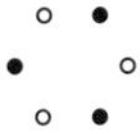 をとってもともに $\mathbb{Z}_6$ の作用に関する完全代表系になる．同様に，相異なる数珠順列として 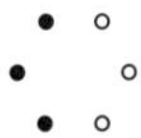, 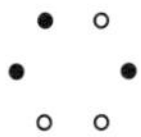, 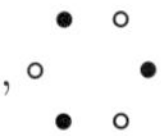 をとっても 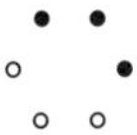, 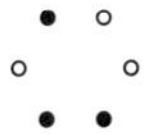, 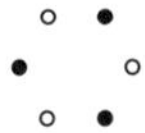 をとっても D_6 の作用に関する完全代表系である．

命題 4.5　群 G が集合 X に $\rho : G \to \mathfrak{S}(X)$ で作用しているとき，$x \in X$ に対し，

$$G_x = \{g \in G \mid \rho_g(x) = x\} \; (= \{g \in G \mid g * x = x\})$$

は G の部分群となる．これを x の**固定化部分群** (あるいは安定化部分群) という．$\mathrm{Stab}_G(x)$ とかくこともある．

証明　$\rho_e(x) = x$ だから $e \in G_x$．$g_1, g_2 \in G_x$ のとき，$\rho_{g_1}(x) = x, \rho_{g_2}(x) = x$ に注意すれば，$\rho_{g_1 \circ g_2}(x) = \rho_{g_1} \circ \rho_{g_2}(x) = \rho_{g_1}(\rho_2(x)) = \rho_{g_1}(x) = x$．よって $g_1 \circ$

$g_2 \in G_x$. $g \in G_x$ のとき, $\rho_g(x) = x$ に注意すれば, $\rho_{g^{-1}}(x) = \rho_{g^{-1}}(\rho_g(x)) = \rho_{g^{-1} \circ g}(x) = \rho_e(x) = x$ となるから $g^{-1} \in G_x$. よって $G_x \leqq G$. □

ある元 $x \in X$ での固定化部分群 G_x が求められれば, x の G-軌道 $\mathcal{O}_x$ 内の点 y の固定化部分群も次の問の形で得られる.

問 4.2 群 G が集合 X に作用し, $g * x = y$ $(g \in G, x, y \in X)$ とする. このとき, 固定化部分群に関する等式 $gG_xg^{-1} = G_y$ が成り立つことを示せ. ここで左辺は $\{ghg^{-1} \mid h \in G_x\}$ である.

群 G が集合 X に作用しているとき, $x \in X$ の固定化部分群は, G の作用のもとで x 自身が持つ対称性全体をみている. 数珠順列の場合, 図 4.1 をみれば, 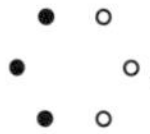, 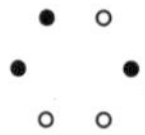, 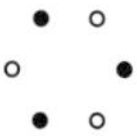 の固定化部分群は, それぞれ $\{e, c^5r\} \cong \mathbb{Z}_2$, $\{e\}$, $\{e, c^2, c^4, cr, c^3r, c^5r\} \cong D_3$ である. それは, 3 つの並べ方が持つ対称性が, それぞれ, 恒等変換と線対称軸 1 本, 恒等変換のみ, 恒等変換と $\frac{2\pi}{3}, \frac{4\pi}{3}$ 回転と線対称軸 3 本となっていることに他ならない.

行列の標準化でみた $\mathrm{GL}_2(\mathbb{C})$ の $M_2(\mathbb{C})$ への作用 $\rho_A(M) = AM, \varphi_A(M) = AMA^{-1}$ を思い出そう.

ρ の場合, M の固定化部分群は, $\{A \in \mathrm{GL}_2(\mathbb{C}) \mid AM = M\}$ である. $\mathbf{0}$ の軌道は 1 点 $\{\mathbf{0}\}$ で, $\mathbf{0}$ の固定化部分群は $\mathrm{GL}_2(\mathbb{C})$ である. $M = I_2$ の軌道は階数 2 の行列 (すなわち正則な行列) 全体であり, I_2 の固定化部分群は $\{I_2\}$ である. 階数 1 の行列全体が $x \in \mathbb{C}$ で添字づけられた無限個の軌道に分解し, 代表元として $\begin{bmatrix} 1 & x \\ 0 & 0 \end{bmatrix}$ がとれる.

φ の場合, $AMA^{-1} = M$ は $AM = MA$ と同値だから, M の固定化部分群は, M と可換な正則行列全体 $\{A \in \mathrm{GL}_2(\mathbb{C}) \mid AM = MA\}$ である. λI_2 の軌道は 1 点 $\{\lambda I_2\}$ であり, λI_2 の固定化部分群は, $\mathrm{GL}_2(\mathbb{C})$ である. 対角成分の異なる対角行列 $\mathrm{diag}(\lambda, \mu)$ の固定化部分群は, $A\,\mathrm{diag}(\lambda, \mu) = \mathrm{diag}(\lambda, \mu)A$ を直接計算すれば, 正則な対角行列の全体 $\{\mathrm{diag}(a, d) \mid ad \neq 0\}$ とわかる. ここまでで対角化可能な行列の全体は, その固有値の (順序を問わない) 組で添え字づけられた無限個の軌道に分解することになる. 対角化可能でない行列の全体は, その固有値で添字づけられた無限個の軌道に分解し，代表元として $\begin{bmatrix} \lambda & 1 \\ 0 & \lambda \end{bmatrix}$ がとれる．

問 4.3 ρ に関して，$M = \begin{bmatrix} 1 & x \\ 0 & 0 \end{bmatrix}$ の固定化部分群 G_M を求めよ．また，φ に関して，$M = \begin{bmatrix} \lambda & 1 \\ 0 & \lambda \end{bmatrix}$ $(\lambda \in \mathbb{C})$ の固定化部分群 G_M を求めよ．

例 4.1 $\mathrm{GL}_n(\mathbb{K}) \times \mathrm{GL}_m(\mathbb{K})$ は $\mathbb{K}$-係数 $n \times m$ 行列の全体 $M_{n,m}(\mathbb{K})$ に

$$\rho : \mathrm{GL}_n(\mathbb{K}) \times \mathrm{GL}_m(\mathbb{K}) \to \mathfrak{S}(M_{n,m}(\mathbb{K})); (A, B) \mapsto (X \mapsto AXB^{-1})$$

で作用する．

実際，$X \in M_{n,m}(\mathbb{K})$ に対し，$\rho_{(A_1,B_1)} \circ \rho_{(A_2,B_2)}(X) = \rho_{(A_1,B_1)}(A_2XB_2^{-1}) = A_1(A_2XB_2^{-1})B_1^{-1} = (A_1A_2)X(B_1B_2)^{-1} = \rho_{(A_1A_2,B_1B_2)}(X)$ より，$\rho_{(A_1,B_1)} \circ \rho_{(A_2,B_2)} = \rho_{(A_1A_2,B_1B_2)} = \rho_{(A_1,B_1)\circ(A_2B_2)}$ だから，$\rho_{(A,B)}$ は全単射で，逆写像は $\rho_{(A^{-1},B^{-1})}$ となり，ρ は準同型写像である．

体 $\mathbb{K}$ 上では，この作用に関する X の軌道は，X に左と右から基本行列の積を掛ける，つまり行基本変形と列基本変形を行うことによって得られる行列全体になる．階数 r の行列は，$\begin{bmatrix} I_r & 0 \\ 0 & 0 \end{bmatrix}$ に変形される．階数の異なる行列同士は基本変形では移りあえないことに注意すれば，軌道の個数は，行列の階数で分類される．$0 \leqq \operatorname{rank} X \leqq \min\{n, m\}$ なので，軌道の個数は $\min\{n, m\}$ 個となり，完全代表系として $\begin{bmatrix} I_r & 0 \\ 0 & 0 \end{bmatrix}$ $(0 \leqq r \leqq \min\{n, m\})$ がとれる．$\mathbb{Z}$ 上で考える場合は$^{\heartsuit}$，定理 3.10 から，軌道は，単因子 $(d_1, d_2, \ldots, d_r)$ で分類され，無限個となる．

例 4.2 準同型写像 $G \to \mathfrak{S}(X)$ の形の作用の例はすでに例 3.17 に登場していた．正四面体群 T_4 が正四面体の頂点 $\{1, 2, 3, 4\}$ の上に頂点の入れ替えで作用し，それを与える準同型写像 $T_4 \to \mathfrak{S}_4$ は単射 (忠実な作用) であった．たとえば頂点 1 の固定化部分群は，恒等変換 e，頂点 1 と対面の重心を結ぶ軸を中心とする $\frac{2\pi}{3}, \frac{4\pi}{3}$ 回転からなる位数 3 の巡回群である．

正六面体群 T_6 は，立方体の 4 本の対角線の集合に入れ替えで作用し，それを

与える準同型写像 $T_6 \to \mathfrak{S}_4$ は同型 (忠実な作用) であった．対角線 17 の固定化部分群は，恒等変換 e と 17 軸周りの $\frac{2\pi}{3}, \frac{4\pi}{3}$ 回転からなる位数 3 の巡回群である．

正多面体群は，その多面体の頂点集合，辺集合，面集合にそれぞれ忠実に作用する．問 3.7 でみたように，正六面体群は，立方体の対面の中心を結ぶ 3 本の軸の集合に入れ替えで作用し，それを与える準同型写像 $T_6 \to \mathfrak{S}_3$ は，単射ではない (忠実な作用ではない).

例 4.3 n 次対称群 $\mathfrak{S}_n$ をベクトル空間 $\mathbb{K}^n$ へ作用させることを考える．置換 σ を用いて列ベクトルの成分を入れ替える次の写像が $\mathfrak{S}_n$ の左作用を与える．

$$\mathfrak{S}_n \times \mathbb{K}^n \ni \left(\sigma, \begin{bmatrix} x_1 \\ x_2 \\ \vdots \\ x_n \end{bmatrix}\right) \mapsto \begin{bmatrix} x_{\sigma^{-1}(1)} \\ x_{\sigma^{-1}(2)} \\ \vdots \\ x_{\sigma^{-1}(n)} \end{bmatrix} \in \mathbb{K}^n.$$

注意 $\boldsymbol{x}$ の第 i 成分を第 $\sigma(i)$ 成分に移して得られる列ベクトルを $\sigma * \boldsymbol{x}$ とかくと，$\sigma * \boldsymbol{x}$ の第 j 成分は，$\boldsymbol{x}$ の $\sigma^{-1}(j)$ 成分である．$\tau * (\sigma * \boldsymbol{x})$ の第 i 成分は，$\sigma * \boldsymbol{x}$ の $\tau^{-1}(i)$ 成分であり，それは，$\boldsymbol{x}$ の $\sigma^{-1}(\tau^{-1}(i)) = (\tau\sigma)^{-1}(i)$ 成分になる．したがって上の定義が左作用を与えている．定義の右辺にある σ^{-1} を σ としてしまうと左作用にならないことに注意．なお，上で定義した左作用は，σ が $\mathbb{K}^n$ の基本ベクトル $\boldsymbol{e}_1, \boldsymbol{e}_2, \ldots, \boldsymbol{e}_n$ を $\sigma * \boldsymbol{e}_i = \boldsymbol{e}_{\sigma(i)}$ と動かすことにも注意する．

上で定義した作用のもとで σ の定める $\mathbb{K}^n$ の全単射は $P_\sigma = E_{\sigma(1),1} + E_{\sigma(2),2} + \cdots + E_{\sigma(n),n}$ を左から掛けるという線型写像である．実際，$P_\sigma \boldsymbol{x} = \sum_{i=1}^{n} x_i E_{\sigma(i),1}$ であり，これは第 $\sigma(i)$ 行が x_i の列ベクトルだから，上の定義の右辺になっている．したがって，上の $\mathfrak{S}_n$ の左作用は，例 3.19 でみた単射準同型写像 $\mathfrak{S}_n \to \mathrm{GL}_n(\mathbb{K}); \sigma \mapsto P_\sigma$ を与える．(忠実な作用である．)

次の例題は，集合 X に群 G が作用しているとき，X 上の関数全体にも G の作用が自然に定まることを述べたもので，群作用が幅広い応用を持つことの基礎を与えている．(問 4.11 に簡単な例がある．)

例題 4.1 集合 X 上の $\mathbb{K}$ に値を持つ関数の全体を $\mathrm{Func}_{\mathbb{K}}(X)$ とかく．群 G が集合 X に作用しているとき，

$$G \times \mathrm{Func}_{\mathbb{K}}(X) \to \mathrm{Func}_{\mathbb{K}}(X); (g, f) \mapsto (x \mapsto f(g^{-1} * x))$$

と定義することにより，G の $\mathrm{Func}_{\mathbb{K}}(X)$ への作用が定まることを示せ．

解 定義の右辺にある X 上の関数 $x \mapsto f(g^{-1} * x)$ を $g \star f$ とかく．

まず，$(e \star f)(x) = f(e^{-1} * x) = f(x)$ より $e \star f = f$．次に

$$(g_1 \star (g_2 \star f))(x) \overset{g_1\star\text{の定義}}{=} (g_2 \star f)(g_1^{-1} * x) \overset{g_2\star\text{の定義}}{=} f(g_2^{-1} * (g_1^{-1} * x))$$
$$\overset{*\text{の条件 (ii)}}{=} f((g_2^{-1}g_1^{-1}) * x) = f((g_1g_2)^{-1} * x) \overset{(g_1g_2)\star\text{の定義}}{=} ((g_1g_2) \star f)(x)$$

より $g_1 \star (g_2 \star f) = (g_1g_2) \star f$ が成り立つ．□

注意 $(g, f) \mapsto (x \mapsto f(g * x))$ と定義してしまうと，$g_1 \star (g_2 \star f)$ が $x \mapsto f((g_2g_1) * x)$ という X 上の関数となる．これは一般には $x \mapsto f((g_1g_2) * x)$ という関数とは一致せず，左作用にならない．

問 4.4 群 G が集合 X, Y に作用しているとする．X への作用を $*_X$，Y への作用を $*_Y$ とかく．X から Y への写像の全体を $\mathrm{Map}(X, Y)$ とかくとき，

$$G \times \mathrm{Map}(X, Y) \to \mathrm{Map}(X, Y); (g, f) \mapsto (x \mapsto g *_Y (f(g^{-1} *_X x)))$$

で定義すると，G の $\mathrm{Map}(X, Y)$ への左作用が定まることを示せ．

4.3 群作用のさまざまな例

群作用のいろいろな実例をみてみよう．

例 4.4 $\mathbb{K}$ を $\mathbb{R}, \mathbb{C}, \mathbb{F}_p$ などの体とする．$G = \mathrm{GL}_n(\mathbb{K})$ は $\mathbb{K}^n$ へ左からの掛け算で自然に作用する．すなわち，$A * \boldsymbol{v} = A\boldsymbol{v}$ $(A \in G, \boldsymbol{v} \in \mathbb{K}^n)$ と定義すれば，$I_n\boldsymbol{v} = \boldsymbol{v}, A(B\boldsymbol{v}) = (AB)\boldsymbol{v}$ から群の作用の条件が満たされる．

この作用に関する $\mathbb{K}^n$ の軌道分解を考える．$A\mathbf{0} = \mathbf{0}$ $(A \in G)$ だから $\{\mathbf{0}\}$ は 1

個の軌道であり，固定化部分群は $\mathrm{GL}_n(\mathbb{K})$ 全体である．他方，$\mathbb{K}^n\backslash\{\mathbf{0}\}$ 全体で 1 つの軌道になる．実際，$\mathbf{0} \neq \boldsymbol{v} \in \mathbb{R}^n$ をとったとき，$\boldsymbol{v}$ を拡張して $(\boldsymbol{v}, \boldsymbol{v}_2, \ldots, \boldsymbol{v}_n)$ という $\mathbb{K}^n$ の基底をとることにより $A = [\boldsymbol{v}, \boldsymbol{v}_2, \ldots, \boldsymbol{v}_n]$ という正則行列が得られ，$A\boldsymbol{e}_1 = \boldsymbol{v}$ となる．ここで，$\boldsymbol{e}_1$ は第 1 成分が 1 の単位ベクトルであり，上の議論から，$\mathbf{0}$ 以外のすべてのベクトルが $\boldsymbol{e}_1$ の G-軌道に属す．よって $\mathbb{K}^n = \mathcal{O}_{\mathbf{0}} \sqcup \mathcal{O}_{\boldsymbol{e}_1}$ が軌道分解となり，軌道の完全代表系のとり方の一例は $\{\mathbf{0}, \boldsymbol{e}_1\}$ である．

$\boldsymbol{e}_1$ の固定化部分群は，$A\boldsymbol{e}_1 = \boldsymbol{e}_1$ となる A の形をみれば

$$G_{\boldsymbol{e}_1} = \left\{ \left[\begin{array}{c|c} 1 & * \\ \hline \mathbf{0} & A' \end{array}\right] \;\middle|\; A' \in \mathrm{GL}_{n-1}(\mathbb{K}) \right\}$$

となる．ほかの $\boldsymbol{v} \neq 0$ の固定化群は，$P\boldsymbol{v} = \boldsymbol{e}_1$ となる $P \in \mathrm{GL}_n(\mathbb{K})$ をとることで，問 4.2 から，$G_{\boldsymbol{v}} = P^{-1} G_{\boldsymbol{e}_1} P$ と表せる．

例 4.5 前の例 4.4 で $K = \mathbb{R}, n = 2, 3$ の場合を考える．

$n = 2$ の場合，$\mathrm{SO}_2 = \{R_\theta\ (0 \leqq \theta < 2\pi)\} \subset \mathrm{GL}_2(\mathbb{R})$ という部分群も同じ定義で $\mathbb{R}^2$ に作用する．$\boldsymbol{v} \in \mathbb{R}^2$ の偏角を θ とすれば，$R_{-\theta}\boldsymbol{v} = \|\boldsymbol{v}\|\boldsymbol{e}_1$ と x 軸の 0 以上の部分へ移せる．R_θ は，原点からの距離を変えないので，x 軸上 0 以上の各点は SO_2 の作用でたがいに移りあうことはできない．

$\mathbb{R}^2$の$\mathbf{SO}_2$-軌道

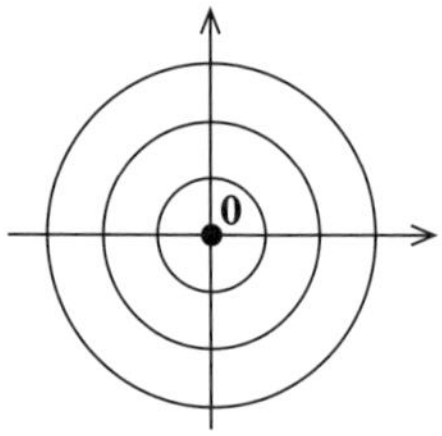

よって $\mathbb{R}^2 = \bigsqcup_{t \geqq 0} \mathcal{O}_{(t,0)}$ が軌道分解である．軌道は無限個あり，$\{(t, 0) \mid t \geqq 0\}$ が軌道の完全代表系のとり方の一例である．$\{\mathbf{0}\}$ 以外の軌道は，原点を中心とする半径 t の円になる．固定化部分群 $G_{\{\mathbf{0}\}} = \mathrm{SO}_2$ だが，$G_{(t,0)} = \{I_2\}\ (t \neq 0)$ である．

$n = 3$ の場合，$\mathrm{SO}_3 \subset \mathrm{GL}_3(\mathbb{R})$ が自然に $\mathbb{R}^3$ に作用する．SO_3 の作用は原点からの距離を変えないので，$\mathbb{R}^3$ の中の原点を中心とする半径 1 の球面 S^2 上の点を同じ球面上に移す．つまり，SO_3 は S^2 に左からの掛け算で作用する．この作用に関する軌道は S^2 全体になる．実際，S^2 上の 2 点を任意にとると，その 2 点を通る大円に垂直な直線を軸とする回転は SO_3 の元を与え，これにより S^2 上の任意の 2 点を SO_3 の作用で移りあわせることができ，S^2 上のすべての点が 1 つの

SO_3-軌道をなす．代表元として $\boldsymbol{e}_1$ をとれば，よって $S^2 = \mathcal{O}_{\boldsymbol{e}_1}$ である．

$\boldsymbol{e}_1 \in S^2$ の固定化部分群は，$\begin{bmatrix} 1 & * \\ 0 & A' \end{bmatrix} \in \mathrm{SO}_3$ からなるが，行列式 1 の直交行列になるには $* = \mathbf{0}, A' \in \mathrm{SO}_2$ となるしかなく $G_{\boldsymbol{e}_1} = \left\{ \begin{bmatrix} 1 & \mathbf{0} \\ \mathbf{0} & A \end{bmatrix} (A \in \mathrm{SO}_2) \right\} \cong \mathrm{SO}_2$ となる．これは x 軸周りの回転全体からなる SO_3 の部分群である．これも SO_3 の S^2 への作用を通して S^2 に作用する．

この場合，$\pm\boldsymbol{e}_1$ は固定されるのでそれぞれ 1 点のみからなる軌道だが，それ以外は，x 軸に垂直な平面で S^2 を切って得られる断面の円周が 1 つの軌道を与える．したがって，軌道の完全代表系は $[-1, 1]$ という区間と 1 対 1 に対応する．

$\boldsymbol{S}^2$ の $\mathbf{SO}_2(=\boldsymbol{G}_{\boldsymbol{e}_1})$- 軌道

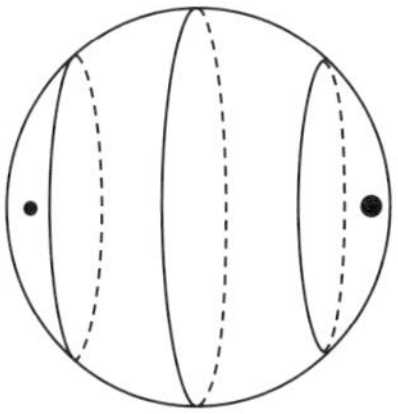

定義 4.6 群 G が集合 X に作用していて，どんな 2 つの元 $x, y \in X$ に対しても $g * x = y$ となる $g \in G$ がとれるとき，つまり X 全体が 1 個の軌道となっているとき，G の X への作用は**推移的** (あるいは**可移**) であるという．

上の SO_3 の S^2 への作用は推移的である．

例題 4.2 $\mathbb{K}$ を $\mathbb{R}, \mathbb{C}, \mathbb{F}_p$ などの体とし，$\mathbb{K}^n$ の中の d 次元部分ベクトル空間の全体を $\mathrm{Gr}_{n,d}$ とかく (**グラスマン多様体**とよばれる)．このとき $\mathrm{GL}_n(\mathbb{K})$ は

$$\mathrm{GL}_n(\mathbb{K}) \times \mathrm{Gr}_{n,d} \to \mathrm{Gr}_{n,d}; (A, V) \mapsto AV = \{A\boldsymbol{v} \mid \boldsymbol{v} \in V\}$$

により $\mathrm{Gr}_{n,d}$ へ推移的に作用することを示せ．また，$V_0 = \langle \boldsymbol{e}_1, \ldots, \boldsymbol{e}_d \rangle \in \mathrm{Gr}_{n,d}$ の固定化部分群を求めよ．

解 $V \in \mathrm{Gr}_{n,d}$ に対し，正則行列 A を左からかける線型同型による V の像 AV は d 次元部分ベクトル空間である．

$A(BV) = (AB)V$ と $I_n V = V$ は明らかだから，$\mathrm{GL}_n(\mathbb{K})$ は $\mathrm{Gr}_{n,d}$ に左からの掛け算で作用する．V の基底 $(\boldsymbol{b}_1, \ldots, \boldsymbol{b}_d)$ を延長して $(\boldsymbol{b}_1, \ldots, \boldsymbol{b}_d, \boldsymbol{b}_{d+1}, \ldots, \boldsymbol{b}_n)$ をとって，$P = [\boldsymbol{b}_1, \ldots, \boldsymbol{b}_d, \boldsymbol{b}_{d+1}, \ldots, \boldsymbol{b}_n] \in \mathrm{GL}_n(\mathbb{K})$ とおくと，$\boldsymbol{b}_i = P\boldsymbol{e}_i$ $(1 \leqq i \leqq n)$ が成り立つ．したがって，$V = P\langle \boldsymbol{e}_1, \ldots, \boldsymbol{e}_d \rangle$ となるので，$\mathrm{Gr}_{n,d}$ の元はすべて

$V_0 = \langle \boldsymbol{e}_1, \ldots, \boldsymbol{e}_d \rangle$ の $\mathrm{GL}_n(\mathbb{K})$-軌道に属す．よってこの作用は推移的である．

$A \in \mathrm{GL}_n(\mathbb{K})$ が V_0 の固定化部分群 G_{V_0} に属するための必要十分条件は，$A\boldsymbol{e}_i \in V_0$ $(1 \leqq i \leqq d)$ である．よって

$$G_{V_0} = \left\{ \begin{bmatrix} A_1 & * \\ \mathbf{0} & A_2 \end{bmatrix} \;\middle|\; A_1 \in \mathrm{GL}_d(\mathbb{K}), A_2 \in \mathrm{GL}_{n-d}(\mathbb{K}) \right\}. \quad \square$$

例 4.6 ♡　$\mathbb{K} = \mathbb{R}$ または $\mathbb{C}$ のとき，$T = T_n(\mathbb{K}) \subset B = B_n^+(\mathbb{K}) \subset \mathrm{GL}_n(\mathbb{K})$ という部分群がある．2 つの部分群 T, B は自然に $\mathrm{Gr}_{n,d}$ に作用する．T には，対角成分がすべて相異なる元 $t = \mathrm{diag}(t_1, \ldots, t_n)$ があり，固有値 t_i に対応する固有ベクトルは $\boldsymbol{e}_i$ である．もし $V \in \mathrm{Gr}_{n,d}$ が t の左からの掛け算で不変であるとすると，V 上の固有値 $t_{i_1}, \ldots, t_{i_d}$ が定まり，その固有ベクトルは $\boldsymbol{e}_{i_1}, \ldots, \boldsymbol{e}_{i_d}$ となるから，$V = \langle \boldsymbol{e}_{i_1}, \ldots, \boldsymbol{e}_{i_d} \rangle$ となる．つまり，$\mathrm{Gr}_{n,d}$ の中ですべての $t \in T$ に対して $t \cdot V = V$ を満たす V (T-固定点) は $\langle \boldsymbol{e}_{i_1}, \ldots, \boldsymbol{e}_{i_d} \rangle$ $(1 \leqq i_1 < \cdots < i_d \leqq n)$ に限られる．そこで，$E_i = \langle \boldsymbol{e}_1, \ldots, \boldsymbol{e}_i \rangle$ とおき，$\mathrm{Gr}_{n,d}$ の B-軌道分解の様子を記述しよう．

命題 4.7　$1 \leqq i_1 < i_2 < \ldots < i_d \leqq n$ なる d 個の整数の組に対し，$V_{i_1,\ldots,i_d} = \langle \boldsymbol{e}_{i_1}, \ldots, \boldsymbol{e}_{i_d} \rangle \in \mathrm{Gr}_{n,d}$ とおく．$V_{i_1,\ldots,i_d}$ の B-軌道

$$B \cdot V_{i_1,\ldots,i_d} = \{V \in \mathrm{Gr}_{n,d} \mid \dim(V \cap E_i) - \dim(V \cap E_{i-1}) = \delta_{i,i_k}\ (1 \leqq k \leqq d)\}$$

となり，これに含まれる T-固定点は $V_{i_1,\ldots,i_d}$ のみである．

さらに，$\mathrm{Gr}_{n,d} = \displaystyle\bigsqcup_{1 \leqq i_1 < \ldots < i_d \leqq n} B \cdot V_{i_1,\ldots,i_n}$ が $\mathrm{Gr}_{n,d}$ の B-軌道分解となり，とくに，$\mathrm{Gr}_{n,d}$ の B-軌道は ${}_n\mathrm{C}_d$ 個である．この B-軌道 $B \cdot V_{i_1,\ldots,i_d}$ をグラスマン多様体 $\mathrm{Gr}_{n,d}$ のシューベルトセルとよぶ．

証明　まず，$V \in \mathrm{Gr}_{n,d}$ をとると，ある $V_{i_1,\ldots,i_d}$ へ B の作用で移せることを示す．実際，V の基底 $(\boldsymbol{v}_1, \ldots, \boldsymbol{v}_d)$ を 1 つとって並べると階数 d の $n \times d$ 行列 $A = [\boldsymbol{v}_1, \ldots, \boldsymbol{v}_d]$ が得られる．この A に左から B の元を作用させて行基本変形する．$\boldsymbol{v}_1 \neq 0$ だから，0 でない成分のうち最も下の行にある成分を $(j_1, 1)$-成分とする．B の元 $D_{j_1}(\mu)$ を左から掛けることでその値を 1 とし，B の元 $S_{ij_1}(\lambda)$ $(i < j_1)$ を掛けることで $i > j_1$ なる $(i,1)$-成分をすべて 0 にできる．このとき 2 列目は j_1 行以外に零でない成分がある．(もしないと $\mathrm{rank}\,A = d$ に反す．) そのうち最も下の

行にある成分を $(j_2, 2)$-成分として，B の元を左から掛けることで 1 にでき，$i > j_2$ である $(i, 2)$-成分をすべて 0 にできる．さらに 3 列目で j_1, j_2 行以外の 0 でない成分のうち最も下の行にある成分を $(j_3, 3)$-成分とし，B の元を左から掛けることで $i > j_3$ である $(j, 3)$-成分をすべて 0 にできる．これを繰り返すことで，相異なる $j_1, j_2, \ldots, j_d$ が定まる．$j_1, \ldots, j_d$ を大小順に並べ替えたものを $1 \leqq i_1 < \ldots < i_d \leqq n$ とすれば，この行列の列ベクトルは，$\boldsymbol{e}_{i_k} + \sum_{k'>k} c_{k'} \boldsymbol{e}_{i_{k'}}$ の形になるので，列ベクトルで生成される部分空間は $V_{i_1, \ldots, i_d}$ に一致する．

次に，$b \cdot E_i = E_i$ $(b \in B, 1 \leqq i \leqq d)$ であることに注意すると，$\dim(V \cap E_i) = \dim((b \cdot V) \cap E_i)$ が任意の $b \in B$ に対して成り立つ．したがって，$V \in \mathrm{Gr}_{n,d}$ に対して，単調非減少列 $\{\dim(V \cap E_i)\}_{i=1,\ldots,d}$ は B の作用で不変である．$V = V_{i_1, \ldots, i_d}$ のとき，$\dim(V \cap E_i) - \dim(V \cap E_{i-1}) = \delta_{i, i_k}$ $(1 \leqq k \leqq d)$ であることから命題の主張が従う．□

例 4.7 n 次対称行列の全体 $\mathcal{S}_n = \{A \in M_n(\mathbb{R}) \mid {}^t A = A\}$ と n 次交代行列の全体 $\mathcal{A}_n = \{A \in M_n(\mathbb{R}) \mid {}^t A = -A\}$ に対して，いずれも $A \mapsto PA{}^tP$ によって $\mathrm{GL}_n(\mathbb{R})$ が左から作用する．実際，${}^t A = \pm A$ のとき，${}^t(PA{}^tP) = P{}^tA{}^tP = \pm PA{}^tP$ だから，$(P, A) \mapsto PA{}^tP$ で $\mathrm{GL}_n(\mathbb{R}) \times \mathcal{S}_n \to \mathcal{S}_n$，$\mathrm{GL}_n(\mathbb{R}) \times \mathcal{A}_n \to \mathcal{A}_n$ が定まる．$I_n A {}^t I_n = A$ と $(PQ)A{}^t(PQ) = P(QA{}^tQ){}^tP$ から左作用になっている．

注意 ♣ $\mathbb{R}$ 上の n 次元ベクトル空間 V と V 上の双線型形式 b に対し，V の基底 $\mathcal{B} = (\boldsymbol{v}_1, \ldots, \boldsymbol{v}_n)$ から定まる n 次行列 $A = [b(\boldsymbol{v}_i, \boldsymbol{v}_j)]_{1 \leqq i,j \leqq n}$ を $\mathcal{B}$ に関する b の行列表示という．$\boldsymbol{x}, \boldsymbol{y}$ の $\mathcal{B}$ に関する座標を $[\boldsymbol{x}]_{\mathcal{B}} = [x_i]_{1 \leqq i \leqq n}, [\boldsymbol{y}]_{\mathcal{B}} = [y_j]_{1 \leqq j \leqq n} \in \mathbb{R}^n$ とおくと，$b(\boldsymbol{x}, \boldsymbol{y}) = b\left(\sum_{i=1}^n x_i \boldsymbol{v}_i, \sum_{j=1}^n y_j \boldsymbol{v}_j\right) = \sum_{i,j=1}^n x_i b(\boldsymbol{v}_i, \boldsymbol{v}_j) y_j = {}^t([\boldsymbol{x}]_{\mathcal{B}}) A [\boldsymbol{y}]_{\mathcal{B}}$ と表せる．V の別の基底 $\mathcal{B}'$ をとり，$\mathcal{B}$ から $\mathcal{B}'$ への基底変換行列を P とすると，$P[\boldsymbol{x}]_{\mathcal{B}'} = [\boldsymbol{x}]_{\mathcal{B}}$, $P[\boldsymbol{y}]_{\mathcal{B}'} = [\boldsymbol{y}]_{\mathcal{B}}$ だから，$b(\boldsymbol{x}, \boldsymbol{y}) = {}^t(P[\boldsymbol{x}]_{\mathcal{B}'}) AP[\boldsymbol{y}]_{\mathcal{B}'} = {}^t([\boldsymbol{x}]_{\mathcal{B}'}) {}^tPAP[\boldsymbol{y}]_{\mathcal{B}'}$ となって，基底 $\mathcal{B}'$ に関する行列表示は，${}^tPAP$ である．したがって，双線型形式の基底変換からみると，$A \mapsto {}^tPAP$ とするのが自然である．しかし，これは，$\mathrm{GL}_n(\mathbb{R})$ の左作用ではなく右作用になっている．(${}^t(PQ)A(PQ) = {}^tQ({}^tPAP)Q$ だから $\rho'_P(A) = {}^tPAP$ は，$\rho'_{PQ} = \rho'_Q \circ \rho'_P$ となっていることに注意．) 他方，$B = {}^tPAP$ となる $P \in \mathrm{GL}_n(\mathbb{R})$ がとれれば，$Q = {}^tP$ として $B = QA{}^tQ$ でもあるので，右作用でも左作用でも軌道は変わらない．よって基底変換で行列表示の標準形を考えれば，それが $\mathrm{GL}_n(\mathbb{R})$-軌道の代表元を与える．

命題 4.8 ♣♡ $\mathbb{R}$ 上の n 次元ベクトル空間 V 上の双線型形式 b を考える.

(1) b が対称形式のとき，$r+s \leqq n$ なる 0 以上の整数 r, s が存在して，b の行列表示が $\mathrm{diag}(I_r, -I_s, \mathbf{0})$ となる V の基底が存在する．また，r, s は基底のとり方によらず一意的に定まる．(r, s) を b の符号数とよぶ.

(2) b が交代形式のとき，$2r \leqq n$ なる 0 以上の整数 r が存在して，b の行列表示が $\begin{bmatrix} 0 & I_r & 0 \\ -I_r & 0 & 0 \\ 0 & 0 & 0 \end{bmatrix}$ となる V の基底が存在する．また，r は基底のとり方によらず一意的に定まる.

証明 (1) まず b が恒等的に 0 なら $r=s=0$ で，V の任意の基底をとればよい．$b \not\equiv 0$ とする．$b(\boldsymbol{x}, \boldsymbol{y}) = \dfrac{1}{2}(b(\boldsymbol{x}+\boldsymbol{y}, \boldsymbol{x}+\boldsymbol{y}) - b(\boldsymbol{x}, \boldsymbol{x}) - b(\boldsymbol{y}, \boldsymbol{y}))$ に注意すると，もしすべての $\boldsymbol{v}$ で $b(\boldsymbol{v}, \boldsymbol{v}) = 0$ なら上式から $b \equiv 0$ となるので矛盾．よって，$b(\boldsymbol{u}, \boldsymbol{u}) \neq 0$ となる $\boldsymbol{u} \in V$ をとれる．$\boldsymbol{x}_1 = \dfrac{\boldsymbol{u}}{\sqrt{|b(\boldsymbol{u}, \boldsymbol{u})|}}$ とおき，$U = \langle \boldsymbol{x}_1 \rangle$, $U^\perp = \{\boldsymbol{y} \in V \mid b(\boldsymbol{x}_1, \boldsymbol{y}) = 0\}$ とすると，$b(\boldsymbol{x}_1, \boldsymbol{x}_1) = \pm 1 \neq 0$ より $U \cap U^\perp = \{\mathbf{0}\}$．また任意の $\boldsymbol{v} \in V$ に対して，$\boldsymbol{v}' = \boldsymbol{v} - \dfrac{b(\boldsymbol{v}, \boldsymbol{x}_1)}{b(\boldsymbol{x}_1, \boldsymbol{x}_1)} \cdot \boldsymbol{x}_1 \in U^\perp$ だから $V = U + U^\perp$．したがって，$V = U \oplus U^\perp$ で $\dim U^\perp < n$ となる．b を $U^\perp$ に制限した対称形式に対して帰納法を使えば，$U^\perp$ に対して $(\boldsymbol{x}_2, \ldots, \boldsymbol{x}_n)$ という条件を満たす基底がとれ，$b(\boldsymbol{x}_1, \boldsymbol{x}_i) = 0$ $(2 \leqq i \leqq n)$ から，$(\boldsymbol{x}_1, \boldsymbol{x}_2, \ldots, \boldsymbol{x}_n)$ が V と b に関する求める基底を与える．r, s の一意性を示すために，$(\boldsymbol{x}_1, \ldots, \boldsymbol{x}_r, \boldsymbol{y}_1, \ldots, \boldsymbol{y}_s, \boldsymbol{z}_1, \ldots, \boldsymbol{z}_{n-r-s})$ と $(\boldsymbol{x}_1', \ldots, \boldsymbol{x}_{r'}', \boldsymbol{y}_1', \ldots, \boldsymbol{y}_{s'}', \boldsymbol{z}_1', \ldots, \boldsymbol{z}_{n-r'-s'}')$ が条件を満たす基底であるとすると，$V_0 = \langle \boldsymbol{z}_1, \ldots, \boldsymbol{z}_{n-r-s} \rangle$ と $V_0' = \langle \boldsymbol{z}_1', \ldots, \boldsymbol{z}_{n-r'-s'}' \rangle$ は $V^\perp = \bigcap_{\boldsymbol{x} \in V} \mathrm{Ker}(b(\boldsymbol{x}, \bullet))$ だから $r+s = r'+s'$．他方，$\boldsymbol{v} \in V_+ = \langle \boldsymbol{x}_1, \ldots, \boldsymbol{x}_r \rangle$ とすると，$\boldsymbol{v} = \sum_i c_i \boldsymbol{x}_i$ に対して，$b(\boldsymbol{v}, \boldsymbol{v}) = \sum_i c_i^2 \geqq 0$．もし $\boldsymbol{v} \in V' = \langle \boldsymbol{y}_1', \ldots, \boldsymbol{y}_{s'}', \boldsymbol{z}_1', \ldots, \boldsymbol{z}_{n-r'-s'}' \rangle$ だとすると同様の議論で $b(\boldsymbol{v}, \boldsymbol{v}) \leqq 0$．したがって，$\boldsymbol{v} \in V_+ \cap V'$ なら $\boldsymbol{v} = \mathbf{0}$ となるしかない．よって，$r \leqq n - \dim V' = r'$．逆も同様にできて $r = r', s = s'$.

(2) は問とする．□

問 4.5 ♣♡ 命題 4.8 (2) を示せ．

この命題からただちに次の定理が従う．

定理 4.9 ♡

(1) $\mathcal{S}_n^{(r,s)} = \{A \in \mathcal{S}_n \mid b(\boldsymbol{x},\boldsymbol{y}) = {}^t\boldsymbol{x}A\boldsymbol{y}$ の符号数が $(r,s)\}$ とおくと，$\mathcal{S}_n = \bigsqcup_{r,s\geqq 0,\ r+s\leqq n} \mathcal{S}_n^{(r,s)}$ が $\mathrm{GL}_n(\mathbb{R})$-軌道分解を与える．完全代表系として $\mathrm{diag}(I_r, -I_s, \mathbf{0})$ がとれ，軌道の総数は ${}_{n+2}\mathrm{C}_2$ 個である．

(2) $\mathcal{A}_n^{(r)} = \{A \in \mathcal{A}_n \mid \mathrm{rank}\, A = 2r\}$ とおくと，$\mathcal{A}_n = \bigsqcup_{0\leqq r\leqq \left\lfloor \frac{n}{2}\right\rfloor} \mathcal{A}_n^{(r)}$ が $\mathrm{GL}_n(\mathbb{R})$-軌道分解を与える．完全代表系として $\begin{bmatrix} 0 & I_r & 0 \\ -I_r & 0 & 0 \\ 0 & 0 & 0 \end{bmatrix}$ がとれ，軌道の総数は $\left\lfloor \frac{n}{2}\right\rfloor + 1$ 個である．

少し例が難しくなったので易しいものに戻ろう．

例 4.8 整数全体 $\mathbb{Z}$ を加法で群とみなし，$\mathbb{R}$ へ 2 通りの方法で作用させる．

(1) $n * x = x + n$ $(n \in \mathbb{Z}, x \in \mathbb{R})$ と平行移動で定義すると，$0 * x = x$, $n * (m * x) = n * (x + m) = (x + m) + n = x + (m + n) = (m + n) * x$ から，$\mathbb{Z}$ は $\mathbb{R}$ に作用する．(0 以外は恒等写像になることはないので，忠実な作用である．) $x \in \mathbb{R}$ の軌道は，$\mathcal{O}_x = \{x + n\ (n \in \mathbb{Z})\}$ である．x の固定化部分群は $\{0\}$ である．$\mathcal{O}_x$ には $[0,1)$ に属する元がちょうど 1 個だけ存在するので，軌道分解は $\mathbb{R} = \bigsqcup_{0\leqq t<1} \mathcal{O}_t$，半開区間 $[0,1)$ が軌道の完全代表系となる．

(2) $n * x = (-1)^n x$ $(n \in \mathbb{Z}, x \in \mathbb{R})$ と原点に関する反転で定義すると，$0 * x = (-1)^0 x = x$, $n * (m * x) = n * ((-1)^m x) = (-1)^n(-1)^m x = (-1)^{n+m} x = (n + m) * x$ から，$\mathbb{Z}$ が $\mathbb{R}$ へ作用する．この作用は，偶数はすべて恒等写像になるので忠実な作用ではない．

軌道は，$\mathcal{O}_0 = \{0\}$ であり，$x \neq 0$ なら $\mathcal{O}_x = \{x, -x\}$ になる．固定化部分群は，$G_0 = \mathbb{Z}$, $x \neq 0$ なら $G_x = 2\mathbb{Z}$ である．軌道分解は $\mathbb{R} = \bigsqcup_{x\geqq 0} \mathcal{O}_x$，軌道の完全代表系

は $\mathbb{R}_{\geqq 0}$ となる.

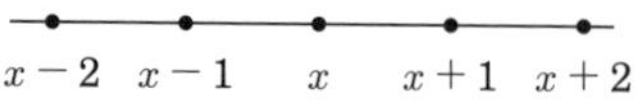

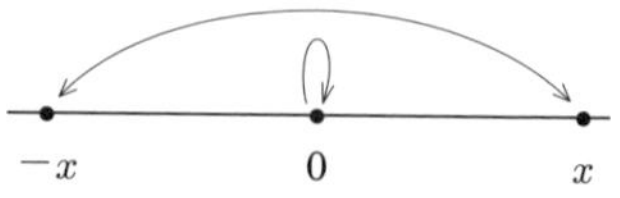

例 4.9 実数全体 $\mathbb{R}$ を加法で群とみなす. 絶対値 1 の複素数全体のなす単位円 $S^1 = \{e^{i\theta}\ (0 \leqq \theta < 2\pi)\}$ を考える. $x * e^{i\theta} = e^{i(\theta+x)}$ により $\mathbb{R}$ は S^1 に推移的に作用する. $2\pi\mathbb{Z} \subset \mathbb{R}$ の元が恒等写像になることに注意すれば, これは忠実な作用ではない. $e^{i\theta}$ の固定化部分群はこの $2\pi\mathbb{Z}$ である.

S^1 の直積 $S^1 \times S^1 = \{(e^{i\theta}, e^{i\phi}) \mid 0 \leqq \theta, \phi < 2\pi\}$ に対し,

$$x *_1 (e^{i\theta}, e^{i\phi}) = (e^{i(\theta+x)}, e^{i\phi}), \qquad x *_2 (e^{i\theta}, e^{i\phi}) = (e^{i(\theta+x)}, e^{i(\phi+x)}),$$

$$x *_3 (e^{i\theta}, e^{i\phi}) = (e^{i(\theta+2x)}, e^{i(\phi+3x)}), \qquad x *_4 (e^{i\theta}, e^{i\phi}) = (e^{i(\theta+x)}, e^{i(\phi+\sqrt{2}x)})$$

と定義すると, いずれも $\mathbb{R}$ の $S^1 \times S^1$ への作用となる. $*_1, *_2, *_3$ は忠実ではなく, $2\pi\mathbb{Z}$ の元は恒等写像を引き起こすが, $*_4$ は忠実な作用で, 点 $(e^{i\theta}, e^{i\phi})$ を $\mathbb{R}$ の作用で動かすと $x = 0$ 以外では同じ点に戻ってこない. $\sqrt{2}$ が無理数であるためである.

$S^1 \times S^1$ は $[0, 2\pi) \times [0, 2\pi)$ の境界を $\bmod 2\pi$ で貼り合わせたものとみれば, ドーナツの表面 (トーラス) とみなせる. 左下の 2 つの図は $*_3$ についての 2 つの軌道 (実線と点線) を $[0, 2\pi) \times [0, 2\pi)$ とトーラス上に図示したものである. 2 つの軌道に交わりはない. 右下図は $*_4$ に関する 1 つの軌道 (の一部) をトーラス上に図示したものである. トーラスのどの点をとってもいくらでも近くにこの軌道上の点があることが示せる.

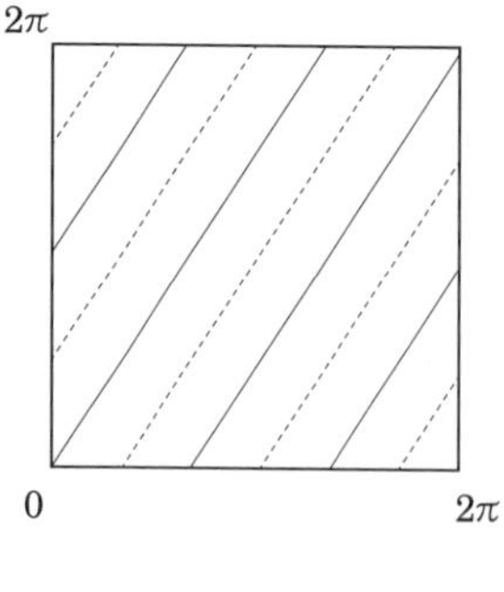

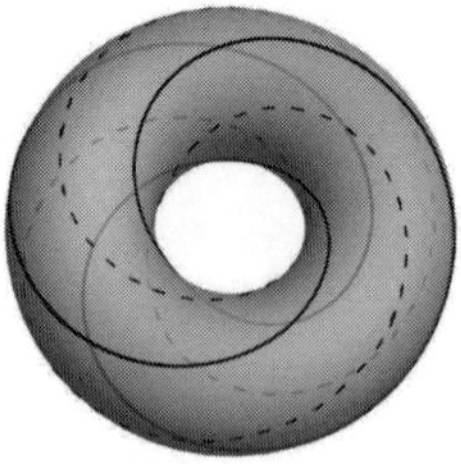

連続的な対象へ離散的な群が作用している場合，無限個の軌道の完全代表系を一定の領域からとることで，その領域を「基本領域」とよぶことも多い．これは群作用を用いた敷き詰め (タイリング) ともみることができるし，群作用を用いて作る商空間ともみることができる．ここでは，簡単ないくつかの具体例と $\mathrm{SL}_2(\mathbb{Z})$ の例をみる．本格的な議論は [11] などを参照されたい．

例 4.10 O_2 を左からの掛け算で $\mathbb{R}^2$ に作用させる．$c = R_{\pi/3}, r = \sigma_{\pi/6}$ とおき，巡回群 $C_6 = \langle c \rangle (\cong \mathbb{Z}_6$ と二面体群 $D_6 = \langle c, r \rangle$ という 2 つの O_2 の部分群をとり，$\mathbb{R}^2$ を軌道分解する．

まず C_6 の $\mathbb{R}^2$ への作用は原点を中心とする $\dfrac{k\pi}{3}$ 回転だから，$\mathbb{R}^2$ 上の点は，左下図の領域 $\overline{D}$ のいずれかの点に移される．$\overline{D}$ の内部のどんな 2 点をとっても C_6 の作用で移りあわせることはできないので，すべて相異なる軌道に属す．境界 $y = 0$ と $y = \sqrt{3}x$ 上の点は原点からの距離が等しい 2 点が同じ軌道に属する．したがって，C_6-軌道の完全代表系は $\overline{D}$ の内部と境界の一方，たとえば $y = 0$ で与えられる．

次に D_6 の作用を考えると，$\overline{D}$ 内の直線 $y = x/\sqrt{3}$ より上側の点は，r によって，右下図の $\overline{D'}$ に動かせる．$\overline{D'}$ の内部のどんな 2 点をとっても D_6 の作用で移りあわせることができないので，すべて相異なる軌道に属す．境界の $y = 0, y = x/\sqrt{3}$ 上の点も D_6 の作用で移りあわせることはできないので，2 つの境界を含めた $\overline{D'}$ 全体が D_6-軌道の完全代表系を与える．言い換えると，$\overline{D}$ の内部の点は C_6 の作用で移りあわず，$\overline{D}$ を C_6 の作用で動かすと $\mathbb{R}^2$ 全体を覆える．また $\overline{D'}$ と D_6 についても同様である．

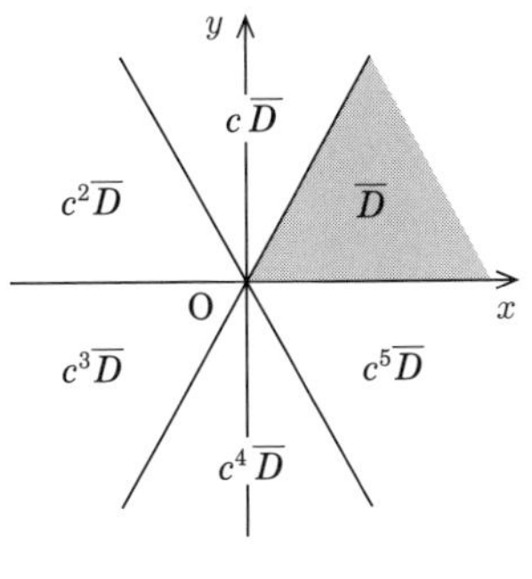

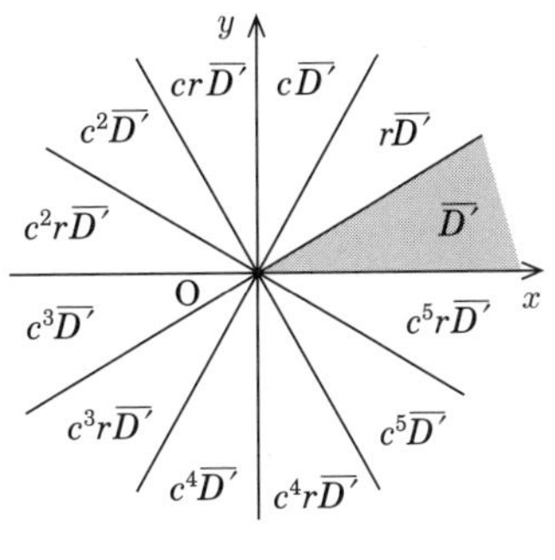

定義 4.10 集合 X に群 G が作用しているとき，X の部分集合 $\overline{D}$ で，$\overline{D}$ の内部の 2 点は G の元の作用で移りあわず，G の作用で $\overline{D}$ を移すことで X 全体を覆えるとき，$\overline{D}$ をこの作用に対する**基本領域**とよぶ．

例 4.11 $\mathbb{R}^2$ 上の 2 つの全単射 $S : \begin{bmatrix} x \\ y \end{bmatrix} \mapsto \begin{bmatrix} x+1 \\ y \end{bmatrix}, T : \begin{bmatrix} x \\ y \end{bmatrix} \mapsto \begin{bmatrix} -x \\ y+1 \end{bmatrix}$ を考える．これはユークリッドの運動群 $E(\mathbb{R}^2)$ の元である．$E(\mathbb{R}^2)$ とその部分群は自然に $\mathbb{R}^2$ に作用する．$G = \langle S, T\rangle \subset E(\mathbb{R}^2)$ の $\mathbb{R}^2$ への作用に関する基本領域を考えよう．$\mathbb{R}^2$ のどんな点も，$T^{\pm 1}$ を作用させて，y 座標が $0 \leqq y \leqq 1$ の範囲にある点に移せる．さらに $S^{\pm 1}$ を作用させて (y 座標を保ったまま) x 座標も $0 \leqq x \leqq 1$ の範囲にある点に動かせる．したがって，$\mathbb{R}^2$ 上の点は，正方形領域 $\overline{D} = [0,1] \times [0,1]$ にある点の G-軌道に含まれる．

他方，$STS \begin{bmatrix} x \\ y \end{bmatrix} = ST \begin{bmatrix} x+1 \\ y \end{bmatrix} = S \begin{bmatrix} -x-1 \\ y+1 \end{bmatrix} = \begin{bmatrix} -x \\ y+1 \end{bmatrix} = T \begin{bmatrix} x \\ y \end{bmatrix}$ より，STS $= T$ だから，$T^{\pm 1}S^{\pm 1} = S^{\mp 1}T^{\pm 1}$ となることに注意すれば，G の元は $S^{\ell}T^{k}$ $(\ell, k \in \mathbb{Z})$ の形になる．

$\overline{D}$ の 2 点 $\boldsymbol{v} = \begin{bmatrix} x_1 \\ y_1 \end{bmatrix}, \boldsymbol{w} = \begin{bmatrix} x_2 \\ y_2 \end{bmatrix}$ に対し，$S^{\ell}T^{k}\boldsymbol{v} = \boldsymbol{w}$ となる $k, \ell \in \mathbb{Z}$ が存在するとき，$x_2 = (-1)^k x_1 + \ell$, $y_2 = y_1 + k$ が成り立つ．$0 < x_i, y_i < 1$ ならこれを満たす 0 でない整数 k, ℓ はなく，$\overline{D}$ の内部にある 2 点は G の作用で移りあわない．

$\overline{D}$ の境界 $x = 0$, $x = 1$ 上では $(0, y)$ と $(1, y)$ が，$y = 0$, $y = 1$ 上では $(x, 0)$ と $(1-x, 1)$ がそれぞれ同じ G-軌道に属す．(4 点 $(0,0), (0,1), (1,0), (1,1)$ は同じ軌道に属す．) よって $\overline{D}$ が基本領域となる．境界の移り方をみると，$y = 0$ と $y = 1$ を逆向きに，$x = 0$ と $x = 1$ は同じ向きに同一視するので,「クラインの壺」が現れる．

一般に，一次独立な $\mathbb{R}^2$ のベクトル $\boldsymbol{b}_1, \boldsymbol{b}_2$ をとって $T_i(\boldsymbol{x}) = \boldsymbol{x} + \boldsymbol{b}_i$ $(i = 1, 2)$ とし，$\langle T_1, T_2\rangle$ の $\mathbb{R}^2$ へ作用を考えると，その基本領域は，原点を 1 つの頂点とし $\boldsymbol{b}_1, \boldsymbol{b}_2$ で張られる平行四辺形となる．境界の点は対辺を同じ向きに同一視することになるため,「トーラス」が現れる．

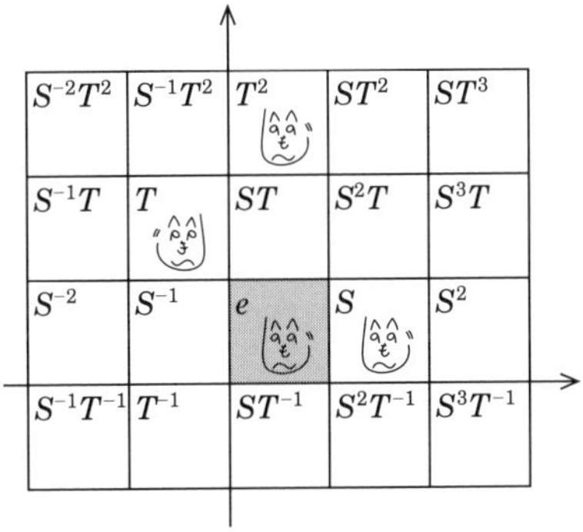

例 4.12 $\mathbb{H} = \{z \in \mathbb{C} \mid \mathrm{Im}(z) > 0\}$ を**上半平面**という．$\mathrm{SL}_2(\mathbb{R})$ とその部分群 $\mathrm{SL}_2(\mathbb{Z}) = \{A \in \mathrm{SL}_2(\mathbb{R}) \mid A$ のすべての成分が整数$\}$ の $\mathbb{H}$ への作用を考える．

補題 4.11 $\mathrm{SL}_2(\mathbb{R})$ とその部分群は，$\begin{bmatrix} a & b \\ c & d \end{bmatrix} * z = \dfrac{az+b}{cz+d}$ で上半平面 $\mathbb{H}$ に作用する．すべての $z \in \mathbb{H}$ を固定する $\mathrm{SL}_2(\mathbb{R})$ の元は $\pm I_2$ のみである．

証明 a, b, c, d が実数で，$ad - bc = 1$ のとき，$z \in \mathbb{H}$ に対して，

$$\mathrm{Im}\left(\frac{az+b}{cz+d}\right) = \frac{\mathrm{Im}(adz + bc\overline{z})}{|cz+d|^2} \overset{ad-bc=1}{=} \frac{\mathrm{Im}(ad(z+\overline{z}) - \overline{z})}{|cz+d|^2} = \frac{\mathrm{Im}(z)}{|cz+d|^2} \tag{4.3}$$

となることから，主張の $*$ は $\mathbb{H}$ 上の点を $\mathbb{H}$ 上に移す．$(\pm I_2) * z = z$ である．

$$\begin{bmatrix} p & q \\ r & s \end{bmatrix} * \left(\begin{bmatrix} a & b \\ c & d \end{bmatrix} * z\right) = \begin{bmatrix} p & q \\ r & s \end{bmatrix} * \frac{az+b}{cz+d} = \frac{p \cdot \dfrac{az+b}{cz+d} + q}{r \cdot \dfrac{az+b}{cz+d} + s} = \frac{(pa+qc)z + (pb+qd)}{(ra+sc)z + (rb+sd)}$$

と行列の積 $\begin{bmatrix} p & q \\ r & s \end{bmatrix} \begin{bmatrix} a & b \\ c & d \end{bmatrix}$ を比較すれば作用であることがわかる．また，すべての $z \in \mathbb{H}$ に対して，$z = \dfrac{az+b}{cz+d}$ とすると，$z = i, 2i$ を代入すれば，$a = d = \pm 1, b = c = 0$ が必要とわかる．□

以下では $*$ を省略する．$\mathrm{SL}_2(\mathbb{Z})$ の $\mathbb{H}$ への作用に関する基本領域を考えよう．$\mathrm{SL}_2(\mathbb{Z})$ の 2 つの元 $S = \begin{bmatrix} 0 & -1 \\ 1 & 0 \end{bmatrix}, T = \begin{bmatrix} 1 & 1 \\ 0 & 1 \end{bmatrix}$ の引き起こす作用は，$S(z) = -\dfrac{1}{z}$，$T(z) = z + 1$ であり，$S^2, (ST)^3, (TS)^3$ は $-I_2$ となり $\mathbb{H}$ 上に自明に作用している．

定理 4.12$^{\heartsuit}$ 上半平面 $\mathbb{H}$ への $\mathrm{SL}_2(\mathbb{Z})$ の作用に関する基本領域は

$$\overline{D} = \left\{ z \in \mathbb{H} \;\middle|\; |z| \geqq 1, |\mathrm{Re}(z)| \leqq \frac{1}{2} \right\}$$

となる．より詳しく次が成り立つ．

(1)　$z \in \mathbb{H}$ に対して，$gz \in \overline{D}$ となる $g \in \mathrm{SL}_2(\mathbb{Z})$ がとれる．

(2)　$z, z' \in \overline{D}$ で，z, z' が同じ $\mathrm{SL}_2(\mathbb{Z})$-軌道に属するとき，$\mathrm{Re}(z) = \pm\dfrac{1}{2}$ で $z = z' \pm 1$ であるか，$|z| = 1$ かつ $z' = \dfrac{1}{z}$ であるかのいずれかが成り立つ．

(3)　$z \in \overline{D}$ の固定化部分群は，$\begin{cases} \{\pm I_2, \pm S\} & (z = i) \\ \{\pm I_2, \pm TS, \pm(TS)^2\} & (z = e^{\pi i/3}) \\ \{\pm I_2, \pm ST, \pm(ST)^2\} & (z = e^{2\pi i/3}) \\ \{\pm I_2\} & (z \neq i, e^{\pi i/3}, e^{2\pi i/3}). \end{cases}$

(4)　$\mathrm{SL}_2(\mathbb{Z})$ は S, T で生成される．

証明　(1)　$z = z_0$ とおく．$z_0 \notin \overline{D}$ なら，T で平行移動し，$|\mathrm{Re}(T^{j_1} z_0)| \leqq \dfrac{1}{2}$ となる j_1 をとる．$T^{j_1} z_0 \notin \overline{D}$ なら，$z_1 = ST^{j_1} z_0$ とおくと，$|z_1| > 1$ となる．$z_1 \notin \overline{D}$ なら，$|\mathrm{Re}(T^{j_2} z_1)| \leqq \dfrac{1}{2}$ となる j_2 をとる．$T^{j_2} z_1 \notin \overline{D}$ なら，$z_2 = ST^{j_2} z_1$ とおく．これを繰り返して，複素平面上の点列 $z_0, z_1, z_2, \ldots, z_k, \ldots$ をとったとき，有限で止まらないと仮定して矛盾を導く．各 z_k は z_0 を $\mathrm{SL}_2(\mathbb{Z})$ の作用で移しているから，(4.3) より $\left\{ \dfrac{\mathrm{Im}(z_0)}{\mathrm{Im}(z_k)} \right\}_{k \geqq 0} \subset \{ |cz_0 + d|^2 \mid c, d \in \mathbb{Z}, (c, d) \neq (0, 0) \}$ を満たす．ところで，$\{ cz_0 + d \mid c, d \in \mathbb{Z}, (c, d) \neq (0, 0) \}$ は，複素平面上で $1, z_0$ の整数係数一次結合全体から原点を除いたものであるから，任意の $R > 0$ に対して，原点を中心とする半径 R の円の内部に含まれる元は有限個しかない．したがって，$\left\{ \dfrac{\mathrm{Im}(z_0)}{\mathrm{Im}(z_k)} \right\}_{k \geqq 0}$ には最小値が存在し，$\mathrm{Im}(z_k)$ $(k \geqq 0)$ には最大値が存在する．ところが，もし $\mathrm{Im}(z_K)$ で最大値をとるとすると，$T^{j_{K+1}} z_K \notin \overline{D}$ で $|T^{j_{K+1}} z_K| < 1$ だから，S によって $\mathrm{Im}(z_{K+1}) = \mathrm{Im}(ST^{j_{K+1}} z_K) > \mathrm{Im}(T^{j_{K+1}} z_K) = \mathrm{Im}(z_K)$ となり，K での最大性に反す．したがって，$z_0, z_1, \ldots, z_k, \ldots$ は有限回で止まる．

(2)(3)　$z \in \overline{D}$ と $g = \begin{bmatrix} a & b \\ c & d \end{bmatrix} \in \mathrm{SL}_2(\mathbb{Z})$ に対して，$gz \in \overline{D}$ とする．必要なら g^{-1} にとり換えて，$\mathrm{Im}(gz) \geqq \mathrm{Im} z$ としてよい．このとき，(4.3) より $|cz + d| \leqq$

1. $z \in \overline{D}$ だから $2\mathrm{Im}(z) > 1$ なのでもし $|c| \geqq 2$ だと，$|\mathrm{Im}(cz+d)| = |\mathrm{Im}(cz)| = |c||\mathrm{Im}(z)| \geqq 2|\mathrm{Im}(z)| > 1$ となり矛盾．よって $c = 0, 1, -1$．$c = -1$ のときは，$\dfrac{az+b}{cz+d} = \dfrac{-az-b}{-cz-d}$ より，$c = 1$ の場合に帰着されるので，$c = 0, 1$ の場合を調べれば十分である．

$c = 0$ のとき，$a = d = \pm 1$ となって $gz = z \pm b$ と平行移動になる．$z, z \pm b \in \overline{D}$ となるから $b = 0, 1, -1$ であり，$b = 0$ なら $g = \pm I_2$ で $gz = z$．$b = \pm 1$ なら，$gz = z \pm 1$ で，$|\mathrm{Re}(z)| = \dfrac{1}{2}$．

$c = 1$ のとき，$|z+d| \leqq 1$ と $z \in \overline{D}$ から，$d = 0, \pm 1$．するとそれぞれ $b = -1, a-1, -a-1$ となるので，$gz = a - \dfrac{1}{z}, a - \dfrac{1}{z+1}, a - \dfrac{1}{z-1}$ となる．

$d = 0$ のときは，$|z| \leqq 1$ かつ $z \in \overline{D}$ より，$|z| = 1$．$-\dfrac{1}{z}$ は z と虚軸対称な点であることに注意すれば，$a = 0$ で $|z| = 1$ 上の虚軸に関して対称な点同士を移しあい，$z = i$ を固定するか，$a = 1$ で $e^{\pi i/3}$ を固定するか，$a = -1$ で $e^{2\pi i/3}$ を固定する．$d = 1$ のときは，$|z+1| \leqq 1$ かつ $z \in \overline{D}$ より，$z = e^{2\pi i/3}$．$a = 0$ で $z = e^{2\pi i/3}$ を固定するか，$a = 1$ で $gz = e^{\pi i/3}$ と移す．$d = -1$ のときは，$|z-1| \leqq 1$ かつ $z \in \overline{D}$ より，$z = e^{\pi i/3}$．$a = 0$ で $z = e^{\pi i/3}$ を固定するか，$a = -1$ で $gz = e^{2\pi i/3}$ と移す．

(4) $g \in \mathrm{SL}_2(\mathbb{Z})$ に対し，たとえば $z = 2i$ として，$gz \in \mathbb{H}$ をとる．すると (1) から $g'gz \in \overline{D}$ となる $g' \in \langle S, T \rangle$ が存在する．しかし (2) から $z = 2i$ の $\mathrm{SL}_2(\mathbb{Z})$-軌道であって $\overline{D}$ に含まれるのは $2i$ 以外になく，$g'gz = z$ となる．(3) から，$\mathrm{SL}_2(\mathbb{Z})$ の元で $\overline{D}$ の内部に固定点を持つ元は $\pm I_2$ のみであるから $g'g = \pm I_2$．つまり $g = \pm g'^{-1} \in \langle S, T \rangle$ となり，$\mathrm{SL}_2(\mathbb{Z})$ は S, T で生成される．□

基本領域 D と S, T による移り方を図示したものが次ページ上図である．ただし $\pm I_2$ は自明に作用しているので，たとえば $STSTS$ と T^{-1}，TST と $ST^{-1}S$ のように $\overline{D}$ を同じ領域に移す元がある．

ここでみた $\mathrm{SL}_2(\mathbb{Z})$ の $\mathbb{H}$ への作用は，問 6.13 にある合同部分群や保型形式といった重要な話題の入り口である．

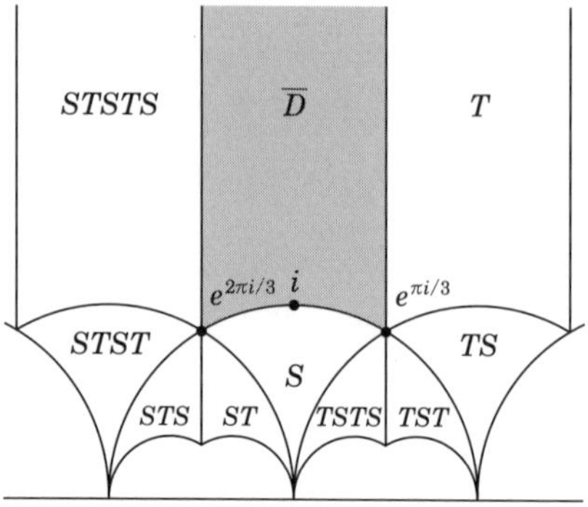

問 4.6 ♡ $\begin{bmatrix} 4 & 7 \\ -3 & -5 \end{bmatrix} \in \mathrm{SL}_2(\mathbb{Z})$ を S, T で表せ.

問 4.7 ♡ $\mathrm{SL}_2(\mathbb{Z}) \to \mathbb{C}^\times$ が準同型写像であれば，その像は必ず，1 の 12 乗根からなる $\mathbb{C}^\times$ の部分群に含まれることを示せ.

4.4 軌道-固定部分群定理とバーンサイドの公式

有限群 G が有限集合 X に作用している場合に，$x \in X$ の軌道に属する元の個数を固定化部分群の位数と結びつける「軌道-固定部分群定理」を示そう．これは，本章の初めに数珠順列でみていた関係式 (4.1) の一般化である．証明の本質は図 4.1 (p.67) をみれば了解できる．$y \in \mathcal{O}_x$ へ D_6 の元を使って動かす動かし方の総数と x の固定化部分群の位数とが常に等しいことがみてとれるからである．「軌道-固定部分群定理」を使うと，異なる軌道の総数を明示的に与える「バーンサイドの公式」が示せる.

定理 4.13 有限群 G が有限集合 X に作用しているとき，

(1) **(軌道-固定部分群定理)** $x \in X$ に対し，$|\mathcal{O}_x| = \dfrac{|G|}{|G_x|}$ が成り立つ.

(2) **(バーンサイドの公式またはコーシー–フロベニウスの公式)** 軌道の総数は，$\dfrac{1}{|G|} \sum_{g \in G} |\{x \in X \mid g * x = x\}|$ で与えられる.

証明 (1) $y \in \mathcal{O}_x$ とし，$h * x = y$ となる $h \in G$ をとる．(G の積を $\circ$，作用を $*$ でかく．) このとき，

$$G_x \ni u \mapsto h \circ u \in \{g \in G \mid g * x = y\}$$

は全単射である．実際，$(h \circ u) * x = h * (u * x) \overset{u \in G_x}{=} h * x = y$ だから $h \circ u$ は右辺に属す．$u' * x = y$ とすると，$(h^{-1} \circ u') * x = h^{-1} * (u' * x) = h^{-1} * y = x$ だから $h^{-1}u \in G_x$ となり，$u' \mapsto h^{-1} \circ u'$ が逆写像を与える．

このことから，$|G_x| = |\{g \in G \mid g * x = y\}|$ が成り立つ．$\mathcal{O}_x = \{x = y_1, y_2, \ldots, y_k\}$ とすれば，G の元は x を $y_1, \ldots, y_k$ のいずれかに移し，G の元で x を y_i に移す元は i によらず $|G_x|$ 個となるのだから，$|G| = k|G_x|$．k が軌道 $\mathcal{O}_x$ に属する元の個数だから，$|G| = |\mathcal{O}_x| \times |G_x|$ となって (1) の主張が従う．

(2) 直積集合 $G \times X$ の部分集合

$$\{(g, x) \in G \times X \mid g * x = x\} \tag{4.4}$$

の元の個数を 2 通りの方法で数えることで示す．$X = \mathcal{O}^{(1)} \sqcup \cdots \sqcup \mathcal{O}^{(r)}$ が X の軌道分解であるとし，(4.4) の個数を G 方向に足し上げる式を X 方向に足し上げる式に読み替えることで

$$\sum_{g \in G} |\{x \in X \mid g * x = x\}| = \sum_{x \in X} |\{g \in G \mid g * x = x\}|$$
$$= \sum_{i=1}^{r} \sum_{x \in \mathcal{O}^{(i)}} |\{g \in G \mid g * x = x\}| \overset{(1)}{=} \sum_{i=1}^{r} \sum_{x \in \mathcal{O}^{(i)}} \frac{|G|}{|\mathcal{O}^{(i)}|} = \sum_{i=1}^{r} |G| = r|G|$$

が成り立つ．r が軌道の総数だったから定理の式が従う．□

本章の冒頭で述べた例でバーンサイドの公式を確認しよう．

例 4.13 黒玉 3 個, 白玉 3 個を正六角形の頂点に並べる並べ方全体 X は，20 通りの並べ方からなる．

$\mathbb{Z}_6$ を X に作用させる場合．恒等変換は 20 個の並べ方すべてを固定する．$\frac{\pi}{3}, \frac{5\pi}{3}$ 回転で固定される並べ方は，すべての頂点の色を等しくしなければならず，そのような並べ方はない．$\frac{2\pi}{3}, \frac{4\pi}{3}$ 回転で固定される並べ方は 1 個おきに色を交互に変える並べ方なので 2 通りある．π 回転の場合，向かい合った頂点も同色でなければならないが，2 色ではそのような並べ方はない．

以上からバーンサイドの公式を適用すると，$\frac{1}{6}(20+0+2+0+2+0)=4$ となり，軌道の数 (= 相異なる円順列の総数) は 4 となる．

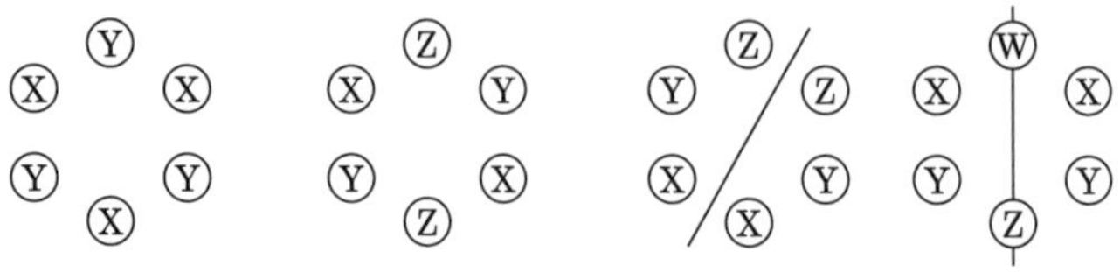

$\frac{\pi}{3}, \frac{2\pi}{3}$ 回転で不変　　π 回転で不変　　裏返しで不変

D_6 を X に作用させる場合．上に加えて，6 本の線対称軸に関する線対称移動で固定される並べ方を考えればよい．正六角形の頂点を通らない線対称軸 3 本の場合，2 個ずつ三組を同色にしなければならないから，2 色では適する並べ方がない．他方，正六角形の頂点を通る線対称軸の場合には，線対称軸が通る 2 頂点は異なる色でもよいので 4 通りの塗り方が固定される．

以上からバーンサイドの公式を適用すると，$\frac{1}{12}(20+0+2+0+2+0+4+4+4+0+0+0)=3$ となり，軌道の数 (= 相異なる数珠順列の総数) は 3 となる．

例 4.14 立方体の頂点を k 色を使って塗ることを考える．ただし使わない色があってもよいとし，立方体の回転で移りあう塗り方は同じ塗り方とみなす．このとき，相異なる塗り方の総数をバーンサイドの公式を使って求める．

恒等変換は k^8 通りすべての塗り方を固定する．

たとえば，上面と下面の中心を通る軸周りの回転は，$\frac{\pi}{2}, \frac{3\pi}{2}$ の場合，上面の 4 頂点と下面の 4 頂点はそれぞれ同色で塗らなければならない．したがって，k^2 通りの塗り方を固定する．

π 回転する場合は，右図で 1,3 と 2,4 と 5,7 と 6,8 の 2 つずつの頂点をそれぞれ同色で塗る塗り方 k^4 通りが固定される．

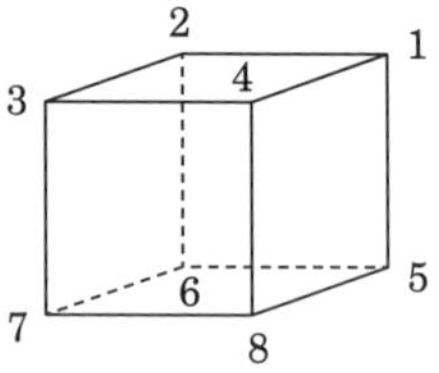

対辺の中心を結ぶ軸に関する π 回転の場合は，たとえば右図で，23 と 85 の中点を結ぶ軸を考えた場合，2,3 と 5,8 と 7,1 と 4,6 はそれぞれ同色で塗らなければならないので，k^4 通りの塗り方を固定する．

対角線を軸とする $\frac{2\pi}{3}, \frac{4\pi}{3}$ 回転の場合，たとえば上図で，対角線 35 を中心とする回転を考えると，2, 4, 7 と 1, 6, 8 は同色で塗らなければならないので，k^4 通りの塗り方が固定される．

以上と回転対称性の数にも注意してバーンサイドの公式を使うと，相異なる塗り方の総数は，$\frac{1}{24}(k^8+6k^2+3k^4+6k^4+8k^4) = \frac{k^8+17k^4+6k^2}{24}$ となる．たとえば，$k=1,2,3$ とすると塗り方はそれぞれ 1, 23, 333 通りとなる．

問 4.8 (1) 赤・白・黒の 3 色の玉 2 個ずつを正六角形の頂点に並べるとき，相異なる円順列，相異なる数珠順列の総数をそれぞれ求めよ．

(2) 立方体の辺を k 種類の色で塗ることとし，回転して重なる塗り方は同じ塗り方だとみなすことにすると，相異なる塗り方は全部で何種類か．ただし使わない色があってもよいとする．

4.5 コーシーの定理

軌道-固定部分群定理を利用して，有限群の構造を考える上で有用な存在定理が得られる．

定理 4.14 (コーシーの定理) G を有限群とする．$|G|$ を割り切る素数 p に対し，G には位数 p の元が存在する．

証明 G の p 個の直積集合の中で，次のような部分集合 X を考える．

$$X = \{(x_1, x_2, \ldots, x_p) \mid x_i \in G\ (i=1,2,\ldots,p),\ x_1 \circ x_2 \circ \cdots \circ x_p = e\}$$

$(e, e, \ldots, e) \in X$ だが，これとは異なる $(x, x, \ldots, x) \in X$ となることを示す．

(ステップ 1) $|X| = |G|^{p-1}$．とくに，$|X|$ は p の倍数である．

なぜなら，X の元は，はじめの $x_1, x_2, \ldots, x_{p-1}$ は G の元を自由に選び，$x_p = x_{p-1}^{-1} \circ \cdots \circ x_2^{-1} \circ x_1^{-1}$ とすることですべて得られるので，$|X| = |G|^{p-1}$ に等しい．

(ステップ 2) X には p 次巡回群が作用する．

なぜなら，$x_1 \circ x_2 \circ \cdots\cdots \circ x_p = e$ のとき，両辺に，左から $x_k \circ x_{k+1} \circ \cdots \circ x_p$，右から $x_p^{-1} \circ \cdots \circ x_{k+1}^{-1} \circ x_k^{-1}$ を掛けると $x_k \circ x_{k+1} \circ \cdots \circ x_p \circ x_1 \circ x_2 \circ \cdots \circ x_{k-1} =$

e となることに注意すると，任意の $1 \leqq k \leqq p$ に対して，

$$(x_1, x_2, \ldots, x_p) \in X \Rightarrow (x_k, x_{k+1}, \ldots, x_p, x_1, x_2 \ldots, x_{k-1}) \in X$$

が成り立つ．これは項を右へシフトすることにより p 次巡回群 C_p が X に作用することを意味する．

(ステップ **3**) 軌道-固定部分群定理により，X の C_p-軌道は，$|C_p|\ (= p)$ の約数個の元からなる．p は素数だから，それは 1 個または p 個である．

$(e, e, \ldots, e) \in X$ は，この作用に関して 1 個の元のみで 1 つの軌道をなす．これ以外のすべての軌道が p 個の元からなっているとすると，$|X| = 1 + p \times$ (整数) の形となり，これは p の倍数ではなくなり矛盾である．したがって，$(e, e, \ldots, e)$ 以外にも 1 個の元のみからなる軌道がある．それを $(x, x, \ldots, x)$ とすれば，$x^p = e$ を満たす．したがって，補題 3.2 (1) より x の位数は p の約数である．$x \neq e$ かつ p は素数なので，x の位数は p でなければならない．□

注意 4 次交代群 $\mathfrak{A}_4$ は，単位元以外に 8 個の 3 項巡回置換と，3 個の位数 2 の元からなる．4 や 6 は $|\mathfrak{A}_4| = 12$ の約数だが，$\mathfrak{A}_4$ には位数 4, 6 の元が存在しない．したがって，コーシーの定理で p が素数という条件は本質的である．

系 4.15 素数位数の有限群は巡回群に限る．

証明 コーシーの定理から位数が素数 p の群 G には位数 p の元がある．命題 3.4 より，G は巡回群である．□

例題 4.3 位数 6 の有限群は，6 次巡回群 $\mathbb{Z}_6$ か位数 6 の二面体群 $D_3\ (\cong \mathfrak{S}_3)$ のいずれかに同型である．したがって，位数 6 の有限群は同型を除いて 2 個存在する．

解 $|G| = 6$ のとき，コーシーの定理から，位数 3 の元 x と位数 2 の元 y が存在する．このとき，G の 6 個の元 e, x, x^2, y, xy, x^2y はすべて相異なる．実際，まず e, x, x^2, y は x, y のとり方からすべて相異なる．次に $xy = e, x, x^2, y$ のいずれかが成り立つと $x = y^{-1} = y$ や $x = e, y = e$ が得られて矛盾する．

よって，$G=\{e,x,x^2,y,xy,x^2y\}$ であるが，$yx\in G$ でもあることに注意する．すると yx は上記の 6 個のいずれかに一致するはずだが，上の議論と同様に考えれば e,x,x^2,y のいずれとも一致しない．したがって，以下の 2 つの場合が起きる．

(i)　$yx=xy$ の場合．$K=\{e,x,x^2\},H=\{e,y\}$ とすると，6 個の元の形から $G=HK$．さらに $H\cap K=\{e\}$．しかも $xy=yx$ から H の元と K の元は可換である．したがって，命題 3.23 により G は直積に分解し，中国剰余定理を使えば，$G\cong K\times H\cong\mathbb{Z}_3\times\mathbb{Z}_2\cong\mathbb{Z}_6$．

(ii)　$yx=x^2y$ の場合．例 3.18 で述べた方法から，$R_{2\pi/3}\mapsto x$，$\sigma_{\pi/3}\mapsto y$ により，D_3 から G への同型写像が定まる．□

本書で述べる余裕はないが，次の例題は，方程式のガロア群を決定する際に重要な役割を果たす．

例題 4.4　p を素数とし，p 次対称群 $\mathfrak{S}_p$ を $\{1,2,\ldots,p\}$ へ文字の入れ替えで作用させる．$\mathfrak{S}_p$ の部分群 H がこの作用に関して $\{1,2,\ldots,p\}$ に推移的に作用し，互換を少なくとも 1 つ含むなら，$H=\mathfrak{S}_p$ である．

解　(ステップ 1)　$|H|$ は p を約数に持つことを示す．

H の作用が推移的ということは，$\{1,2,\ldots,p\}$ 全体が 1 つの軌道をなすということ，つまり H は p 個の元からなる軌道を持つことを意味する．軌道-固定部分群定理から，軌道をなす元の個数は $|H|$ の約数でなければならないので，$|H|$ は p を約数に持つ．

(ステップ 2)　p は素数だから，コーシーの定理により，H には位数 p の元 x がある．この x は p 項巡回置換であることを示す．

$x=\sigma_1\sigma_2\cdots\sigma_r$ と交わりのない巡回置換の積で表すと，交わりのない巡回置換の可換性に注意すれば，$e=x^p=\sigma_1^p\sigma_2^p\cdots\sigma_r^p$ である．σ_i^p たちも交わりを持たないので，$\sigma_i^p=e$ でなければならない．p は素数なので，σ_i の位数は 1 または p であり，σ_i は単位元か p 項巡回置換のいずれかでなければならない．ところが，$x\in H\subset\mathfrak{S}_p$ は $\{1,2,\ldots,p\}$ の置換なので，x を交わりのない巡回置換で表すとき，p 項巡回置換は高々1 個しか現れない．よって σ_i たちは 1 つだけ p 項巡回置換で残りはすべて e である．

(**ステップ 3**) H は互換を含むので，それを (ab) とする．このとき，x は $\mathfrak{S}_p$ の p 項巡回置換なので，$a \mapsto a_1 \mapsto a_2 \mapsto \cdots \mapsto a_k \mapsto b$ というように a を順番に置換していけば b が現れる．このとき，x^{k+1} は a を b に移す p 項巡回置換である．そこで必要なら番号を付け替えて，H に (12) と $(12 \cdots p)$ がともに含まれるとして一般性を失わない．例題 3.1 から，この 2 元は $\mathfrak{S}_p$ を生成するので，$H = \mathfrak{S}_p$．□

注意　(ステップ 2) で，p が素数であることは本質的であったことに注意しよう．$\mathfrak{S}_6$ 中の位数 6 の元は，$(12)(345)$ のように，6 項巡回置換であるとは限らない．

演習問題

問 4.9　群 G が集合 X, Y に作用しているとき，$G \times (X \times Y) \to X \times Y$ を，$(g, (x, y)) \mapsto (g * x, g * y)$ $(g \in G, x \in X, y, \in Y)$ によって定めることで，G は直積集合 $X \times Y$ に作用することを示せ．これを G の $X \times Y$ への**対角的な作用**とよぶ．

3 次対称群は，$X_3 = \{1, 2, 3\}$ に数字の入れ替えで作用する．この作用を通じて定義される $X_3 \times X_3$ への対角的な作用の軌道と固定化部分群を調べよ．また，$\mathfrak{S}_3$ の部分群 $\mathfrak{A}_3 \cong \mathbb{Z}_3$ も上の作用を通じて $X_3 \times X_3$ に対角的に作用する．この作用に関する軌道を調べよ．

問 4.10　$\mathbb{R}^\times$ を $\mathbb{R}^2$ へ次のように 2 つの方法で作用させるとき，軌道分解を調べよ．とくに，$\mathbb{R}^2$ の元 $\begin{bmatrix} 0 \\ 0 \end{bmatrix}, \begin{bmatrix} 1 \\ 0 \end{bmatrix}, \begin{bmatrix} 0 \\ 1 \end{bmatrix}, \begin{bmatrix} 1 \\ 2 \end{bmatrix}$ の軌道と固定化部分群をそれぞれ求めよ．

$$t *_1 \begin{bmatrix} x \\ y \end{bmatrix} = \begin{bmatrix} tx \\ t^2 y \end{bmatrix}, \qquad t *_2 \begin{bmatrix} x \\ y \end{bmatrix} = \begin{bmatrix} tx \\ t^{-1} y \end{bmatrix}.$$

問 4.11 SO_3 の球面 S^2 への作用を通じて S^2 上の複素数値関数の全体のなす $\mathbb{C}$-ベクトル空間 $\mathrm{Func}_{\mathbb{C}}(S^2)$ にも SO_3 が作用する． $\begin{bmatrix} x \\ y \\ z \end{bmatrix} \in S^2$ に対して $x \pm iy, z$ を対応させる関数をそれぞれ $f_{\pm 1}, f_0$ とする． f_{-1}, f_0, f_1 で生成される部分空間を V とおく． SO_3 は V を不変に保つ，すなわち $g \in \mathrm{SO}_3, f \in V$ に対し $g \star f \in V$ が成り立つことを示せ．(SO_3 の生成元 H_ψ, K_θ の f_{-1}, f_0, f_1 への作用をみよ．)

問 4.12 $^\heartsuit$ $G \neq \{e\}$ を SO_3 の有限部分群とする． SO_3 の球面 S^2 への作用を通じて G も S^2 へ作用する． G の元は原点を通る直線を軸とする回転であるから，単位元以外の任意の元は S^2 上の 2 点を固定する． $X = \{x \in S^2 \mid gx = x$ となる $e \neq g \in G$ が存在する$\}$ とおく．

(1) G の S^2 への作用を通じて G は X にも作用することを示せ．

(2) この作用の軌道の総数を N とするとき， $N = 2, 3$ に限ることを示せ．

(3) $N = 3$ のとき，$(|G|, |X|) = (2n, 2n+2), (12, 14), (24, 26), (60, 62)$ に限られ，3 つの軌道に属する元の個数はそれぞれ $(n, 2, 2), (3, 3, 2), (4, 3, 2), (5, 3, 2)$ となることを示せ．

注意 この結果をさらによくみると， SO_3 の有限部分群の分類が得られる． $N = 2$ の場合は巡回群， $N = 3$ の場合はそれぞれ二面体群，正四，六，十二面体群となることが確かめられる．その際， $x \in X$ の固定化部分群 G_x は巡回群になり， $|G_x| = k, G_x = \langle g \rangle$ とすると， $\pm x \neq y \in X$ に対して， $y, gy, g^2y, \ldots, g^{k-1}y$ はすべて相異なり， $\pm x$ から等距離にあって， $\|y - gy\| = \|gy - g^2y\| = \cdots = \|g^{k-2}y - g^{k-1}y\| = \|g^{k-1}y - y\|$ が成り立つことに注意する．たとえば， $N = 3, |G| = 24$ の場合には，3 つの軌道がそれぞれ正八面体の頂点，辺，面と 1 対 1 に対応することがわかる．

問 4.13 問 2.8 (1) でみた $\mathrm{SO}^\circ_{2,1}$ は左からの掛け算で $\mathbb{R}^3$ に作用する．

(1) $\boldsymbol{e}_1$ の固定化部分群 A, $\boldsymbol{e}_3$ の固定化部分群 K を求めよ．

(2) 二葉双曲面 $x^2 + y^2 - z^2 = -1$ の $z \geqq 1$ の部分は，1 つの $\mathrm{SO}^\circ_{2,1}$-軌道であることを示せ．

(3) $\mathrm{SO}^\circ_{2,1}$ の元は， kak' $(k, k' \in K, a \in A)$ と表せることを示せ．

第5章

群を群に作用させる

本章では,「群を群に作用させる」ことによって群の構造を調べるための重要な概念——剰余類集合と共役類——やいくつかの結果を手に入れよう.

5.1 左乗法とラグランジュの定理

群 G が与えられたとき, G の二項演算 $G \times G \ni (g, x) \mapsto g \circ x \in G$ は, $e \circ x = x$, $g_1 \circ (g_2 \circ x) = (g_1 \circ g_2) \circ x$ を満たすので, G の G 自身への作用を与える. 言い換えると, $\rho : G \ni g \mapsto \rho_g \in \mathfrak{S}(G)$ を $\rho_g(x) = gx$ で定義すれば, $\rho_{g_1 \circ g_2}(x) = g_1 g_2 x = g_1(g_2 x) = \rho_{g_1} \circ \rho_{g_2}(x)$ であり, ρ_g の逆写像が $\rho_{g^{-1}}$, ρ は準同型写像となる. この作用を G の G 自身への**左乗法による作用** (あるいは**左正則作用**) とよぶ. これは忠実な作用である. 実際, $\rho_g = \mathrm{id}_G$ となる g は, $\rho_g(e) = \mathrm{id}_G(e) = e$ を満たすので $ge = e$ から $g = e$ に限られるから ρ は単射である.

命題 5.1 (ケーリーの定理) G を位数 n の有限群とするとき, G から n 次対称群 $\mathfrak{S}_n$ への単射が存在する. すなわち G は $\mathfrak{S}_n$ の部分群とみなせる.

左乗法による作用を G の部分群に制限しよう. すなわち $H \leqq G$ のとき, $G \times G \to G$ を制限して $H \times G \ni (h, g) \mapsto hg \in G$ という H の G への作用が自然に定義される. $\rho_h(g) = hg$ で $\rho_h \in \mathfrak{S}(G)$ を定義するといってもよい. まず, この作用に関する軌道分解を 2 つの簡単な例で確認する.

例 5.1 (1) 3 次対称群 $G = \mathfrak{S}_3$ の中に, $H = \{e, (123), (132)\} \cong \mathbb{Z}_3$ という部分

群がある．この部分群 H の左乗法に関する G の軌道分解をみる．

よって $\mathfrak{S}_3$ は 2 つの軌道に分かれる．左上は部分群 H 自身である．右上は (12) の軌道である．

(2) 位数 12 の二面体群 $D_6 = \{c^i, c^i r\ (0 \leqq i \leqq 5)\}$ $(c = R_{\pi/6}, r = \sigma_{\pi/12})$ の中にはいろいろな部分群がある．たとえば，$H_1 = \langle c \rangle$ $(\cong \mathbb{Z}_6)$，$H_2 = \{e, c^2, c^4, cr, c^3 r, c^5 r\}$ $(\cong D_3 \cong \mathfrak{S}_3)$，$H_3 = \{e, c^2, c^4\} \cong \mathbb{Z}_3$ である．

$H_1 = \langle c \rangle$ の左乗法による作用の場合は，$c^j(c^i r) = c^{i+j} r$ だから，軌道は 2 個で，$(H_1 =)\ \{c^i\ (0 \leqq i \leqq 5)\} \sqcup \{c^i r\ (0 \leqq i \leqq 5)\}$ になる．

c^2 (実線) と r (点線) の左乗法による動かし方をみてみる．$rc = c^5 r$ にも注意しよう．

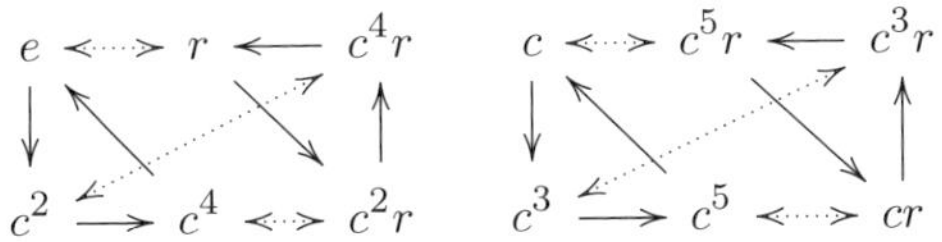

したがって，$(H_2 =)\ \{c^{2i}, c^{2i} r\ (0 \leqq i \leqq 2)\} \sqcup \{c^{2i+1}, c^{2i+1} r\ (0 \leqq i \leqq 2)\}$ と 2 つの軌道に分解する．$H_3 = \langle c^2 \rangle$ の軌道は，上記の実線のみに注目すれば，$(H_3 =)$ $\{e, c^2, c^4\} \sqcup \{r, c^2 r, c^4 r\} \sqcup \{c, c^3, c^5\} \sqcup \{cr, c^3 r, c^5 r\}$ の 4 個になる．

この例では，$H \leqq G$ を G に左乗法で作用させると，H 自身が 1 個の H-軌道であり，それ以外のすべての軌道が $|H|$ 個の元からなっている．これは一般に成り立つ．たとえば，H を G に作用させたとき，$hg = g$ なら $h = e$ となることにより，$g \in G$ の固定化部分群 $H_g = \{e\}$ である．軌道-固定部分群定理から，g の H-軌道の元の個数は $|H|/|H_g| = |H|$ とわかる．より直接的な説明もできる．$g \in G$ の H-軌道の定義は，$\{hg \mid h \in H\}$ である．$h_1 g = h_2 g$ とすると $h_1 = h_2$ となるから，$hg\ (h \in H)$ はすべて相異なる G の元である．よって g の H-軌道は $|H|$ 個の元からなる．いずれにしてもすべての H-軌道が $|H|$ 個の元からなるということは，$|G|$ が $|H|$ で割り切れることを意味している．

定理 5.2 (ラグランジュの定理)　H を有限群 G の部分群とすると，$|H|$ は $|G|$ の約数である．

系 5.3　有限群 G において，$g \in G$ の位数は $|G|$ の約数である．さらに，$g^{|G|} = e$ が成り立つ．

証明　$\mathrm{ord}(g) = m$ とすると，$\{e, g, g^2, \ldots, g^{m-1}\}$ は位数 m の巡回部分群である．その位数 m はラグランジュの定理より $|G|$ の約数になる．さらに，$|G| = mm'$ とおくと，$g^{|G|} = g^{mm'} = (g^m)^{m'} = e$．□

巡回群の場合にはこの系の主張やラグランジュの定理の主張がすでに示されていた (補題 3.2 (2) や命題 3.5 (2))．しかもさらに強く，位数 N の巡回群には，N の各約数ごとにちょうど 1 個の部分群が存在する (命題 3.5 (3))．しかし，一般の有限群では状況が異なる．たしかにラグランジュの定理と上の系は，たとえば，位数 8 の群に位数 3 の部分群はないこと，位数 9 の群には，位数 2 の元が存在しないことを教えてくれる．しかし，ラグランジュの定理は存在定理ではなく，$|G|$ のすべての約数に対して，その位数の部分群が存在するとは限らない．(コーシーの定理 4.14 は存在定理であったこととも比較されたい．)

例題 5.1　位数 12 の 4 次交代群 $\mathfrak{A}_4$ は，位数 6 の部分群を持たないことを示せ．

解　$\mathfrak{A}_4$ には，単位元以外に，位数 3 の元 (3 項巡回置換) が 8 個と位数 2 の元 $((12)(34), (13)(24), (14)(23))$ が 3 個ある．$H \leqq \mathfrak{A}_4$ が位数 6 の部分群であるとする．例題 4.3 で分類したように，位数 6 の群は巡回群 $\mathbb{Z}_6$ か二面体群 D_3 と同型である．$\mathfrak{A}_4$ には位数 6 の元がないので，H が位数 6 の巡回群に同型となることはできない．他方，D_3 には $\sigma_{j\pi/3}$ $(j = 0, 1, 2)$ という 3 つの位数 2 の元がある．つまり H も位数 2 の元を 3 個含まなければならない．したがって，$H \supset \{e, (12)(34), (13)(24), (14)(23)\}$ である．ところがこの 4 個の元は ($\mathbb{Z}_2$ の直積に同型な) 位数 4 の部分群である．位数 6 の群 H 中に位数 4 の部分群があるのはラグランジュの定理に反す．□

問 5.1　p を素数とするとき，$\mathbb{Z}_p \times \mathbb{Z}_p$ の部分群の個数を求めよ．

命題 5.4 p を素数とするとき，$\mathrm{Aut}(C_p) \cong \mathbb{Z}_p^\times \cong C_{p-1}$.

証明 $\mathrm{Aut}(C_p) \cong \mathbb{Z}_p^\times$ は命題 3.17 で示した．$|\mathbb{Z}_p^\times| = p-1$ (命題 2.12) だから，系 5.3 より $\mathbb{Z}_p^\times$ の元の位数 d は $p-1$ の約数に限られる．そこで，$\mathbb{Z}_p^\times$ 中の位数 d の元の個数を n_d とおく．もし位数 d の元 x があると，$x^0, x^1, x^2, \dots, x^{d-1}$ は相異なり，すべて $x^d \equiv 1 \pmod{p}$ を満たすから，$X^d - 1 \in \mathbb{F}_p[X]$ の根になる．$X^d - 1$ は $\mathbb{F}_p$ で高々d 個の根しか持たない[1]から，これがすべての根になるしかない．したがって，位数 d の元は $\langle x \rangle \cong C_d$ の中に現れるものに限られる．つまり n_d は 0 か C_d 中の位数 d の元の個数 m_d に等しい．

他方，巡回群 C_{p-1} 中では，$p-1$ の任意の約数 d に対して，位数 d の元は必ず存在し，C_d と同型な 1 個の巡回部分群にすべて含まれる (命題 3.5 (3))．つまり，

$$p-1 = |C_{p-1}| = \sum_{d|(p-1)} m_d \geqq \sum_{d|(p-1)} n_d = |\mathbb{Z}_p^\times| = p-1$$

だからすべての $p-1$ の約数で $n_d = m_d$ であり，とくに $d = p-1$ とすれば，$m_{p-1} > 0$ より $n_{p-1} > 0$ となって，$\mathbb{Z}_p^\times$ にも位数 $p-1$ の元が存在する．□

5.2 剰余類集合と well-defined な写像

少し戻って，部分群の左乗法による作用の軌道について振り返る．群 G の部分群 H の G への左乗法による作用とは，$H \times G \to G; (h,g) \mapsto hg$ で与えられ，$g \in G$ の H-軌道 $\{hg \mid h \in H\}$ であり，hg たちはすべて相異なっていた．そこでこの軌道を Hg とかこう．例 5.1 でみた左乗法に関する軌道分解は，完全代表系を 1 つとって次のように表せる．

- $G = \mathfrak{S}_3, H = \langle (123) \rangle$ $(\cong \mathbb{Z}_3)$ のとき，$G = He \sqcup H(12)$.
- $G = D_6, H = \langle c \rangle$ $(\cong \mathbb{Z}_6)$ のとき，$G = He \sqcup Hr$.
- $G = D_6, H = \langle c^2, cr \rangle$ $(\cong \mathfrak{S}_3)$ のとき，$G = He \sqcup Hc$.
- $G = D_6, H = \langle c^2 \rangle$ $(\cong \mathbb{Z}_3)$ のとき，$G = He \sqcup Hc \sqcup Hr \sqcup Hcr$.

1] 体上の多項式環では剰余の定理 (たとえば [5, 定理 4.29])，したがって因数定理が成り立つ．体が整域であることに注意すれば，相異なる d 個の根を用いて $(x-\alpha_1)\cdots(x-\alpha_d)$ と 1 次式の積に分解したとき，これらと異なる $d+1$ 個目の根があれば，その代入により，体の中で 0 と異なる d 個の元の積が 0 になって矛盾である．

一方で，G (の部分群) の G への作用は，左乗法だけではなく右乗法でも定義できる．すなわち，$G \times G \to G$ を $(g,x) \mapsto xg^{-1}$ と定義すると，G の**右乗法**による左作用を与える．実際，$g * x = xg^{-1}$ とかいてみると，$e * x = xe^{-1} = x$ と，$g_1 * (g_2 * x) = g_1 * (xg_2^{-1}) = xg_2^{-1}g_1^{-1} = x(g_1g_2)^{-1} = (g_1g_2) * x$ となって左作用である．$g * x = xg$ と定義してしまうと，左作用にならない．$xg_2g_1 = (g_2g_1) * x$ になってしまうからである．

G の部分群 H に制限することで，$H \times G \to G; (h,g) \mapsto gh^{-1}$ と，H の右乗法による G への作用が得られる．この作用に関する $g \in G$ の H-軌道は $\{gh^{-1} \mid h \in H\}$ である．gh^{-1} $(h \in H)$ もすべて相異なる．とくに，左作用を定義するためには，$g \mapsto gh^{-1}$ としなければならないが，集合としては，$\{gh \mid h \in H\}$ に一致することに注意しよう．H は部分群なので，h が H のすべての元を動くとき，h^{-1} も H の元をちょうど 1 回ずつ動く．このことから，H の右乗法による $g \in G$ の H-軌道は gH とかくことができる．なお，単位元の H-軌道は左乗法でも右乗法でも常に H 自身である．

先ほどの 2 つの例と比較してみよう．軌道を調べるだけなら $gH = \{gh \mid h \in H\}$ をみればよいが，最初だけ，右乗法は h^{-1} を右から掛けていることに注意して先ほどと同じ図を描いてみる．

例 5.2　(1)　$G = \mathfrak{S}_3, H = \langle(123)\rangle(\cong \mathbb{Z}_3)$ とする．

左乗法の場合と比較すると，たとえば，(123) の右乗法は，$(123) * (13) = (13)(123)^{-1} = (13)(132) = (23)$ となっている．左上の軌道では (123) によって動く行き先が変わっているが，どちらの軌道も集合としては左乗法の場合と変わらず，$eH = He$ かつ $(12)H = H(12)$ である．

(2)　$G = D_6 = \langle c, r\rangle$ の場合，$H_1 = \langle c\rangle$ とすると右乗法による作用の場合は，c によって，$e \mapsto c^{-1} = c^5 \mapsto c^4 \mapsto c^3 \mapsto \cdots \mapsto c \mapsto e$ と $r \mapsto rc^{-1} = rc^5 = cr \mapsto crc^{-1} = c^2r \mapsto \cdots \mapsto c^5r \mapsto c^5rc^{-1} = r$ と動かされるので，2 つの軌道に分解す

る．これも c による動かし方の向きが変わるだけで軌道そのものは $eH_1 = H_1e$ かつ $cH_1 = H_1c$ を満たす．

$H_2 = \langle c^2, r\rangle$ の場合，c^2 (実線) と r (点線) は下図のように，左乗法の場合と動かし方が変わるが，軌道は集合として一致する．

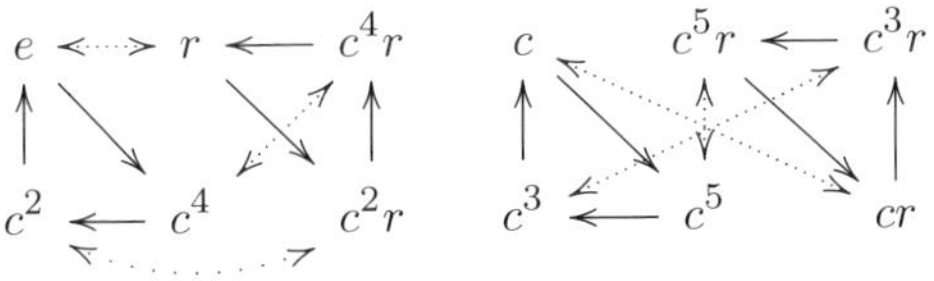

つまり H_2 の場合も $eH_2 = H_2e$, $cH_2 = H_2c$ であり，$H_3 = \langle c^2\rangle$ の場合も，$eH_3 = H_3e$, $cH_3 = H_3c$, $rH_3 = H_3r$, $crH_3 = H_3cr$ である．

したがって，この 2 つの例ではどれも $gH = Hg$ がすべての $g \in G$ で成り立っている．しかしもちろんそれは一般には正しくない．それはすでに上の例の中にもみえている．実際，$G = D_6$ で $H_4 = \{e, r\}$ とすると，H_4 の左乗法に関する c の軌道 $H_4c = \{e, rc = c^5r\}$，右乗法に関する c の軌道 $cH_4 = \{c, cr^{-1} = cr\}$ なので，$cH_4 \neq H_4c$ である．また，$G = \mathfrak{S}_3$, $H = \{e, (12)\}$ とすると，H の左乗法に関する (123) の軌道 $H(123) = \{(123), (23)\}$，H の右乗法に関する (123) の軌道 $(123)H = \{(123), (13)\}$ なので，$H(123) \neq (123)H$ である．したがって一般には H の左乗法による g の軌道 Hg と右乗法による g の軌道 gH が一致するとは限らない．

定義 5.5　群 G の部分群 H に対して，H の G への**左**乗法に関する軌道 Hg を $g \in G$ の**左剰余類**という．左剰余類全体の集合を $H\backslash G$ とかいて左剰余類集合という．H の G への**右**乗法に関する軌道 gH を $g \in G$ の**右剰余類**という．右剰余類全体の集合を G/H とかいて右剰余類集合という．任意の $g \in G$ に対して，$gH = Hg$ が成り立つとき，H は G の**正規部分群**であるといい，$H \triangleleft G$ とかく．

注意　右や左の言葉遣いは逆の場合がある．たとえば，[14], [13], [16] は上の定義と同じよび方だが，Hg を右剰余類，gH を左剰余類とよんでいる本も多く，最近はどちらかと言えばそちらのよび方の方が多いかもしれない．[1], [2], [9] は定義とは逆のよび方である．左右は相対的なもので，g を主役にするか，H の作用を主役にみるかの違いとも言える．

左剰余類や右剰余類は，H の作用に関する軌道なので，(4.2) から次の (i), (ii), (iii) の同値性が成り立つ．(直接示すのも容易である．) (iv), (v) は，いずれも (ii), (iii) からただちに導かれる．以後はこの補題の (iv), (v) をよく用いる．

補題 5.6 左剰余類に関して次は同値．

(i) $Hg_1 = Hg_2$ (ii) $g_1 \in Hg_2$ (iii) $g_2 \in Hg_1$

(iv) $g_1 g_2^{-1} \in H$ (v) $g_2 g_1^{-1} \in H$.

また，右剰余類に関して次は同値．

(i) $g_1 H = g_2 H$ (ii) $g_1 \in g_2 H$ (iii) $g_2 \in g_1 H$

(iv) $g_1^{-1} g_2 \in H$ (v) $g_2^{-1} g_1 \in H$.

上の例でみたのは，$\langle (123)\rangle \lhd \mathfrak{S}_3$ だが，$\langle (12)\rangle \ntriangleleft \mathfrak{S}_3$ であり，$\langle c^2\rangle, \langle c^2, r\rangle, \langle c\rangle \lhd D_6$ だが，$\langle r\rangle \ntriangleleft D_6$ であることだった．無限群の場合の例もみておこう．

例 5.3 例題 2.4 の直後の説明と同様の方法で，$\mathrm{diag}(t, 1, \ldots, 1)$ を使うと，

$$\{A \in \mathrm{GL}_n(\mathbb{C}) \mid \det A = t\} = \mathrm{diag}(t, 1, \ldots, 1)\,\mathrm{SL}_n(\mathbb{C}) = \mathrm{SL}_n(\mathbb{C})\,\mathrm{diag}(t, 1, \ldots, 1)$$

と表せる．$\det A = t$ なら $\mathrm{diag}(t^{-1}, 1, \ldots, 1)A, A\,\mathrm{diag}(t^{-1}, 1, \ldots, 1) \in \mathrm{SL}_n(\mathbb{C})$ であることを使えばよい．よって，$\mathrm{GL}_n(\mathbb{C}) = \bigsqcup_{t \in \mathbb{C}^\times} \{A \in \mathrm{GL}_n(\mathbb{C}) \mid \det A = t\}$ が右剰余類への分解かつ左剰余類への分解も与えていて，$\mathrm{SL}_n(\mathbb{C}) \lhd \mathrm{GL}_n(\mathbb{C})$ である．

また，$B = \mathrm{diag}(1, \ldots, 1, -1)$ を用いると $\{A \in \mathrm{O}_n \mid \det A = -1\} = B \cdot \mathrm{SO}_n = \mathrm{SO}_n \cdot B$ であり，$\mathrm{O}_n = \mathrm{SO}_n \sqcup \{A \in \mathrm{O}_n \mid \det A = -1\}$ が右剰余類への分解かつ左剰余類への分解を与えていて，$\mathrm{SO}_n \lhd \mathrm{O}_n$ となる．

例 5.4 $G = \mathrm{GL}_2(\mathbb{C})$ とボレル部分群 $B = B_2^+$ を考える．$g = \begin{bmatrix} 0 & -1 \\ 1 & 0 \end{bmatrix}$ とし，B の左乗法による作用と右乗法による作用とで g の B-軌道を比較する．すなわち，

$$Bg = \left\{ \begin{bmatrix} a & b \\ 0 & d \end{bmatrix} \begin{bmatrix} 0 & -1 \\ 1 & 0 \end{bmatrix} (ad \neq 0) \right\}, \qquad gB = \left\{ \begin{bmatrix} 0 & -1 \\ 1 & 0 \end{bmatrix} \begin{bmatrix} a & b \\ 0 & d \end{bmatrix} (ad \neq 0) \right\}$$

である．Bg は $\begin{bmatrix} b & -a \\ d & 0 \end{bmatrix}$ $(ad \neq 0)$ という行列からなり，$\begin{bmatrix} 1 & -1 \\ 1 & 0 \end{bmatrix} \in Bg$ である．し

かし，gB は $\begin{bmatrix} 0 & -d \\ a & b \end{bmatrix}$ $(ad \neq 0)$ という行列からなり，$\begin{bmatrix} 1 & -1 \\ 1 & 0 \end{bmatrix} \notin Bg$ である．つまり，$Bg \neq gB$ であり，$B_2^+ \not\triangleleft \mathrm{GL}_2(\mathbb{C})$.

正規部分群は,「剰余群」や「準同型定理」を考える際に重要な役割を果たすなど，群論を学ぶ上で重要な概念の 1 つであり，それらは次章で述べる．この節の残りの部分では，すべての剰余類からなる集合 $H\backslash G$ や G/H の取扱い方について練習し，さらにこれらへの G の作用について考えたい.

ところで，G が有限群であれば，G への左乗法による作用でも右乗法による作用でも，その H-軌道 Hg, gH は $|H| = |Hg| = |gH|$ であり，$|H\backslash G| = |G/H| = |G|/|H|$ である．しかし上でみた例のように，左剰余類や右剰余類は，G が有限群でなくても定義される．一般の G と H に対して，$H\backslash G$ と G/H の間に全単射写像が構成できれば，濃度が一致することがわかる．では,

$$H\backslash G \ni Hg \mapsto gH \in G/H \tag{5.1}$$

という写像を作ればよいであろうか.

具体的な例でみてみる．$G = \mathfrak{S}_3$ の部分群 $H = \{e, s_1 = (12)\}$ を考える.

$$\begin{aligned}\mathfrak{S}_3 &= \{e, s_1\} \sqcup \{(23), s_1(23) = (123)\} \sqcup \{(13), s_1(13) = (132)\} = H \sqcup H(23) \sqcup H(13) \\ &= \{e, s_1\} \sqcup \{(23), (23)s_1 = (132)\} \sqcup \{(13), (13)s_1 = (123)\} = H \sqcup (23)H \sqcup (13)H\end{aligned}$$

の上段が G の H に関する左剰余類による分解，下段が H に関する右剰余類による分解を与える．$H\backslash G = \{H, H(23), H(13)\}$ であり，$G/H = \{H, (23)H, (13)H\}$ である．もし，(5.1) という写像を考えることにすると，$H \mapsto H, H(23) \mapsto (23)H, H(13) \mapsto (13)H$ と左剰余類と右剰余類の全単射が得られる，ようにみえる．しかしこの議論には欠陥がある.

たとえば左剰余類 $H(23)$ は (123) を含み $H(23) = H(123)$ である．ところが，上の (5.1) では，$H(23)$ とみると行先が $(23)H$ になるが，$H(123)$ とみると $(123)H$ となっている．右乗法でみたとき，$(123) \in (13)H$ だから，$(123)H = (13)H \neq (23)H$ である．すると，(5.1) は，$H(23)$ とみるのか $H(123)$ とみるのかで行き先が変わってしまう．このような状況を $Hg \mapsto gH$ は，**剰余類の代表元のとり方に依存している**，あるいは端的に「**well-defined でない**」という．(5.1) は

$H\backslash G \to G/H$ という写像を定義したことになっていない.

1 対 1 対応を付けたいだけなら 1 つ完全代表系を固定して議論してもよいと思われるかもしれない. しかし, たとえば, 左剰余類の完全代表系として, $\{e, (23), (132)\}$ をとって考えると, (5.1) は, $H(23) \mapsto (23)H, H(132) \mapsto (132)H$ と対応させることになる. しかし右剰余類として $(23)H = (132)H$ だから, 1 対 1 対応にならない.

そこで, **代表元のとり方に依存しない (well-defined な) 写像**を定義して, 次の命題を示そう.

命題 5.7 $H\backslash G$ の濃度と G/H の濃度は一致する.

証明 次の ι が代表元のとり方によらず定義され, 全単射となることを示す.

$$\iota : H\backslash G \ni Hg \mapsto g^{-1}H \in G/H.$$

まず, 代表元のとり方に依存せず定義されていることを示す.

$H\backslash G$ に属する左剰余類 Hg を考える. $Hg \ni x$ をとる. 補題 5.6 から $xg^{-1} \in H$. これは, $(x^{-1})^{-1}g^{-1} \in H$ を意味しているから, 補題 5.6 より, $g^{-1} \in x^{-1}H$, つまり $g^{-1}H = x^{-1}H$ が成り立つ. したがって, $g^{-1}H$ と $x^{-1}H$ が同じ右剰余類だから ι は代表元のとり方によらずに定義できる.

次に, ι が全単射であることを示す.

全射性. $x \in G$ の右剰余類 xH に対し, $\iota(Hx^{-1}) = xH$ だからである.

単射性. $x, y \in G$ に対して, $\iota(Hx) = \iota(Hy)$ となっているとき, $x^{-1}H = y^{-1}H$ であり, 補題 5.6 から $xy^{-1} \in H$. さらに $x \in Hy$ となって $Hy = Hx$ となる. □

上の命題から, 次のような定義が可能になった.

定義 5.8 $H \leqq G$ のとき, $|H\backslash G| = |G/H|$ を H の G における**指数**といい, $[G : H]$ とかく.

$G = \mathfrak{S}_3$ のとき, $H = \langle(123)\rangle$ $(\cong \mathbb{Z}_3)$ は指数 2 の部分群である. $G = D_6$ のとき, 部分群 $H = \langle c^2, r\rangle \cong \mathfrak{S}_3$, $\mathbb{Z}_6 \cong \langle c\rangle$, $\mathbb{Z}_3 \cong \langle c^2\rangle$ の指数はそれぞれ 2, 2, 4 である. また, $[\mathrm{GL}_n(\mathbb{C}) : \mathrm{SL}_n(\mathbb{C})] = +\infty$ だが, $[\mathrm{O}_n : \mathrm{SO}_n] = 2$ である (例 5.3).

well-defined な写像について理解するためにさらに練習を続けよう.

例題 5.2 群 G の 2 つの部分群 H, K に対して,

$$f : H/H \cap K \ni h(H \cap K) \mapsto hK \in G/K$$

は代表元のとり方によらず定義された写像で，しかも単射であることを示せ．このことから，とくに $[H : H \cap K] \leqq [G : K]$ が成り立つ．

解 $h_1(H \cap K) = h_2(H \cap K)$ のとき，補題 5.6 から $h_1^{-1}h_2 \in H \cap K$．とくに，$h_1^{-1}h_2 \in K$ だから補題 5.6 より，$h_1K = h_2K$．したがって，f は代表元のとり方に依存せず定義される．

単射性を示す．$f(h(H \cap K)) = f(h'(H \cap K))$ とすると $hK = h'K$ である．補題 5.6 から $h^{-1}h' \in K$．左辺は H に属していることに注意すれば，$h^{-1}h' \in H \cap K$．補題 5.6 から $h(H \cap K) = h'(H \cap K)$．よって f は単射である．□

$H \leqq G$ による右剰余類の全体 G/H に G を左から作用させよう．

補題 5.9 群 G の部分群 H に対して，$G \times G/H \to G/H$ を $(g, xH) \mapsto (gx)H$ と定義することで，G/H に G が左から作用する．この作用は推移的である．

証明 まず，$g \in G$ に対し，$g * (xH) = (gx)H$ が G/H の代表元のとり方によらず $G/H \to G/H$ を定義することを示す．実際，$xH = yH$ のとき，補題 5.6 から $y^{-1}x \in H$．すると，$(gy)^{-1}(gx) = y^{-1}g^{-1}gx = y^{-1}x \in H$ となり，補題 5.6 から $(gy)H = (gx)H$．つまり $g * (xH) = g * (yH)$ となる．

次に，$*$ が左作用の条件を満たしていることを示す．実際，$e * (xH) = (ex)H = xH$ であり，$g_1 * (g_2 * xH) = g_1 * ((g_2x)H) = (g_1(g_2x))H = ((g_1g_2)x)H = (g_1g_2) * (xH)$ からわかる．

最後に推移的であることを示す．実際，$xH \in G/H$ をとると，$x^{-1} * (xH) = (x^{-1}x)H = eH = H$ だから，すべての右剰余類が G の作用で H に移せる．□

群 G は自然に右剰余類の置換を引き起こすというのがこの補題の意味である．簡単な具体例で右剰余類の置換を求めてみよう．

4 次交代群 $\mathfrak{A}_4$ の部分群 $H = \{e, (234), (243)\}$ と $K = \{e, (12)(34)\}$ を考え，右剰余類集合 $\mathfrak{A}_4/H, \mathfrak{A}_4/K$ への $\mathfrak{A}_4$ の作用を具体的に計算する．$(134), (14)(23)$ が

$\mathfrak{A}_4$ を生成する (問 3.2) ので，この 2 つの元が引き起こす右剰余類の置換を調べれば十分である．次の表のような完全代表系をとって計算する．

H	$(123)H$	$(132)H$	$(142)H$
e	(123)	(132)	(142)
(234)	$(12)(34)$	(134)	(143)
(243)	(124)	$(13)(24)$	$(14)(23)$

K	$(13)(24)K$	$(123)K$	$(132)K$	$(142)K$	$(143)K$
e	$(13)(24)$	(123)	(132)	(142)	(143)
$(13)(24)$	$(12)(34)$	(134)	(234)	(243)	(124)

たとえば，$(134)(123) = (124) \in (123)H$, $(134)(132) = (14)(23) \in (142)H$, $(134)(14)(23) = (243) \in H$, $(14)(23)(123) = (134) \in (132)H$ といった計算から，(134) を実線，$(14)(23)$ を二重線の矢印でかくと次図を得る．

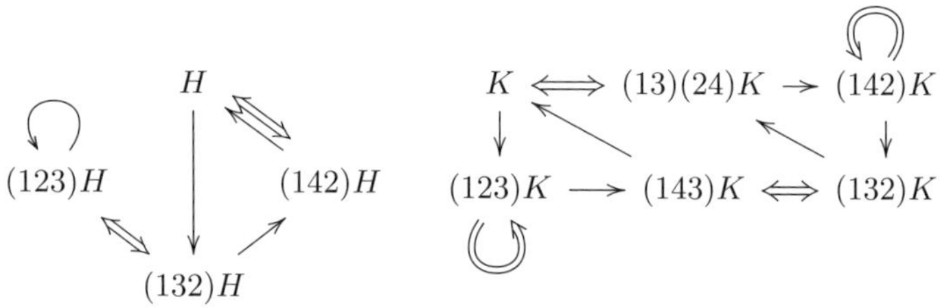

問 5.2　上図の $\mathfrak{A}_4$ の作用の矢印を自分の手でチェックせよ．

ここで例 3.17，例 4.2 を思い出すと，$\mathfrak{A}_4$ は正四面体の回転対称性の群であり，正四面体の 4 つの頂点のなす集合に作用していた．(134) は頂点 2 と対面を通る軸に関する回転であり，$(14)(23)$ は辺 14 と辺 23 の中点を通る軸に関する回転である．この 2 つの操作が頂点集合 $\{1, 2, 3, 4\}$ に引き起こす置換は，$\mathfrak{A}_4$ が $\mathfrak{A}_4/H$ に引き起こす置換と一致している．また正四面体の 6 個の辺のなす集合にも $\mathfrak{A}_4$ が作用する．$(134), (14)(23)$ に対応する回転が辺集合に引き起こす置換は，$\mathfrak{A}_4/K$ に引き起こす置換と一致している．この現象の理由は，H が頂点 1 の，K が辺 12 の固定化部分群であることによる．

正四面体の頂点集合や辺集合といった (図形的な) 対象とその回転対称性が，$\mathfrak{A}_4$ のある剰余類集合と $\mathfrak{A}_4$ の作用として (代数的に) 実現されている．この状況を一

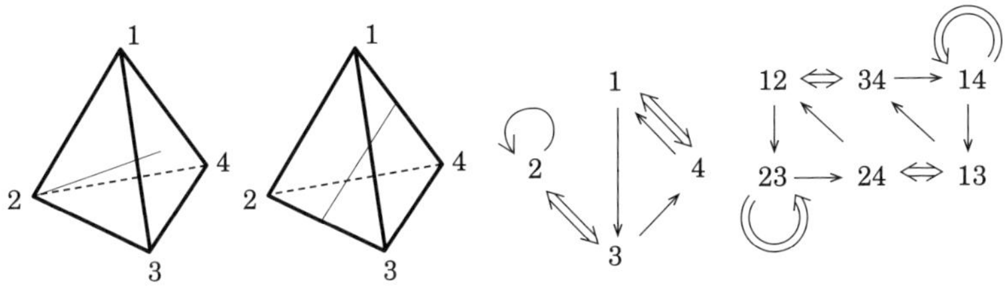

般的にみるために，まず群 G の 2 つの作用を比較する道具を用意する．

定義 5.10 群 G が準同型写像 $\rho : G \to \mathfrak{S}(X), \varphi : G \to \mathfrak{S}(Y)$ で集合 X, Y に作用しているとき，全単射写像 $f : X \to Y$ が **G-同型**であるとは，任意の $g \in G$ に対して，$f \circ \rho_g = \varphi_g \circ f$ が成り立つことをいう．

G が引き起こす X 上の全単射たち ρ_g $(g \in G)$ と Y 上の全単射たち φ_g $(g \in G)$ を f によって一斉に動かし方まで込めて 1 対 1 に対応させることができるというのが，G-同型である．$f(\rho_g(x)) = \varphi_g(f(x))$ $(x \in X, g \in G)$ や $f(g *_X x) = g *_Y f(x)$ $(x \in x, g \in G)$ とかいてもよい．

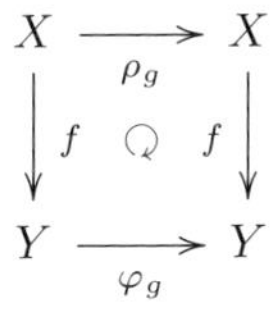

問 5.3 $f : X \to Y$ が G-同型のとき，X の G-軌道 $\mathcal{O}$ をとると，像 $f(\mathcal{O})$ は Y の G-軌道であることを示せ．

例 5.5 $\mathbb{Z}_2 \times \mathbb{Z}_2 \cong \{e, x, y, xy\ (= yx)\}$ は，$X_4 = \{1, 2, 3, 4\}$ に 2 通りの方法で作用できる．$x \mapsto (12), y \mapsto (34)$ で定まる作用と，$x \mapsto (12)(34), y \mapsto (13)(24)$ で定まる作用である．このとき，$f : X_4 \to X_4$ であって G-同型となるものは存在しない．前者は 2 個の軌道に分解し，後者は推移的だからである．(第 1 章では (1.6), (1.7) の比較でみていた．)

定理 5.11 群 G が集合 X に推移的に作用しているとき，$x \in X$ の固定化部分群 G_x による右剰余類集合 G/G_x と X の間に，次で定義される G-同型が存在する．

$$f : G/G_x \ni gG_x \mapsto g * x \in X.$$

証明 まず，f が代表元のとり方によらないことを示す．実際，$gG_x = g'G_x$ であるとすると，$g = g'h$ となる $h \in G_x$ がとれる．$g * x = (g'h) * x = g' * (h * x) = g' * x$ となるから，$f(gG_x) = f(g'G_x)$ である．

f が全射であることを示す．実際，$y \in X$ をとると，G の作用の推移性から $y = g * x$ となる $g \in G$ がとれる．すると $f(gG_x) = g * x = y$ となる．

f が単射であることを示す．実際，$f(g_1G_x) = f(g_2G_x)$ とすると $g_1 * x = g_2 * x$ だから，$(g_2^{-1}g_1) * x = x$．つまり $g_2^{-1}g_1 \in G_x$ となるので，$g_1 \in g_2G_x$．よって $g_1G_x = g_2G_x$ となる．

f が G-同型であることを示す．実際，$g' \in G$ に対し，

$$f(g' * (gG_x)) \overset{G\text{ の }G/G_x\text{への作用}}{=} f((g'g)G_x) \overset{f\text{ の定義}}{=} (g'g) * x$$
$$\overset{\text{作用の定義}}{=} g' * (g * x) \overset{f\text{ の定義}}{=} g' * f(gG_x). \quad \square$$

注意 G の作用が推移的でなくても，G-軌道 $\mathcal{O}$ とその 1 点 $x \in \mathcal{O}$ をとれば，G の $\mathcal{O}$ への作用は推移的だから，この軌道を表示する G-同型 $G/G_x \cong \mathcal{O}$ が得られる．

本書で詳述する余裕はないが，G-同型 $G/G_x \cong X$ はどちらの向きにも有用性がある．

- X という対象に興味があり，X の持つ対称性の群 G を見出すことで，群 G, G_x の性質を利用して X の性質を調べる．X 上の関数の空間に興味があり，これを G/G_x 上の関数の空間に読み替えることで解析する．
- 群 G の構造に興味があり，G の作用する良い空間 X をみつけることで，G の剰余類の構造を X に写しとって調べる．

例題 5.3 (1) $n \geqq 2$ とする．SO_n は $S^n = \{\boldsymbol{x} \in \mathbb{R}^n \mid \|\boldsymbol{x}\| = 1\}$ に左からの掛け算で推移的に作用することを示し，SO_n-同型 $\mathrm{SO}_n / \mathrm{SO}_{n-1} \cong S^{n-1}$ を導け．

(2) $\mathrm{SL}_2(\mathbb{R})$ は上半平面 $\mathbb{H} = \{z \in \mathbb{C} \mid \operatorname{Im} z > 0\}$ へ $\begin{bmatrix} a & b \\ c & d \end{bmatrix} * z = \dfrac{az+b}{cz+d}$ で推移的に作用することを示し，$\mathrm{SL}_2(\mathbb{R})$-同型 $\mathrm{SL}_2(\mathbb{R}) / \mathrm{SO}_2 \cong \mathbb{H}$ を導け．

解 (1) SO_n は原点からの距離を変えないから S^n に作用する．$\boldsymbol{x} \in S^n$ をとると，$(\boldsymbol{x}, \boldsymbol{v}_2, \ldots, \boldsymbol{v}_n)$ という正規直交基底で $P = [\boldsymbol{x}, \boldsymbol{v}_2, \ldots, \boldsymbol{v}_n]$ が $\det P = 1$ をみたすものがとれて，$P\boldsymbol{e}_1 = \boldsymbol{x}$ を満たすから，SO_n の S^n への作用は推移的である．$\boldsymbol{e}_1$ の固定化部分群の元は，$\begin{bmatrix} 1 & * \\ 0 & A' \end{bmatrix}$ の形だが，これが SO_n に入る条件は，$* = 0, A' \in \mathrm{SO}_{n-1}$ である．よって SO_n-同型 $\mathrm{SO}_n \,/\, \mathrm{SO}_{n-1} \cong S^n$ が得られる．

(2) 作用であることは補題 4.11 でみた．推移的であることは，$x + yi \in \mathbb{H}$ に対して，$a = \sqrt{y}, b = x/\sqrt{y}, c = 0, d = 1/\sqrt{y}$ とすることで，$x + yi = A * i$ とできることから従う．さらに，$\dfrac{ai+b}{ci+d} = i$ となる a, b, c, d は，$ai + b = -c + di$ の係数を比較して $a = d, b = -c$．$\mathrm{SL}_2(\mathbb{R})$ に属する条件 $ad - bc = 1$ から，$a^2 + c^2 = 1$ となる．よって i の固定化部分群は SO_2 である．□

例 5.6 例題 4.2 でみたように，$\mathrm{GL}_n(\mathbb{K})$ は，$\mathbb{K}^n$ の d 次元部分ベクトル空間の全体 $\mathrm{Gr}_{n,d}$ に左からの掛け算で推移的に作用し，$\langle \boldsymbol{e}_1, \ldots, \boldsymbol{e}_d \rangle$ の固定化部分群は

$$P = \left\{ \begin{bmatrix} A_1 & * \\ \mathbf{0} & A_2 \end{bmatrix} \;\middle|\; A_1 \in \mathrm{GL}_d(\mathbb{K}), A_2 \in \mathrm{GL}_{n-d}(\mathbb{K}) \right\}$$

だった．よって，$\mathrm{GL}_n(\mathbb{K})$-同型 $\mathrm{Gr}_{n,d} \cong \mathrm{GL}_n(\mathbb{K})/P$ が成り立つ．

$\mathbb{K} = \mathbb{R}$ のとき，$\mathrm{O}_n \leqq \mathrm{GL}_n(\mathbb{R})$ も左からの掛け算で $\mathrm{Gr}_{n,d}$ に作用する．この場合も，$V \in \mathrm{Gr}_{n,d}$ に対し，V の正規直交基底 $(\boldsymbol{w}_1, \ldots, \boldsymbol{w}_d)$ をとって，$\mathbb{R}^n$ 全体に拡張したものを $\langle \boldsymbol{w}_1, \ldots, \boldsymbol{w}_d, \boldsymbol{w}_{d+1}, \ldots, \boldsymbol{w}_n \rangle$ とすれば，$Q = [\boldsymbol{w}_1, \ldots, \boldsymbol{w}_n] \in \mathrm{O}_n$ で，$Q\langle \boldsymbol{e}_1, \ldots, \boldsymbol{e}_d \rangle = V$ となっているため，O_n の作用も推移的である．$\langle \boldsymbol{e}_1, \ldots, \boldsymbol{e}_d \rangle$ の固定化部分群は $P \cap \mathrm{O}_n$ なので，

$$\left\{ \begin{bmatrix} A_1 & \mathbf{0} \\ \mathbf{0} & A_2 \end{bmatrix} \;\middle|\; A_1 \in \mathrm{O}_d, A_2 \in \mathrm{O}_{n-d} \right\} \cong \mathrm{O}_d \times \mathrm{O}_{n-d}$$

となる．したがって，O_n-同型 $\mathrm{Gr}_{n,d} \cong \mathrm{O}_n \,/(\mathrm{O}_d \times \mathrm{O}_{n-d})$ が得られる．$\mathbb{K} = \mathbb{C}$ の場合は，複素内積を考えることで，U_n-同型 $\mathrm{Gr}_{n,d} \cong \mathrm{U}_n \,/(\mathrm{U}_d \times \mathrm{U}_{n-d})$ が成り立つ．

例 5.7 $\mathbb{K}^n$ の部分空間の列からなる

$$\mathcal{F}_n = \{(\{0\} = V_0 \subset V_1 \subset \cdots \subset V_{n-1} \subset V_n = \mathbb{K}^n) \mid \dim V_i = i \ (0 \leqq i \leqq n)\}$$

という集合を考える．$A \in \mathrm{GL}_n(\mathbb{K})$ に対し，$AV_i = \{A\boldsymbol{v} \mid \boldsymbol{v} \in V_i\}$ も i 次元であることに注意すると，$\mathrm{GL}_n(\mathbb{K})$ は，

$$A * (V_0, V_1, \ldots, V_{n-1}, V_n) = (AV_0, AV_1, \ldots, AV_{n-1}, AV_n)$$

によって $\mathcal{F}$ に作用する．この作用は推移的である．実際 $F = (\{0\} = V_0 \subset V_1 \subset \cdots \subset V_{n-1} \subset V_n = \mathbb{K}^n) \in \mathcal{F}$ とするとき，V_i の基底を V_{i+1} へ延長することを繰り返して，すべての $1 \leqq i \leqq n$ で $(\boldsymbol{v}_1, \ldots, \boldsymbol{v}_i)$ が V_i の基底となるような $\mathbb{K}^n$ の基底 $(\boldsymbol{v}_1, \boldsymbol{v}_2, \ldots, \boldsymbol{v}_n)$ をとると，$Q = [\boldsymbol{v}_1, \ldots, \boldsymbol{v}_n]$ は，$\{0\} \subset \langle \boldsymbol{e}_1 \rangle \subset \langle \boldsymbol{e}_1, \boldsymbol{e}_2 \rangle \subset \cdots \subset \mathbb{K}^n$ という標準的な $\mathcal{F}$ の元 F_0 に対して，$QF_0 = F$ を満たすからである．

A が F_0 の固定化部分群に属する必要十分条件は，$A\boldsymbol{e}_i \in \langle \boldsymbol{e}_1, \ldots, \boldsymbol{e}_i \rangle$ だから，$A \in B_n^+$．よって，$\mathrm{GL}_n(\mathbb{K})$-同型 $\mathcal{F}_n \cong \mathrm{GL}_n(\mathbb{K})/B_n^+$ が成り立つ．$\mathcal{F}_n$ を $\mathbb{K}^n$ の**旗多様体**，その元 F を $\mathbb{K}^n$ の旗とよぶ．

旗多様体に対しても命題 4.7 と同様の主張が示せる $^{\heartsuit}$．$T = T_n(\mathbb{C}) \subset B = B_n^+(\mathbb{C}) \subset \mathrm{GL}_n(\mathbb{C})$ とし，T, B も $\mathcal{F}_n$ に作用する．まず，すべての $t \in T$ で $t * F = F$ を満たす $F \in \mathcal{F}_n$ は，ある置換 $\sigma \in \mathfrak{S}_n$ を用いて，$V_k = \langle \boldsymbol{e}_{\sigma(1)}, \ldots, \boldsymbol{e}_{\sigma(k)} \rangle$ で定義される旗 F_σ であることに注意する．実際，対角成分がすべて相異なる元 $t = \mathrm{diag}(t_1, \ldots, t_n)$ に対して，$F \in \mathcal{F}$ が $t * F = F$ を満たすとする．$tV_1 \subset V_1$ だから $V_1 = \langle \boldsymbol{e}_{i_1} \rangle$ となる i_1 がとれる．帰納的に，$V_k = \langle \boldsymbol{e}_{i_1}, \ldots, \boldsymbol{e}_{i_k} \rangle$ となっているとき，$V_{k+1} = \langle \boldsymbol{e}_{i_1}, \ldots, \boldsymbol{e}_{i_k}, \boldsymbol{x} \rangle$ だが，必要なら $\boldsymbol{e}_{i_1}, \ldots, \boldsymbol{e}_{i_k}$ の一次結合を引くことで $\boldsymbol{x} \in V_{k+1} \cap \langle \boldsymbol{e}_i \ (i \neq i_1, \ldots, i_k) \rangle$ としてよい．これは t-不変な 1 次元部分空間だから，$i_{k+1} \neq i_1, \ldots, i_k$ がとれて $\boldsymbol{x}$ は $\boldsymbol{e}_{i_{k+1}}$ の定数倍になる．よって $V_{k+1} = \langle \boldsymbol{e}_{i_1}, \ldots, \boldsymbol{e}_{i_k}, \boldsymbol{e}_{i_{k+1}} \rangle$ となる．$\sigma(k) = i_k$ で定義される σ により，$F = F_\sigma$ となる．

そこで $E_i = \langle \boldsymbol{e}_1, \ldots, \boldsymbol{e}_i \rangle$ とおき，$\mathcal{F}_n$ の B-軌道分解の様子を記述しよう．

命題 5.12 $\sigma \in \mathfrak{S}_n$ に対して，$d_{ij} = |\{1 \leqq k \leqq j \mid \sigma(k) \leqq i\}| \ (1 \leqq i, j \leqq n)$ とする．このとき，F_σ の B-軌道 $B \cdot F_\sigma$ は

$$\{V \in \mathcal{F}_n \mid \dim(V_j \cap E_i) = d_{ij} \ (1 \leqq i, j \leqq n)\}$$

となり，これに含まれる T-固定点は F_σ のみである．さらに，$\mathcal{F}_n = \bigsqcup_{\sigma \in \mathfrak{S}_n} B \cdot F_\sigma$ が $\mathcal{F}_n$ の B-軌道分解となり，とくに，$\mathcal{F}_n$ の B-軌道は $n!$ 個である．この B-軌道 $B \cdot F_\sigma$ を旗多様体 $\mathcal{F}_n$ の**シューベルトセル**とよぶ．

証明 まず，任意の $V = (V_0 \subset V_1 \subset \cdots \subset V_n) \in \mathcal{F}_n$ がいずれかの F_σ に B の作用で移せることを示す．$V_i = \langle \boldsymbol{v}_1, \ldots, \boldsymbol{v}_i \rangle$ となるような $\mathbb{C}^n$ の基底 $(\boldsymbol{v}_1, \ldots, \boldsymbol{v}_n)$ をとり，それを並べた行列 $A = [\boldsymbol{v}_1, \ldots, \boldsymbol{v}_n]$ を考えると，命題 4.7 の証明と同様の方法で，ある $b \in B$ を用いて，bA が，$1 \leqq i \leqq n$ に対し，第 k_i 行の初めの $i-1$ 成分がすべて 0 となっているように，$k_1, k_2, \ldots, k_n$ をとることができる．$\sigma(i) = k_i$ で定まる $\sigma \in \mathfrak{S}_n$ をとると，$b \cdot V = F_\sigma$ となる．

さらに，任意の $(V_0 \subset V_1 \subset \cdots \subset V_n) \in \mathcal{F}_n$ に対して，$\{\dim(V_j \cap E_i)\}_{1 \leqq i,j \leqq n}$ は，B の作用で不変であり，旗 F_σ は，$\dim(F_j \cap E_i) = d_{ij}$ を満たしていることから，命題の主張が従う．□

5.3 共役類

群 G を G へ作用させる別の方法を与える．

定義 5.13 群 G に対し，$G \times G \to G$ を $(g, x) \mapsto gxg^{-1}$ と定義する．これは G の G 自身への作用を与え，G の**共役作用**とよばれる．

作用であることは，$exe^{-1} = x$ であることと $g_1(g_2 x g_2^{-1}) g_1^{-1} = (g_1 g_2) x (g_1 g_2)^{-1}$ となっていることから従う．共役作用を準同型写像 $G \to \mathfrak{S}(G)$ の言葉でかくと，$g \in G$ に対応する $x \mapsto gxg^{-1}$ という $\mathfrak{S}(G)$ の全単射は，内部自己同型である．したがって，共役作用は，$G \to \mathrm{Inn}(G)$ を与えることに他ならない．また，$x \in G$ の固定化部分群は $G_x = \{g \in G \mid gxg^{-1} = x\} = \{g \in G \mid gx = xg\}$ だから，x と可換な G の元全体である．

定義 5.14 群 G の G 自身への共役作用を考える．$x \in G$ に対し，x の固定化部分群 $\{g \in G \mid gx = xg\}$ を G における x の**中心化群**といい，$C_G(x)$ とかく．また，x の軌道を x の**共役類**とよび $C(x)$ とかく．

軌道-固定化部分群定理を共役作用の場合に適用し，軌道分解を共役作用の場合について述べると次のようになる．

系 5.15 有限群 G の元 x の共役類 $C(x)$ に属する元の個数は，$\dfrac{|G|}{|C_G(x)|}$ であり，とくに $|G|$ の約数である．さらに，G は有限個の共役類の交わりのない和に分解される．その完全代表系を $x_1, x_2, \ldots, x_r$ とすれば，$G = C(x_1) \sqcup C(x_2) \sqcup \cdots \sqcup C(x_r)$ であり，とくに，次の等式を G の**類等式**という．

$$|G| = |C(x_1)| + |C(x_2)| + \cdots + |C(x_r)|.$$

例 5.8 3 次対称群 $\mathfrak{S}_3$ の共役類を求める．$s_1 = (12), s_2 = (23)$ のとき，$s_1 s_2 = (123)$，$s_2 s_1 = (132)$, $s_1 s_2 s_1 = (13) = s_2 s_1 s_2$ などに注意して次図を得る．

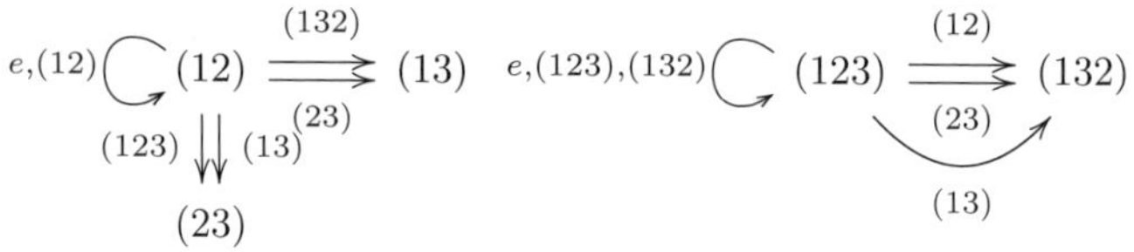

共役類は $\{e\}, \{(12), (23), (13)\}, \{(123), (132)\}$ の 3 個．類等式は $6 = 1 + 3 + 2$．中心化群 $C_{\mathfrak{S}_3}((12)) = \{e, (12)\} \cong \mathbb{Z}_2$, $C_{\mathfrak{S}_3}((123)) = \{e, (123), (132)\} \cong \mathbb{Z}_3$.

例 5.9 位数 12 の二面体群 $D_6 = \{e, c^i, r, c^i r \ (1 \leqq i \leqq 5)\}$ の共役類を求める．$c = R_{\pi/6}, r = \sigma_{\pi/12}$ である．$e, c^3 (= R_\pi)$ はすべての元と可換であることや $rc = c^5 r$ を用いて次の図を得る．類等式は $12 = 1 + 1 + 2 + 2 + 3 + 3$ である．中心化群は

$$C_{D_6}(g) = D_6 \qquad (g = e, c^3),$$

$$C_{D_6}(g) = \langle c \rangle \cong \mathbb{Z}_6 \qquad (g = c, c^2),$$

$$C_{D_6}(g) = \{e, r, c^3, c^3 r\} \cong (\mathbb{Z}_2)^2 \qquad (g = r, cr).$$

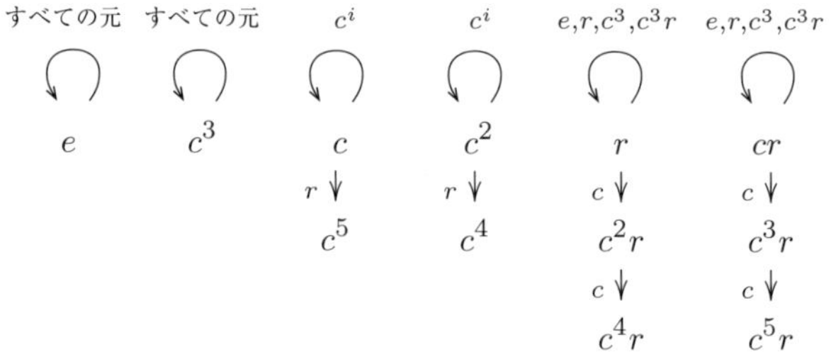

問 5.4 位数 $2n$ の二面体群 D_n の共役類を決定せよ．

上の D_6 の場合には単位元以外にも c^3 がすべての D_6 の元と可換だった．G 中で G のすべての元と可換な元全体は部分群をなす．

命題 5.16 $Z(G) = \{g \in G \mid g$ は G のすべての元と可換 $\}$ は，G の部分群である．これを G の中心という．

証明 実際，$e \in Z(G)$．$g, h \in Z(G)$ なら，$gx = xg, hx = xh$ がすべての $x \in G$ に対して成り立つので，$(gh)x = gxh = x(gh)$ となり $gh \in Z(G)$．$gx = xg$ の右と左から g^{-1} を掛ければ $xg^{-1} = g^{-1}x$ だから $g^{-1} \in Z(G)$．□

例題 5.4 四元数群 Q_8 (例 3.9) の共役類を決定し，類等式と中心を求めよ．

解 $Q_8 = \{\pm I_2, \pm X, \pm Y, \pm Z\}$ であり，$YXY^{-1} = (-Z)(-Y) = -X$ となることに注意すると $X, -X$ は共役．同様に，$Y, -Y$ も共役．$Z, -Z$ も共役になる．たとえば，X の中心化群には，$\pm I_2, \pm X$ が入るので，X の共役類の位数は $\frac{8}{4} = 2$ 以下だから，これ以上共役類が大きいということはない．$I_2, -I_2$ はすべての元と可換だから，それぞれ 1 個の共役類になる．まとめると，

$$\{I_2\}, \{-I_2\}, \{X, -X\}, \{Y, -Y\}, \{Z, -Z\}$$

が共役類で，類等式は，$8 = 1 + 1 + 2 + 2 + 2$ となる．中心 $Z(Q_8) = \{\pm I_2\}$．□

問 5.5 $\mathfrak{S}_n$ $(n \geqq 3), \mathfrak{A}_n$ $(n \geqq 4), \mathrm{GL}_n(\mathbb{K}), \mathrm{SL}_n(\mathbb{K})$ $(n \geqq 2), D_n$ $(n \geqq 3)$ の中心をそれぞれ求めよ．

問 5.6 O_4 の中心を求め，O_4 と $\mathrm{SO}_4 \times \mathbb{Z}_2$ が群として同型でないことを示せ．

G の元 x が $C(x) = \{x\}$ を満たすことと $x \in Z(G)$ は同値だから，類等式を

$$|G| = \overbrace{1 + 1 + \cdots + 1}^{|Z(G)|\text{ 個}} + \sum_{i=1}^{m} |C(y_i)| = |Z(G)| + \sum_{i=1}^{m} |C(y_i)|$$

と変形して，$|C(y_i)| \geqq 2$ とできる．この形の等式を使って次のことが示せる．

命題 5.17 有限群 G の位数 $|G| = p^n$ (p は素数，$n \geqq 1$) のとき，$|Z(G)| > 1$.

証明 もし $Z(G) = \{e\}$ だとすると，$|G| = 1 + \sum_{i=1}^{m} |C(y_i)|$ となる．$|C(y_i)|$ は，2 以上かつ $|G| = p^n$ の約数だから素数 p の正の冪である．したがって，右辺を p で割った余りは 1．これは左辺 $|G|$ が p の冪であることに反すから，$|Z(G)| > 1$ でなければならない．□

命題 5.18 p を素数とするとき，位数 p^2 の有限群 G は，$\mathbb{Z}_{p^2}$ か $\mathbb{Z}_p \times \mathbb{Z}_p$ のいずれかに同型である．とくに常に可換群である．

証明 まず，位数 p^2 の元が存在すれば，位数 p^2 の巡回群 $\mathbb{Z}_{p^2}$ に同型である．位数 p^2 の元が存在しない場合，系 5.3 により，G の単位元以外の元の位数は p^2 の約数で，$1, p^2$ と異なるから，p である．また，命題 5.17 より，$e \neq x \in Z(G)$ なる元 x がとれる．x は位数 p だから $H = \langle x \rangle$ は，位数 p の巡回群で G のすべての元と可換である．$y \notin H$ をとると，これも位数 p だから，$K = \langle y \rangle$ は位数 p の巡回群である．命題 3.23 の直積分解を用いて $G = H \times K$ を示せばよい．

H の元は G のすべての元と可換だから H の元と K の元は可換である．

$\{e\} \neq H \cap K \leqq H$ なら，ラグランジュの定理から $|H \cap K| = p$．つまり $H \cap K = H$ であり，$K \subset H$ となって，$y \notin H$ に反する．よって，$H \cap K = \{e\}$ である．

$x^i y^j = x^{i'} y^{j'}$ とすると $x^{i-i'} = y^{j'-j}$ となるが，左辺は H に，右辺は K に入るため，$H \cap K$ に入らなければならず，それは e しかない．よって $i = i', j = j'$ となる．このことから，$\{x^i y^j \mid 0 \leqq i, j \leqq p-1\}$ はすべて相異なるので，p^2 個の G の元を与え，G 全体に一致する．これは $G = HK$ を意味する．□

5.4 共役類の具体例

まず対称群の共役類を決定する．

定義 5.19 $\sigma \in \mathfrak{S}_n$ を交わりのない巡回置換の積として表し，そこに現れる k 項巡回置換の個数を m_k とおくとき，$(1^{m_1}, 2^{m_2}, \ldots, n^{m_n})$ を σ の**巡回置換型**という．($m_1 + 2m_2 + \cdots + nm_n = n$ を満たす 0 以上の整数 $m_1, \ldots, m_n$ で決まる．)

ここで長さ 1 の巡回置換とは σ で固定される元であり，通常置換を表示する場合には省略してきた．たとえば，巡回置換型 $(1^2, 2^2, 3^1, 4^1)$ の $\mathfrak{S}_{13}$ の元は，$(1)(2)(3,4)(5,6)(7,8,9)(10,11,12,13)$ や $(3)(7)(4,9)(10,13)(1,5,8)(2,6,11,12)$ といったものがある．

次の命題により対称群の共役類が分類できる．

命題 5.20 $\mathfrak{S}_n$ の 2 つの置換が共役であるための必要条件は，2 つの置換の巡回置換型が一致することである．

証明 $\tau = \tau_1 \cdots \tau_s$ を交わりのない巡回置換の積とし，$\sigma\tau\sigma^{-1} = \sigma\tau_1\sigma^{-1} \cdot \sigma\tau_2\sigma^{-1} \cdots \sigma\tau_s\sigma^{-1}$ とみると，例題 2.5 から $\sigma\tau_i\sigma^{-1}$ は τ_i と同じ長さの巡回置換であり，$\sigma\tau_i\sigma^{-1}$ $(1 \leqq i \leqq s)$ に交わりはない．したがって，τ と $\sigma\tau\sigma^{-1}$ の巡回置換型は一致する．

逆に，巡回置換型の一致する σ, τ を $\sigma = \sigma_1\sigma_2 \ldots, \sigma_s$，$\tau = \tau_1\tau_2 \cdots \tau_s$ と交わりのない巡回置換の積で，長さの短い順に並べて表示すれば，各 σ_i に現れる数字を順序を保って τ_i に現れる数字に対応させる置換 $\nu \in \mathfrak{S}_n$ が定まり，$\nu\sigma\nu^{-1} = \tau$ となる．□

たとえば，巡回置換型 (k^3) を持つ置換は，$(a_1a_2 \cdots a_k)(b_1b_2 \cdots b_k)(c_1c_2 \cdots c_k)$ の形である．a_j, b_j, c_j を自由に選べば $(3k)!$ 通りの並べ方があるが，$a_1, \ldots, a_k$ を順に入れ替えた $(a_{i+1} \cdots a_k a_1 \cdots a_i)$ は同じ巡回置換を表す．b_j, c_j についても同様である．また 3 つの k 項巡回置換をどの順番で並べても同じ置換を表す．したがって $\dfrac{(3k)!}{3!k^3}$ 通りが相異なる巡回置換型となる．一般の n で複数の長さの巡回置換を持つ場合も同様に考えればよく，次の補題が成り立つ．

補題 5.21 $(1^{m_1}, 2^{m_2}, \ldots, n^{m_n})$ を巡回置換型とする置換 σ の共役類に属する元の個数は $\dfrac{n!}{\prod_{k=1}^{n} m_k!k^{m_k}}$ であり，$|C_{\mathfrak{S}_n}(\sigma)| = \prod_{k=1}^{n} m_k!k^{m_k}$ である．

例 5.10 $\mathfrak{S}_n$ $(n = 3, 4, 5)$ の場合の共役類についてまとめる．

$\mathfrak{S}_3$	巡回置換型	代表元	|共役類|
	(1^3)	e	1
	$(1^1 2^1)$	(12)	3
	(3^1)	(123)	2

$\mathfrak{S}_4$	巡回置換型	代表元	|共役類|
	(1^4)	e	1
	$(1^2 2^1)$	(12)	6
	$(1^1 3^1)$	(123)	8
	(2^2)	$(12)(34)$	3
	(4^1)	(1234)	6

$\mathfrak{S}_5$	巡回置換型	代表元	|共役類|
	(1^5)	e	1
	$(1^3 2^1)$	(12)	10
	$(1^2 3^1)$	(123)	20
	$(1^1)(2^2)$	$(12)(34)$	15
	$(1^1 4^1)$	(1234)	30
	$(2^1 3^1)$	$(12)(345)$	20
	(5^1)	(12345)	24

交代群 $\mathfrak{A}_n$ の共役類を考える．$\sigma \in \mathfrak{A}_n$ なら，任意の $\tau \in \mathfrak{S}_n$ に対し,$\tau\sigma\tau^{-1} \in \mathfrak{A}_n$ だから，(σ の $\mathfrak{S}_n$-共役類)$\subset \mathfrak{A}_n$ である．より詳しく

$$|\sigma の\ \mathfrak{A}_n\text{-共役類}| = \frac{|\mathfrak{A}_n|}{|C_{\mathfrak{A}_n}(\sigma)|} = \frac{|\mathfrak{S}_n|}{2|C_{\mathfrak{A}_n}(\sigma)|} = |\sigma の\ \mathfrak{S}_n\text{-共役類}| \times \frac{|C_{\mathfrak{S}_n}(\sigma)|}{2|C_{\mathfrak{A}_n}(\sigma)|}$$

となる．$C_{\mathfrak{A}_n}(\sigma) = C_{\mathfrak{S}_n}(\sigma) \cap \mathfrak{A}_n$ だから，例題 5.2 により，$[C_{\mathfrak{S}_n}(\sigma) : C_{\mathfrak{A}_n}(\sigma)] = [C_{\mathfrak{S}_n}(\sigma) : C_{\mathfrak{S}_n}(\sigma) \cap \mathfrak{A}_n] \leqq [\mathfrak{S}_n : \mathfrak{A}_n] = 2$ もわかる．

命題 5.22　$\sigma \in \mathfrak{A}_n$ とする．

(i)　$C_{\mathfrak{S}_n}(\sigma) \leqq \mathfrak{A}_n$ のとき，$C_{\mathfrak{A}_n}(\sigma) = C_{\mathfrak{S}_n}(\sigma)$ となり，σ の $\mathfrak{S}_n$-共役類は，σ の $\mathfrak{A}_n$-共役類と，奇置換 τ を 1 つとって得られる $\tau\sigma\tau^{-1}$ の $\mathfrak{A}_n$-共役類という位数の等しい 2 つの共役類に分裂する．

(ii)　$C_{\mathfrak{S}_n}(\sigma)$ が奇置換を含むとき，$[C_{\mathfrak{S}_n}(\sigma) : C_{\mathfrak{A}_n}(\sigma)] = 2$ であり，σ の $\mathfrak{A}_n$-共役類と $\mathfrak{S}_n$-共役類は一致する．とくに，σ の巡回置換型が，長さ偶数の巡回置換を含むか，長さの等しい (奇数の) 巡回置換を 2 個以上含む場合，共役類は一致する．

証明　(i) の後半を示す．もし奇置換 τ に対し，σ と $\tau\sigma\tau^{-1}$ が $\mathfrak{A}_n$-共役とすると，$g\sigma g^{-1} = \tau\sigma\tau^{-1}$ となる $g \in \mathfrak{A}_n$ がとれ，$\tau^{-1}g\sigma = \sigma\tau^{-1}g$ となる．これは奇置換 $\tau^{-1}g$ が σ と可換，つまり $C_{\mathfrak{S}_n}(\sigma)$ に入ることを意味し，$C_{\mathfrak{S}_n}(\sigma) \leqq \mathfrak{A}_n$ に反す．

(ii) の後半を示す．長さ偶数の巡回置換が含まれればそれ自身が奇置換かつ

$C_{\mathfrak{S}_n}(\sigma)$ に入る．また，$(a_1a_2\cdots a_{2k+1})(b_1b_2\cdots b_{2k+1})$ が巡回置換表示に現れれば，奇置換 $(a_1b_1)(a_2b_2)\cdots(a_{2k+1}b_{2k+1})\in C_{\mathfrak{S}_n}(\sigma)$ である．□

例 5.11 $\mathfrak{A}_n$ $(n=3,4,5)$ の共役類についてまとめる．

(ii) の後半の条件から，$(1^3),(1^4),(2^2),(1^5),(1^23^1),(1^12^2)$ に対応する共役類は分裂しない．それ以外の $(3^1),(1^13^1),(5^1)$ が分裂することは次のようにして簡単に確かめられる．

$\mathfrak{A}_3,\mathfrak{A}_4$ の場合，$\sigma=(123)$ の属する $\mathfrak{S}_3,\mathfrak{S}_4$-共役類は 2 個，6 個の元からなるが，$e,(123),(132)$ の 3 個は中心化群 $C_{\mathfrak{A}_n}(\sigma)$ に含まれるので，共役類の位数は $|\mathfrak{A}_n|/|C_{\mathfrak{A}_n}(\sigma)|$ つまり $\dfrac{3}{3}=1,\dfrac{12}{3}=4$ 個以下とわかり分裂する．$\mathfrak{A}_5$ の場合の $\tau=(12345)$ も同様で，$\langle\tau\rangle\leqq C_{\mathfrak{A}_5}(\tau)$ だから共役類の位数は $\dfrac{60}{5}=12$ 個以下とわかり分裂する．

なお，一般に (ii) の後半は十分条件になっていることもわかるが，ここでは詳細は略す．

$\mathfrak{A}_3$	巡回置換型	代表元	|共役類|
	(1^3)	e	1
	(3^1)	(123)	1
	(3^1)	(132)	1

$\mathfrak{A}_4$	巡回置換型	代表元	|共役類|
	(1^4)	e	1
	(1^13^1)	(123)	4
	(1^13^1)	(132)	4
	(2^2)	$(12)(34)$	3

$\mathfrak{A}_5$	巡回置換型	代表元	|共役類|
	(1^5)	e	1
	(1^23^1)	(123)	20
	(1^12^2)	$(12)(34)$	15
	(5^1)	(12345)	12
	(5^1)	(13452)	12

第 4 章の冒頭でみた例に戻って線型代数の結果を思い出してみる．$\mathbb{K}=\mathbb{C},\mathbb{R}$ の場合の行列群における共役類については結果だけ述べておこう．

例 5.12 ♣ $\mathrm{GL}_n(\mathbb{K})$ において $A\in\mathrm{GL}_n(\mathbb{K})$ の共役類は，$\{PAP^{-1}\mid P\in\mathrm{GL}_n(\mathbb{K})\}$ である．その完全代表系を得るには，行列 A を $P^{-1}AP$ という変形で標準化することが必要である．

$\mathbb{K} = \mathbb{C}$ の場合には，ある $P \in \mathrm{GL}_n(\mathbb{C})$ と固有値 λ の d 次ジョルダン細胞 $J(\lambda, d)$ を用いて，$P^{-1}AP = \mathrm{diag}(J(\lambda_1, d_1), \ldots, J(\lambda_r, d_r))$ と標準化できる．$\mathbb{K} = \mathbb{R}$ の場合には，ある $P \in \mathrm{GL}_n(\mathbb{R})$ と実固有値 λ に対応する $J(\lambda, d)$ に加えて，複素固有値 $a + bi$ に対応する $2d$ 次実ジョルダン細胞 $J(a, b, d)$ も用いて $P^{-1}AP = \mathrm{diag}(J(\lambda_1, d_q), \ldots, J(\lambda_s, d_s), J(a_1, b_1, d'_1), \ldots, J(a_r, b_r, d'_r))$ と標準化できる．ただし，ジョルダン細胞を並べ替えても共役類は変わらない．

$$J(\lambda, d) = \overbrace{\begin{bmatrix} \lambda & 1 & & \mathbf{0} \\ & \ddots & \ddots & \\ & & \lambda & 1 \\ \mathbf{0} & & & \lambda \end{bmatrix}}^{d}, \quad J(a, b, d) = \overbrace{\begin{bmatrix} S_{a,b} & I_2 & & \mathbf{0} \\ & \ddots & \ddots & \\ & & S_{a,b} & I_2 \\ \mathbf{0} & & & S_{a,b} \end{bmatrix}}^{2d}, \quad S_{a,b} = \begin{bmatrix} a & -b \\ b & a \end{bmatrix}$$

これらは，**ジョルダン標準形**の理論とよばれている．$\mathbb{K} = \mathbb{C}, n = 2$ の場合を第 4 章の最初の節でみていた．$n = 3$ になると $\mathbb{K} = \mathbb{C}$ なら

$$\mathrm{diag}(J(\lambda, 1), J(\mu, 1), J(\nu, 1)), \qquad \mathrm{diag}(J(\lambda, 2), J(\mu, 1)), \qquad \mathrm{diag}(J(\lambda, 3))$$

があり，$\mathbb{K} = \mathbb{R}$ なら実固有値に対応する上記のもの以外に複素固有値が存在する場合の $\mathrm{diag}(J(\lambda, 1), J(a, b, 1))$ も現れる．

以下では特徴的なものを 3 つとり上げておこう．

(1)　正規行列はユニタリ行列を用いて対角化できる．ユニタリ行列自身も正規行列であり，ユニタリ行列の固有値はすべて絶対値 1 の複素数であることから，U_n の共役類の完全代表系として，対角成分が絶対値 1 の複素数からなる対角行列が (対角成分の並べ替えは同一視して) とれる．とくに SU_2 の場合，$A \in \mathrm{SU}_2$ の固有値は $e^{\pm i\theta}$ であり，$P^{-1}AP = \mathrm{diag}(e^{i\theta}, e^{-i\theta})$ $(= h_\theta)$ となる $P \in U_2$ が存在する．$\det P = e^{i\psi}$ のとき，$P' = e^{-i\psi/2}P$ とおくと，$P' \in \mathrm{SU}_2$ かつ $P'^{-1}AP' = h_\theta$ であるから，SU_2 のすべての元はいずれかの h_θ と SU_2-共役である．$Q = \begin{bmatrix} 0 & i \\ i & 0 \end{bmatrix} \in \mathrm{SU}_2$ をとれば，$Q^{-1}h_\theta Q = h_{-\theta}$ が成り立つので，SU_2 の共役類の完全代表系として $\{h_\theta \mid 0 \leqq \theta \leqq \pi\}$ がとれる．この元のトレースをとれば，SU_2 の共役類は，区間 $[-2, 2]$ と 1 対 1 に対応する．

(2)　$A \in \mathrm{SO}_3$ とすると命題 2.7 でみたように，$P^{-1}AP = \mathrm{diag}(1, R_\theta)$ とな

る $P \in \mathrm{SO}_3$ と $0 \leqq \theta < 2\pi$ がとれる．また，$Q = \begin{bmatrix} -1 & 0 & 0 \\ 0 & 0 & 1 \\ 0 & 1 & 0 \end{bmatrix} \in \mathrm{SO}_3$ により，$Q\,\mathrm{diag}(1, R_\theta)Q^{-1} = \mathrm{diag}(1, R_{-\theta})$ となることに注意すると，SO_3 の共役類の完全代表系として，$\{\mathrm{diag}(1, R_\theta) \mid 0 \leqq \theta \leqq \pi\}$ がとれる．

(3) $M_n(\mathbb{C})$ の中で冪零な行列，すなわち $X^N = 0$ となる N が存在するような行列の全体を $\mathcal{N}_n$ とかく．$(AXA^{-1})^N = AX^NA^{-1}$ だから $\mathrm{GL}_n(\mathbb{C})$ は $\mathcal{N}_n$ に共役で作用する．その軌道は，固有値 0 のジョルダン標準形で特徴づけられる．固有値 0 の k 次ジョルダン細胞の個数を m_k とすれば，$1m_1 + 2m_2 + \cdots + nm_n = n$ となる 0 以上の整数の組 $(m_1, m_2, \ldots, m_n)$ で共役類が決まる．これは，対称群の共役類の分類と一致している．

命題 5.23 $\mathrm{GL}_n(\mathbb{C})$ の共役作用に関する $\mathcal{N}_n$ の軌道の個数は，対称群の共役類の個数に等しい．

$\mathcal{N}_n$ の軌道のことを**冪零軌道**とよぶ．実は，対称群の共役類と冪零軌道には (単に個数が等しいというだけではない) 深い関係が知られている [25].

例 5.13 ♣♡ $\mathrm{GL}_2(\mathbb{F}_p)$ の共役類を決定する．$A \in \mathrm{GL}_2(\mathbb{F}_p)$ の固有多項式は $x^2 + ax + b$ $(a, b \in \mathbb{F}_p)$ の形である．A が正則なので $b = \det A \neq 0$ であることに注意すると，固有多項式の候補は $p(p-1)$ 通りあって，そのうち，$(x-\lambda)^2$ $(\lambda \neq 0)$, $(x-\lambda)(x-\mu)$ $(\lambda, \mu \neq 0, \lambda \neq \mu)$ と 1 次式の積に分解するものがそれぞれ $p-1$, ${}_{p-1}\mathrm{C}_2$ 通りあり，残りの $\dfrac{p(p-1)}{2}$ 通りは $x^2 + ax + b$ $(b \neq 0)$ の形で 1 次式の積に分解しない．

固有多項式が $(x-\lambda)^2$ となる A のうちで $p-1$ 個の行列 $\begin{bmatrix} \lambda & 0 \\ 0 & \lambda \end{bmatrix}$ は，すべての $\mathrm{GL}_2(\mathbb{F}_p)$ の元と可換なので，それぞれが 1 個の共役類をなす．$p-1$ 個の行列 $\begin{bmatrix} \lambda & 1 \\ 0 & \lambda \end{bmatrix}$ の固有多項式は $(x-\lambda)^2$，${}_{p-1}C_2$ 個の行列 $\begin{bmatrix} \lambda & 0 \\ 0 & \mu \end{bmatrix}$ は固有多項式が $(x-\lambda)(x-\mu)$，$\begin{bmatrix} 0 & -b \\ 1 & -a \end{bmatrix}$ は固有多項式が $x^2 + ax + b$ になる．固有多項式が異なれば互いに共役になることはない．そこで，それぞれの行列と可換になる行列を直接計算し，中心化群とその位数を求め，$|\mathrm{GL}_2(\mathbb{F}_p)| = (p^2-1)(p^2-p)$ を用いて共役

な行列の個数を調べる．たとえば，

$$\begin{bmatrix}0&-b\\1&-a\end{bmatrix}\begin{bmatrix}x&y\\z&w\end{bmatrix}=\begin{bmatrix}-bz&-bw\\x-az&y-aw\end{bmatrix},\qquad \begin{bmatrix}x&y\\z&w\end{bmatrix}\begin{bmatrix}0&-b\\1&-a\end{bmatrix}=\begin{bmatrix}y&-bx-ay\\w&-bz-aw\end{bmatrix}$$

が一致するとき，$y=-bz$，$-bw=-bx-ay$，$x-az=w$．$b\neq 0$ なので，$\begin{bmatrix}0&-b\\1&-a\end{bmatrix}$ の中心化群は $\left\{\begin{bmatrix}x&-bz\\z&x-az\end{bmatrix}\ (x=z=0\text{ を除く})\right\}$ となる．位数は p^2-1 であり，共役な行列の個数は p^2-p である．以上をまとめて次の表を得る．

$(p-1)+(p-1)(p^2-1)+{}_{p-1}\mathrm{C}_2(p^2+p)+\dfrac{p(p-1)}{2}(p^2-p)=(p^2-1)(p^2-p)=|\mathrm{GL}_2(\mathbb{F}_p)|$ となるので，これがすべての共役類となる．共役類の個数は，$(p-1)+(p-1)+{}_{p-1}\mathrm{C}_2+\dfrac{p(p-1)}{2}=p^2-1$ 個である．

固有多項式	$(x-\lambda)^2$ $(\lambda\neq 0)$	$(x-\lambda)^2$ $(\lambda\neq 0)$	$(x-\lambda)(x-\mu)$ $(\lambda,\mu\neq 0,\lambda\neq\mu)$	x^2+ax+b $(b\neq 0)$
$\mathrm{GL}_2(\mathbb{F}_q)$ の元	$\begin{bmatrix}\lambda&0\\0&\lambda\end{bmatrix}$	$\begin{bmatrix}\lambda&1\\0&\lambda\end{bmatrix}$	$\begin{bmatrix}\lambda&0\\0&\mu\end{bmatrix}$	$\begin{bmatrix}0&-b\\1&-a\end{bmatrix}$
個数	$p-1$	$p-1$	${}_{p-1}C_2$	$\dfrac{p(p-1)}{2}$
中心化群	$\mathrm{GL}_2(\mathbb{F}_p)$	$\left\{\begin{matrix}\begin{bmatrix}x&y\\0&x\end{bmatrix}\\(x\neq 0)\end{matrix}\right\}$	$\left\{\begin{matrix}\begin{bmatrix}x&0\\0&y\end{bmatrix}\\(x,y\neq 0)\end{matrix}\right\}$	$\left\{\begin{matrix}\begin{bmatrix}x&-bz\\z&x-az\end{bmatrix}\\((x,z)\neq(0,0))\end{matrix}\right\}$
| 中心化群 |	$(p^2-1)(p^2-p)$	$p(p-1)$	$(p-1)^2$	p^2-1
| 共役類 |	1	p^2-1	p^2+p	p^2-p

5.5　両側剰余類

群 G の部分群 K に対して，右剰余類集合 G/K に G が作用していた．この作用 $G\times G/K\to G/K$ を G の別の部分群 H に制限することで，$H\times G/K\to G/K$ が $(h,gK)\mapsto hgK$ によって定義される．右剰余類 gK たちの中で H の作用によって移りあうものたちがこの作用の軌道となる．右剰余類 gK の固定化部分群は $hgK=gK$，つまり $g^{-1}hg\in K$ となる h の全体である．これは，$h\in gKg^{-1}$

を意味するので，$H\cap gKg^{-1}$ が gK の固定化部分群になる．一方，この作用に関する gK の H-軌道に属する G の元全体は $HgK=\{hgk\mid h\in H,k\in K\}$ で与えられる．

同様に左剰余類集合 $H\backslash G$ 上への K の作用 $K\times H\backslash G\to H\backslash G$ を $(k,Hg)\mapsto Hgk^{-1}$ で well-defined に定義できる．Hg の固定化部分群は，$Hgk^{-1}=Hg$ を満たす $k\in K$ 全体であり，これは，$gkg^{-1}\in H$，つまり $k\in g^{-1}Hg\cap K$ と同値になる．また，この作用に関して Hg の K-軌道に属する G の元全体は，$\{hgk^{-1}\mid h\in H,k\in K\}$ であり，集合として HgK である．

ここで現れた HgK は，直積群 $H\times K$ の G への作用 $(h,k)*g=hgk^{-1}$ に関する $H\times K$-軌道とみることができる．すなわち，この作用に関する完全代表系 $\{g_\lambda\}$ をとって $G=\bigsqcup_{\lambda}Hg_\lambda K$ と $H\times K$ 軌道分解することができる．これを G の両側剰余類分解という．なお，たとえば G/K への H の作用は，一般に各軌道 gK ごとに固定化部分群の大きさが異なるため，$|HgK|=\dfrac{|G|}{|H||K|}$ とはならず，g ごとに大きさが変わることに注意しよう．以上をまとめると次を得る．

命題 5.24 群 G の部分群 H,K に対し，直積群 $H\times K$ は

$$(H\times K)\times G\to G;((h,k),x)\mapsto hxk^{-1}$$

によって G に作用する．この作用に関する $g\in G$ の軌道は $HgK=\{hgk\mid h\in H,k\in K\}$ と表される．これを g の**両側剰余類**という．両側剰余類全体の集合を $H\backslash G/K$ とかく．G が有限群のとき，$g\in G$ に対して，次式が成り立つ．

$$|HgK|=\frac{|K||H|}{|H\cap gKg^{-1}|}=\frac{|K||H|}{|g^{-1}Hg\cap K|}.$$

証明 $(e,e)*x=exe^{-1}=x$ と $(h_1,k_1)*((h_2,k_2)*x)=(h_1,k_1)*(h_2xk_2^{-1})=h_1h_2xk_2^{-1}k_1^{-1}=(h_1h_2)x(k_1k_2)^{-1}=(h_1h_2,k_1k_2)*x$ より $H\times K$ は G に作用する．H の G/K への作用に軌道-固定部分群定理を用いると gK と同じ軌道に属する剰余類の個数が，$\dfrac{|H|}{|H\cap gKg^{-1}|}$ 個となる．それらの元の個数の総和が $|HgK|=\dfrac{|K||H|}{|H\cap gKg^{-1}|}$ である．2 つめの等式は，$H\backslash G$ への K の作用を用いればよい．□

例 5.14 $G=\mathfrak{S}_3$，$K=\{e,(12)\}$ のとき，$G/K=\{K,(123)K,(23)K\}$ である．

もし $H=\{e,(123),(132)\}$ ととると，(123) の G/K への左乗法は，$K \mapsto (123)K \mapsto (23)K=(132)K$ と動かすので，両側剰余類 $H\backslash G/K$ は 1 個のみである．この場合，$H\cap K=\{e\}$ だから，$\dfrac{|K||H|}{|H\cap K|}=|K||H|=6$ となり，単位元の両側剰余類が位数 6，つまり $\mathfrak{S}_3$ 全体となる．

もし $H=\{e,(23)\}$ だと，(23) の左乗法は，$K\mapsto (23)K$ だが $(23)(123)=(13)$ より $(123)K$ を固定する．よって $H\backslash G/K=\{HeK, H(123)K\}$ となる．$H\cap K=\{e\}$ だから $|HeK|=\dfrac{|H||K|}{|H\cap K|}=\dfrac{4}{1}=4$. $(123)(12)(123)^{-1}=(23)$ より $|H\cap(123)K(123)^{-1}|=2$ なので，$|H(123)K|=\dfrac{|H||K|}{|H\cap(123)K(123)^{-1}|}=\dfrac{4}{2}=2$.

共役類を用いて両側剰余類の個数を明示的に与える公式がある．

命題 5.25 G を有限群とし，その共役類を $C_1, C_2, \ldots, C_m$ とするとき，

$$|H\backslash G/K|=\frac{|G|}{|H||K|}\sum_{i=1}^{m}\frac{|H\cap C_i||K\cap C_i|}{|C_i|}.$$

証明 $H\times K$ の G への作用に関して，バーンサイドの公式を書き下すと，

$$|H\backslash G/K|=\frac{1}{|H\times K|}\sum_{(h,k)\in H\times K}|\{g\in G \mid hgk^{-1}=g\}|$$

である．$hgk^{-1}=g$ は $h=gkg^{-1}$ と書き直せるので，$hgk^{-1}=g$ となる g が存在するような h,k は G の同じ共役類に属さなければならない．そこで 1 つの共役類 C に注目する．C には G が共役で作用し，$h,k\in C$ に対して，$gkg^{-1}=h$ となる g の総数は h,k によらず $\dfrac{|G|}{|C|}$ である．(軌道-固定部分群定理の証明を思い出そう．) このことから，$h\in H\cap C$ と $k\in K\cap C$ を決めるごとに $gkg^{-1}=h$ となる g が $\dfrac{|G|}{|C|}$ 個あることになる．これをすべての共役類ごとに考えれば，主張の式が従う．□

例 5.15 $\mathfrak{S}_6$ の部分群 $\mathbb{Z}_6\cong\langle(123456)\rangle$，$\{1,2,3\}$ と $\{4,5,6\}$ を独立に入れ替える部分群 $\mathfrak{S}_3\times\mathfrak{S}_3$，二面体群 $D_6\cong\langle(123456),(16)(25)(34)\rangle$ (例 3.18 の方法で D_6 と同型とわかる) に対し，両側剰余類の個数 $|\mathbb{Z}_6\backslash\mathfrak{S}_6/(\mathfrak{S}_3\times\mathfrak{S}_3)|$, $|D_6\backslash\mathfrak{S}_6/(\mathfrak{S}_3\times\mathfrak{S}_3)|$ を命題 5.25 を用いて求める．$\mathfrak{S}_3\times\mathfrak{S}_3$ には巡回置換型 $(6^1),(2^3)$ を持つ元

はないので，$\mathbb{Z}_6$ あるいは D_6 と $\mathfrak{S}_3 \times \mathfrak{S}_3$ の両方と共通部分を持つ共役類の巡回置換型は $(1^6), (3^2), (1^2 2^2)$ に限られる．補題 5.21 から共役類の位数は $1, 40, 45$ である．

巡回置換型	$\lvert C\rvert$	$(\mathfrak{S}_3 \times \mathfrak{S}_3) \cap C$	$\mathbb{Z}_6 \cap C$	$D_6 \cap C$
(1^6)	1	e	e	e
(3^2)	40	$(123)(456), (123)(465)$ $(132)(456), (132)(465)$	$(135)(246)$ $(153)(264)$	$(135)(246)$ $(153)(264)$
$(1^2 2^2)$	45	$(12)(45)$ など 9 個	なし	$(13)(46), (15)(24), (26)(35)$

この表から両側剰余類の個数は次のように求められる．この例は，第 4 章の冒頭で扱った円順列・数珠順列の個数を求めているとも解釈できる．

$$|\mathbb{Z}_6 \backslash \mathfrak{S}_6 / (\mathfrak{S}_3 \times \mathfrak{S}_3)| = \frac{6!}{6 \times 6^2}\left(1 \times 1 + \frac{2 \times 4}{40}\right) = 4,$$
$$|D_6 \backslash \mathfrak{S}_6 / (\mathfrak{S}_3 \times \mathfrak{S}_3)| = \frac{6!}{12 \times 6^2}\left(1 \times 1 + \frac{2 \times 4}{40} + \frac{3 \times 9}{45}\right) = 3.$$

例 5.16 ♡ $G = \mathrm{GL}_n(\mathbb{C})$ とボレル部分群 $B = B_n^+$ に関する両側剰余類 $B \backslash G / B$ の構造を与えるブリュア分解を示そう．

定理 5.26 (ブリュア分解) $B \backslash G / B$ は，$\mathfrak{S}_n$ と 1 対 1 に対応し，両側剰余類の完全代表系として，$\sigma \in \mathfrak{S}_n$ に対応する置換行列 P_σ をとることができる．

証明 任意の $A \in G$ がある $BP_\sigma B$ に属することを示す．命題 4.7 と同じ手法を使えばよい．$A \in \mathrm{GL}_n(\mathbb{C})$ をとると，ある $b \in B$ を用いて，bA が，$1 \leqq i \leqq n$ に対し，第 j_i 行の初めの $i-1$ 成分がすべて 0 となっているように，$j_1, j_2, \ldots, j_n$ をとることができる．$\sigma(i) = j_i$ で定まる $\sigma \in \mathfrak{S}_n$ をとると，対応する置換行列 P_σ^{-1} を左から掛けることで，$P_\sigma^{-1} bA$ は上三角行列になるから，B に属す．よって $A \in BP_\sigma B$ となる．

$BP_\sigma B$ がすべて相異なることを示す．$BP_{\sigma_1} B = BP_{\sigma_2} B$ ならば $\sigma_1 = \sigma_2$ であることを示せばよい．このとき，$P_{\sigma_2} = bP_{\sigma_1} b'$ と表せるので，$P_{\sigma_1^{-1}} b^{-1} P_{\sigma_2} \in B$ となっている．ここで次の補題を使えば $\sigma_1 = \sigma_2$ が従う．

補題 5.27 $\sigma, \tau \in \mathfrak{S}_n$ と $b \in B$ に対し，$P_\sigma b P_\tau \in B$ ならば，$\sigma^{-1} = \tau$.

証明 $\sigma(i)=j$ となっているとき，$P_\sigma b$ は b の i 行を j 行に動かす．さらに $\tau(k)=i$ のとき，bP_τ は b の i 列を k 列に動かす．そこで，b の (i,i)-成分に注目すると，b は正則なのでこれは 0 ではなく，$P_\sigma bP_\tau$ によって，(j,k)-成分に移る．$P_\sigma bP_\tau \in B$ より，$j \leqq k$ でなければならない．すると $j=n, n-1, \ldots$ と上から帰納的に考えることで，$\sigma^{-1}=\tau$ が従う．□

演習問題

問 5.7 群 G の元 g が，G の部分群 H のすべての元 h に対して，$ghg^{-1} \in H$ を満たすとき，$gH=Hg$ か．

問 5.8 $\mathrm{SL}_2(\mathbb{C})$ の部分群 $\mathrm{SU}_{1,1}$ を考える(問 2.8)．$A=\begin{bmatrix} a & b \\ c & d \end{bmatrix}$ に対して，$f_A(z)=\dfrac{az+b}{cz+d}$ と定義するとき，$A \mapsto f_A$ によって，$\mathrm{SU}_{1,1}$ は，複素平面内の単位円板の内部 $\mathbb{D}=\{z \in \mathbb{C} \mid |z|<1\}$ に推移的に作用することを示し，$0 \in \mathbb{D}$ の固定化部分群を求めて，$\mathbb{D}$ を剰余類集合として表示せよ．さらに，$P=\dfrac{1}{\sqrt{2}}\begin{bmatrix} 1 & -i \\ -i & 1 \end{bmatrix}$ の引き起こす f_P は，全単射 $\mathbb{H} \to \mathbb{D}$ を定めることを示せ．また，$\mathrm{SL}_2(\mathbb{R})$ と $\mathrm{SU}_{1,1}$ は，$\mathrm{SL}_2(\mathbb{C})$ の中で，$P^{-1} \cdot \mathrm{SU}_{1,1} \cdot P=\mathrm{SL}_2(\mathbb{R})$ を満たすことを示せ．

問 5.9 トレースが 0 の実数成分の 2 次行列の全体を

$$M=\left\{\begin{bmatrix} x & y+z \\ y-z & -x \end{bmatrix} \ (x,y,z \in \mathbb{R})\right\}$$

と表示して，$\begin{bmatrix} x \\ y \\ z \end{bmatrix} \in \mathbb{R}^3$ と同一視する．$\mathrm{SL}_2(\mathbb{R})$ は，$X \mapsto gXg^{-1}$ $(X \in M)$ で M に作用することを示し，$R_\theta, \mathrm{diag}(a,a^{-1}) \in \mathrm{SL}_2(\mathbb{R})$ による移動に注目して，M の軌道分解を調べ，上の同一視のもとで $\mathbb{R}^3$ のどのような図形を与えるか述べよ．さらに各軌道を剰余類集合として実現せよ．

問 5.10 ♣♡ 正定値実対称行列の全体を $\mathcal{S}_n^+$ とかく．ジーゲル上半空間

$$\mathbb{H}_n = \{Z = X + iY \mid X, Y \in M_n(\mathbb{R}), {}^tZ = Z, Y \in \mathcal{S}_n^+\}$$

と問 2.9 で与えた Sp_{2n} の 3 つの部分群 K, A, N を考える．次を示せ．

(1) $n \times n$ の 4 つのブロックに分けた $g = \begin{bmatrix} A & B \\ C & D \end{bmatrix} \in \mathrm{Sp}_{2n}$ に対し，$Z \mapsto (AZ + B)(CZ + D)^{-1}$ で Sp_{2n} の $\mathbb{H}_n$ への作用が定まる．

(2) (1) の作用は推移的で，$iI_n \in \mathbb{H}_n$ の固定化部分群は K に一致する．とくに，Sp_{2n}-集合として $\mathbb{H}_n \cong \mathrm{Sp}_{2n}/K$ が成り立つ．

(3) $\mathrm{Sp}_{2n} = KAN$ と分解する．これを Sp_{2n} の岩澤分解という．とくに，Sp_{2n} の元は行列式の値が 1 となり，Sp_{2n} は $\mathrm{SL}_{2n}(\mathbb{R})$ の部分群である．

問 5.11 群 G とその部分群 H, K を考える．G は $G/H \times G/K$ に対角的に作用する．この作用に関する G-軌道全体を $G\backslash(G/H \times G/K)$ とかき，(g_1H, g_2K) の G-軌道を $\mathcal{O}_{g_1H, g_2K}$ とかく．このとき，

$$G\backslash(G/H \times G/K) \ni \mathcal{O}_{g_1H, g_2K} \mapsto Hg_1^{-1}g_2K \in H\backslash G/K$$

は全単射であることを示せ．

注意 集合 X, Y に群 G が推移的に作用しているとき，$X \times Y$ への対角的な作用は推移的とは限らない．$G/G_x \cong X, G/G_y \cong Y$ という G-同型があるから，$X \times Y$ への G の対角的な作用は，$G/G_x \times G/G_y$ への G の対角的な作用とみなせるので，その軌道は，上の問から，両側剰余類 $G_x\backslash G/G_y$ と 1 対 1 に対応する．たとえば，易しい例が問 4.9 であり，$\langle s_2\rangle\backslash\mathfrak{S}_3/\langle s_2\rangle$ や $\{e\}\backslash\mathfrak{A}_3/\{e\}$ と 1 対 1 に対応する．本格的な例は，B の $\mathcal{F}_n \times \mathcal{F}_n$ への対角的な作用でみることができ，これも $B\backslash GL_n(\mathbb{C})/B$ つまり $\mathfrak{S}_n$ の元と 1 対 1 に対応する．

第6章

正規部分群と剰余群

第 4 章では，剰余類集合 G/H を G の作用で分析していたが，H が正規部分群の場合には，G/H にはさらに群の構造が入る．これを剰余群という．本章では正規部分群と剰余群について調べ，準同型定理を定式化する．

6.1　正規部分群

定義 5.5 でみたように，

$$\text{任意の } g \in G \text{ に対して，} gH = Hg \text{ が成り立つ}$$

という条件を満たす G の部分群を G の正規部分群とよんでいた．正規部分群を N とかくことが多く，$N \triangleleft G$ とかく．前章では，$\langle (123) \rangle \triangleleft \mathfrak{S}_3$, $\langle c \rangle, \langle c^2, r \rangle, \langle c^2 \rangle \triangleleft D_6$, $\mathrm{SL}_n(\mathbb{C}) \triangleleft \mathrm{GL}_n(\mathbb{C})$, $\mathrm{SO}_n \triangleleft \mathrm{O}_n$, $\langle r \rangle \ntriangleleft D_6$, $\langle (12) \rangle \ntriangleleft \mathfrak{S}_3$, $B_2^+(\mathbb{C}) \ntriangleleft \mathrm{GL}_2(\mathbb{C})$ という例をみていた．

まず正規部分群となる条件を次のように言い換えておく．

補題 6.1　群 G とその部分群 H に対し，次の 3 条件は同値である．

(i)　$H \triangleleft G$.

(ii)　任意の $g \in G$ と任意の $h \in H$ に対し，$ghg^{-1} \in H$ が成り立つ．

(iii)　任意の $g \in G$ に対し，$gHg^{-1} = H$ が成り立つ．

証明　(i) ⇒ (ii).　$g \in G, h \in H$ に対し，$gh \in gH = Hg$ だから $ghg^{-1} \in H$.

(ii) ⇒ (i).　$g \in G, h \in H$ に対し，$gh = ghg^{-1} \cdot g \in Hg$ だから $gH \subset Hg$.　g は

任意だから (ii) のもとで $g^{-1}hg \in H$ も成り立つので，$hg \in gH$．よって $Hg \subset gH$ も成り立ち，$H \triangleleft G$．(問 5.7 に注意．)

(ii) ⇒ (iii)．任意の $h \in H$ に対し，$ghg^{-1} \in H$ より $gHg^{-1} \subset H$．(ii) で g は任意だから $g^{-1}hg \in H$ も成り立ち，$H \subset gHg^{-1}$．

(iii) ⇒ (ii)．$ghg^{-1} \in gHg^{-1} = H$．□

注意 G の部分群 N の生成系が S であるとき，N が正規部分群であることを示すには，任意の $s \in S$ と $g \in G$ に対して，$gsg^{-1} \in N$ であることを示せばよい．逆に G の生成系 T が与えられている場合，N が正規部分群であることを示すには，すべての $t \in T$ と $n \in N$ に対して，$tnt^{-1} \in N$ と $t^{-1}nt \in N$ であることを示せばよい．

例題 6.1 群 G の中で指数 2 の部分群は常に正規部分群であることを示せ．

解 $g \in H$ なら $gH = H = Hg$．$g \neq H$ をとると，$[G : H] = 2$ から $G = H \sqcup Hg = H \sqcup gH$ と交わりのない和に分解するから，$gH = Hg$．□

G が可換群ならどんな部分群 H であっても $ghg^{-1} = h$ $(g \in G, h \in H)$ だから，可換群のすべての部分群が正規部分群である．G が非可換でも，h が G のすべての元と可換なら $ghg^{-1} = h$ $(g \in G)$ だから，G の中心 $Z(G)$ は G の正規部分群である．しかし，次の例の Q_8 の場合のように，すべての部分群が正規部分群でも，可換群であるとは限らない．

例 6.1 $Q_8 = \{\pm I_2, \pm X, \pm Y, \pm Z\}$ (例 3.9) の非自明な部分群は位数 $2, 4$ である．位数 2 の元は $-I_2$ しかないので，$\{\pm I_2\}$ がただ 1 つの位数 2 の部分群になる．$\pm I_2$ は Q_8 のすべての元と可換だから，正規部分群である．他方，位数 4 の元の生成する 3 つの部分群 $\{\pm I_2, \pm X\}, \{\pm I_2, \pm Y\}, \{\pm I_2, \pm Z\}$ はいずれも指数 2 だから正規部分群である．よって，Q_8 の部分群はすべて正規部分群である．

例題 6.2 $K = \{e, (12)(34), (13)(24), (14)(23)\} \triangleleft \mathfrak{S}_4$ を示せ．

解　$\mathfrak{S}_4 = \langle (12), (13), (14) \rangle$ だから．この 3 つの元による共役で K が保たれることを言えばよい．例題 2.5 を使えば，(12) による共役で，(12)(34) は，$(12)(34), (14)(23), (13)(24)$ に移る．他も同様にわかるので $K \triangleleft \mathfrak{S}_4$．□

例題 6.3　群 G の部分群 H と正規部分群 N に対して，$HN \leqq G$，$NH = HN$，$H \cap N \triangleleft H$ をそれぞれ示せ．また，G の正規部分群 N_1, N_2 に対し，$N_1 \cap N_2 \triangleleft G$ となることを示せ．

解　$h_1, h_2 \in H, n_1, n_2 \in N$ に対し，$(h_1n_1)^{-1}(h_2n_2) = n_1^{-1}h_1^{-1}h_2n_2 \in HN$ を示せばよい．$N \triangleleft G$ より $n_1^{-1}h_1^{-1}h_2 \in Nh_1^{-1}h_2 = h_1^{-1}h_2N$ だから $n_1^{-1}h_1^{-1}h_2 = h_1^{-1}h_2n'$ となる $n' \in N$ がとれる．よって $n_1^{-1}h_1^{-1}h_2n_2 = (h_1^{-1}h_2)(n'n_2) \in HN$.

$h \in H$ に対し，$hn \in hN = Nh \subset NH$．逆に，$nh \in Nh = hN \subset HN$．よって $HN = NH$.

$x \in H \cap N, h \in H$ に対し，$H \leqq G$ から $hxh^{-1} \in H$．$N \triangleleft G$ から $hxh^{-1} \in N$．よって $hxh^{-1} \in H \cap N$．h, x は任意だから $H \cap N \triangleleft H$.

$x \in N_1 \cap N_2$ とすると，$N_i \triangleleft G$ より，$g \in G$ に対し，$gxg^{-1} \in N_i$ $(i = 1, 2)$．よって $gxg^{-1} \in N_1 \cap N_2$ となり，$N_1 \cap N_2 \triangleleft G$．□

命題 6.2　群 G, H と準同型写像 $f : G \to H$ に対し，f の核 $\operatorname{Ker} f$ は G の正規部分群である．

証明　$N = \operatorname{Ker} f$ とおく．任意の $x \in N$ と任意の $g \in G$ に対し，

$$f(gxg^{-1}) \overset{\text{準同型}}{=} f(g)f(x)f(g^{-1}) \overset{x \in N}{=} f(g)f(g^{-1}) \overset{\text{準同型}}{=} f(gg^{-1}) = f(e_G) = e_H$$

だから $gxg^{-1} \in N$ である．よって補題 6.1 (ii) から $N = \operatorname{Ker} f \triangleleft G$．□

問 6.1　準同型写像 $f : G \to H$ と G の正規部分群 N に対し，$f(N)$ は $f(G)$ の正規部分群であることを示せ．さらに，H の正規部分群 K に対し，$f^{-1}(K)$ は G の正規部分群であることを示せ．

例 6.2　準同型写像の核として得られる正規部分群の例をみる．

(1) $\det : \mathrm{GL}_n(\mathbb{K}) \to \mathbb{K}^\times$ の核は特殊線型群 $\mathrm{SL}_n(\mathbb{K})$．また $\mathrm{O}_n, \mathrm{U}_n$ に制限すれば，$\mathrm{SO}_n \lhd \mathrm{O}_n, \mathrm{SU}_n \lhd \mathrm{U}_n$．

(2) $\mathrm{sgn} : \mathfrak{S}_n \to \{\pm 1\}$ の核は交代群 $\mathfrak{A}_n$．$\mathfrak{S}_n$ は偶置換と奇置換に分けられるので，$\mathfrak{S}_n = \mathfrak{A}_n \sqcup (12)\mathfrak{A}_n$ だから $[\mathfrak{S}_n : \mathfrak{A}_n] = 2$ からも $\mathfrak{A}_n \lhd \mathfrak{S}_n$ がわかる．

(3) G の内部自己同型群 $\mathrm{Inn}(G)$ に対し，$G \to \mathrm{Inn}(G)$ を $g \mapsto (x \mapsto gxg^{-1})$ で定義すると群の準同型写像であり，その核は，G の中心 $Z(G)$ である．$x \mapsto gxg^{-1}$ が恒等写像となる g は，G のすべての元 x に対して，$gxg^{-1} = x$ を満たすからである．

(4) $T_n \subset B_n^+ \subset \mathrm{GL}_n(\mathbb{K})$ を考える．$X \in B_n^+$ に対して，X の対角成分だけをとり出して得られる行列 $\mathrm{diag}(x_{11}, \ldots, x_{nn})$ を対応させることで，$\mathrm{diag} : B_n^+ \to T_n$ が定まる．$X, Y \in B_n^+$ に対し，XY の対角成分は $x_{ii}y_{ii}$ になることに注意すれば，これは準同型写像である．その核は，対角成分がすべて 1 の行列だから，U_n^+ である．よって，$U_n^+ \lhd B_n^+$．

補題 6.1 (iii) から，N が G の正規部分群であれば，G のどんな元 g を共役で作用させても N に入る．したがって，G の G 自身への共役作用は，G の N への共役作用を引き起こす．共役作用による軌道は G の共役類をなすから，正規部分群は G の共役類のいくつかの和集合として表される．逆に，群 G の部分群 H が G のいくつかの共役類の和集合になっているとき，H は G の正規部分群である．なぜなら，$h \in H, g \in G$ に対して，h と共役な元 $ghg^{-1}, g^{-1}hg \in H$ でなければならないからである．

命題 6.3 群 G の部分群 H が正規部分群であるための必要十分条件は，H が G のいくつかの共役類の和集合となっていることである．

より一般に，G の共役作用は，G の部分群全体のなす集合に対する共役作用

$$G \times \{G\text{ の部分群 }\} \to \{G\text{ の部分群 }\}; (g, H) \mapsto gHg^{-1}$$

を引き起こす．実際，$H \leqq G$ のとき，gHg^{-1} は単位元を含み，$(ghg^{-1})^{-1}(gh'g^{-1}) = gh^{-1}g^{-1}gh'g^{-1} = g(h^{-1}h')g^{-1} \in gHg^{-1}$ となるから，gHg^{-1} は G の部分群である．作用になっていることは，G 自身への共役作用の場合と同様に示せる．G の正規部分群とは，この作用で固定される部分群のことである．gHg^{-1} の形で

与えられる部分群を H と G- **共役な部分群**という．たとえば，問 4.2 でみたように，同じ G-軌道 x, y の固定化部分群は，G-共役な部分群になる．$H \leqq G$ のとき，この作用に関する H の固定化部分群は，

$$N_G(H) = \{g \in G \mid gHg^{-1} = H\}$$

である．これを部分群 H の**正規化群**とよぶ．軌道-固定部分群定理によれば，

$$|\{H \text{ と } G\text{-共役な } G \text{ の部分群 }\}| = \frac{|G|}{|N_G(H)|}(= [G : N_G(H)]) \tag{6.1}$$

となる．また定理 5.11 を使えば，

$$G\text{-同型 } G/N_G(H) \cong \{H \text{ と } G\text{-共役な部分群 }\} \tag{6.2}$$

が成り立つ．

命題 6.4 $H \leqq G$ ならば $H \triangleleft N_G(H)$．さらに H の正規化群は，H を正規部分群として含む G の部分群の中で最大の部分群である．

証明 任意の $g \in N_G(H)$ が $gHg^{-1} = H$ を満たすので $H \triangleleft N_G(H)$．$H \triangleleft K$ のとき，任意の $k \in K$ に対し，$kH = Hk$，つまり $kHk^{-1} = H$ だから $k \in N_G(H)$．よって $K \subset N_G(H)$．□

例 6.3 $G = D_n$, $H = \{e, r = \sigma_{\pi/n}\}$ とする．H の正規化群 $N_G(H)$ を求める．$c^j \in N_G(H)$ となる j があれば $c^j r \in N_G(H)$ であり，逆も成り立つ．そこで $c^j \in N_G(H)$ となる条件を考える．c^j による共役は位数を保つから $c^j r c^{-j} = r$ となる j を求めればよい．$cr = rc^{-1}$ に注意すると，$c^{2j} = e$ と同値だから，n が奇数なら $N_G(H) = H$，n が偶数なら $N_G(H) = \{e, r, c^{n/2}, c^{n/2}r\} (\cong \mathbb{Z}_2 \times \mathbb{Z}_2)$ となる．

n が奇数のとき，$[G : N_G(H)] = n$ で H と G-共役な部分群は $\{e, c^k r\}$ $(0 \leqq k \leqq n-1)$ の n 個である．n が偶数のとき，$[G : N_G(H)] = \dfrac{n}{2}$ で，H と G-共役な部分群は $\{e, c^{2k}r\}$ $\left(0 \leqq k \leqq \dfrac{n}{2}\right)$ の $\dfrac{n}{2}$ 個である．$H' = \{e, cr\}$ の正規化群 $N_G(H') = \{e, cr, c^{\frac{n}{2}}, c^{\frac{n}{2}+1}r\}$ でありこれも指数 $\dfrac{n}{2}$ である．H' と G-共役な部分群は $\left\{e, c^{2k+1}r \left(0 \leqq k \leqq \dfrac{n}{2}\right)\right\}$ の $\dfrac{n}{2}$ 個となる．

例 6.4 $G = \mathfrak{S}_4$ とする．$H_1 = \langle(1234)\rangle$ の正規化群 $N_G(H_1)$ を考える．

$g(1234)g^{-1} = (1234)^j$ となる $g \in \mathfrak{S}_4$ が存在するのは $j = 1, 3$ である．($j = 2$ では巡回置換型が異なる．) 左辺は例題 2.5 の方法から $(g(1), g(2), g(3), g(4))$ という巡回置換である．これが，$j = 1$ なら (1234), $j = 3$ なら (1432) に一致するので，$N_G(H_1) = H_1 \sqcup \{(24), (12)(34), (13), (14)(23)\}$ で位数 8 となる．$[G : N_G(H_1)] = 3$ で，H_1 と G-共役な部分群は $H_1, \langle(1324)\rangle, \langle(1342)\rangle$ の 3 個である．

$H_2 = \langle(123)\rangle$ の正規化群 $N_G(H_2)$ を考える．$H_2 \leqq \mathfrak{S}_3 = \{4$ を固定する置換$\}$ であり，ここで指数 2 だから $H_2 \triangleleft \mathfrak{S}_3$ である．つまり $N_G(H_2) \supset \mathfrak{S}_3$ となって，$[G : N_G(H_2)] \leqq 4$．他方，H_2 と G-共役な部分群として，$H_2, \langle(124)\rangle, \langle(134)\rangle, \langle(234)\rangle$ の 4 個は必ず存在するから，$N_G(H) = \mathfrak{S}_3$ となる．

$H_3 = \{e, (12), (34), (12)(34)\}$ の正規化群 $N_G(H_3)$ を考える．$g \in N_G(H_3)$ のとき，$g(12)g^{-1}, g(34)g^{-1}$ はいずれも互換だから，$(12), (34)$ のいずれかになることに注意して求めれば，$N_G(H_3) = H_3 \sqcup \{(13)(24), (1324), (1423), (14)(23)\}$ で，$[G : N_G(H_3)] = 3$ となる．$H_3, \{e, (13), (24), (13)(24)\}, \{e, (14), (23), (14)(23)\}$ の 3 個が H_3 と G-共役な部分群となる．

$K = \{e, (12)(34), (14)(23), (13)(24)\}$ は $\mathfrak{S}_4$ の正規部分群だから $N_G(K) = G$ であり，$[G : N_G(K)] = 1$ で，K と G-共役な部分群は K のみとなる．

例 6.5 ♡ $G = \mathrm{GL}_n(\mathbb{C})$ のボレル部分群 $B = B_n^+$ の正規化群 $N_G(B)$ について考えよう．次の補題に注意する．

補題 6.5 $\mathbb{C}^n$ の部分ベクトル空間 $V \neq \{\mathbf{0}\}$ が B の左作用で不変，つまり $b \cdot V \subset V$ がすべての $b \in B$ に対して成り立つとき，$E_i = \langle \boldsymbol{e}_1, \ldots, \boldsymbol{e}_i \rangle$ $(1 \leqq i \leqq n)$ のいずれかに一致する．

命題 4.7 で示されているが，この補題だけなら次のように示してもよい．$V \subset E_i$ となる最小の i をとる．i の最小性から，$\boldsymbol{v} = \sum_{k=1}^{i} c_k \boldsymbol{e}_k$ かつ $c_i \neq 0$ なる $\boldsymbol{v} \in V$ がある．$b_i = \sum_{k=1}^{i} c_k E_{ki} + \sum_{j \neq i} E_{jj} \in B$ を用いて，$\boldsymbol{v} = b_i \boldsymbol{e}_i$ と表せ，V の B-不変性から，$\boldsymbol{e}_i = b_i^{-1} \boldsymbol{v} \in V$ である．$S_{ji}(1) \in B$ を用いて $S_{ji}(1)\boldsymbol{e}_i = \boldsymbol{e}_i + \boldsymbol{e}_j \in V$ $(1 \leqq j \leqq i-1)$ が成り立ち，$\boldsymbol{e}_1, \ldots, \boldsymbol{e}_{i-1}, \boldsymbol{e}_i \in V$ となって $V = E_i$ である．

さて，$g \in N_G(B)$ とすると $gBg^{-1} = B$ だから．$b \in B$ ごとに，$bg = g(g^{-1}bg) = gb'$ となる $b' \in B$ がとれる．そこで，例 5.7 でみた旗多様体 $\mathcal{F}_n$ を思い出す．標準的な旗 $F_0 \in \mathcal{F}_n$ と任意の $b \in B$ に対して

$$b * (g * F_0) = (bg) * F_0 = (gb') * F_0 = g * (b' * F_0) \overset{B\text{ は }F_0\text{ を保つ}}{=} g * F_0$$

から，$g * F_0 \in \mathcal{F}_n$ も $b \in B$ で不変になる．すると $g * F_0$ の中の i 次元部分ベクトル空間はすべての b で不変なので，上の補題から E_i になるしかない．つまり，$g * F_0 = F_0$ である．F_0 の固定化群が B なので，$g \in B$ である．

命題 6.6　$G = \mathrm{GL}_n(\mathbb{C}^n)$ のボレル部分群 $B = B_n^+$ の正規化群 $N_G(B) = B$.

G 中で B と共役な部分群全体には G 自身が共役で作用する．上の命題と例 5.7 および (6.2) より，

$$\{B\text{ と共役な部分群全体}\} \cong G/B \cong \mathcal{F}_n$$

という G-同型が成り立つ．G の作用は，左辺へは共役作用，中辺へは左乗法による作用，右辺へは列ベクトルへの左からの積で定まる旗への作用である．

6.2　剰余群

正規部分群の大きな特徴は，剰余類集合 G/N に現れる．一般論の前に簡単な具体例をみる．

位数 12 の二面体群 D_6 の中で $N = \{e, c^2, c^4\}$ が正規部分群になっていることをみた (例 5.2)．4 個の右 (＝左) 剰余類を具体的にかいてみると，

$$N = \{e, c^2, c^4\}, \quad cN = \{c, c^3, c^5\}, \quad rN = \{r, c^2r, c^4r\}, \quad crN = \{cr, c^3r, c^5r\}$$

である．このとき，cN に属する 3 つの元と rN に属する 3 つの元の積は 9 通りあるが，どれも cr, c^3r, c^5r のいずれかになる．ほかの cN と crN の元の積や rN と crN の元の積でも状況は変わらない．剰余類に属する元同士をどのように掛けてもまったく同じ剰余類の元になる．

問 6.2　このことを自分の手でチェックせよ．

D_6 の中で $H = \{e, r\}$ は，$crc^{-1} = c^2r \notin H$ となるので，正規部分群ではない．この場合，$cH = \{c, cr\}$ と $c^2H = \{c^2, c^2r\}$ の元の積は 4 通りあるが，$c^3, c^3r, crc^2 = c^5r, crc^2r = c^5$ が現れ，これは 1 個の剰余類に収まらない．

正規部分群の場合には，剰余類に属す元同士を掛け合わせるとすべて同じ剰余類に入り，この方法で，G/N に群の構造を入れることができるというのが次の定理である．なぜ「剰余類に属す元同士を掛け合わせるとすべて同じ剰余類に入るのか」= 二項演算の well-defined 性が本質的であり，残りはほぼ明らかであろう．

定理 6.7 群 G とその正規部分群 N に対し，$(g_1N, g_2N) \mapsto (g_1g_2)N$ $(g_1, g_2 \in G)$ によって，代表元のとり方によらず $G/N \times G/N \to G/N$ という写像が定義され，この二項演算によって G/N は群をなす．これを G の N による**剰余群** (あるいは商群) とよぶ．

証明 二項演算が代表元のとり方によらずに定義されていることを示す．実際，$g_iN = g_i'N$ $(i = 1, 2)$ とすると，$g_1'^{-1}g_1 \in N$ より $g_1'^{-1}g_1 = n$ とおけば

$$(g_1'g_2')^{-1}(g_1g_2) = g_2'^{-1}g_1'^{-1}g_1g_2 = g_2'^{-1}ng_2 = g_2'^{-1}g_2 \cdot g_2^{-1}ng_2$$

となる．$g_2N = g_2'N$ から $g_2'^{-1}g_2 \in N$．N が正規部分群だから $g_2^{-1}ng_2 \in N$．よって，右辺全体が N に入り，$g_1'g_2'N = g_1g_2N$ が成り立つ．

少しくどいが，この証明の中だけ，剰余類の二項演算を $\star$，群の二項演算を $\circ$ で書き分ければ，結合性は，$g_1N\star(g_2N\star g_3N) = g_1N\star(g_2\circ g_3)N = (g_1\circ(g_2\circ g_3))N = ((g_1\circ g_2)\circ g_3)N = (g_1\circ g_2)N\star g_3N = (g_1N\star g_2N)\star g_3N$．単位元は，$N\star gN = gN = gN\star N$ から N とわかる．$gN \in G/N$ の逆元は．$(gN)\star(g^{-1}N) = (g\circ g^{-1})N = N = (g^{-1}N)\star(gN)$ だから，$g^{-1}N$ となる．□

先ほどみた例を乗積表に書き起こしておこう．

例 6.6 $N = \{e, c^2, c^4\} \lhd D_6$ に関して，剰余群 D_6/N を考える．剰余類集合は，$\{N, cN, rN, crN\}$ である．上で定義した二項演算の乗積表は次ページの表になる．

たとえば，$(crN)(cN) = (crc)N$ だが $crc = r \in rN$ なので，$(crc)N = rN$ であり，$(crN)(cN) = rN$ となる．他にも $(rN)(crN) = (rcr)N$ だが $rcr = c^5 \in cN$ なので，$(rcr)N = cN$ であり，$(rN)(crN) = cN$ となる．これ以外の成分も同様の計算で求められる．

D_6/N	N	cN	rN	crN
N	N	cN	rN	crN
cN	cN	N	crN	rN
rN	rN	crN	N	cN
crN	crN	rN	cN	N

この乗積表から $D_6/N \cong \mathbb{Z}_2 \times \mathbb{Z}_2$ となることがみてとれる．

例 6.7　$N \geqq 2$ とし，可換群 $\mathbb{Z}$ の部分群 $N\mathbb{Z}$ を考える．$N\mathbb{Z}$ に関する剰余類は，$i + N\mathbb{Z} = \{i + Nm\ (m \in \mathbb{Z})\}$ $(0 \leqq i \leqq N-1)$ であり，2 つの剰余類の二項演算は $(i + n\mathbb{Z})(j + N\mathbb{Z}) = ((i + j) + N\mathbb{Z})$ で与えられるが，右辺の剰余類は，$i + j \pmod N$ の剰余類に一致するので，$(i + n\mathbb{Z})(j + N\mathbb{Z}) = ((i + j \bmod n) + N\mathbb{Z})$ である．これは $\mathbb{Z}_N = \{0, 1, \ldots, N-1\}$ 上の二項演算 $i \circ j = (i + j \bmod N)$ に他ならないから，剰余群 $\mathbb{Z}/N\mathbb{Z} \cong \mathbb{Z}_N$ となる．

問 6.3　群 G に対し，$\mathrm{Inn}(G) \triangleleft \mathrm{Aut}(G)$ を示せ．剰余群 $\mathrm{Aut}(G)/\mathrm{Inn}(G)$ は G の**外部自己同型群** $\mathrm{Out}(G)$ とよばれる．

G の正規部分群 N と剰余群 G/N だけで G の構造が決まるわけではない．たとえば，$G = \mathfrak{S}_3, N = \mathfrak{A}_3 (\cong \mathbb{Z}_3)$ のとき，$G/N \cong \mathbb{Z}_2$ である．また可換群 $G = \mathbb{Z}_6 = \{0, 1, 2, 3, 4, 5\} \supset N = \{0, 2, 4\} \cong \mathbb{Z}_3$ のときも，$G/N \cong \mathbb{Z}_2$ である．しかし $\mathfrak{S}_3 \not\cong \mathbb{Z}_6$ である．N と G/N の性質から G のどのような性質が決まるかや逆に G の性質が $N, G/N$ にどう反映するかに注目するべきである．

問 6.4　群 G に対し，正規部分群 N と剰余群 G/N がともに有限生成であれば，G は有限生成であることを示せ．

注意　G が有限生成なら，どんな正規部分群 N をとっても G/N は有限生成となる．G の生成系に属する元の自然な射影が G/N の生成系になるからである．しかし有限生成な群の (正規) 部分群は有限生成とは限らない．実は後でみるように，G が有限生成アーベル群なら，その部分群は常に有限生成になる (問 7.1)．

6.3 準同型定理

すでに示したように，準同型写像 $f: G \to H$ の核 $\operatorname{Ker} f$ は G の正規部分群であった．正規部分群から剰余群 $G/\operatorname{Ker} f$ が定義できる．この群の構造を記述するのが準同型定理である．

定理 6.8 (準同型定理) 群 G, H と準同型写像 $f: G \to H$ に対し，

$$\overline{f}: G/\operatorname{Ker} f \ni x\operatorname{Ker} f \mapsto f(x) \in f(G)$$

は，群の同型 $G/\operatorname{Ker} f \cong f(G)$ を与える．

証明 $\overline{f}$が代表元のとり方によらず定義されることを示す．実際，$x\operatorname{Ker} f = y\operatorname{Ker} f$ のとき，$y^{-1}x \in \operatorname{Ker} f$ だから，$f(x) = f(yy^{-1}x) \overset{f\text{ は準同型}}{=} f(y)f(y^{-1}x) \overset{y^{-1}x\in\operatorname{Ker} f}{=} f(y)e_H = f(y)$ となる．

$\overline{f}$ が準同型であることを示す．実際，$\overline{f}(g\operatorname{Ker} f)\overline{f}(g'\operatorname{Ker} f) \overset{\overline{f}\text{の定義}}{=} f(g)f(g') \overset{f\text{ は準同型}}{=} f(gg') \overset{\overline{f}\text{の定義}}{=} \overline{f}(gg'\operatorname{Ker} f) \overset{G/\operatorname{Ker} f\text{ の積}}{=} \overline{f}((g\operatorname{Ker} f)(g'\operatorname{Ker} f))$ となる．

$\overline{f}$ が単射であることを示す．実際，$\overline{f}(x\operatorname{Ker} f) = \overline{f}(y\operatorname{Ker} f)$ のとき，$f(x) = f(y)$．すると，$e_H = f(y)^{-1}f(x) = f(y^{-1})f(x) = f(y^{-1}x)$ だから $y^{-1}x \in \operatorname{Ker} f$．よって $x\operatorname{Ker} f = y\operatorname{Ker} f$．

$\overline{f}$ が全射であることを示す．実際，$h \in \operatorname{Im} f$ をとると，$f(g) = h$ となる $g \in G$ がとれる．このとき，$\overline{f}(g\operatorname{Ker} f) = f(g) = h$． □

例 6.8 準同型定理を適用して得られる同型の例をみる．ここであげている準同型写像はすべて全射である．

(1) 準同型写像 $\mathbb{Z} \to G_N = \{z \in \mathbb{C}^\times \mid z^N = 1\}$ を $n \mapsto e^{2n\pi i/N}$ で定義すると，核は $2n\pi/N$ が 2π の整数倍となる n なので，$n\mathbb{Z}$ となり，$\mathbb{Z}/n\mathbb{Z} \cong G_N$．

(2) $\mathbb{R} \to S^1 = \{z \in \mathbb{C} \mid |z| = 1\}$ を $x \mapsto e^{2\pi ix}$ で定義すると，核は $\mathbb{Z}$ で，$\mathbb{R}/\mathbb{Z} \cong S^1$．$x \mapsto e^{ix}$ でも全射準同型であり，$\mathbb{R}/2\pi\mathbb{Z} \cong S^1$．

(3) $\mathbb{C}^\times \to \mathbb{C}^\times$ を $z \mapsto z^N$ で定義すると，核は G_N で，$\mathbb{C}^\times/G_N \cong \mathbb{C}^\times$．

(4) $\det: \mathrm{GL}_n(\mathbb{K}) \to \mathbb{K}^\times$ より，$\mathrm{GL}_n(\mathbb{K})/\mathrm{SL}_n(\mathbb{K}) \cong \mathbb{K}^\times$．$\det: O_n \to \{\pm 1\}$ から $\mathrm{O}_n/\mathrm{SO}_n \cong \{\pm 1\} \cong \mathbb{Z}_2$．$\det: \mathrm{U}_n \to S^1 = \{z \in \mathbb{C} \mid |z| = 1\}$ から，$\mathrm{U}_n/\mathrm{SU}_n \cong S^1$．

(5) $\mathrm{sgn} : \mathfrak{S}_n \to \{\pm 1\}$ より $\mathfrak{S}_n/\mathfrak{A}_n = \{\pm 1\}$ $(\cong \mathbb{Z}_2)$.

(6) $G \to \mathrm{Inn}(G)$ を $g \mapsto (x \mapsto gxg^{-1})$ で定義すると，$G/Z(G) \cong \mathrm{Inn}(G)$.

(7) $\mathrm{GL}_n(\mathbb{K})$ 中で対角成分を対応させる全射 $B_n^+ \to T_n$ から $B_n^+/U_n^+ \cong T_n$.

準同型定理の示す内容をもう少し詳しくみる．まず次のことに注意しよう．

補題 6.9 群 G とその正規部分群 N に対し，$\pi : G \to G/N$ を $\pi(g) = gN$ と定義すると，π は全射準同型である．これを G から G/N への**自然な全射** (あるいは標準的な全射) という．$\mathrm{Ker}\,\pi = N$ である．

証明 全射は明らか．$\pi(g_1g_2) = g_1g_2N \overset{G/N\text{ の積}}{=} (g_1N)(g_2N) = \pi(g_1)\pi(g_2)$ より準同型．G/N の単位元は N であることに注意すると，$\pi(g) = N$ は，$gN = N$，すなわち $g \in N$ と同値．よって $\mathrm{Ker}\,\pi = N$． □

準同型定理を次のように言い換えることができる．

命題 6.10 群 G, H と準同型写像 $f : G \to H$，自然な全射 $\pi_0 : G \to G/\mathrm{Ker}\,f$ に対して，$\overline{f} \circ \pi_0 = f$ を満たす準同型写像 $\overline{f} : G/\mathrm{Ker}\,f \to H$ がただ一つ存在し，$\overline{f}$ は $G/\mathrm{Ker}\,f$ と $\mathrm{Im}\,f$ の同型を与える．

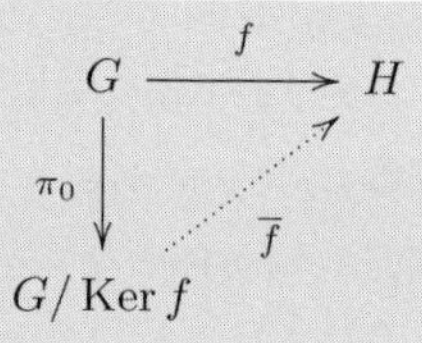

$\overline{f}$ の存在は準同型定理 6.8 であり，一意性は，$\overline{f} \circ \pi_0 = f$ を満たす $\overline{f}$ は $\pi_0(g) = g\,\mathrm{Ker}\,f$ を $f(g)$ に対応させるしかないことから従う．

この命題をモデルとして準同型定理を次のように拡張することができる．

命題 6.11 群 G, H と準同型写像 $f : G \to H$ および G の正規部分群 N を考える．$\pi : G \to G/N$ を自然な全射とする．このとき，準同型写像 $\overline{f} : G/N \to H$ であって，$f = \overline{f} \circ \pi$ を満たすものが存在するための必要十分条件は，$N \subset \mathrm{Ker}\,f$ である．

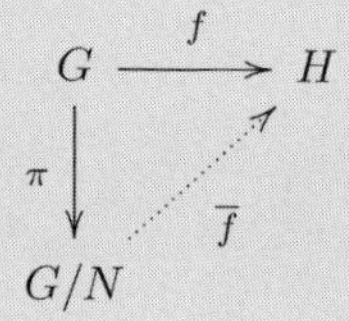

証明 条件を満たす $\overline{f}$ が存在するとき，$x \in N = \mathrm{Ker}\,\pi$ は，$\pi(x) = N$ と G/N の単位元に移されるため，準同型写像 $\overline{f}$ によって H の単位元に移る．$f = \overline{f} \circ \pi$ だ

から $f(x)=e$ となって $x \in \mathrm{Ker}\, f$ である．x は任意だから，$N \subset \mathrm{Ker}\, f$.

逆に $N \subset \mathrm{Ker}\, f$ とする．$\overline{f}(gN)=f(g)$ と定義する．$\overline{f}$ は代表元のとり方によらない．なぜなら，$gN=g'N$ のとき，${g'}^{-1}g \in N \subset \mathrm{Ker}\, f$ だから $e=f({g'}^{-1}g)=f(g')^{-1}f(g)$ より $f(g)=f(g')$ となるからである．$f(g)=\overline{f}(gN)=\overline{f}(\pi(g))$ が任意の $g \in G$ で成り立つので，$\overline{f}\circ\pi=f$ が満たされる．$\overline{f}(gN)\overline{f}(g'N)=f(g)f(g')=f(gg')=\overline{f}(gg'N)=\overline{f}((gN)(g'N))$ から $\overline{f}$ は準同型写像である．□

準同型定理から自然に導かれる同型定理を述べる．

系 6.12 (第二同型定理) 群 G と $H \leqq G, N \triangleleft G$ に対し，$HN/N \cong H/(H\cap N)$.

証明 N は G の，したがって $HN \leqq G$ の元の共役でも固定されるので $N \triangleleft HN$. そこで，$f: H \to HN/N$ を $h \mapsto hN$ と定義する．f は全射である．なぜなら，$xN \in HN/N$ に対して $x=hn$ となる $h\in H, n\in N$ がとれ，$f(h)=hN=hnN=xN$ だからである．f が準同型写像なのは明らか．HN/N の単位元は N だから，$h \in \mathrm{Ker}\, f$ は，$hN=N$，つまり $h \in N$ と同値であり，$\mathrm{Ker}\, f=H\cap N$. よって準同型定理 6.8 から $H/H\cap N \cong HN/N$. □

系 6.13 (第三同型定理)

群 G に対し，$H, K \triangleleft G$ かつ $K \leqq H$ のとき，$G/H \cong (G/K)/(H/K)$.

証明 $f: G/K \to G/H$ を $f(gK)=gH$ と定義する．これは代表元のとり方によらない．実際，$gK=g'K$ のとき，${g'}^{-1}g \in K \leqq H$ から $gH=g'H$ となる．f が全射準同型写像なのは明らか．G/H の単位元は H なので，$gK \in \mathrm{Ker}\, f$ は，$gH=H$，つまり $g \in H$ と同値なので，$\mathrm{Ker}\, f=\{gK \mid g\in H\}=H/K \subset G/K$ である．よって準同型定理 6.8 から $(G/K)/(H/K) \cong G/H$. □

問 6.5 (第一同型定理) 全射準同型写像 $f: G \to H$ と H の正規部分群 N に対し，$G/f^{-1}(N) \cong H/N$ が成り立つことを示せ．

次の例題は自然な全射 $\pi: G \to G/N$ が部分群同士の対応を与えることを主張するものである．

例題 6.4 群 G とその正規部分群 N に対し，自然な全射を $\pi : G \to G/N$ とする．このとき，$H \mapsto \pi(H)$ によって，G の部分群で N を含むもの全体 $\mathcal{S}$ から G/N の部分群全体 $\mathcal{T}$ への全単射が得られる．この対応は，包含関係を保ち，$[H_1 : H_2] = [\pi(H_1) : \pi(H_2)]$ を満たす．さらに正規部分群を正規部分群に移す．これらを示せ．

解 $L \leqq G/N$ とし，$K = \pi^{-1}(L) = \{g \in G \mid \pi(g) \in L\} = \{g \in G \mid gN \in L\}$ をとると，K は G の部分群である (問 3.5)．$n \in N$ に対し，$\pi(n) = N = (G/N \text{ の単位元}) \in L$ だから，$N \subset K$ である．π は全射だから $\pi(K) = L$ である．逆に，$N \subset H$ を満たす G の部分群 H をとると，

$$\begin{aligned}\pi^{-1}(\pi(H)) &= \{g \in G \mid \pi(g) \in \pi(H)\}\\ &= \{g \in G \mid gN = hN \text{ となる } h \in H \text{ がとれる．}\}\end{aligned}$$

だから，$H \subset \pi^{-1}(\pi(H))$．また，$g \in \pi^{-1}(\pi(H))$ とすると，$gN = hN$ となる $h \in H$ をとれば，$g \in hN \subset H$ となるから，$\pi^{-1}(\pi(H)) \subset H$ が成り立ち，$H = \pi^{-1}(\pi(H))$．以上より，$\mathcal{S} \ni H \mapsto \pi(H) \in \mathcal{T}$ の逆写像として，$\mathcal{T} \ni L \mapsto \pi^{-1}(L) \in \mathcal{S}$ がとれることが示された．

対応が部分群の包含関係を保つことは明らか．また上の議論から，$H \in \mathcal{S}$ に対し，G 中で H に関する右剰余類 gH をとると，$x \in gH$ と $\pi(x) \in \pi(g)\pi(H)$ が同値であることに注意すれば，π は gH を G/N 中の $\pi(H) \leqq G/N$ に関する右剰余類 $\pi(g)\pi(H)$ に移す．さらに，$H, K \in \mathcal{S}$ が $H \subset K$ を満たすとき，K の H に関する右剰余類分解を $K = \bigsqcup_{\lambda} k_\lambda H$ とおけば，$\pi(K) = \bigsqcup_{\lambda} \pi(k_\lambda)\pi(H)$ が G/N 中で，$\pi(K)$ の $\pi(H)$ に関する右剰余類分解を与え，$[K : H] = [\pi(K) : \pi(H)]$ となる．

最後に，正規部分群の対応を示す．$L \triangleleft G/N$ とすると，$\pi^{-1}(L) \triangleleft G$ だった (問 6.1)．逆に，$N \subset K \triangleleft G$ とすると，$\pi(K) \subset G/N$ について，$g \in G$ と $k \in K$ に対して，$(gN)(kN)(gN)^{-1} = (gkg^{-1})N$ である．$K \triangleleft G$ だから $gkg^{-1} \in K$ なので，$(gkg^{-1})N = \pi(gkg^{-1}) \in \pi(K)$．よって $\pi(K) \triangleleft G/N$．□

準同型定理から，全射準同型写像 $f : G \to H$ とその核 $N = \mathrm{Ker}\, f$ に対して上の例題と同様の主張が成り立つ．

例 6.9 4 次対称群 $\mathfrak{S}_4$ の正規部分群 $K=\{e,(12)(34),(13)(24),(14)(23)\}$ による剰余群 $\mathfrak{S}_4/K$ がどのような群になっているか調べる.

(方法ア) 直接, 右剰余類を計算する. 各剰余類は 4 個の元からなり, 右剰余類 $|\mathfrak{S}_3|/|K|=6$ 個ある. 次図から K 以外の 5 つの右剰余類に属する元が直接計算でき, 右剰余類の完全代表系として $\{eK,(12)K,(23)K,(13)K,(123)K,(132)K\}$, つまり, $\mathfrak{S}_3$ の元をとれるので, 剰余群 $\mathfrak{S}_4/K\cong\mathfrak{S}_3$ である.

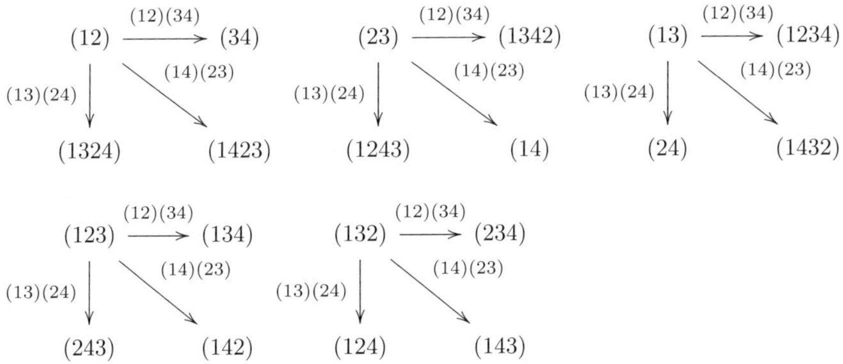

(方法イ) $\mathfrak{S}_4$ の中で 4 を固定するような置換のみからなる部分群 H は $\mathfrak{S}_3$ に同型である. $H\cap K=\{e\}$ である. 第二同型定理 (系 6.12) から $HK/K\cong H/(H\cap K)$ だが, 今の場合は右辺は H, つまり $\mathfrak{S}_3$ に同型である. したがって, $HK=\mathfrak{S}_4$ であることが言えれば, $\mathfrak{S}_4/K\cong\mathfrak{S}_3$ が言える. HK は $\mathfrak{S}_4$ の部分群だが, $(12),(23)\in H$ であり, $(34)=(12)\cdot(12)(34)\in HK$ でもあるから, $\mathfrak{S}_4$ の 3 つの隣接互換を含む. この 3 つの隣接互換は $\mathfrak{S}_4$ を生成するので, $HK=\mathfrak{S}_4$ となる.

(方法ウ) K の部分集合 $\{x=(12)(34),y=(13)(24),z=(14)(23)\}$ は 1 個の共役類であったから, $\mathfrak{S}_4$ はこの 3 元からなる集合上に共役で作用し, 準同型写像 $\rho:\mathfrak{S}_4\to\mathfrak{S}_3$ を引き起こす. この ρ は全射である. 実際, $\rho_{(12)}(x)=x,\rho_{(12)}(y)=z,\rho_{(12)}z=y$ だから, $\rho_{(12)}$ は x を固定し残り 2 つを入れ替え, 同様に $\rho_{(14)}$ は z を固定し残り 2 つを入れ替える. つまり $\mathfrak{S}_3$ を生成する 2 つの隣接互換に対応する置換が含まれるので全射になる. 準同型定理から核 $\operatorname{Ker}\rho$ の位数は $|\mathfrak{S}_4|/|\mathfrak{S}_3|=4$ になる. ρ の作り方から K は核に入るので, $\operatorname{Ker}\rho=K$ となって, $\mathfrak{S}_4/K\cong\mathfrak{S}_3$ である.

最後に部分群の対応についてみておく．$\mathfrak{S}_3$ の非自明な部分群は，位数 3 の $H = \{e, (123), (132)\} \cong \mathbb{Z}_3$ と位数 2 の $\langle(12)\rangle, \langle(23)\rangle, \langle(13)\rangle$ の 4 個である．このうちいくつかの共役類の和集合になっているのは位数 3 の H のみで，これが正規部分群である．

自然な全射 $\pi : \mathfrak{S}_4 \to \mathfrak{S}_4/K$ によって，$\pi^{-1}(H)$ は K を含む正規部分群になる．(方法ア) から明らかなように，$\pi^{-1}(H) = K \sqcup (123)K \sqcup (132)K$ である．これは 3 項巡回置換すべてと K 自身からなる位数 12 の部分群なので，4 次交代群 $\mathfrak{A}_4$ である．$\mathfrak{S}_3$ の 3 つの位数 2 の部分群はそれぞれ K を含む位数 8 の部分群と対応する．たとえば，$\pi^{-1}(\langle(12)\rangle) = K \sqcup (12)K$ である．

例題 6.5 $\mathfrak{S}_n$ の指数 2 の部分群は，$\mathfrak{A}_n$ に限ることを示せ．

解 群 G の指数 2 の部分群は必ず正規部分群 (例題 6.1) だから，G の指数 2 の部分群全体と全射準同型 $G \to \{\pm 1\} (\cong \mathbb{Z}_2)$ の全体とは 1 対 1 に対応する．そこで，全射準同型 $f : \mathfrak{S}_n \to \mathbb{Z}_2$ を考える．正規部分群 $\operatorname{Ker} f$ にある元 x が含まれると，x と共役なすべての元は $\operatorname{Ker} f$ に含まれる (命題 6.3)．対称群では，すべての互換が共役だから，もし $\operatorname{Ker} f$ が互換を 1 つでも含めば，すべての互換が含まれ，対称群全体を生成し，$\operatorname{Ker} f = \mathfrak{S}_n$ となり，像は $\{1\}$ になる．これは全射性に反す．よって，全射 f ですべての互換が -1 に対応しなければならず，$f = \operatorname{sgn}$ となるしかない．よって $\operatorname{Ker} f = \mathfrak{A}_n$ である．□

例 6.10 $\mathrm{SU}_2 \to \mathrm{SO}_3$ なる 2 : 1 の準同型写像を構成する．次のような $\mathbb{R}$ 上 3 次元のベクトル空間を考える．

$$V = \left\{ \begin{bmatrix} ix_3 & -x_2 + ix_1 \\ x_2 + ix_1 & -ix_3 \end{bmatrix} \middle| \; x_1, x_2, x_3 \in \mathbb{R} \right\}.$$

これは複素交代行列の中でトレースが 0 の行列全体の集合といってもよい．つまり $\overline{{}^t X} = -X$ かつ $\operatorname{tr} X = 0$ を満たす X の全体である．交代性の条件から対角成分は純虚数になることに注意しておく．次で与えられる V の基底を考える．

$$\left(\begin{bmatrix} 0 & i \\ i & 0 \end{bmatrix}, \begin{bmatrix} 0 & -1 \\ 1 & 0 \end{bmatrix}, \begin{bmatrix} i & 0 \\ 0 & -i \end{bmatrix} \right). \tag{6.3}$$

命題 6.14　$g \in \mathrm{SU}_2$ に対して，V 上の線型写像 $\mathrm{Ad}_g : V \to V$ を，$\mathrm{Ad}_g(X) = gXg^{-1}$ で定義すると，$\mathrm{Ad} : \mathrm{SU}_2 \to \mathrm{GL}(V); g \mapsto \mathrm{Ad}_g$ は準同型写像になる．

証明　$\overline{{}^t(gXg^{-1})} = \overline{{}^tg^{-1}}\,\overline{{}^tX}\,\overline{{}^tg} \overset{X\in V}{=} -\overline{{}^tg^{-1}}X\overline{{}^tg} \overset{g\in \mathrm{SU}_2}{=} -gXg^{-1}$ および $\mathrm{tr}(gXg^{-1}) = \mathrm{tr}\,X = 0$ より，$\mathrm{Ad}_g(X) \in V$ である．$\mathrm{Ad}_g(aX+bY) = g(aX+bY)g^{-1} = a(gXg^{-1}) + b(gYg^{-1}) = a\,\mathrm{Ad}_g(X) + b\,\mathrm{Ad}_g(Y)$ だから Ad_g は線型写像である．$g_1g_2X(g_1g_2)^{-1} = g_1(g_2Xg_2^{-1})g_1^{-1}$ から $\mathrm{Ad}_{g^{-1}}$ が Ad_g 逆写像を与えること，Ad が準同型写像であることが従う．□

問 6.6 ♣ $\langle X, Y\rangle = \dfrac{1}{2}\mathrm{tr}(X\overline{{}^tY})$ で定義される $\langle \bullet, \bullet \rangle$ は V 上の実内積であり

$$\boldsymbol{e}_1 \mapsto \begin{bmatrix} 0 & i \\ i & 0 \end{bmatrix}, \quad \boldsymbol{e}_2 \mapsto \begin{bmatrix} 0 & -1 \\ 1 & 0 \end{bmatrix}, \quad \boldsymbol{e}_3 \mapsto \begin{bmatrix} i & 0 \\ 0 & -i \end{bmatrix}$$

により，V は，標準内積に関する内積空間 $\mathbb{R}^3$ と実内積空間として同型であることを示せ．さらに，$g \in \mathrm{SU}_2$ に対し，Ad_g は V の内積 $\langle \bullet, \bullet \rangle$ を保つことを示せ．

上の問のように考えると，Ad の像が O_3 に属することはわかる．これに SU_2 の連結性のような位相的条件を使えば，像が SO_3 に入ることが言える．しかし，ここでは位相的な条件を使うのではなく，具体的な生成元をとって議論しよう．

補題 6.15　V の基底 (6.3) に関する $\mathrm{Ad}_{h_\psi}, \mathrm{Ad}_{k_\theta}$ の行列表示は

$$H_{2\psi} = \begin{bmatrix} \cos 2\psi & -\sin 2\psi & 0 \\ \sin 2\psi & \cos 2\psi & 0 \\ 0 & 0 & 1 \end{bmatrix}, \quad K_{-2\theta} = \begin{bmatrix} \cos 2\theta & 0 & \sin 2\theta \\ 0 & 1 & 0 \\ -\sin 2\theta & 0 & \cos 2\theta \end{bmatrix}$$

となる．とくにこれらは SO_3 に属するので，$\mathrm{Ad}(\mathrm{SU}_2) \subset \mathrm{SO}_3$.

証明　たとえば次の計算から H_ψ, K_θ の 1 列目がわかる．他も同様．

$$h_\psi \begin{bmatrix} 0 & i \\ i & 0 \end{bmatrix} h_\psi^{-1} = \begin{bmatrix} 0 & ie^{2i\psi} \\ ie^{-2i\psi} & 0 \end{bmatrix} = \cos 2\psi \begin{bmatrix} 0 & i \\ i & 0 \end{bmatrix} + \sin 2\psi \begin{bmatrix} 0 & -1 \\ 1 & 0 \end{bmatrix},$$

$$k_\theta \begin{bmatrix} 0 & i \\ i & 0 \end{bmatrix} k_\theta^{-1} = \begin{bmatrix} -i\sin 2\theta & i\cos 2\theta \\ i\cos 2\theta & i\sin 2\theta \end{bmatrix} = \cos 2\theta \begin{bmatrix} 0 & i \\ i & 0 \end{bmatrix} - \sin 2\theta \begin{bmatrix} i & 0 \\ 0 & -i \end{bmatrix}.$$

命題 3.9 より，h_ψ, k_θ が SU_2 を生成するので，$\mathrm{Ad}(\mathrm{SU}_2) \subset \mathrm{SO}_3$ が従う．□

定理 6.16　$\mathrm{Ad}:\mathrm{SU}_2\to\mathrm{GL}(V)$ の像は V の基底 (6.3) をとることで SO_3 に同型であり，この準同型写像の核は $\{\pm I_2\}$ となる．

証明　$\mathrm{Ad}(\mathrm{SU}_2)\subset\mathrm{SO}_3$ と $\mathrm{Ad}_{h_\psi}=H_{2\psi},\mathrm{Ad}_{k_\theta}=K_{-2\theta}$ および命題 3.8 から $\mathrm{Ad}(\mathrm{SU}_2)=\mathrm{SO}_3$ が従う．後半を示すために，$\mathrm{Ad}_g=I_3$ となる $g\in\mathrm{SU}_2$ を考える．$g=\begin{bmatrix}a & b\\ -\bar{b} & \bar{a}\end{bmatrix}$ とし，$g\begin{bmatrix}i & 0\\ 0 & -i\end{bmatrix}g^{-1}=\begin{bmatrix}(|a|^2-|b|^2)i & -2abi\\ -2\bar{a}\bar{b}i & (|b|^2-|a|^2)i\end{bmatrix}=\begin{bmatrix}i & 0\\ 0 & -i\end{bmatrix}$ となる条件をみると，$ab=0,|a|^2-|b|^2=1$ だから，$b=0$. このとき，$g\begin{bmatrix}0 & -1\\ 1 & 0\end{bmatrix}g^{-1}=\begin{bmatrix}0 & -a\bar{a}^{-1}\\ a^{-1}\bar{a} & 0\end{bmatrix}=\begin{bmatrix}0 & -1\\ 1 & 0\end{bmatrix}$ となる条件をみると，$a=\bar{a}$ であり，$|a|^2=1$ と合わせると $a=\pm1$ となる．逆に $\mathrm{Ad}_{\pm I_2}=I_3$ は明らか．□

注意　$A\mapsto(\det A)A$ は準同型写像 $\mathrm{O}_3\to\mathrm{SO}_3$ を定め，その核は $\{\pm I_2\}$ である．準同型定理から $\mathrm{SU}_2/\{\pm I_2\}\cong\mathrm{SO}_3\cong\mathrm{O}_3/\{\pm I_2\}$ である．ここで $\mathrm{O}_3\cong\mathrm{SO}_3\times\{\pm I_2\}$ である (問 3.10) が，$\mathrm{SU}_2\not\cong\mathrm{SO}_3\times\{\pm I_2\}$ である．実際，SU_2 には位数 2 の元が $-I_2$ しかないが，SO_3 には軸周りの π 回転のように無数の位数 2 の元があるからである．上の $\mathrm{O}_3\to\mathrm{SO}_3$ も $2:1$ の全射だが，単に $\mathrm{SO}_3\times\{\pm I_2\}$ の第 1 成分への射影に他ならない．上でみた $\mathrm{SU}_2\to\mathrm{SO}_3$ は，$h_{\psi/2}\mapsto H_\psi,k_{\theta/2}\mapsto K_{-\theta}$ のように，SO_3 内の 1 周の上に SU_2 内の 2 周する道が巻き付いている．例 3.15 や例 3.16 の図も思い出してみるとよい．また，“Plate trick” で検索すると面白い動画がたくさんみつかる．

6.4　アーベル化

群 G の非可換性の程度を調べる 1 つの道具は，すべての元と可換な元がどの程度存在するか，つまり G の中心 $Z(G)$ である．ここでは逆に，剰余群 G/N が可換群となるような一番小さい正規部分群は何か，という観点を考える．もし G/N がアーベル群になっているとすると，自然な全射 $\pi:G\to G/N$ に対して，$\pi(g)\pi(h)=\pi(h)\pi(g)$ が任意の $g,h\in G$ に対して成り立つ，すなわち，$ghg^{-1}h^{-1}$ という元はすべて π の核である N に含まれていなければならない．

定義 6.17　群 G の元 g,h に対し，$[g,h]=ghg^{-1}h^{-1}$ を g,h の**交換子**という．G のすべての交換子から生成される G の部分群を $D(G)=\langle[x,y]\mid x,y\in G\rangle$ とかいて，G の**交換子群**とよぶ．

命題 6.18 群 G の交換子群 $D(G)$ は G の正規部分群であり，$G/D(G)$ はアーベル群である．さらに，G の正規部分群 N に対し，G/N がアーベル群になるための必要十分条件は，$D(G) \subset N$ である．

証明 $g[x,y]g^{-1} = gxyx^{-1}y^{-1}g^{-1} = (gxg^{-1})(gyg^{-1})(gx^{-1}g^{-1})(gy^{-1}g^{-1}) = [gxg^{-1}, gyg^{-1}] \in D(G)$ から，生成元の共役がすべて含まれるので，$D(G) \triangleleft G$.

$gh = hgg^{-1}h^{-1}gh = hg[g^{-1}, h^{-1}]$ だから gh と hg は $D(G)$ の同じ右剰余類に属す．つまり $gD(G) \cdot hD(G) = ghD(g) = hgD(G) = hD(G) \cdot gD(G)$ なので，$G/D(G)$ はアーベル群となる．逆に，G/N がアーベル群のとき，任意の $g, h \in G$ に対して，$gN \cdot hN = hN \cdot gN$ より，$N = (gN)(hN)(g^{-1}N)(h^{-1}N) = (ghg^{-1}h^{-1})N$. よって $ghg^{-1}h^{-1} = [g,h] \in N$ となり $D(G) \subset N$. □

問 6.7 $D(G)$ を含む G の部分群 H は，G の正規部分群であることを示せ．

例 6.11 非可換な群の交換子群について具体例をみる．

(1) $\mathfrak{S}_4 \geqq \mathfrak{A}_4 \geqq K$ であり，$K \triangleleft \mathfrak{S}_4$ だから $K \triangleleft \mathfrak{A}_4$. $\mathfrak{A}_4/K \cong \mathbb{Z}_3$ は可換群だから，$D(\mathfrak{A}_4) \subset K$. 逆に，$[(234), (13)(24)] = (234)(13)(24)(243)(13)(24) = (12)(34)$ となることから，$K \subset D(\mathfrak{A}_4)$ も言えるので，$D(\mathfrak{A}_4) = K$. (K の単位元以外の 3 つの元は 1 つの共役類をなすので，K の中に非自明な $\mathfrak{A}_4$ の正規部分群はとれず $D(\mathfrak{A}_4) = K$ と考えてもよい．)

(2) $n \geqq 3$ で $D(\mathfrak{S}_n) = \mathfrak{A}_n$. 実際，まず $x, y \in \mathfrak{S}_n$ に対し，$xyx^{-1}y^{-1}$ は偶置換だから，$D(\mathfrak{S}_n) \leqq \mathfrak{A}_n$. ($\mathfrak{S}_n/\mathfrak{A}_n \cong \mathbb{Z}_2$ が可換群だからと考えてもよい．) 逆に，相異なる i, j, k に対し，$[(ij), (ik)] = (ij)(ik)(ij)(ik) = (ijk)$ なので，$(ijk) \in D(\mathfrak{A}_n)$. 3 項巡回置換は $\mathfrak{A}_n$ を生成するから，$\mathfrak{A}_n \subset D(\mathfrak{S}_n)$ も言えて，$D(\mathfrak{S}_n) = \mathfrak{A}_n$ $(n \geqq 3)$.

(3) 四元数群 $Q_8 = \{\pm I_2, \pm X, \pm Y, \pm Z\}$ では，$X^{-1} = -X$ などに注意すると，$XYX^{-1}Y^{-1} = XYXY = ZZ = -I_2$ などとなるため，交換子群 $D(Q_8) = \{\pm I_2\}$ となる．$X^2 = Y^2 = Z^2 = -I_2$ であることに注意すると，$Q_8/D(Q_8)$ ではすべての剰余類の位数が 2 になり，$Q_8/D(Q_8) \cong \mathbb{Z}_2 \times \mathbb{Z}_2$.

(4) $\det(ABA^{-1}B^{-1}) = 1$ であることに注意すれば，$D(\mathrm{GL}_n(\mathbb{R})) \subset \mathrm{SL}_n(\mathbb{R})$. $\mathrm{SL}_n(\mathbb{R})$ は $S_{ij}(\lambda)$ の形の行列で生成されている (問 3.14). $n \geqq 3$ なら，相異なる i, j, k に対して，$[S_{ik}(\lambda), S_{kj}(1)] = S_{ij}(\lambda)$ となり，この形の行列はすべて $D(\mathrm{GL}_n(\mathbb{R}))$ に含まれる．したがって，$D(\mathrm{GL}_n(\mathbb{R})) = \mathrm{SL}_n(\mathbb{R})$. また，$D(SL_n(\mathbb{R})) \subset \mathrm{SL}_n(\mathbb{R})$ だが，$S_{ij}(\lambda)$ は $\mathrm{SL}_n(\mathbb{R})$ に含まれる行列の交換子でかけているので，$D(\mathrm{SL}_n(\mathbb{R})) = \mathrm{SL}_n(\mathbb{R})$. $n = 2$ のときも，$S_{12}(\lambda) = \left[\begin{bmatrix} c & 0 \\ 0 & c^{-1} \end{bmatrix}, \begin{bmatrix} 1 & \dfrac{\lambda}{c^2 - 1} \\ 0 & 1 \end{bmatrix}\right]$,

$S_{21}(\lambda) = \left[\begin{bmatrix} c & 0 \\ 0 & c^{-1} \end{bmatrix}, \begin{bmatrix} 1 & 0 \\ \dfrac{c^2\lambda}{1 - c^2} & 1 \end{bmatrix}\right]$ から，$D(\mathrm{GL}_2(\mathbb{R})) = D(\mathrm{SL}_2(\mathbb{R})) = \mathrm{SL}_2(\mathbb{R})$ とわかる．

問 6.8 (1) $n \geqq 5$ で $D(\mathfrak{A}_n) = \mathfrak{A}_n$ を示せ．

(2) 二面体群 D_n について，$D(D_n), D_n/D(D_n)$ を求めよ．

6.5 群の半直積

ある群を 2 つの部分群の直積に分解できるための条件

(i) $G = HK$. (ii) $H \cap K = \{e\}$. (iii) H の元と K の元は可換.

を命題 3.23 でみた．しかし，(i)(ii) だけでは，一般には直積分解には程遠い．

たとえば位数 $2n$ の二面体群 D_n は，位数 n の元 c $(= R_{2\pi/n})$ と位数 2 の元 r $(= \sigma_{\pi/n})$ とで生成され，すべての元は，$\{c^i, c^i r \ (0 \leqq i \leqq n-1)\}$ で与えられる．したがって，$H = \langle c \rangle \cong \mathbb{Z}_n$ と $K = \langle r \rangle \cong \mathbb{Z}_2$ とすれば，$G = HK$ および $H \cap K = \{e\}$ は満たされる．$rc = c^5 r$ なので，H, K の元は交換可能とは限らず，$D_n \ncong \mathbb{Z}_n \times \mathbb{Z}_2$ である．他方，二面体群では，$rcr^{-1} = c^5$ であることに注意すると，$\langle c \rangle \triangleleft D_n$ であり，r は $\langle c \rangle$ に共役で作用することになる．

このような状況はほかにもある．

第 2 章でみたアフィン変換群 $\mathrm{Aff}(\mathbb{R}^n)$ は．$A \in \mathrm{GL}_n(\mathbb{R})$ と $\boldsymbol{b} \in \mathbb{R}^n$ を用いて定義される $\mathbb{R}^n$ の全単射 $f(\boldsymbol{x}) = A\boldsymbol{x} + \boldsymbol{b}$ 全体のなす群で，$f, g \in \mathrm{Aff}(\mathbb{R}^n)$ の合成は，$f \circ g(\boldsymbol{x}) = f(A_2\boldsymbol{x} + \boldsymbol{b}_2) = A_1(A_2\boldsymbol{x} + \boldsymbol{b}_2) + \boldsymbol{b}_1 = A_1A_2\boldsymbol{x} + A_1\boldsymbol{b}_2 + \boldsymbol{b}_1$ である．

$f_A(\boldsymbol{x}) = A\boldsymbol{x}$ とかくと $\{f_A \mid A \in \mathrm{GL}_n(\mathbb{R})\} \cong \mathrm{GL}_n(\mathbb{R})$ は $\mathrm{Aff}(\mathbb{R}^n)$ の部分群であり，平行移動 $T_{\boldsymbol{b}}(\boldsymbol{x}) = \boldsymbol{x} + \boldsymbol{b}$ の全体 $\{T_{\boldsymbol{b}} \mid \boldsymbol{b} \in \mathbb{R}^n\}$ も $\mathrm{Aff}(\mathbb{R}^n)$ の部分群である．両者の共通部分は恒等変換のみである．$\mathrm{Aff}(\mathbb{R}^n)$ の元は，$T_{\boldsymbol{b}} \circ f_A$ の形に表せるが，一般には $f_A \circ T_{\boldsymbol{b}} \neq T_{\boldsymbol{b}} \circ f_A$ であり，直積分解するわけではない．他方，$f_A \circ T_{\boldsymbol{b}} \circ f_A^{-1}(\boldsymbol{x}) = f_A \circ T_{\boldsymbol{b}}(A^{-1}\boldsymbol{x}) = f_A(A^{-1}\boldsymbol{x} + \boldsymbol{b}) = \boldsymbol{x} + A\boldsymbol{b}$ から $f_A \circ T_{\boldsymbol{b}} \circ f_A^{-1} = T_{A\boldsymbol{b}}$ になる．つまり，$\{T_{\boldsymbol{b}} \mid \boldsymbol{b} \in \mathbb{R}^n\} \triangleleft \mathrm{Aff}(\mathbb{R}^n)$ であり，$\mathrm{GL}_n(\mathbb{R})$ は共役でこの正規部分群に作用する．

このような群の構造を一般的に記述するのが，**半直積**である．目標は，$N \times H \ni (n, h) \mapsto nh \in NH = G$ が同型となるように，$N \times H$ 上の二項演算を入れることである．$(n_1h_1)(n_2h_2) = n_1(h_1n_2h_1^{-1})h_1h_2$ と $h_1^{-1}h_1$ を挟み込むことで h_1 を右側へ寄せると，$N \triangleleft G$ より $h_1n_2h_1^{-1} \in N$ だから，N の元 $n_1(h_1n_2h_1^{-1})$ と H の元 h_1h_2 の積の形にみえる．これを使う．なお，例題 6.3 から $G = NH = HN$ であることにも注意しておく．

定理 6.19 群 G とその正規部分群 N および部分群 H が，$G = NH$ かつ $N \cap H = \{e\}$ を満たすとする．このとき，直積集合 $N \times H$ は，二項演算

$$(n_1, h_1) * (n_2, h_2) = (n_1(h_1n_2h_1^{-1}), h_1h_2)$$

によって群となる．この群を $N \rtimes H$ とかくと，$\varphi : N \rtimes H \to G$ を $\varphi((n, h)) = nh$ で定義することで，群の同型となる．これを G の**半直積分解**とよぶ．

証明 まず N は正規部分群だから $h_1n_2h_1^{-1} \in N$ であり，$*$ は $N \times H$ 上の二項演算である．そこで群の定義を満たしていることを確認する．まず結合性は

$$\begin{aligned}
&(n_1, h_1) * ((n_2, h_2) * (n_3, h_3)) = (n_1, h_1) * (n_2(h_2n_3h_2^{-1}), h_2h_3) \\
&= (n_1h_1(n_2h_2n_3h_2^{-1})h_1^{-1}, h_1(h_2h_3)) = (n_1h_1n_2h_1^{-1}(h_1h_2)n_3(h_1h_2)^{-1}, (h_1h_2)h_3) \\
&= (n_1h_1n_2h_1^{-1}, h_1h_2) * (n_3, h_3) = ((n_1, h_1) * (n_2, h_2)) * (n_3, h_3).
\end{aligned}$$

$(n, h) * (e, e) = (n, h) = (e, e) * (n, h)$ より，$(e, e) \in N \times H$ が単位元である．さらに $(n, h)^{-1} = (h^{-1}n^{-1}h, h^{-1})$ になる．実際

$$\begin{aligned}
(n, h) * (h^{-1}n^{-1}h, h^{-1}) &= (nh(h^{-1}n^{-1}h)h^{-1}, hh^{-1}) = (e, e), \\
(h^{-1}n^{-1}h, h^{-1}) * (n, h) &= (h^{-1}n^{-1}h(h^{-1}nh), h^{-1}h) = (e, e).
\end{aligned}$$

次に，$\varphi : N \rtimes H \ni (n,h) \mapsto nh \in G$ が準同型写像であることは

$$\varphi((n_1,h_1)*(n_2,h_2)) = \varphi((n_1h_1n_2h_1^{-1},h_1h_2)) = n_1h_1n_2h_1^{-1}h_1h_2$$
$$= n_1h_1n_2h_2 = \varphi((n_1,h_1))\varphi((n_2,h_2)).$$

最後に，φ が全単射であることを示す．$G = NH$ だから全射．$\varphi((n_1,h_1)) = \varphi((n_2,h_2))$ のとき，$n_1h_1 = n_2h_2$ だから，$n_2^{-1}n_1 = h_2h_1^{-1}$．左辺は N，右辺は H に属しているから，$H \cap N = \{e\}$ より，$n_1 = n_2$ かつ $h_1 = h_2$ となるので単射．□

注意　H も正規部分群のとき，$nhn^{-1}h^{-1}$ $(n \in N, h \in H)$ を考えると，$N \triangleleft G$ から $n \cdot (hn^{-1}h^{-1}) \in N$ であり，しかも $H \triangleleft G$ から $(nhn^{-1}) \cdot h^{-1} \in H$ でもあるから，$nhn^{-1}h^{-1} \in H \cap N = \{e\}$ より，$nh = hn$ となる．つまり，H の元と N の元は可換であり，上記の分解は直積分解に一致する．

冒頭の例は，半直積分解 $D_n \cong \langle c \rangle \rtimes \langle r \rangle$，$\mathrm{Aff}(\mathbb{R}^n) \cong \mathbb{R}^n \rtimes \mathrm{GL}_n(\mathbb{R})$ である．

例 6.12　U_n^+ は B_n^+ の正規部分群である (例 6.2 (4))．対角行列全体のなす部分群 T_n に対し，$B_n^+ \cong U_n^+ \rtimes T_n$ が成り立つ．実際，$U_n^+ \cap T_n = \{I_n\}$ であり，対角成分だけをとり出す準同型写像 $\mathrm{diag} : B_n^+ \to T_n$ を使うと，$X \in B_n^+$ に対して，$X\,\mathrm{diag}(X^{-1}) \in U_n^+$ になるので，$X \in U_n^+T_n$ となるから，$B_n^+ = U_n^+T_n$ である．よって定理 6.19 の条件が満たされる．

問 6.9　次の $N \triangleleft G$ に対し，半直積分解 $G = N \rtimes H$ が成り立つ部分群 H をそれぞれ 1 つみつけよ．((iii) の $K = \{e, (12)(34), (13)(24), (14)(23)\}$ である．)

(i) $G = \mathrm{GL}_n(\mathbb{K}), N = \mathrm{SL}_n(\mathbb{K})$　(ii) $G = \mathfrak{S}_n, N = \mathfrak{A}_n$　(iii) $G = \mathfrak{S}_4, N = K$

G の中に正規部分群 N があるとき，常に G は N となにがしかの部分群 H の半直積に分解できるとは限らない．

例 6.13　4 次巡回群 $\mathbb{Z}_4 = \{0,1,2,3\}$ には位数 2 の元 2 があるので，$\langle 2 \rangle$ は位数 2 の正規部分群である．もし $\mathbb{Z}_4 = \langle 2 \rangle \rtimes H$ と半直積分解するなら，位数 2 の部分

群 H も正規部分群で，直積に分解していることになる．しかし，$\mathbb{Z}_4$ と $(\mathbb{Z}_2)^2$ は同型ではないから，半直積分解するような H はとれない．

非可換の場合でも，たとえば Q_8 には位数 4 の部分群が 3 個と位数 2 の部分群が 1 個ある．これはすべて正規部分群であった．しかし，位数 2 の部分群 $\{\pm I_2\}$ はどの位数 4 の部分群にも含まれているため，位数 4 の部分群の外側に位数 2 の元はなく，位数 2 の部分群と単位元しか共有しない部分群もない．よって，Q_8 は非自明な半直積分解を持たない．

正規部分群に対し，半直積分解が可能となるのは，次の命題が示すように，$\pi : G \to G/N$ に「切断」s がとれるときに限られる．

命題 6.20 群 G の正規部分群 N に対し，G が N と部分群 H の半直積に分解するための必要十分条件は，自然な全射 $\pi : G \to G/N$ に対し，準同型写像 $s : G/N \to G$ であって $\pi \circ s = \mathrm{id}_{G/N}$ を満たすものが存在することである．

証明 $G = N \rtimes H$ と半直積分解されているとき，自然な全射 $\pi : G \to G/N$ を H に制限した $H \to G/N; h \to hN$ は同型である．実際，$G = HN$ より全射であり，核は $H \cap N = \{e\}$ だから単射である．そこでこの同型の逆写像を $s : G/N \to H \subset G$ と定義すれば，$\pi \circ s = \mathrm{id}_{G/N}$ である．

逆に，$\pi \circ s = \mathrm{id}_{G/N}$ となる s が存在するとき，$H = \mathrm{Im}\, s \leqq G$ とすれば，$G = N\,\mathrm{Im}\, s$ かつ $\mathrm{Im}\, s \cap N = \{e\}$ が成り立つ．実際，$g \in G$ に対し，$x = g(s(\pi(g)))^{-1}$ とおくと，$\pi(x) = \pi(g)\{\pi(s(\pi(g)))\}^{-1} = \pi(g)\pi(g)^{-1} = N(= G/N$ の単位元$)$ となるので $x \in \mathrm{Ker}\, \pi = N$．よって $g = xs(\pi(g)) \in N\,\mathrm{Im}\, s$．また，$g \in \mathrm{Im}\, s \cap N$ とすると，$g = s(xN)$ となる $x \in G$ がとれるが，$N \overset{g \in N}{=} \pi(g) = \pi(s(xN)) \overset{\pi \circ s = \mathrm{id}_{G/N}}{=} xN$ となり $x \in N$．よって $g = s(N) = e$ となる．以上より $G \cong N \rtimes \mathrm{Im}\, s$． □

ここまで群 G が正規部分群と部分群の半直積に分解するかどうかをみてきたが，半直積はもう少し一般的に，2 つの群から新しい群を定義する方法としてもみておくとよい．とくに，群 H が別の群 N に自己同型として作用しているような場合には，次のように自然に半直積群が定義される．

命題 6.21 群 H, N に対し，準同型写像 $\psi : H \to \mathrm{Aut}(N); h \mapsto \psi_h$ が与えられたとき，直積集合 $N \times H$ 上に，

$$(n_1, h_1) * (n_2, h_2) = (n_1 \psi_{h_1}(n_2), h_1 h_2) \tag{6.4}$$

で群の構造が入る．これを H と N の ψ による (外部) **半直積群**といい，$N \rtimes_\psi H$ とかく．$G = N \rtimes_\psi H$ のとき，G の部分群とみた H の N への共役作用は ψ に一致する．

問 6.10 (6.4) により $N \times H$ が群となることを自分の手でチェックせよ．

後半の主張は，H, N を $H \cong \{(e_N, h) \mid h \in H\}$ と $N \cong \{(n, e_H) \mid n \in N\}$ で G の部分群とみなすと，G 中では，H の元による N の元の共役が $(e_N, h) * (n, e_H) * (e_N, h)^{-1} = (e_N \psi_h(n), h) * (e_N, h^{-1}) = (e_N \psi_h(n) \psi_h(e_N), hh^{-1}) = (\psi_h(n), e_H)$ となり，H の N への共役作用が，H の ψ による N への作用に一致するということである．

例 6.14 群 G の n 個の直積 G^n に，n 次対称群 $\mathfrak{S}_n$ が $\sigma * (g_1, \ldots, g_n) = (g_{\sigma^{-1}(1)}, \ldots, g_{\sigma^{-1}(n)})$ で左から作用する．この作用が引き起こす $\psi : \mathfrak{S}_n \to \mathrm{Aut}(G^n)$ により，外部半直積群が定義される．いちいち ψ をかかずに $G^n \rtimes \mathfrak{S}_n$ とかいてしまい，G と $\mathfrak{S}_n$ の**環積** (英語では wreath product) という．

問 6.11 $G = \mathbb{Z}_N$ の場合，準同型写像 $(\mathbb{Z}_N)^n \rtimes \mathfrak{S}_n \to \mathrm{GL}_n(\mathbb{C})$ が $(\boldsymbol{v}, \sigma) \mapsto P_{\sigma, \boldsymbol{v}}$ (問 3.15) で定まることを示せ．$N = 2, n = 2$ のとき，$(\mathbb{Z}_2)^2 \rtimes \mathfrak{S}_2 \cong D_4$ であることも確認せよ．

一般には $\psi : H \to \mathrm{Aut}(N)$ をとり換えると同型ではない半直積群が得られる．

例 6.15 $\varphi : \mathbb{Z}_2 \to \mathrm{Aut}(C_N)$ を与えることで得られる半直積群 $C_N \rtimes_\varphi \mathbb{Z}_2$ を考える．$\mathbb{Z}_2$ の位数 2 の元を t, C_N の生成元を x とかく．$\mathrm{Aut}(C_N)$ の元 $\varphi_t : x \mapsto x^i$ は，i が N と互いに素で，位数が 1 または 2，つまり $x^{i^2} \equiv x \pmod{N}$ となって

いなければならない．

たとえば，$N=15$ の場合を考えると，$i=1,4,11,14$ の 4 通りになる．

$C_N \rtimes_\varphi \mathbb{Z}_2$ 中の位数 2 の元の個数を数えてみよう．(x^j,e) の形の元がいつ位数 2 かは φ によらないので，(x^j,t) $(0 \leqq j \leqq 14)$ の形の位数 2 の元の個数を調べればよい．その個数が異なれば，それらは群として同型でないことがわかる．

$$(x^j,t)(x^j,t)=(x^j\varphi_t(x^j),t^2)=(x^{(i+1)j},1)$$

と x の位数が 15 であることに注意すると，位数 2 である j の個数は，

$i=1$ のとき，$x^{2j}=e$ となるのは，$j=0$ のみ，

$i=4$ のとき，$x^{5j}=e$ となるのは，$j=0,3,6,9,12$ の 5 個，

$i=11$ のとき，$x^{12j}=e$ となるのは，$j=0,5,10$ の 3 個，

$i=14$ のとき，$x^{15j}=e$ となるのは，$0 \leqq j \leqq 14$ の 15 個．

よって 4 つの半直積群はいずれも互いに同型ではない位数 30 の群を与える．詳細は略すが，$\mathbb{Z}_{15}\times\mathbb{Z}_2$ $(\cong \mathbb{Z}_{30})$, $\mathbb{Z}_3\times D_5$, $\mathbb{Z}_5\times D_3$, D_{15} に同型になる．

非常に簡単な場合には ψ をとり換えても群構造が変わらないこともある．シローの定理の応用として有限群を分類する際，次の補題を使う．

補題 6.22 H が巡回群で，準同型写像 $\varphi,\psi: H \to \mathrm{Aut}(N)$ がともに単射であり，$\varphi(H)=\psi(H)$ を満たすなら，$N \rtimes_\varphi H \cong N \rtimes_\psi H$.

証明 $H=\langle x\rangle$ とする．φ_x,ψ_x は $\mathrm{Aut}(H)$ の同じ巡回部分群を生成するので，$\varphi_x^k=\psi_x$, $\varphi_x=\psi_x^\ell$ となる整数 k,ℓ がとれる．このとき $\varphi_{(x^j)^k}=(\varphi_x^k)^j=\psi_x^j=\psi_{x^j}$ より，すべての $h\in H$ に対して $\varphi_{h^k}=\psi_h$ が成り立つ．同様に $\varphi_h=\psi_{h^\ell}$ も成り立つ．さらに，$\varphi_h=\psi_{h^\ell}=\psi_h^\ell=(\varphi_{h^k})^\ell=\varphi_{h^{k\ell}}$ と φ の単射性から $h^{k\ell}=h$ も成り立つ．そこで，$\iota: N\rtimes_\varphi H \to N\rtimes_\psi H$ を $\iota((n,h))=(n,h^\ell)$ と定義すると

$$\begin{aligned}\iota((n_1,h_1)(n_2,h_2)) &\overset{N\rtimes_\varphi H\text{ の積}}{=} \iota((n_1\varphi_{h_1}(n_2),h_1h_2)) \overset{\substack{\iota\text{の定義}\\ H\text{ は可換}}}{=} (n_1\varphi_{h_1}(n_2),h_1^\ell h_2^\ell)\\ &\overset{\varphi_h=\psi_{h^\ell}}{=} (n_1\psi_{h_1^\ell}(n_2),h_1^\ell h_2^\ell) \overset{N\rtimes_\psi H\text{ の積}}{=} (n_1,h_1^\ell)(n_2,h_2^\ell)\\ &\overset{\iota\text{の定義}}{=} \iota((n_1,h_1))\iota((n_2,h_2))\end{aligned}$$

から ι は準同型写像である．同様に，$\eta: N \rtimes_\psi H \to N \rtimes_\varphi H; \eta((n,h)) = (n, h^k)$ も準同型写像で，$\iota \circ \eta((n,h)) = \iota((n, h^k)) = (n, h^{k\ell}) = (n,h)$ となる．逆も同様にできるので，ι, η は互いに逆写像を与え，同型写像となる．□

例 6.16 **(A 型ワイル群)** $G = \mathrm{GL}_n(\mathbb{C})$ と対角行列全体のなす部分群 $T_n = T_n(\mathbb{C})$ を考える．$t = \mathrm{diag}(t_1, t_2, \ldots, t_n) \in T$ で $t_i \neq t_j$ $(i \neq j)$ となるものをとって $gt = tg$ を満たす $g \in G$ の条件を調べる．$g = [g_{ij}]$ と成分表示すれば，この条件は，$g_{ij}t_j = t_i g_{ij}$ である．$t_i \neq t_j$ $(i \neq j)$ だから $g_{ij} = 0$ $(i \neq j)$ となる．つまり対角成分がすべて相異なる $t \in T$ と可換な元は T の元に限る．

次に，T_n の正規化群 $N_G(T_n)$ を考える．$\sigma \in \mathfrak{S}_n$ に対し，置換行列 P_σ による共役は対角成分の置換 $P_\sigma \,\mathrm{diag}(t_1, t_2, \ldots, t_n) P_{\sigma^{-1}} = \mathrm{diag}(t_{\sigma^{-1}(1)}, \ldots, t_{\sigma^{-1}(n)})$ を引き起こすから，$P_\sigma \in N_G(T_n)$ である．置換行列全体のなす部分群を $\mathfrak{S}_n$ と同一視して，$N_G(T_n) \cong T_n \rtimes \mathfrak{S}_n$ と半直積に分解することを示す．$T_n \triangleleft N_G(T_n)$, $\mathfrak{S}_n \cap T_n = \{I_n\}$ であるから，$N_G(T) = \mathfrak{S}_n T_n (= T_n \mathfrak{S}_n)$ とかけることを示せばよい．$g \in N_G(T_n)$ とし，対角成分がすべて相異なる $t = \mathrm{diag}(t_1, \ldots, t_n) \in T_n$ をとる．$gtg^{-1} \in T_n$ の固有値は t の固有値と一致するから

$$gtg^{-1} = \mathrm{diag}(t_{\sigma^{-1}(1)}, t_{\sigma^{-1}(2)}, \ldots, t_{\sigma^{-1}(n)}) = P_\sigma t P_{\sigma^{-1}}$$

と対角成分を並べ替える $\sigma \in \mathfrak{S}_n$ がとれて，$(P_{\sigma^{-1}} g) t (P_{\sigma^{-1}} g)^{-1} = t$．$t$ の対角成分がすべて相異なることに注意すると $P_{\sigma^{-1}} g \in T_n$ であり，$g = P_\sigma t'$ となる $t' \in T_n$ をとれる．つまり $N_G(T_n) = \mathfrak{S}_n T_n$ が成り立つ．

命題 6.23　$G = \mathrm{GL}_n(\mathbb{C})$ とし，対角行列すべてからなる部分群を T_n とするとき，T_n の正規化群は $N_G(T_n) \cong T_n \rtimes \mathfrak{S}_n$ と半直積に分解する．

例 6.17 **(B 型ワイル群)**♣♡　$G = \mathrm{SO}_{2n+1}$ の中で，

$$T = \{\mathrm{diag}(R_{\theta_1}, \ldots, R_{\theta_n}, 1) \mid 0 \leqq \theta_1, \ldots, \theta_n < 2\pi\}$$

は (可換な) 部分群をなす．正規化群 $N_G(T)$ を考える．$\theta_1, \ldots, \theta_n$ は 0 でなく，互いに相異なる実数である $t \in T$ をとると，t の複素固有値は $1, e^{\pm i\theta_j}$ $(1 \leqq j \leqq n)$ である．$g \in N_G(T)$ とすると，$t' = gtg^{-1} \in T$ の複素固有値は t の複素固有値と

一致する．t の複素固有値 λ の複素固有ベクトル $\boldsymbol{v}$ に対し，$t'(g\boldsymbol{v}) = gt\boldsymbol{v} = \lambda(g\boldsymbol{v})$ より $g\boldsymbol{v}$ が t' の固有値 λ の複素固有ベクトルになる．t, t', g はいずれも実行列であることに注意して複素共役をとれば，$g\overline{\boldsymbol{v}}$ は t' の固有値 $\overline{\lambda}$ の複素固有ベクトルになる．$\theta_1, \ldots, \theta_n$ が相異なることに注意すれば，

$$gtg^{-1} = \mathrm{diag}(R_{\theta_{\sigma^{-1}(1)}}, R_{\theta_{\sigma^{-1}(2)}}, \ldots, R_{\theta_{\sigma^{-1}(n)}}, 1)$$

となる $\sigma \in \mathfrak{S}_n$ が定まり，g は部分空間 $\langle \boldsymbol{e}_{2j-1}, \boldsymbol{e}_{2j} \rangle$ を $\langle \boldsymbol{e}_{2\sigma(j)-1}, \boldsymbol{e}_{2\sigma(j)} \rangle$ に移す．すなわち，g は $2\sigma(j)-1, 2\sigma(j)$ 行 $2j-1, 2j$ 列の 2×2 のブロック $A_{\sigma(j),j}$ $(1 \leqq j \leqq n)$ と $(2n+1, 2n+1)$-成分以外はすべて 0 である．さらに，$g \in \mathrm{SO}_{2n+1}$ であることから，$A_{\sigma(j),j} \in O_2$ であり，$(2n+1, 2n+1)$-成分は ± 1 のいずれかに一意に決まる．このとき，$\overrightarrow{v_g} = (\det A_{i,\sigma^{-1}(i)})_{1 \leqq i \leqq n} \in (C_2)^n$ とすると

$$N_G(T) \to (C_2)^n \rtimes \mathfrak{S}_n; g \mapsto (\overrightarrow{v_g}, \sigma)$$

により群の準同型写像が得られ，全射となり，核は T に一致する．

準同型であること以外は作り方からわかる．$g \mapsto (\overrightarrow{v_g}, \sigma), h \mapsto (\overrightarrow{v_h}, \tau)$ とし，h の $2i-1, 2i$ 行 $2\tau^{-1}(i)-1, 2\tau^{-1}(i)$ 列の 2×2 のブロックを $B_{i,\tau^{-1}(i)}$ とかくと

$$\begin{aligned}
(\overrightarrow{v_g} \cdot \sigma(\overrightarrow{v_h}))_i &= \det(A_{i,\sigma^{-1}(i)}) \times (\overrightarrow{v_h})_{\sigma^{-1}(i)} \\
&= \det(A_{i,\sigma^{-1}(i)}) \times \det(B_{\sigma^{-1}(i),\tau^{-1}(\sigma^{-1}(i))}) = \det(A_{i,\sigma^{-1}(i)} B_{\sigma^{-1}(i),\tau^{-1}(\sigma^{-1}(i))}) \\
&= \det((AB)_{i,(\sigma\tau)^{-1}(i)}) = (\overrightarrow{v_{gh}})_i
\end{aligned}$$

であることなどから準同型となっていることが確かめられる．

命題 6.24 $G = \mathrm{SO}_{2n+1}$ のとき，$N_G(T)/T \cong (C_2)^n \rtimes \mathfrak{S}_n$ が成り立つ．

この 2 つの例で登場した $N_G(T)/T$ は G の**ワイル群**とよばれる．ワイル群は，「ルート系」とよばれる構造を通じて多くの数学的対象と関わっている．

演 習 問 題

問 6.12 位数 8 の非可換群を分類せよ．

問 6.13 ♡ 次で与えられる $\mathrm{SL}_2(\mathbb{Z})$ の部分群について以下のことを示せ．

$$\Gamma(N) = \left\{ \begin{bmatrix} a & b \\ c & d \end{bmatrix} \in \mathrm{SL}_2(\mathbb{Z}) \;\middle|\; a, d \equiv 1, b, c \equiv 0 \pmod{N} \right\},$$

$$\Gamma_1(N) = \left\{ \begin{bmatrix} a & b \\ c & d \end{bmatrix} \in \mathrm{SL}_2(\mathbb{Z}) \;\middle|\; a, d \equiv 1, c \equiv 0 \pmod{N} \right\},$$

$$\Gamma_0(N) = \left\{ \begin{bmatrix} a & b \\ c & d \end{bmatrix} \in \mathrm{SL}_2(\mathbb{Z}) \;\middle|\; c \equiv 0 \pmod{N} \right\}.$$

(1)　各成分の N に関する法をとることで自然に定まる $\mathrm{SL}_2(\mathbb{Z}) \to \mathrm{SL}_2(\mathbb{Z}_N)$ は全射準同型で，その核は $\Gamma(N)$ である．とくに，$\Gamma(N) \triangleleft \mathrm{SL}_2(\mathbb{Z})$.

(2)　$\Gamma_1(N) \to \mathbb{Z}_N$ を $\begin{bmatrix} a & b \\ c & d \end{bmatrix} \mapsto b \pmod{N}$ で定義すると，全射準同型で，その核は $\Gamma(N)$ である．とくに，$\Gamma(N) \triangleleft \Gamma_1(N)$ で $[\Gamma_1(N) : \Gamma(N)] = N$.

(3)　$\Gamma_0(N) \to \mathbb{Z}_N^{\times}$ を $\begin{bmatrix} a & b \\ c & d \end{bmatrix} \mapsto a \pmod{N}$ で定義すると，全射準同型で，その核は $\Gamma_1(N)$ である．とくに，$\Gamma_1(N) \triangleleft \Gamma_0(N)$ で $[\Gamma_0(N) : \Gamma_1(N)] = N \prod_{\text{素数 } p|N} (1 - p^{-1})$.

(4)　$\Gamma_0(N), \Gamma_1(N)$ は $\mathrm{SL}_2(\mathbb{Z})$ の正規部分群ではない．

(5)　p を素数，e を 2 以上の整数とするとき，各成分の法をとることで自然に定まる $\mathrm{SL}_2(\mathbb{Z}_{p^e}) \to \mathrm{SL}_2(\mathbb{Z}_{p^{e-1}})$ は全射準同型であり，$|\mathrm{SL}_2(\mathbb{Z}_{p^e})| = p^{3e}(1 - p^{-2})$.

(6)　$|\mathrm{SL}_2(\mathbb{Z}_N)| = [\mathrm{SL}_2(\mathbb{Z}) : \Gamma(N)] = N^3 \prod_{\text{素数 } p|N} (1 - p^{-2})$.

$$[\mathrm{SL}_2(\mathbb{Z}) : \Gamma_0(N)] = N \prod_{\text{素数 } p|N} (1 + p^{-1}).$$

注意　一般に，単位元を持つ可換環 R の元を成分とする n 次正方行列の全体には行列の積が定義され，その行列式が R の可逆元になることが，R の元を成分とする逆行列を持つことと同値である．これにより n 次正則行列の全体 $\mathrm{GL}_n(R)$ や行列式が 1 であるものの全体 $\mathrm{SL}_n(R)$ が定義される．上の問ではこれを用いている．なお，$R = \mathbb{Z}$ の場合は可逆元は ± 1 のみである．

問 6.14　次の $G = \mathrm{GL}_2(\mathbb{F}_3)$ の部分群 H_i に対し，正規化群 $N_G(H_i)$ を求めよ．

$$H_1 = \left\langle u = \begin{bmatrix} 1 & 1 \\ 2 & 1 \end{bmatrix} \right\rangle, \quad H_2 = \left\langle x = \begin{bmatrix} 1 & 1 \\ 0 & 1 \end{bmatrix} \right\rangle, \quad H_3 = \left\langle x, y = \begin{bmatrix} 1 & 0 \\ 0 & 2 \end{bmatrix} \right\rangle,$$

$$H_4 = \left\langle y, z = \begin{bmatrix} 0 & 1 \\ 1 & 0 \end{bmatrix} \right\rangle, \quad H_5 = \left\langle A = \begin{bmatrix} 0 & 1 \\ 2 & 0 \end{bmatrix}, \ B = \begin{bmatrix} 2 & 2 \\ 2 & 1 \end{bmatrix} \right\rangle.$$

問 6.15　群 G が，G 自身と $\{e\}$ 以外に正規部分群を持たないとき，G は単純群であるという．次を示せ．

(1)　$\{e\}$ とは異なる可換な単純群は，素数位数の巡回群に限る．

(2)　5 次交代群 $\mathfrak{A}_5$ は単純群である．

(3)♡　SO_3 は単純群である．(二重被覆 $\mathrm{SU}_2 \to \mathrm{SO}_3$ と SU_2 の共役類を使う．)

問 6.16 ♣♡　問 3.20 で考えた W に対し，$\rho_{(g_1,g_2)} = R_{g_2^{-1}} \circ L_{g_1}$ と基底 $\mathcal{A}$ に関する表現行列を考えることにより，全射準同型写像 $\rho : \mathrm{SU}_2 \times \mathrm{SU}_2 \to \mathrm{SO}_4$ が得られ，その核は $\{(I_2, I_2), (-I_2, -I_2)\}$ であることを示せ．さらに，これを用いて SO_4 が単純群でないことを示せ．

問 6.17 ♣　問 5.9 でみた M への $\mathrm{SL}_2(\mathbb{R})$ の作用は，全射準同型写像 $\mathrm{SL}_2(\mathbb{R}) \to \mathrm{SO}^{\circ}_{2,1}$ を引き起こし，その核は $\{\pm I_2\}$ であることを示せ．

第7章

群の構造を調べる

本章では，群の構造を調べるために重要な概念や定理を述べる．有限生成アーベル群の基本定理，非可換な群を記述するための「生成元と基本関係式」の考え方，群の可解性や冪零性，そして有限群を調べるための最も強力な道具の 1 つであるシローの定理である．

7.1　有限生成アーベル群の基本定理

有限生成アーベル群の構造について調べよう．

定義 7.1　アーベル群 F が，無限位数の $x_1, \ldots, x_r \in F$ を用いて，$F = \langle x_1 \rangle \times \cdots \times \langle x_r \rangle$ と分解するとき，F は有限生成**自由アーベル群**であるという．また，$(x_1, \ldots, x_r)$ を G の基底とよぶ．

有限生成自由アーベル群 F の基底 $(x_1, x_2, \ldots, x_r)$ が与えられたとき，基底を用いた表示 $x_1^{n_1} x_2^{n_2} \cdots x_r^{n_r}$ は一意的である (直積の元の表示の一意性)．また，無限位数の元 x で生成される巡回群 $\langle x \rangle$ は $\mathbb{Z}$ と同型で，その部分群は $\langle x^m \rangle$ $(\cong m\mathbb{Z})$ の形に限られる．

命題 7.2　有限生成自由アーベル群について次が成り立つ．

(1)　有限生成自由アーベル群 F の基底をなす元の個数は，基底のとり方によらず一意的に定まる．この個数を有限生成自由アーベル群の階数とよび，$\operatorname{rank} F$ とかく．

(2) 有限生成自由アーベル群 F に対し，アーベル群 G からの全射準同型 $f: G \to F$ が与えられたとき，F と同型な G の部分群 H が存在して，$G \cong \operatorname{Ker} f \times H$ と分解する．

(3) 有限生成自由アーベル群 F の部分群 A は，有限生成自由アーベル群で，$\operatorname{rank} A \leqq \operatorname{rank} F$ が成り立つ．

証明 $F = \langle x_1 \rangle \times \cdots \times \langle x_r \rangle$ とする．

(1) $2 \leqq n$ を 1 つ固定し，$x_1^{n_1} x_2^{n_2} \cdots x_r^{n_r} \mapsto x_1^{n_1 \bmod n} x_2^{n_2 \bmod n} \cdots x_r^{n_r \bmod n}$ で $F \to \prod_{i=1}^{r} \langle x_i \rangle / \langle x_i^n \rangle (\cong C_n^r)$ を定義すると全射準同型で，その核は F の部分群 $F^{(n)} = \{x^n \mid x \in F\}$ である．よって，$F/F^{(n)} \cong C_n^r$ となり，その位数 $|F/F^{(n)}| = n^r$ である．これは基底のとり方によらないから階数 r は一意的に定まる．

(2) f の全射性から $f(g_i) = x_i$ となる $g_i \in G$ $(1 \leqq i \leqq r)$ がとれる．$H = \langle g_1, g_2, \ldots, g_r \rangle$ とおき，$G \cong \operatorname{Ker} f \times H$ と分解することを示す．$g \in G$ に対して，$f(g) = x_1^{k_1} \cdots x_r^{k_r}$ なら $f(g) = f(g_1^{k_1} \cdots g_r^{k_r})$ だから，$g(g_1^{k_1} \cdots g_r^{k_r})^{-1} \in \operatorname{Ker} f$ となる．よって $G = \operatorname{Ker} f \cdot H$．また，$g \in \operatorname{Ker} f \cap H$ なら，$g = g_1^{m_1} g_2^{m_2} \cdots g_r^{m_r} \in H$ と表せて，$f(g) = f(g_1^{m_1} g_2^{m_2} \cdots g_r^{m_r}) = x_1^{m_1} x_2^{m_2} \cdots x_r^{m_r} = e$．よって $m_1 = m_2 = \cdots = m_r = 0$．つまり，$\operatorname{Ker} f \cap H = \{e\}$ である．G は可換だから，$G = \operatorname{Ker} f \times H$ と分解する．f は全射だから $H \cong F$ も従う．

(3) $r = \operatorname{rank} F$ に関する帰納法で示す．$r = 1$ なら，F の部分群は $\{e\}$ か $\langle x_1^n \rangle$ $(n \neq 0)$ と表せるので，階数 0 もしくは 1 の有限生成自由アーベル群であり主張は成り立つ．$r \geqq 2$ とする．$x_1^{n_1} \cdots x_r^{n_r} \mapsto x_r^{n_r}$ で準同型 $p: A \to \langle x_r \rangle$ を定義する．核 $\operatorname{Ker} p$ は $\langle x_1 \rangle \times \cdots \times \langle x_{r-1} \rangle$ の部分群であり，帰納法の仮定から階数 $r-1$ 以下の有限生成自由アーベル群となる．もし像 $\operatorname{Im} p$ が単位群なら，$A = \operatorname{Ker} p$ なので，階数 $r-1$ 以下の有限生成自由アーベル群である．像が単位群ではない場合，$\operatorname{Im} p = \langle x_r^n \rangle$ となる自然数 n がとれて，階数 1 の有限生成自由アーベル群である．p は A からこの有限生成自由アーベル群への全射であるから，(2) が使えて，A には $\langle x_r^n \rangle$ と同型な部分群 H が存在して，$A \cong \operatorname{Ker} p \times H$ と分解する．$\operatorname{Ker} p$ は階数 $r-1$ 以下，H は階数 1 なので，A は階数 r 以下の有限生成自由アーベル群である．□

問 7.1　有限生成アーベル群の部分群は有限生成であることを示せ．

階数 m の有限生成自由アーベル群 M の 2 つの基底 $(x_1, \ldots, x_m)$，$(x'_1, \ldots, x'_m)$ に対し，$x'_i = \prod_{k=1}^{m} x_k^{p_{ki}}$ で定まる m 次行列 $P = [p_{ki}]$ と $x_i = \prod_{\ell=1}^{m} {x'_\ell}^{p'_{\ell i}}$ で定まる m 次行列 $P' = [p'_{\ell i}]$ をとると，$PP' = I_m$ が成り立ち，$P \in \mathrm{GL}_m(\mathbb{Z})$ である．逆に，$P \in \mathrm{GL}_m(\mathbb{Z})$ と基底 $(x_1, \ldots, x_m)$ から $x'_i = \prod_{k=1}^{m} x_k^{p_{ki}}$ で $(x'_1, \ldots, x'_m)$ を定義すると，${x'_1}^{c_1} {x'_2}^{c_2} \cdots {x'_m}^{c_m} = e$ なら $\sum_{\ell=1}^{m} p_{k\ell} c_\ell = 0$ が成り立つので，P の可逆性から $c_1 = \cdots = c_n = 0$ となり，$M = \langle x'_1 \rangle \times \cdots \times \langle x'_m \rangle$ と分解し，$(x'_1, \ldots, x'_m)$ も M の基底となる．

次に，階数 n の有限生成自由アーベル群 N と，アーベル群の準同型 $f : M \to N$ を考える．N の基底 $(y_1, \ldots, y_n)$ に対し，$f(x_i) = \prod_{s=1}^{n} y_s^{a_{si}}$ で定まる $n \times m$ 行列 $A = [a_{si}]$ を，$(x_1, \ldots, x_m), (y_1, \ldots, y_n)$ に関する f の行列表示という．N の別の基底 $(y'_1, \ldots, y'_n)$ に対して，$y'_s = \prod_{\ell=1}^{n} y_\ell^{q_{\ell s}}$ で n 次行列 Q を定め，$(x'_1, \ldots, x'_m), (y'_1, \ldots, y'_n)$ に関する f の行列表示を B とする．このとき，$AP = QB$ が成り立つ．

問 7.2　$AP = QB$ が成り立つことを自分の手でチェックせよ．

命題 7.3　階数 n の有限生成自由アーベル群 F の部分群 R に対し，F の基底 $(x_1, x_2, \ldots, x_n)$ であって，$(x_1^{d_1}, \ldots, x_k^{d_k})$ が R の基底となり，しかも $d_i | d_{i+1}$ $(i = 1, 2, \ldots, k-1)$ を満たすものが存在する．

証明　F の基底 $\mathcal{Y} = (y_1, \ldots, y_n)$ をとる．R は有限生成自由アーベル群だからその階数を k とおいて，R の基底 $\mathcal{Z} = (z_1, \ldots, z_k)$ をとる．包含写像 $R \to F$ の $\mathcal{Z}, \mathcal{Y}$ に関する行列表示 $A = [a_{ji}]$ は $z_i = y_1^{a_{1i}} y_2^{a_{2i}} \cdots y_n^{a_{ni}}$ から定義される $n \times k$ 行列である．$\mathbb{Z}$ 上の単因子論 (定理 3.10) を適用すると，$PAQ = \left[\begin{array}{c|c} \mathrm{diag}(d_1, \ldots, d_r) & \mathbf{0} \\ \hline \mathbf{0} & \mathbf{0} \end{array}\right]$ となる $P \in \mathrm{GL}_n(\mathbb{Z}), Q \in \mathrm{GL}_k(\mathbb{Z})$ および $d_i | d_{i+1}$ $(1 \leqq i \leqq r-1)$ となるものがと

れる．基底 $\mathcal{Y}$ を P^{-1} でとり替えて得られる F の基底 $(x_1, \ldots, x_n)$ と，$\mathcal{Z}$ を Q でとり替えて得られる R の基底 $(x'_1, \ldots, x'_k)$ を考えると，包含写像の単射性から $k = r$ で，$x'_i = x_i^{d_i}$ $(1 \leqq i \leqq k)$ が成り立つ．□

定理 7.4 (有限生成アーベル群の基本定理) G を有限生成アーベル群とするとき，2 以上の整数 $e_1, e_2, \ldots, e_r$ と 0 以上の整数 s が存在して，

$$G \cong \mathbb{Z}_{e_1} \times \mathbb{Z}_{e_2} \times \cdots \times \mathbb{Z}_{e_r} \times \mathbb{Z}^s$$

かつ $i = 1, 2, \ldots, r-1$ のすべてで e_i が e_{i+1} を割り切るようにとれる．また $\{e_1, e_2, \ldots, e_r\}$ および s は一意的に定まる．

証明　まず，分解の存在を示す．G を N 個の元から生成される有限生成アーベル群とすると，階数 N の有限生成自由アーベル群 F からの全射 $p : F \to G$ が存在する．そこで $R = \operatorname{Ker} p$ を考え，命題 7.3 にある F の基底 $(x_1, \ldots, x_N)$ をとれば

$$G \cong F/R = \langle x_1 \rangle / \langle x_1^{d_1} \rangle \times \cdots \times \langle x_k \rangle / \langle x_k^{d_k} \rangle \times \langle x_{k+1} \rangle \times \cdots \times \langle x_N \rangle$$

である．$\langle x_j \rangle / \langle x_j^{d_j} \rangle \cong C_{d_j} (\cong \mathbb{Z}_{d_j})$ $(1 \leqq j \leqq k)$，$\langle x_j \rangle \cong \mathbb{Z}$ $(k+1 \leqq j \leqq N)$ である．d_i のうちで 1 となっている項は自明であるためとり除けばよい．

次に一意性を示す．一般に，有限生成アーベル群 G 中の位数有限の元全体 $\operatorname{Tor}(G)$ は G の部分群である．分解の存在から，$\operatorname{Tor}(G) \cong \mathbb{Z}_{e_1} \times \cdots \times \mathbb{Z}_{e_r}$ であり，$G/\operatorname{Tor}(G) \cong \mathbb{Z}^s$ と階数 s の有限生成自由アーベル群となる．$\operatorname{Tor}(G)$ は分解のとり方によらずに定まり，階数は一意的だから，s は G から一意に定まる．そこで，有限アーベル群

$$H = C_{e_1} \times \cdots \times C_{e_r} \cong C_{e'_1} \times \cdots \times C_{e'_{r'}} \qquad (e_1 \mid e_2 \mid \cdots \mid e_r,\ e'_1 \mid e'_2 \mid \cdots \mid e'_{r'})$$

となっているとき，$r = r'$ かつ $e_i = e'_i$ であることを示せばよい．

$H_m = \{h \in H \mid h^m = e\}$ とする．$h = h_1 h_2 \cdots h_r$ $(h_i \in C_{e_i})$ と表したとき，$h \in H_m$ とすべての i で $h_i^m = e$ となることは同値であることに注意する．e_1 を割り切る素数 p に対して，C_{e_i} 中の $h_i^p = e$ となる h_i の個数は p 個 (命題 3.5 (3)) だから $|H_p| = p^r$．p が e'_j のどれを割り切るとしても，$|H_p| \leqq p^{r'}$ と押さえられ $r \leqq r'$．役割を入れ替えて $r \geqq r'$ も言えるから $r = r'$ である．そこで $e_1 = e'_1, \ldots, e_{k-1} = e'_{k-1}$ として $e_k = e'_k$ を示す．$1 \leqq i \leqq k-1$ では $e_i | e_k$ だから C_{e_i} の元は e_k 乗し

て e になる．$k \leqq i \leqq r$ では C_{e_i} 中で e_k 乗して e になる元は e_k 個，$C_{e'_i}$ では，e'_i と e_k の最大公約数 m_i 個 (命題 3.5 (3)) だから，$|H_{e_k}| = e_1e_2\cdots e_{k-1}e_k^{r-k+1} = e_1e_2\cdots e_{k-1}m_km_{k+1}\cdots m_r$ となり，$e_k^{r-k+1} = m_km_{k+1}\cdots m_r$．ここで m_i $(k \leqq i)$ は e_k の約数だから $m_i \leqq e_k$ であり，$e_k = m_k$ となるしかない．よって e_k は e'_k を割り切る．役割を入れ替えれば逆向きも言えて $e_k = e'_k$ となる．□

有限生成アーベル群の基本定理は，有限アーベル群の場合を含んでおり，この定理を利用して有限アーベル群の分類ができる．

例題 7.1　p, q を相異なる素数とする．位数 p^4，位数 p^3q^2 のアーベル群をそれぞれ分類せよ．

解　$e_1|e_2|\cdots|e_r$ で分類する．位数 p^4 なら，$(p^4), (p^2, p^2), (p, p^3), (p, p, p^2), (p, p, p, p)$ の 5 通りで，それぞれ $\mathbb{Z}_{p^4}, (\mathbb{Z}_{p^2})^2, \mathbb{Z}_p \times \mathbb{Z}_{p^3}, (\mathbb{Z}_p)^2 \times \mathbb{Z}_{p^2}, (\mathbb{Z}_p)^4$．位数 p^3q^2 なら，(p^3q^2),(p, p^2q^2), (q, p^3q), (pq, p^2q), (p, p, pq^2), (p, pq, pq) の 6 通りで，それぞれ $\mathbb{Z}_{p^3q^2}$, $\mathbb{Z}_p \times \mathbb{Z}_{p^2q^2}$, $\mathbb{Z}_q \times \mathbb{Z}_{p^3q}$, $\mathbb{Z}_{pq} \times \mathbb{Z}_{p^2q}$, $(\mathbb{Z}_p)^2 \times \mathbb{Z}_{pq^2}$, $\mathbb{Z}_p \times (\mathbb{Z}_{pq})^2$．□

注意　有限アーベル群の構造は，次のように述べることもできる．すなわち，素数 $p_1, p_2, \ldots, p_m$ と自然数 $a_1, a_2, \ldots, a_m$ が存在して，$G \cong \mathbb{Z}_{p_1^{a_1}} \times \mathbb{Z}_{p_2^{a_2}} \times \cdots \times \mathbb{Z}_{p_m^{a_m}}$ と直積に分解し，$\{p_1^{a_1}, p_2^{a_2}, \ldots, p_m^{a_m}\}$ は並べ方を除けば一意的に定まる．この書き方でたとえば上の p^3q^2 の場合，それぞれ $\mathbb{Z}_{p^3} \times \mathbb{Z}_{q^2}$, $\mathbb{Z}_{p^2} \times \mathbb{Z}_p \times \mathbb{Z}_{q^2}$, $\mathbb{Z}_{p^3} \times (\mathbb{Z}_q)^2$, $\mathbb{Z}_{p^2} \times \mathbb{Z}_p \times (\mathbb{Z}_q)^2$, $(\mathbb{Z}_p)^3 \times \mathbb{Z}_{q^2}$, $(\mathbb{Z}_p)^3 \times (\mathbb{Z}_q)^2$ となる．中国剰余定理 (命題 3.22) も参照．

命題 7.3 の簡単な応用として次のものもみておこう．

階数 m の有限生成自由アーベル群 M から階数 n の有限生成自由アーベル群 N への群準同型 $f : M \to N$ が与えられたとき，$\operatorname{Im} f$ は N の部分群なので，N の基底 $(y_1, y_2, \ldots, y_n)$ で，$(y_1^{d_1}, y_2^{d_2}, \ldots, y_r^{d_r})$ が $\operatorname{Im} f$ の基底かつ $d_i|d_{i+1}$ $(1 \leqq i \leqq r-1)$ を満たすものがとれる．$d_1, \ldots, d_r$ の中で 1 となるものをとり除いたものを改めて $e_1, \ldots, e_k$ とおけば，有限生成アーベル群 $N/\operatorname{Im} f$ (f の余核とよばれ $\operatorname{Coker} f$ とかかれる) は $N/\operatorname{Im} f \cong \mathbb{Z}_{e_1} \times \cdots \times \mathbb{Z}_{e_k} \times \mathbb{Z}^{n-r}$ と分解する．このことから，たとえば次が得られる．

命題 7.5 階数 n の有限生成自由アーベル群 F に対し，群準同型 $f : F \to F$ を考える．F のある基底に関する f の行列表示を A とする．$\det A \neq 0$ なら，$\operatorname{Coker} f$ は，位数 $|\det A|$ の有限アーベル群である．

証明 $PAQ = \left[\begin{array}{c|c} \operatorname{diag}(d_1, \ldots, d_r) & \mathbf{0} \\ \hline \mathbf{0} & \mathbf{0} \end{array}\right]$ となる $P, Q \in \mathrm{GL}_n(\mathbb{Z})$ がとれて，$\det P$, $\det Q = \pm 1$ であることに注意すると，$0 \neq |\det A| = |\det PAQ|$ だから $n = r$. $d_1, \ldots, d_n$ から 1 となるものをとり除いて $e_1, \ldots, e_k$ とすれば，$\operatorname{Coker} f \cong \mathbb{Z}_{e_1} \times \cdots \times \mathbb{Z}_{e_k}$ で，$|\operatorname{Coker} f| = e_1 \cdots e_k = d_1 \cdots d_n = \det A$. □

例題 7.2 行列 $A = \begin{bmatrix} 5 & 4 & 3 & 1 \\ 12 & 4 & 2 & 4 \\ 6 & 12 & 10 & 4 \\ -3 & 12 & 11 & 5 \end{bmatrix}$ の左からの掛け算で定まるアーベル群の準同型 $f_A : \mathbb{Z}^4 \to \mathbb{Z}^4$ について，有限生成アーベル群 $\operatorname{Coker} f$ の構造を調べよ．

解 まず整数を成分とする基本行列を右から掛けて列基本変形して

$$A \to \begin{bmatrix} 1 & 0 & 0 & 0 \\ 4 & -8 & -12 & -10 \\ 4 & -14 & -4 & -2 \\ 5 & -28 & -8 & -4 \end{bmatrix} \to \begin{bmatrix} 1 & 0 & 0 & 0 \\ 4 & 2 & -2 & -10 \\ 4 & -12 & -2 & -2 \\ 5 & -24 & -4 & -4 \end{bmatrix} \to \begin{bmatrix} 1 & 0 & 0 & 0 \\ 4 & 2 & 0 & 0 \\ 4 & 2 & -14 & 8 \\ 5 & 4 & -28 & 16 \end{bmatrix}$$

$$\to \begin{bmatrix} 1 & 0 & 0 & 0 \\ 4 & 2 & 0 & 0 \\ 4 & 2 & 2 & 8 \\ 5 & 4 & 4 & 16 \end{bmatrix} \to \begin{bmatrix} 1 & 0 & 0 & 0 \\ 4 & 2 & 0 & 0 \\ 4 & 2 & 2 & 0 \\ 5 & 4 & 4 & 0 \end{bmatrix} \qquad \therefore\ Q = \begin{bmatrix} 0 & 0 & 1 & -4 \\ 0 & -1 & -9 & 31 \\ 0 & 1 & 10 & -34 \\ 1 & 1 & 1 & -2 \end{bmatrix}.$$

次に，整数を成分とする基本行列を左から掛けることで行基本変形を行って

$$\begin{bmatrix} 1 & 0 & 0 & 0 \\ 4 & 2 & 0 & 0 \\ 4 & 2 & 2 & 0 \\ 5 & 4 & 4 & 0 \end{bmatrix} \to \begin{bmatrix} 1 & 0 & 0 & 0 \\ 0 & 2 & 0 & 0 \\ 0 & 0 & 2 & 0 \\ 0 & 0 & 0 & 0 \end{bmatrix} \qquad \therefore\ P = \begin{bmatrix} 1 & 0 & 0 & 0 \\ -4 & 1 & 0 & 0 \\ 0 & -1 & 1 & 0 \\ 3 & 0 & -2 & 1 \end{bmatrix}.$$

よって，$d_1 = 1, d_2 = 2, d_3 = 2$ であり，$\operatorname{Coker} f \cong \mathbb{Z}_2 \times \mathbb{Z}_2 \times \mathbb{Z}$. $\mathbb{Z}^4$ の自然な基底 $(\boldsymbol{e}_1, \boldsymbol{e}_2, \boldsymbol{e}_3, \boldsymbol{e}_4)$ に関する行列表示が A なので，行列表示が $\operatorname{diag}(1, 2, 2, 0)$

となるような値域の $\mathbb{Z}^4$ の基底を求めるには，P^{-1} を計算すればよい．$P^{-1} = \begin{bmatrix} 1 & 0 & 0 & 0 \\ 4 & 1 & 0 & 0 \\ 4 & 1 & 1 & 0 \\ 5 & 2 & 2 & 1 \end{bmatrix}$ だから，$(\boldsymbol{e}_1 + 4\boldsymbol{e}_2 + 4\boldsymbol{e}_3 + 5\boldsymbol{e}_4, \boldsymbol{e}_2 + \boldsymbol{e}_3 + 2\boldsymbol{e}_4, \boldsymbol{e}_3 + 2\boldsymbol{e}_4, \boldsymbol{e}_4)$ が値域の基底である．つまり $\mathrm{Coker}\, f$ は，$\overline{\boldsymbol{e}_2 + \boldsymbol{e}_3 + 2\boldsymbol{e}_4}, \overline{\boldsymbol{e}_3 + 2\boldsymbol{e}_4}$ の生成する $\mathbb{Z}_2 \times \mathbb{Z}_2$ に同型なねじれ部分と $\overline{\boldsymbol{e}_4}$ で生成される $\mathbb{Z}$ と同型な自由部分からなる．□

注意 この例題は，x, y, z, w で生成される有限生成自由アーベル群を，$5x + 4y + 3z + w = 0, 12x + 4y + 2z + 4w = 0, 6x + 12y + 10z + 4w = 0, -3x + 12y + 11z + 5w = 0$ という 4 つの関係式で割ってできる有限生成アーベル群の構造を調べていると言い換えることもできる．

問 7.3 (この問では，アーベル群の演算を加法的にかく．)

$p \in \mathbb{Z}$ に対して，有限階数の有限生成自由アーベル群 G_p と，アーベル群の準同型 $\partial_p : G_p \to G_{p-1}$ が与えられ，

$$\cdots \to G_{p+1} \xrightarrow{\partial_{p+1}} G_p \xrightarrow{\partial_p} G_{p-1} \to \cdots$$

において $\partial_p \circ \partial_{p+1} = 0$ がすべての $p \in \mathbb{Z}$ で成り立つとき，$\{G_p, \partial_p\}_{p \in \mathbb{Z}}$ を，有限生成自由アーベル群の**鎖複体**とよぶ．このとき，$G_p = U_p \oplus V_p \oplus W_p$ と分解し，$\partial_{p+1}(U_{p+1}) \subset W_p$ かつ $\partial_p(V_p) = \partial_p(W_p) = 0$ であって，U_{p+1} と W_p の基底をうまくとると，$\partial_{p+1}|_{U_{p+1}} : U_{p+1} \to W_p$ の行列表示が $\mathrm{diag}(d_1, \ldots, d_\ell)$ ($d_i \in \mathbb{Z}_{\geqq 1}$, $d_i | d_{i+1}$ ($1 \leqq i \leqq \ell - 1$)) となるようにできることを示せ．またこのときこの鎖複体の p 次**ホモロジー群** $H_p = \mathrm{Ker}\, \partial_p / \mathrm{Im}\, \partial_{p+1}$ は，d_i のうち 1 となっているものを取り除いた $e_1, \ldots, e_r$ について，$H_{p-1} \cong V_{p-1} \oplus \mathbb{Z}_{e_1} \oplus \cdots \oplus \mathbb{Z}_{e_r}$ となることを示せ．

7.2 自由群と基本関係式

まず，集合 S を生成元とする群の中で最も普遍的な群を導入しよう．

集合 S の元 x ごとに，形式的な元 x^{-1} を用意して，それらの全体を $S^{-1} = \{x^{-1} \mid x \in S\}$ とかく．S の元と S^{-1} の元を有限個並べてできる列を S 上の**語**とよぶ．たとえば，$S = \{a, b, \ldots\}$ のとき，a, b, ab, bba や $a^{-1}ba, ab^{-1}aaab$ などは S 上の語である．何も並べない場合を**空語**とよび，$\varnothing$ とかく．これも語の 1 つと考

えることにする．

S 上の語 w が与えられたとき，$xx^{-1}, x^{-1}x$ $(x \in S)$ をとり除けるだけとり除く操作を**簡約**とよび，その結果得られる語 $\widetilde{w}$ を w の**簡約語**という．$S = \{a, b, \ldots\}$ のとき，$w = aba^{-1}a^{-1}bb^{-1}aaab$ の簡約語は，$\widetilde{w} = abab$ である．

補題 7.6 語 w の簡約語 $\widetilde{w}$ は，簡約のやり方によらず一意的に決まる．

証明 語の長さ，すなわち $S \cup S^{-1}$ の元を並べた個数に関する帰納法で示す．

長さが $0, 1$ の語は簡約語なので示すべきことはない．w を長さ 2 以上の語とする．w が簡約語ではないとき，隣り合った元同士で簡約できる箇所が 1 か所しかないなら，そこを簡約すると長さが 2 減るので帰納法の仮定が使える．隣り合った元同士で簡約できる箇所が 2 か所以上ある場合を考える．

$\cdots x^{-1}xx^{-1}\cdots$ となっている場合は，$x^{-1}x$ と xx^{-1} のどちらを簡約しても，$\cdots x^{-1}\cdots$ となり，長さが 2 減って帰納法の仮定が使える．($\cdots xx^{-1}x\cdots$ の場合も $\cdots x\cdots$ となって同様である．) $w = w_0xx^{-1}w_1yy^{-1}w_2$ $(w_0, w_1, w_2$は語$)$ の場合は，$w' = w_0w_1yy^{-1}w_2$ も $w'' = w_0xx^{-1}w_1w_2$ も長さが 2 減って帰納法の仮定から簡約のやり方によらず簡約語が決まる．その簡約語は，w' から yy^{-1} を簡約した語でもあり w'' から xx^{-1} を簡約した語でもある $w''' = w_0w_1w_2$ の簡約語に一致する．したがって，w の簡約語は簡約のやり方によらない．($w = w_0x^{\pm 1}x^{\mp 1}w_1y^{\pm 1}y^{\mp 1}w_1$ の形の簡約できるどの場合もこれと同様に考えればよい．) □

この補題から，3 つの語 w_1, w_2, w_3 を並べてできる語 $w_1w_2w_3$ を，先に w_1w_2 を簡約して $\widetilde{w}$ とし $\widetilde{w}w_3$ を簡約するのと，先に w_2w_3 を簡約して $\widetilde{w'}$ とし $w_1\widetilde{w'}$ を簡約するのとで得られる簡約語が変わらないことが従い，語を並べて簡約する操作は，集合 S 上の簡約語全体に結合法則を満たす二項演算を定める．

定義 7.7 集合 S 上の 2 つの簡約語 w_1, w_2 に対し，w_1 と w_2 をこの順に並べてできる語 w_1w_2 の簡約語 $\widetilde{w}$ を考える．$w_1 \circ w_2 = \widetilde{w}$ と定義することで，集合 S 上の簡約語の全体は群をなす．単位元は空語 $\varnothing$ であり，$x_1x_2\cdots x_m$ $(x_i \in S \cup S^{-1})$ の逆元は，$x_m^{-1}\cdots x_2^{-1}x_1^{-1}$ である．(ただし，$x^{-1} \in S^{-1}$ のとき，$(x^{-1})^{-1}$ は $x \in S$ であると考える．) この群を S 上の**自由群**とよび，$F(S)$ とかく．

S の元はそれ 1 つで簡約語であるから，$\iota : S \to F(S)$ という自然な単射がある．自由群 $F(S)$ が，S を生成元とする群の中で最も普遍的とは，次の性質が成り立つことをいう．

命題 7.8 (1) 群 G と写像 $f : S \to G$ に対して，準同型写像 $\overline{f} : F(S) \to G$ であって，$\overline{f} \circ \iota = f$ となるものが一意的に存在する．

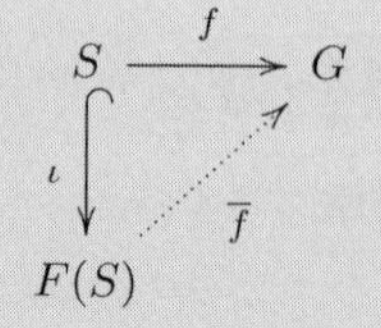

(2) S, T が有限集合のとき，$F(S) \cong F(T)$ であるための必要十分条件は $|S| = |T|$ である．

証明 (1) 条件を満たすためには，$x \in S$ に対し，$\overline{f}(x) = f(x), \overline{f}(x^{-1}) = f(x)^{-1}$ とし，これを拡張して，$\overline{f}(x_1 x_2 \cdots x_m) = f(x_1) f(x_2) \cdots f(x_m)$ $(x_i \in S \cup S^{-1})$ と定義するしかなく，$\overline{f}(x_i)\overline{f}(x_i^{-1}) = e_G$ などに注意すれば，$\overline{f}(w_1 \circ w_2) = \overline{f}(\widetilde{w}) = \overline{f}(w_1)\overline{f}(w_2)$ も成り立って，$\overline{f}$ は準同型である．

(2) 写像 $S \to \mathbb{Z}_2$ の総数は $2^{|S|}$ 個である．(1) から，準同型 $F(S) \to \mathbb{Z}_2$ も同じだけある．もし $F(S) \cong F(T)$ なら $\mathbb{Z}_2$ への群の準同型写像の個数は等しくなければならないから $2^{|S|} = 2^{|T|}$ となり $|S| = |T|$ である．

逆に，$|S| = |T|$ のとき，全単射 $j : S \to T$ を 1 つとって $T \hookrightarrow F(T)$ と合成して $\phi : S \to F(T)$ を作ると，(1) から $\overline{\phi} : F(S) \to F(T)$ が得られる．また j^{-1} と $S \hookrightarrow F(S)$ を合成して $\psi : T \to F(S)$ を作ると，(1) から $\overline{\psi} : F(T) \to F(S)$ が得られる．他方，(1) で $G = F(S), f = i$ をとったとき，$\mathrm{id}_{F(S)}$ も $\overline{\psi} \circ \overline{\phi}$ も $\overline{f}$ の条件を満たすので，一意性から $\overline{\psi} \circ \overline{\phi} = \mathrm{id}_{F(S)}$．$\overline{\phi} \circ \overline{\psi} = \mathrm{id}_{F(T)}$ も同様に示せるので，$\overline{\phi}, \overline{\psi}$ は互いに逆写像を与え，$F(S) \cong F(T)$． □

$|S| = n$ のとき，S 上の自由群を F_n とかいて階数 n の自由群とよぶ．F_1 は，$\{x^n \ (n \in \mathbb{Z})\}$ であり，無限巡回群 $\mathbb{Z}$ と同型，とくに可換群である．$n \geqq 2$ では，F_n は非可換群である．なお，次の定理が知られている．この定理の証明には立ち入らない (たとえば，[16], [10] 参照)．

定理 7.9 (ニールセン–シュライアーの定理) 自由群の部分群は自由群である．

われわれの目標は，群を自由群の商として記述する方法を得ることである．

群 G の生成系 S に対し，S の元を G の元とみる写像 $f: S \to G$ から準同型 $\overline{f}: F(S) \to G$ が得られる．S が G の生成系だから，G の元は $S \cup S^{-1}$ の元の積として表されるので，$\overline{f}$ は全射である．したがって，$F(S)/\operatorname{Ker}\overline{f} \cong G$ となる．

定義 7.10 S 上の簡約語からなる集合 R に対し，R を含む最小の正規部分群 N が $\operatorname{Ker}\overline{f}$ に一致するとき，G は S を生成系とし，R を**基本関係式**に持つ群であるという．この群を，S の元と R の元を並べて $\langle S|R\rangle$ とかく．

集合 S から群 H への写像 $\varphi: S \to H$ が与えられ，$\overline{\varphi}: F(S) \to H$ が全射であるとする．このとき，$\operatorname{Ker}\overline{\varphi}$ が R を含むなら，R を含む最小の正規部分群 $N \subset \operatorname{Ker}\overline{\varphi}$ である．命題 6.11 より，$\overline{\varphi}$ は，$F(S)/N$ を経由して準同型写像 $\overline{\overline{\varphi}}: F(S)/N \to H$ を得る．$\overline{\varphi}$ が全射なので $\overline{\overline{\varphi}}$ も全射である．つまり R を基本関係式とする群 $F(S)/N$ は，生成元の間に同じ関係式が成り立つ群の中で最も普遍的な群である．

例題 7.3 位数 $2n$ の二面体群 $D_n \cong \langle x, y \mid x^n, y^2, xyxy^{-1}\rangle$ を示せ．

解 $c = R_{2\pi/n}, r = \sigma_{\pi/n} \in D_n$ が $c^n = e$, $r^2 = e$ および $crcr = e$ を満たすので，$x \mapsto c$, $y \mapsto r$ とすれば，$S = \{x, y\}$ を生成系とし $R = \{x^n, y^2, xyxy^{-1}\}$ を基本関係式とする群 G からの全射準同型 $G \to D_n$ が存在する．これが同型であることを示すには，$|G| \leqq |D_n| = 2n$ を言えばよい．自然な全射 $\pi: F(S) \to F(S)/N = G$ に関する $w \in F(S)$ の像を $\overline{w}$ とかくと，G 中で $\overline{x}^n = \overline{y}^2 = \overline{x}\,\overline{y}\,\overline{x}\,\overline{y}^{-1} = e$ が成り立つ．これは $\overline{x}\,\overline{y} = \overline{y}\,\overline{x}^{-1}$ であり，G の元の $\overline{x}$ をすべて左へ入れ替えることにより，G の元を $\overline{x}^i\overline{y}^j$ $(0 \leqq i \leqq n-1, 0 \leqq j \leqq 1)$ の形に変形できる．したがって，$|G| \leqq 2n$．（例 3.18 は本質的にこの議論だった．）□

注意 S を生成系，R を基本関係式とする群を $\langle S|R\rangle$ とかくのが正式だが，R の各元 $= e$ の形やそれと同値な変形を行った形，たとえば上の例題で $\langle x, y \mid x^n = y^2 = xyxy^{-1} = e\rangle$ や $\langle x, y \mid x^n = y^2 = e, yxy = x^{-1}\rangle$ のような形でかいてしまうことも多い．

同じ群でも異なる生成系と基本関係式がとれる．たとえば，$n \geqq 3$ で $G' = \langle s, t \mid s^2 = t^2 = (st)^n = e\rangle$ も D_n と同型になる．実際，$s = r, t = rc$ とすると

$s^2 = e, t^2 = rcrc = e, (st)^n = c^n = e$ となるので，G' から D_n への全射がある．$|G'| \leqq 2n$ であることを示せば $G' \cong D_n$ と言える．$s^2 = t^2 = e$ だから G' の元は，$(st)^j, (st)^j s, t(st)^j, t(st)^j s$ のいずれかの形になる．しかし，$(st)^n = e$ だから $(st)(st)^{n-1} = e$ なので $(st)^{n-1} = ts$ であり，$(ts)^k$ は $(st)^j$ の形に書き直せる．したがって G' の元は，$(st)^j, (st)^j s\ (0 \leqq j \leqq n-1)$ の形になり，$|G'| \leqq 2n$ となる．

例題 7.4 n 次対称群 $\mathfrak{S}_n$ は，次の生成元と基本関係式で定義される群 G と同型であることを示せ．

$$\left\langle s_1, s_2, \ldots, s_{n-1} \,\middle|\, \begin{array}{l} s_i^2\ (1 \leqq i \leqq n-1), \qquad (s_i s_j)^2\ (1 \leqq i, j \leqq n-1,\ |j-i| > 1), \\ (s_i s_{i+1})^3\ (1 \leqq i \leqq n-2) \end{array} \right\rangle$$

解 $\mathfrak{S}_n$ の隣接互換 $s_i = (i, i+1)$ が与えられた関係式を満たすので，$|G| \leqq n!$ を示せばよい．n に関する帰納法で示すこととし，$H = \langle s_1, \ldots, s_{n-2} \rangle$ をとる．H は帰納法の仮定が使えて $|H| \leqq (n-1)!$ が成り立つ．そこで，G の H に関する n 個の右剰余類の集合

$$\mathcal{R} = \{H,\ \ s_{n-1}H,\ \ s_{n-2}s_{n-1}H,\ \ldots,\ \ s_1 s_2 \cdots s_{n-1}H\}$$

を考える．G の生成元およびその逆元でこれらの剰余類を動かしたとき，新しい剰余類が現れないことが言えれば，$G = H \cup \displaystyle\bigcup_{i=1}^{n-1} s_i s_{i+1} \cdots s_{n-1} H$ が言えて，$|G| \leqq n \cdot (n-1)! = n!$ が成り立つ．今の場合 $s_i^{-1} = s_i$ なので，$s_j H$, $s_j(s_i s_{i+1} \cdots s_{n-1} H)$ だけ考えればよい．

$s_j H = H\ (j = 1, \ldots, n-2)$, $s_{n-1}H$ はいずれも $\mathcal{R}$ に入る．

$j \leqq i-2$ の場合，$s_i, \ldots, s_{n-1}$ すべてと可換なので，$s_j(s_i s_{i+1} \cdots s_{n-1} H) = s_i s_{i+1} \cdots s_{n-1} s_j H = s_i s_{i+1} \cdots s_{n-1} H \in \mathcal{R}$.

$j = i-1$ なら $s_{i-1}(s_i s_{i+1} \cdots s_{n-1} H) \in \mathcal{R}$.

$j = i$ のとき，$s_i(s_i s_{i+1} \cdots s_{n-1} H) = s_{i+1} \cdots s_{n-1} H \in \mathcal{R}$.

$j \geqq i+1$ のとき，$s_j(s_{j-1} s_j s_{j+1}) = s_{j-1} s_j s_{j-1} s_{j+1} = (s_{j-1} s_j s_{j+1}) s_{j-1}$ であり，s_{j-1} は $s_{j+2}, \ldots, s_{n-2}$ と可換であることに注意すれば

$$s_j(s_i s_{i+1} \cdots s_{n-1} H) = s_i s_{i+1} \cdots s_{n-1} s_{j-1} H = s_i s_{i+1} \cdots s_{n-1} H \in \mathcal{R}.$$

よって s_j で右剰余類を動かしても新たな剰余類は現れないことが示された．□

問 7.4 環積 $(\mathbb{Z}_2)^n \rtimes \mathfrak{S}_n$ は，次の生成元と基本関係式で定義される群と同型であることを示せ．

$$\left\langle s_0, s_1, \dots, s_{n-1} \;\middle|\; \begin{array}{c} s_i^2\ (0 \leqq i \leqq n-1), \quad (s_i s_j)^2\ (0 \leqq i, j \leqq n-1,\ |j-i| > 1), \\ (s_0 s_1)^4, \quad (s_i s_{i+1})^3\ (1 \leqq i \leqq n-2) \end{array} \right\rangle.$$

一般には，何らかの方法で定義された群に対して，扱いやすい生成元と基本関係式を決定することは容易ではない．(たとえば [7] でさまざまな具体例が丁寧に解説されている．) また逆に，生成元と基本関係式が与えられた群の構造を決めることは，有限群か無限群かを決定することさえ容易でははない．

例 7.1 群 $G = \langle a, b, c \mid a^2, b^2, c^2, (ab)^3, (bc)^3, (ca)^3 \rangle$ を考える．$(ca)^3$ の代わりに $(ca)^2$(つまり a, c が可換) としていたのが 4 次対称群 $\mathfrak{S}_4$ である (例題 7.4)．次図のように，平面上で縦方向の中細線に関する線対称移動 r，点線に関する線対称移動 s，太線に関する線対称移動 t を考え，ユークリッドの運動群 $E(\mathbb{R}^2)$ の中でこの 3 つの元で生成される $H = \langle r, s, t \rangle$ を考える．

r, s, t が $r^2 = s^2 = t^2 = (rs)^3 = (st)^3 = (tr)^3 = e$ を満たすことは図からも簡単に確かめられる．したがって，G から H へ全射がある．他方，図の e の書き込まれた正三角形領域を，r, s, t を用いて，平面上に敷き詰められた正三角形格子のすべての正三角形へ移動できることも確かめられるから，H は無限群である．

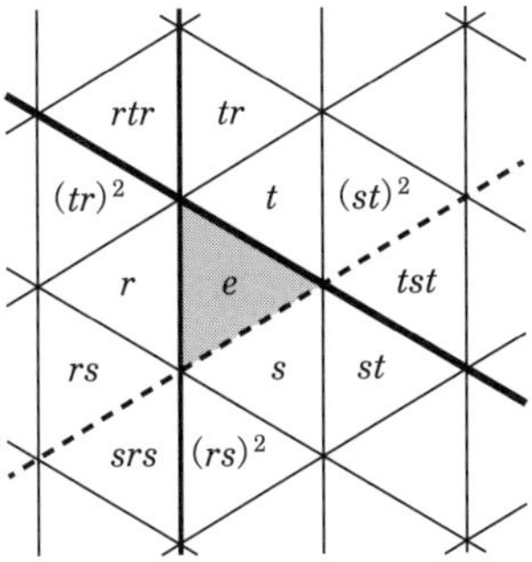

このことから，少なくとも G は無限群でなければならない．この H のような群は，線対称移動 = 鏡映で生成される無限**鏡映群**の一例であり，対称群の拡張として数学のいろいろな場面で登場するだけでなく，平面や空間の周期構造の持つ対称性を調べる観点への応用もある (たとえば [11]).

群 G とその部分群 H が与えられたとき，指数 $[G:H]=n$ が有限であれば，G の右剰余類集合 G/H への左からの推移的な作用は，G の置換表現 $G\to\mathfrak{S}_n$ を引き起こす．G が生成元と基本関係式で定義された群の場合，部分群 H が指数有限になっていれば，その指数 $[G:H]$ と置換表現を求めることができるアルゴリズムがあり，**コクセター–トッドのアルゴリズム**とよばれている．本質的には，G の基本関係式は G/H の各元に自明に作用し，H の生成元は H を固定するという条件の下で，可能な右剰余類の候補を順番に探していくものである．

以下の 2 つの例に限り，表の見栄えの観点から x^{-1},y^{-1} をそれぞれ $\overline{x},\overline{y}$ と略記する．

例 7.2　$G=\langle x,y|x^{-4}y^{-1}x^4y,y^{-4}x^{-1}y^4x\rangle$, $H=\langle y^{-1}x,y^{-2}x^2,x^{-3}yx^3,y^{-3}xy^3\rangle$ を考える．まず G の基本関係式と H の生成元を並べた表を用意する．1 を右剰余類 H とする．H に左から G の生成元とその逆元を掛けて生じる新たな右剰余類の候補に番号を振っていく．ここで ${}_a{}^{g}{}_b$ を b で番号付けられた右剰余類の候補が g を左から掛けることで a で番号付けられた右剰余類に移ることを表すことにする．G の基本関係式も，H の生成元も右側の元から順に $1=H$ に掛けていくと最後は $1=H$ に戻らなくてはならないから，表の両端に 1 を記入する．

$2=xH$ とする．新しい剰余類の候補 2 を導入したら，基本関係式の表に 2 段目を追加する．基本関係式はどの右剰余類にも自明に作用するはずだから，2 段目の両端に 2 を記入しておく．(H の生成元の方は H 以外の剰余類には自明に作用するとは限らないので段は増やさなくてよい．) また，$x^{-1}2=1$ でもあるので，${}_2{}^{x}{}_1$ と ${}_1{}^{\overline{x}}{}_2$ で決まる箇所に 2 を書き込む．すると左端で ${}_1{}^{\overline{y}}{}_2$ ができたので $y^{-1}2=1, 2=y1$ が得られるから ${}_2{}^{y}{}_1$ で決まる箇所にもすべて 2 を記入する．

	$\overline{y}$		x	
1		2		1

	$\overline{y}$		$\overline{y}$		x		x	
1		2				2		1

	$\overline{x}$		$\overline{x}$		$\overline{x}$		y		x		x		x	
1		2										2		1

	$\overline{y}$		$\overline{y}$		$\overline{y}$		x		y		y		y	
1		2										2		1

$\overline{x}$	$\overline{x}$	$\overline{x}$	$\overline{x}$	$\overline{y}$	x	x	x	x	y	
1	2								2	1
2										2

$\overline{y}$	$\overline{y}$	$\overline{y}$	$\overline{y}$	$\overline{x}$	y	y	y	y	x	
1	2								2	1
2										2

次に $3 = x2$ とおく (つまり $3 = x(xH) = x^2H$). H の生成元の 2 つめの表で $y^{-1}3 = 2$ がわかる. さらに $4 = x3$ とおく (つまり $4 = x^3H$). H の生成元の 3 つめの表で $4 = y4$ がわかる. $5 = y3$ とおく (つまり $5 = yx^2H$). H の生成元の 4 つめの表で $5 = x5$ がわかる.

$\overline{y}$	x	
1	2	1

$\overline{y}$	$\overline{y}$	x	x	
1	2	3	2	1

$\overline{x}$	$\overline{x}$	$\overline{x}$	y	x	x	x	
1	2	3	4	4	3	2	1

$\overline{y}$	$\overline{y}$	$\overline{y}$	x	y	y	y	
1	2	3	5	5	3	2	1

$\overline{x}$	$\overline{x}$	$\overline{x}$	$\overline{x}$	$\overline{y}$	x	x	x	x	y	
1	2	3	4				4	3	2	1
2	3	4						4	3	2
3	**4**	**1**	2	3	5	5	5	5	5	3
4									4	4
5	5	5	5	5	1				1	5

$\overline{y}$	$\overline{y}$	$\overline{y}$	$\overline{y}$	$\overline{x}$	y	y	y	y	x	
1	2	3	5	1	2	1	5	3	2	1
2	3	5	1	2	3	2	1	5	3	2
3	5	1	2	3	4	4	4	4	4	3
4	4	4	4	4						4
5	1	2	3	5	5	3	2	1	5	5

ここまでの結果をすべて書き込むと基本関係式の 1 つめの表で $4 = x^{-1}1$ がわかる. これによってさらに新たな右剰余類なしにすべての欄を埋めることができる.

$\overline{x}$	$\overline{x}$	$\overline{x}$	$\overline{x}$	$\overline{y}$	x	x	x	x	y	
1	2	3	4	1	2	1	4	3	2	1
2	3	4	1	2	3	2	1	4	3	2
3	4	1	2	3	5	5	5	5	5	3
4	1	2	3	4	4	3	2	1	4	4
5	5	5	5	5	1	4	3	2	1	5

$\overline{y}$	$\overline{y}$	$\overline{y}$	$\overline{y}$	$\overline{x}$	y	y	y	y	x	
1	2	3	5	1	2	1	5	3	2	1
2	3	5	1	2	3	2	1	5	3	2
3	5	1	2	3	4	4	4	4	4	3
4	4	4	4	4	1	5	3	2	1	4
5	1	2	3	5	5	3	2	1	5	5

まとめると $1 = H, 2 = xH, 3 = x^2H, 4 = x^3H, 5 = yx^2H$ という右剰余類に対して, x は $1 \mapsto 2 \mapsto 3 \mapsto 4 \mapsto 1, 5 \mapsto 5$, y は $1 \mapsto 2 \mapsto 3 \mapsto 5 \mapsto 1, 4 \mapsto 4$ と動かしている. これらのことから, $[G : H] = 5$ で (e, x, x^2, x^3, yx^2) が G/H の完全代表系としてとれて, G の G/H への作用から $x \mapsto (1234), y \mapsto (1235)$ という置換表現 $G \to \mathfrak{S}_5$ が得られる. また, この置換表現を用いると, $x^{10}y^{10}x^{-10}y^{-10} \mapsto (1234)^{10}(1235)^{10}(1234)^{-10}(1235)^{-10} = (13)(24)(13)(25)(13)(24)(13)(25) = (245)$

$\neq e$ のように，$x^{10}y^{10}x^{-10}y^{-10}$ が G 中で非自明な元であることもわかる[1]．

この例で考えた方法は，より一般に，剰余類 H を 1 とおくことから始めて，G のすべての生成元が置換で作用する集合 $I = \{1, 2, \ldots, n\}$ であって，G のすべての基本関係式が I の各元に自明に作用し，H の生成元は $1 = H$ を固定していて，しかも G の I への作用が推移的となるものを構成する方法である．このとき，G の右剰余類集合 G/H へ，G の作用を保つ写像 $\phi : I \to G/H$ で $\phi(1) = H$ となっているものが定まる．推移性と G の作用を保つことから ϕ は全単射である．したがって，$[G : H] = n$ であり，G の I への作用によって，$G \to \mathfrak{S}_n$ という置換表現が得られる．$H = \{e\}$ としてこの方法を用い，表が完成すれば，G は有限群とわかる．

なお，表を作る過程で右剰余類の候補のうちのいくつかが一致しなければならなくなることもある．その場合には，表を書き直してから続ければよい．以下では，すべての右剰余類の候補が一致してしまう例をみる．

例 7.3　$G = \langle x, y \mid xy^2 = y^3x, yx^2 = x^3y \rangle$，$H = \langle x \rangle$ を考える．$1 = H$ とする．$x^{-1}H = xH = H$ である．次に，$2 = y^{-1}H$ とおく．$y^{-1}1 = 2, y2 = 1$ である．$3 = x2$ とおく．3 番目の表の 1 段目で $x3 = 2$ とわかる．(ここまでの経過が細字の数字で表されている．) $4 = y^{-1}2, 5 = y^{-1}3$，さらに $6 = y^{-1}4$ とおく．$x^{-1}6 = 4$ である．$x4 = 6$ でもある．すると $x6 = 5$ でなければならない．(ここまでの経過が太字の数字で表されている．以降で埋まる箇所は網掛けの数字で表す．) $7 = x^{-1}4$ とおく．2 番目の表で $x5 = 7$ がわかる．さらに 2 番目の表の 4 段目が決まり $y^{-1}6 = 7$ となる．このとき 1 番目の表の 2 段目で $y5 = 5$ という一致が生じる．$y5 = 3$ だったから $3 = 5$ となる．$x^{-1}3 = 2$ と $x^{-1}5 = 6$ から $2 = 6$ である．$y2 = 1, y6 = 4$ から $1 = 4$ である．$x^{-1}1 = 1, x^{-1}4 = 7, x^{-1}7 = 5, x^{-1}5 = 6$ から $1 = 7 = 5 = 6$ である．よってすべての剰余類の候補が 1 に一致した．これは H に関する右剰余類集合 G/H が自明であることを意味し，$G = H$ である．

1] Conway-Lagarias によって最初に言及された，タイルによる敷き詰め問題への群論の応用の中で，4×1 のタイルで 10×10 の盤を敷き詰めることが不可能であることの群論的証明に使われている．ここでは M. Reid "Tile homotopy groups", *L'Enseignement Mathematique* 49 (2003). no.1-2, pp.123-155 によった．

x	
1	1

	x	y	y	$\overline{x}$	$\overline{y}$	$\overline{y}$	$\overline{y}$
1	1	2	**4**	**6**	**4**	2	1
2	3	**5**	5	7	**6**	**4**	2
3	2	**4**				**5**	3
4							**4**
5							**5**
6							**6**
7							7

	y	x	x	$\overline{y}$	$\overline{x}$	$\overline{x}$	$\overline{x}$
1	2	3	2	1	1	1	1
2	**4**	7	**5**	3	2	3	2
3	**5**	**6**	**4**	2	3	2	3
4	**6**	**4**	7	6	5	7	**4**
5							**5**
6							**6**
7							7

このとき，G は x で生成されるので，$y = x^j$ とおくと，$x^j x^2 = x^3 x^j$ から $x = e$ となるしかない．よって G は自明な群となる．

問 7.5 次で与えられる G とその部分群 H, K に対して，コクセター–トッドのアルゴリズムを用いてその指数と G の置換表現を決定せよ．

(1) $G = \langle x, y, z \mid x^2 = y^3 = z^5 = xyz = e\rangle$，$H = \langle x, zyz^{-1}\rangle$，$K = \langle x, yxz\rangle$．

(2) $G = \langle x, y \mid xy^3x^{-1}y^{-3}, x^3yx^{-3}y^{-1}, xyxyx^{-1}yx^{-1}y^{-1}x^{-1}y^{-1}xy^{-1}\rangle$，
$H = \langle x^{-1}yx, y^{-1}xy, x^{-2}yx^2\rangle$．

問 7.6 $G = \langle x, y \mid yx = xy^2, zy = yz^2, xz = zx^2\rangle$ とし，$H = \langle x, y\rangle$ を利用して，G が自明な群となることを示せ．

定義 7.11 S_i を生成系とし R_i を基本関係式とする群 G_i を考える $(i = 1, 2)$．このとき，$S_1 \sqcup S_2$ を生成元の集合とし，$R_1 \sqcup R_2$ を基本関係式とする群 G を G_1, G_2 の**自由積**とよび，$G_1 * G_2$ とかく．

定理 7.12 (ピンポン補題) G の 2 つの部分群 G_1, G_2 は，$|G_1| \geqq 3, |G_2| \geqq 2$ かつ G を生成しているとする．群 G が集合 X に作用し，X の 2 つの空でない部分集合 X_1, X_2 で

(i) $X_1 \cap X_2 = \varnothing$

(ii) 単位元と異なる任意の $g \in G_2$ に対して，$gX_1 \subset X_2$

(iii) 単位元と異なる任意の $g \in G_1$ に対して，$gX_2 \subset X_1$

を満たすものが存在するとき，G は G_1, G_2 の自由積 $G_1 * G_2$ と同型である．

証明 $G_1\backslash\{e\}$ と $G_2\backslash\{e\}$ の元を交互に掛けた G の元が単位元にならないことを言えばよい．以下では，$x_i \in G_1\backslash\{e\}$, $y_j \in G_2\backslash\{e\}$ とする．

G の元 $w = x_1y_1\cdots x_{k-1}y_{k-1}x_k$ をとると，(iii), (ii) を繰り返し使い

$$\begin{aligned}w(X_2) &= x_1y_1\cdots x_{k-1}y_{k-1}x_k(X_2) \subset x_1y_1\cdots x_{k-1}y_{k-1}(X_1)\\ &\subset x_1y_1\cdots x_{k-1}(X_2) \subset \cdots \subset x_1(X_2) \subset X_1\end{aligned}$$

となる．(i) より $X_1 \cap X_2 = \varnothing$ だから $w \neq e$ である．

$w = y_1x_1\cdots y_{k-1}x_{k-1}y_k$ なら，$x \in G_1\backslash\{e\}$ をとって xwx^{-1} に上の議論が適用できる．$w = x_1y_1\cdots x_ky_k$ なら，$|G_1| \geqq 3$ より $x \in G_1\backslash\{e, x_1^{-1}\}$ がとれる．$xwx^{-1} = (xx_1)y_1\cdots x_ky_kx^{-1}$ で，$xx_1, x^{-1} \in G_1\backslash\{e\}$ だから，上の議論が適用できる．同様に，$w = y_1x_1\cdots y_kx_k$ なら，$x \in G_1\backslash\{e, x_k\}$ がとれるので，xwx^{-1} に，上の議論が適用できる．いずれの場合も $xwx^{-1} \neq e$，すなわち $w \neq e$. □

例 7.4 ピンポン補題を用いて，自由積として記述できる簡単な例がある．$\{\pm I_2\}$ は $\mathrm{SL}_2(\mathbb{Z})$ 中の正規部分群であり，剰余群 $\mathrm{PSL}_2(\mathbb{Z}) = \mathrm{SL}_2(\mathbb{Z})/\{\pm I_2\}$ が定義され，2 次射影特殊線型群とよばれる．

命題 7.13 $\mathrm{PSL}_2(\mathbb{Z}) \cong \mathbb{Z}_3 * \mathbb{Z}_2$.

証明[2] $\mathrm{SL}_2(\mathbb{Z}) = \left\langle A = \begin{bmatrix}1 & 1\\ 0 & 1\end{bmatrix}, B = \begin{bmatrix}0 & -1\\ 1 & 0\end{bmatrix}\right\rangle$ である (定理 4.12(4))．$C = AB$ とおくと，$C^2 = \begin{bmatrix}0 & -1\\ 1 & -1\end{bmatrix}, C^3 = -I_2$ となる．よって，$\mathrm{PSL}_2(\mathbb{Z}) = \mathrm{SL}_2(\mathbb{Z})/\{\pm I_2\} = \langle B, C\rangle$ であり，$\mathrm{PSL}_2(\mathbb{Z})$ 上で $B^2 = C^3 = I_2$．他方，a, b, c, d が整数で z が無理数なら $\dfrac{az+b}{cz+d}$ も無理数であることに注意すると，$\mathrm{PSL}_2(\mathbb{Z})$ は，$X = \mathbb{R}\backslash\mathbb{Q}$ に，$\begin{bmatrix}a & b\\ c & d\end{bmatrix} \cdot z \mapsto \dfrac{az+b}{cz+d}$ で作用する．とくに，$B(z) = -\dfrac{1}{z}$，$C(z) = \dfrac{z-1}{z}$，$C^{-1}(z) = \dfrac{-1}{z-1}$ であることに注意する．$X_{>0}$ を正の無理数全体，$X_{<0}$ を負の無理数全体の集合とすると，$B(X_{>0}) \subset X_{<0}$．$C^{\pm 1}(X_{<0}) \subset X_{>0}$ が成り立つ．よって上の定理

2] R. C. Alperin "$\mathrm{PSL}_2(\mathbb{Z}) = \mathbb{Z}_2 * \mathbb{Z}_3$", *Amer. Mathematical Monthly* 100 (1993), 385–386. による．

が使えて，$\mathrm{PSL}_2(\mathbb{Z}) \cong \langle C \rangle * \langle B \rangle$. □

$\mathrm{SL}_2(\mathbb{Z})$ は融合積とよばれる方法で記述できる (たとえば，[7])．また，ピンポン補題を用いると $\mathrm{SL}_2(\mathbb{Z})$ 中に階数 2 の自由群と同型な部分群をみつけることができる (たとえば，[5, 問 3.5])．

7.3 可解群と冪零群

G の交換子群 $D(G)$(定義 6.17) を用いて可解群の概念を定義する．$D(G) \triangleleft G$ であり，$G/D(G)$ はアーベル群であった．また，G/N がアーベル群となる必要十分条件は $D(G) \subset N$ であったことも思い出しておこう (命題 6.18)．

定義 7.14 群 G に対して，$D_0(G) = G, D_1(G) = D(G)$ とし，以下帰納的に $D_{i+1}(G) = D(D_i(G))$ $(i = 1, 2, 3, \ldots)$ と定義すると部分群の減少列

$$G = D_0(G) \triangleright D(G) = D_1(G) \triangleright D_2(G) \triangleright D_3(G) \triangleright \cdots$$

が得られる．これを G の**高階交換子列**あるいは**導来列**という．

定義 7.15 群 G が**可解群**であるとは，高階交換子列が有限で止まる，すなわちある自然数 n が存在して $D_n(G) = \{e\}$ となるときをいう．

可解群の性質をまとめる．

命題 7.16 (1) G が可解群であることと有限で止まる**アーベル正規列**を持つ，すなわち自然数 n と G の部分群の減少列 $G = G_0 \geqq G_1 \geqq G_2 \geqq \cdots \geqq G_n = \{e\}$ であって，すべての $i = 0, 1, 2, \ldots, n-1$ で $G_i \triangleright G_{i+1}$ かつ G_i/G_{i+1} がアーベル群となるものが存在することは同値である．

(2) G が可解群なら，G の部分群は可解群．$N \triangleleft G$ なら，G/N も可解群．

(3) $N \triangleleft G$ に対して，N および G/N が可解群なら G は可解群．

証明 (1) 本節冒頭で述べたことから，G の高階交換子列はアーベル正規列である．よって可解群ならば有限で止まるアーベル正規列が存在する．逆に，G が有限で止まるアーベル正規列を持つとき，G/G_1 がアーベル群だから，$D(G) = D_1(G) \leqq G_1$．以下，帰納的にすべての i で $D_i(G) \leqq G_i$ となる．実際，$D_{i+1}(G) =$

$D(D_i(G)) \overset{\text{帰納法の仮定}}{\leqq} D(G_i) \overset{G_i/G_{i+1}\text{が可換群}}{\leqq} G_{i+1}$ となる．したがって，アーベル正規列が有限で止まれば，高階交換子列も有限で止まり，G は可解である．

(2), (3) は (1) のアーベル正規列を用いて示す．

G が可解であるとし，アーベル正規列 $G = G_0 \geqq G_1 \geqq \cdots \geqq G_n = \{e\}$ をとる．$H \leqq G$ に対して，$H_i = H \cap G_i$ とおく．$G_i \triangleright G_{i+1}$ より $H_i \triangleright H_{i+1}$．また，

$$H_i/H_{i+1} = H_i/(H_i \cap G_{i+1}) \overset{\text{系 6.12}}{\cong} H_iG_{i+1}/G_{i+1} \leqq G_i/G_{i+1}$$

となり，右辺はアーベル群だから H_i/H_{i+1} もアーベル群．よって $H = H_0 \geqq H_1 \geqq \cdots \geqq H_n = \{e\}$ は H の有限で止まるアーベル正規列となり，H は可解．

G/N が可解であることを示すには，より一般に，全射準同型 $f : G \to K$ に対し，K が可解であることを言えばよい．G のアーベル正規列から，$K = f(G_0) \geqq f(G_1) \geqq \cdots \geqq f(G_n) = \{e_K\}$ が得られる．$G_i \triangleright G_{i+1}$ より $f(G_i) \triangleright f(G_{i+1})$(問 6.1)．そこで $\varphi : G_i \to f(G_i)/f(G_{i+1})$ を $x_i \mapsto f(x_i)f(G_{i+1})$ で定義すると，全射準同型であり，$\mathrm{Ker}\,\varphi$ は G_{i+1} を含むから，全射 $G_i/G_{i+1} \to f(G_i)/f(G_{i+1})$ が引き起こされる (命題 6.11)．G_i/G_{i+1} はアーベル群だから，その像もアーベル群．よって $K = f(G_0) \geqq f(G_1) \geqq \cdots \geqq f(G_n) = \{e_K\}$ は K の有限で止まるアーベル正規列となり，$K = f(G)$ は可解．

逆に，$N, G/N$ が可解であるとする．G/N の有限で止まるアーベル正規列 $G/N = H_0 \geqq H_1 \geqq \cdots \geqq H_m = e_{G/N}(= N)$ をとる．自然な全射 $\pi : G \to G/N$ に関する逆像 $\pi^{-1}(H_i)$ は N を含み，$\pi^{-1}(H_i) \triangleright \pi^{-1}(H_{i+1})$ (問 6.1) かつ $\pi^{-1}(H_i)/N \cong H_i$ である．すると $\pi^{-1}(H_i)/\pi^{-1}(H_{i+1}) \overset{\text{系 6.13}}{\cong} (\pi^{-1}(H_i)/N)/(\pi^{-1}(H_{i+1})/N) \cong H_i/H_{i+1}$ となってアーベル群である．そこで，$G = \pi^{-1}(H_0) \supset \pi^{-1}(H_1) \supset \cdots \supset \pi^{-1}(H_m) = N$ に，N の有限で止まるアーベル正規列を追加すれば G の有限で止まるアーベル正規列が得られ，G は可解．□

問 7.7　アーベル正規列を用いず，高階交換子列を用いた可解群の定義に基づいて (2)(3) を示せ．

例 6.11 や問 6.8 でみたことから，次のことはすぐにわかる．

$D(\mathfrak{S}_3) = \mathfrak{A}_3$, $D(\mathfrak{A}_3) = \{e\}$ より，$\mathfrak{S}_3$ は可解である．また，$D(\mathfrak{S}_4) = \mathfrak{A}_4$,

$D(\mathfrak{A}_4) = K$, $D(K) = \{e\}$ より，$\mathfrak{S}_4, \mathfrak{A}_4$ は可解である．位数 $2n$ の二面体群 D_n の場合，$D_n \triangleright \langle c = R_{2\pi/n} \rangle \triangleright \{e\}$ はアーベル正規列なので可解である．

命題 7.17 $n \geqq 5$ のとき，$\mathfrak{S}_n$ は可解群ではない．

証明 $D(\mathfrak{S}_n) = \mathfrak{A}_n$, $D(\mathfrak{A}_n) = \mathfrak{A}_n$ (問 6.8 (1)) より，高階交換子列は $\{e\}$ となることはなく，$\mathfrak{S}_n$ は可解でない．□

アーベル正規列が有限で止まるという可解群の条件をみると，ナイーブには，「可解群はアーベル群の《積み重ね》で得られる」ということになる．これが代数方程式の「根の公式」の存在すなわち，四則演算と冪根をとる操作で解を表示できるか否かを決定する，というのがガロア理論の大きな果実である．上の命題 7.17 が，一般の 5 次以上の代数方程式に「根の公式」が存在しないことの背景にある．

次に，可解群の中のより小さい群のクラスとして冪零群を定義する．$H, K \leqq G$ に対して，$[H, K] = \langle [h, k] = hkh^{-1}k^{-1}\ (h \in H, k \in K) \rangle$ とかく．

定義 7.18 群 G に対して，$\Gamma_1(G) = D(G)$, $\Gamma_{i+1}(G) = [G, \Gamma_i(G)]$ とおくことで，G の部分群の減少列 $G = \Gamma_0(G) \geqq \Gamma_1(G) \geqq \Gamma_2(G) \geqq \cdots$ が得られる．G が**冪零群**であるとは，ある自然数 n が存在して，$\Gamma_n(G) = \{e\}$ となるときをいう．

冪零群の性質を調べるために 1 つ補題を準備する．

補題 7.19 $N \triangleleft G$ ならば $[G, N] \triangleleft G$ である．

また，$K \triangleleft G$, $K \leqq H \leqq G$ のとき，$H/K \subset Z(G/K) \Leftrightarrow [G, H] \leqq K$ である．

証明 $g, x \in G, n \in N$ に対し，$g[x, n]g^{-1} = [gxg^{-1}, gng^{-1}]$．ここで $gxg^{-1} \in G$, $gng^{-1} \in N$ より $g[x, n]g^{-1} \in [G, N]$ となるから $[G, N] \triangleleft G$．$h \in H, g \in G$ に対し，G/K 中で hK, gK が可換であるための条件は，$hK \cdot gK = gK \cdot hK \Leftrightarrow Khg = Kgh \Leftrightarrow [g, h] \in K$ である．よって $H/K \subset Z(G/K)$ は $[G, H] \leqq K$ と同値．□

冪零群の性質をまとめる．

命題 7.20　(1)　G が冪零群であることと，有限で止まる**中心列**を持つこと，すなわち自然数 n と G の部分群の列 $G = G_0 \geqq G_1 \geqq G_2 \geqq \cdots \geqq G_n = \{e\}$ であって，すべての $i = 0, 1, 2, \ldots, n-1$ で $G_i \triangleleft G$ かつ $G_i/G_{i+1} \subset Z(G/G_{i+1})$ を満たすものが存在することは同値である．

(2)　G が冪零群なら，G の部分群は冪零群．$N \triangleleft G$ なら，G/N も冪零群．

(3)　冪零群は可解群．

(4)　位数が素数 p の正の冪である群を p 群とよぶ．p 群は，冪零群．

証明　補題 7.19 から中心列の条件 $G_i/G_{i+1} \subset Z(G/G_{i+1})$ は $[G, G_i] \leqq G_{i+1}$ と読み替えられることに注意しておく．

(1)　$G \geqq \Gamma_1(G) \geqq \Gamma_2(G) \geqq \cdots$ は中心列である．実際，$\Gamma_1(G) = D(G) \triangleleft G$ と補題 7.19 から帰納的に，$G \triangleright \Gamma_i(G) \Rightarrow G \triangleright \Gamma_{i+1}(G)$．また，$\Gamma_{i+1} = [G, \Gamma_i(G)]$ と補題 7.19 から，$\Gamma_i(G)/\Gamma_{i+1}(G) \subset Z(G/\Gamma_{i+1})$．これをとくに G の**降中心列**という．G が冪零なら降中心列が有限で止まる．逆に中心列 $G \geqq G_1 \geqq G_2 \geqq \cdots$ が存在するとき，$G/G_1 \subset Z(G/G_1)$ だから G/G_1 はアーベル群であり，$\Gamma_1(G) = D(G) \subset G_1$．すると，$\Gamma_i(G) \subset G_i \Rightarrow \Gamma_{i+1}(G) = [G, \Gamma_i(G)] \subset [G, G_i] \leqq G_{i+1}$ から帰納的にすべての i で $\Gamma_i(G) \subset G_i$ が言える．$G_n = \{e\}$ となるとき $\Gamma_n(G) = \{e\}$ となるので，G は冪零である．

(2)　G が冪零，すなわち有限で止まる中心列 $G = G_0 \geqq G_1 \geqq G_2 \geqq \cdots \geqq G_n = \{e\}$ を持つとき，$[G, G_i] \leqq G_{i+1}$ である．G の部分群 H に対し，$H_i = H \cap G_i$ とおくと $G_i \triangleleft G$ から $H_i \triangleleft H$ である．また $[H, H_i] \leqq H \cap [G, G_i] \leqq H \cap G_{i+1} = H_{i+1}$ となるから，$H = H_0 \geqq H_1 \geqq H_2 \geqq \cdots$ は H の中心列になり，$H_n = \{e\}$ となって有限で止まる．G/N が冪零であることをいうためには，一般に全射準同型 $f : G \to K$ に対し，K が冪零になることを言えばよい．$G_i \triangleleft G$ より $f(G_i) \triangleleft K$．$[G, G_i] \leqq G_{i+1}$ より，$[K, f(G_i)] \leqq f(G_{i+1})$ だから．補題 7.19 より $f(G_i)/f(G_{i+1}) \subset Z(K/f(G_{i+1}))$．よって $K = f(G_0) \geqq f(G_1) \geqq f(G_2) \supset \cdots$ は K の中心列で，$f(G_n) = \{e_K\}$ と有限で止まる．

(3)　G が冪零のとき，有限で止まる中心列 $G = G_0 \geqq G_1 \geqq G_2 \geqq \cdots \geqq G_n = \{e\}$ をとる．このとき，$G_i/G_{i+1} \subset Z(G/G_{i+1})$ から G_i/G_{i+1} はアーベル群であり，$G_i \triangleleft G$ と $G_i \leqq G_{i-1}$ から $G_i \triangleleft G_{i-1}$ である．よって有限で止まるアーベル正

規列を与えるから G は可解.

(4) 命題 5.17 から，p 群の中心は非自明なので，$|G/Z(G)| < |G|$．$G/Z(G)$ が自明なら G は可換群であり冪零．$G/Z(G)$ が非自明なら p 群で $Z(G/Z(G))$ が非自明．つまり $Z(G/Z(G)) \triangleleft G/Z(G)$ は非自明な $G/Z(G)$ の正規部分群だから，$Z(G)$ を含む G の正規部分群 $Z_2(G)$ で $Z_2(G)/Z(G) = Z(G/Z(G))$ となるものがとれる (例題 6.4)．以下同様にして，$G/Z_i(G)$ が非自明なら，$Z(G/Z_i(G)) \triangleleft G/Z_i(G)$ から $Z_i(G)$ を含む G の正規部分群 $Z_{i+1}(G)$ で $Z_{i+1}(G)/Z_i(G) = Z(G/Z_i(G))$ となるものがとれる．G は有限群だから，これは有限回で G に達する．このとき $Z_i(G)$ の作り方から $\{e\} \subset Z(G) = Z_1(G) \subset Z_2(G) \subset \cdots \subset Z_n(G) = G$ は有限で止まる G の中心列である．よって G は冪零．□

例 7.5 (1) $D(\mathfrak{S}_3) = \mathfrak{A}_3$ だった．$[\mathfrak{S}_3, \mathfrak{A}_3]$ の元は偶置換だから $\mathfrak{A}_3$ に含まれるが，$[(12), (123)] = (12)(123)(12)(132) = (123)$ などと計算すれば，3 項巡回置換はすべて $[\mathfrak{S}_3, \mathfrak{A}_3]$ に含まれ，$[\mathfrak{S}_3, \mathfrak{A}_3] = \mathfrak{A}_3$．したがって，$G = \mathfrak{S}_3$ は，$\Gamma_i = \mathfrak{A}_3$ $(i \geqq 1)$ となり，冪零でない．また，$\mathfrak{A}_3$, $\mathfrak{S}_3/\mathfrak{A}_3 \cong \mathbb{Z}_2$ はいずれも可換群なので冪零である．このことから，冪零群においては，$N, G/N$ がともに冪零でも G は冪零とは限らないことがわかる．また $\mathfrak{S}_4$ も冪零ではない．(もし冪零なら部分群 $\mathfrak{S}_3$ が冪零になってしまう．)

(2) 四元数群 Q_8 は 2-群なので冪零，したがって可解.

問 7.8 D_n が冪零となるための n の条件を求めよ.

例題 7.5 $\mathrm{GL}_n(\mathbb{K})$ のボレル部分群 B_n^+ は可解，U_n^+ は冪零であることを示せ.

解 例 6.8 でみたように $B_n^+/U_n^+ \cong T_n$ であり，T_n は可換群だから冪零群 (したがって可解)．U_n^+ が冪零 (したがって可解) であることが言えれば，B_n^+ が可解群とわかる．そこで U_n^+ が冪零であることを示す．問 2.7 でみた $\mathfrak{n}_k$ と B_n^+ の部分群 $U^{(k)}$ を考える．$\mathfrak{n}_k \mathfrak{n}_{k'} \subset \mathfrak{n}_{k+k'}$ に注意する．$A \in \mathfrak{n}_k, A' \in \mathfrak{n}_{k'}$ に対して $(I_n + A)^{-1}(I_n + A')^{-1} \in U_n^+$ だから $(I_n + A)^{-1}(I_n + A')^{-1} = I_n + A''$ $(A'' \in \mathfrak{n}_1)$ とおける．このとき，

$$\begin{aligned}[I_n + A, I_n + A'] - I_n &= (I_n + A)(I_n + A')(I_n + A)^{-1}(I_n + A')^{-1} - I_n \\ &= \{(I_n + A)(I_n + A') - (I_n + A')(I_n + A)\}(I_n + A)^{-1}(I_n + A')^{-1} \\ &= (AA' - A'A)(I_n + A'')\end{aligned}$$

と変形でき，$(AA' - A'A)I_n \in \mathfrak{n}_{k+k'}$，$(AA' - A'A)A'' \in \mathfrak{n}_{k+k'+1}$ だから $[I_n + A, I_n + A'] \in U^{(k+k')}$ となる．よって $[U^{(k)}, U^{(k')}] \leqq U^{(k+k')}$．したがって，$U_n^+ = U^{(1)} \geqq U^{(2)} \geqq U^{(3)} \geqq \cdots \geqq U^{(n)} = \{I_n\}$ は有限で止まる中心列であるから，U_n^+ は冪零．□

7.4　シローの定理

ラグランジュの定理は，有限群の部分群の位数に対する必要条件を与える定理であったが，例題 5.1 でみたように，ラグランジュの定理の逆は成り立たなかった．しかし，$|G| = p^k q$ (q は p と互いに素) のとき，位数 p^k の部分群は必ず存在し，それらの構造は有限群を調べる上で決定的に重要である．本節では，次のシローの定理の証明を 2 通り紹介する．この証明そのものはスキップすることもできるが，群の作用の使用法としてはいずれも興味深いと思われるので紹介することにした．シローの定理の応用について位数 pq の有限群の分類を述べる．

定義 7.21　G を有限群とする．G の部分群で位数が素数 p の正の冪であるものを G の p-部分群という．$|G| = p^k q$ (q は p と互いに素) のとき，位数 p^k の部分群を G の **p-シロー部分群**という．

定理 7.22 (シローの定理 (1872))　G を有限群，$|G| = p^k q$ (q は p と互いに素) とするとき，G には p-シロー部分群が存在する．それらはすべて G の共役作用で移りあい，その総数は q の約数で，p を法として 1 と合同である．また，G の p-部分群をとると，それを含むような p-シロー部分群が必ず存在する．

シローの定理の第一の証明 ([16] に基づく).

(ステップ 1)　$|G| = n$ とすると，命題 5.1 により，$\mathfrak{S}_n$ の部分群に同型である．さらに，命題 3.16 より，$\mathfrak{S}_n$ は $\mathrm{GL}_n(\mathbb{F}_p)$ の部分群に同型だから，$G \subset \mathrm{GL}_n(\mathbb{F}_p)$ であるとしてよい．他方，例 2.9 に注意すると，$\mathrm{GL}_n(\mathbb{F}_p)$ の p-シロー部分群とし

て $U_n^{\pm}(\mathbb{F}_p)$ が存在する．

(ステップ **2**) 群 L の p-シロー部分群 P が存在するとき，L の部分群 H に対して，$H \cap xPx^{-1}$ が H の p-シロー部分群となるような $x \in L$ が存在する．

実際，L の L/P への左乗法による作用を H に制限して，H を L/P へ作用させる．P は L の p-シロー部分群なので $|L/P|$ は p と互いに素だから，H-軌道分解したとき，p で割り切れない位数を持つ軌道が少なくとも 1 つ存在する．その軌道から xP をとる．xP の固定化部分群は，$H \cap xPx^{-1}$ である．これは p-群 xPx^{-1} の部分群だから p-群である．軌道-固定部分群定理から，$|H| = |H \cap xPx^{-1}| \cdot$ (xP の H-軌道の位数) であり，右辺第 2 項が p で割り切れず，第 1 項が p 冪であることから，$H \cap xPx^{-1}$ は H の p-シロー部分群になる．

(ステップ **3**) (ステップ 2) の L として $\mathrm{GL}_n(\mathbb{F}_p)$ をとり，$H = G$ とすれば，$G \cap xU_n^{+}(\mathbb{F}_p)x^{-1}$ が G の p-シロー部分群となる $x \in \mathrm{GL}_n(\mathbb{F}_p)$ が存在し，G に p-シロー部分群が存在する．さらに，今度は (ステップ 2) の L として G をとり，H として G の p-部分群 Q をとると，G の p-シロー部分群 P に対して，$Q \cap xPx^{-1}$ が Q の p-シロー部分群になるような $x \in G$ が存在する．Q は p-群だから $Q \cap xPx^{-1} = Q$ となるしかなく，$xPx^{-1} \supset Q$．xPx^{-1} は G の p-シロー部分群だから，Q を含む p-シロー部分群 xPx^{-1} がとれた．

とくに Q を p-シロー部分群とすれば，$|Q| = |xPx^{-1}|$ だから，$xPx^{-1} = Q$ となるしかない．よって G のすべての p-シロー部分群は G-共役となる．

(ステップ **4**) $N_G(P)$ の p-シロー部分群は P に限られる．

実際，$N_G(P) \triangleright P$ なので，P と共役な部分群は P しかない．

(ステップ **5**) G の p-シロー部分群の個数は，P と G-共役な部分群の総数 $[G : N_G(P)]$ に等しい．$P \triangleleft N_G(P)$ よりこれは $[G : P] = q$ の約数である．さらにこの値が p を法として 1 と合同であることを示す．

そのために，$G/N_G(P)$ に P を左乗法で作用させる．$gN_G(P)$ の固定化部分群は $P \cap gN_G(P)g^{-1}$ であることから，$gN_G(P)$ の軌道の位数は $|P/(P \cap gN_G(P)g^{-1})|$ である．これは p の冪であり，もしこれが 1 になるとすると，

$$P = P \cap gN_G(P)g^{-1} \Leftrightarrow P \subset gN_G(P)g^{-1} \Leftrightarrow g^{-1}Pg \subset N_G(P)$$

となるときである．このとき $g^{-1}Pg$ は $N_G(P)$ の p-シロー部分群だから (ステッ

プ 4) より P に一致しなければならず，$g^{-1}Pg = P$．よって $g \in N_G(P)$ である．つまり $N_G(P)$ は $G/N_G(P)$ 中でただ一つ 1 点からなる P-軌道であり，ほかの軌道はすべて p の正冪の位数を持つ．よって $|G/N_G(P)| \equiv 1 \pmod p$．□

シローの定理の第二の証明 (Wielandt による).

(i) p-シロー部分群が存在することを示す．

p^k 個の元からなる G の部分集合全体を $\mathcal{A}$ とおく．$|\mathcal{A}| \not\equiv 0 \pmod p$ である．実際，$|\mathcal{A}| = {}_nC_{p^k} = q \cdot \prod_{j=1}^{p^k-1} \dfrac{p^k q - j}{p^k - j}$ であり，$p^k q - j$ と $p^k - j$ を素因数分解したときの p の指数は等しく，q は p で割り切れないから，$|\mathcal{A}| \not\equiv 0 \pmod p$．

左からの掛け算による G の $\mathcal{A}$ への作用 $G \times \mathcal{A} \ni (g, A) \mapsto gA \in \mathcal{A}$ を考える．$|\mathcal{A}|$ は p で割り切れないので，$\mathcal{A}$ を G-軌道分解すると，$|\mathcal{O}| \not\equiv 0 \pmod p$ を満たす G-軌道が少なくとも 1 つある．そのような $\mathcal{O}$ から 1 つ元 A $(\subset G)$ をとる．A の固定化部分群を P とすれば，軌道-固定部分群定理から，$|G| = |P| \cdot |\mathcal{O}|$ だが，$|\mathcal{O}|$ は p で割り切れないので，$|P|$ が p^k で割り切れる．

P は A の固定化群だから，集合 A 自身に左乗法で作用し，A は P の左乗法に関する剰余類の和集合に分解する．その 1 つを Pa とすれば，$|P| = |Pa| \leqq |A| = p^k$ が成り立つ．$|P|$ が p^k で割り切れていたので $|P| = p^k$ でなければならない．よって P は G の p-シロー部分群となる．

(ii) p-部分群 H に対し，H を含む p-シロー部分群が存在することを示す．

$\mathcal{B} = \{P$ と G-共役な部分群$\}$ とおく．$\mathcal{B}$ の元はどれも p-シロー部分群であることに注意する．また，$|\mathcal{B}| = [G : N_G(P)]$ である．とくに，$P \triangleleft N_G(P)$ だから，$[G : N_G(P)]$ は $[G : P]$ の約数であり，p と互いに素になる．

他方，H を G の p-部分群とすると，G の共役作用を制限して，$\mathcal{B}$ を H の共役作用に関する軌道に分解する．軌道-固定部分群定理より，この作用の各軌道の位数は $|H|$ の約数，とくに p の冪である．$|\mathcal{B}|$ が p と互いに素だから，$\mathcal{B}$ の H-軌道の中に 1 個の元からなるものがある．すなわち，H による共役作用で固定される $Q \in \mathcal{B}$ がとれる．このとき，$H \subset Q$ となることを示せばよい．

H は共役作用で Q を固定するから，$H \leqq N_G(Q) \triangleright Q$ より，系 6.12 から $HQ/Q \cong H/(H \cap Q)$．よって $|HQ| = |Q| \cdot |H/(H \cap Q)|$ だが，$|H/(H \cap Q)|$ は $|H|$

の約数なので p の冪，$|Q|$ も p の冪だから，$|HQ|$ も p の冪である．他方，$Q \leqq HQ$ だから $|HQ| \geqq p^k$ である．p^k は $|G|$ を割り切る p の最大冪だから，$|HQ| = p^k$ となり，$HQ = Q$ となって，$H \subset Q$.

(iii) とくに H として p-シロー部分群をとると，$H = Q \in \mathcal{B}$ となり，H は P と G-共役になる．しかもこの場合，$\mathcal{B}$ を H-軌道分解したとき，H で固定される $\mathcal{B}$ の元 Q は H 自身となるしかなく，1 個の元からなる軌道は $\{H\}$ のみでこれ以外の軌道の位数は p の正冪である．よって $|\mathcal{B}| \equiv 1 \pmod{p}$ ．□

例題 7.6 2 つの素数 $p > q$ に対し，位数 pq の有限群を分類せよ．

解 シローの定理から p-シロー部分群 P がとれる．p-シロー部分群の個数は $q < p$ の約数で p を法として 1 と合同だから，1 以外にない．よって p-シロー部分群は 1 個で G-共役で固定され，G の正規部分群となる．

次に，シローの定理から，q-シロー部分群 Q がとれる．P は正規だから PQ は G の部分群である．$(P \subsetneqq) PQ$ の位数は pq の約数だが，p よりは真に大きいので，pq となるしかない．よって $G = PQ$ である．さらに，もし $g \in P \cap Q$ とすると，$\mathrm{ord}(g)$ は p の約数かつ q の約数なので 1 となるしかない．よって $P \cap Q = \{e\}$ である．以上のことから，G は半直積 $P \rtimes Q$ に分解する．

他方，q-シロー部分群の個数は p の約数かつ q を法として 1 と合同である．もし 1 個なら Q も G の正規部分群となる．P, Q は素数位数なので巡回群である (系 4.15) ことに注意すれば，この場合は，$G = P \times Q \cong \mathbb{Z}_p \times \mathbb{Z}_q$ と直積に分解し，中国剰余定理 (命題 3.22) から巡回群 $\mathbb{Z}_{pq}$ に同型である．

これ以外の場合が起きるのは，$p \equiv 1 \pmod{q}$ で，p 個の q-シロー部分群が存在する場合である．この場合，$\mathrm{Aut}(P) \cong C_{p-1}$ だから (命題 5.4)，$\varphi : Q \to \mathrm{Aut}(P)$ すなわち，$\varphi : C_q \to C_{p-1}$ を考える．q が素数なので核は C_q 全体か $\{e\}$．前者は φ が自明になり，G は巡回群となる．後者は φ が単射である．巡回群の特徴づけでみたように，C_{p-1} の位数 q の部分群はただ一つしかない (命題 3.5) から φ をとり換えてもその像は一致しなければならない．したがって，補題 6.22 より，$G = P \rtimes_\varphi Q$ は，非自明な $\varphi : Q \to \mathrm{Aut}(P)$ のとり方によらず同型になる．$P = \langle a \rangle, Q = \langle b \rangle$ とおくとき，$\mathrm{Aut}(P) \cong \mathbb{Z}_p^\times$ の生成元になるのは $a \mapsto a^r$ (r は p と互

いに素) だから，$\psi(b)(a)=a^2$ とすれば，非自明な準同型が得られる．このとき $G=\langle a,b \mid a^p=b^q=e, bab^{-1}=a^2\rangle$ という非可換群である．

まとめると，$p\not\equiv 1 \pmod q$ なら同型を除いて 1 個で巡回群であり，$p\equiv 1 \pmod q$ なら同型を除いて 2 個で，1 個は巡回群，もう 1 個は $G=\langle a,b \mid a^p=b^q=e, bab^{-1}=a^2\rangle$ である．□

注意　この例題から，たとえば $q=2$ ならどんな奇素数 p に対しても，同型を除いて 2 個存在することがわかり，それは巡回群 $\mathbb{Z}_{2p}$ と二面体群 D_p である．$q=3$ の場合だと，$pq=15$ なら巡回群しかないが，$pq=21$ なら非可換な半直積群が 1 個存在することになる．

演習問題

問 7.9　有限アーベル群 G に対し，$\widehat{G}:=\{\lambda : G\to\mathbb{C}^\times \mid \lambda$は準同型写像$\}$ は，$\lambda_1,\lambda_2\in\widehat{G}$ に対し，$(\lambda_1\lambda_2)(g)=\lambda_1(g)\lambda_2(g)$ でアーベル群となることを確かめよ．$\widehat{G}$ を G の**指標群**とよぶ．さらに次を示せ．

(1)　$G\cong\langle g_1\rangle\times\cdots\times\langle g_r\rangle$ で $\operatorname{ord} g_i=d_i$ $(1\leqq i\leqq r)$ とする．d_i 乗して初めて 1 になる 1 の d_i-乗根 ζ_{d_i} に対して，$\lambda_i(g_j)=\begin{cases}\zeta_{d_i} & j=i\\ 1 & j\neq i\end{cases}$ により，$\lambda_i\in\widehat{G}$ が定義できる．このとき，$\widehat{G}\cong\langle\lambda_1\rangle\times\cdots\times\langle\lambda_r\rangle$ であり，$G\cong\widehat{G}$ が成り立つ．

(2)　$g\in G$ に対して，$g^*:\widehat{G}\to\mathbb{C}^\times$ を $g^*(\lambda)=\lambda(g)$ で定義する．このとき，$g\mapsto g^*$ は群の同型 $G\to\widehat{\widehat{G}}$ を与える．このような生成元のとり方によらない同型を canonical な同型という．

(3)　G の部分群 H に対し，$H^\perp=\{\lambda\in\widehat{G} \mid$ 任意の $h\in H$ に対し,$\lambda(h)=1\}$ は $\widehat{G}$ の部分群である．

(4)　$H\leqq G$ のとき，群の同型 $H^\perp\cong\widehat{G/H}$, $\widehat{G}/H^\perp\cong\widehat{H}$.

(5)　G の部分群全体の集合を $\mathcal{S}(G)$ とかく．$\mathcal{S}(G)\to\mathcal{S}(\widehat{G})$ を $H\mapsto H^\perp$ で定義するとこれは全単射であり，$K\subset H$ ならば $H^\perp\subset K^\perp$ が成り立つ．

問 7.10 Gが冪零群，HはGの真部分群であるとする．このとき，$H \subsetneqq N_G(H)$であることを示せ．

問 7.11 $\mathfrak{S}_4$の部分群をすべて求めよ．さらに正規部分群をすべて求めよ．

問 7.12 位数12の群を分類せよ．

第8章

群の表現と指標の理論

本章では，群 G のベクトル空間への線型な作用，すなわち群 G の線型表現について述べる．G の線型表現とは，準同型写像 $G \to \mathrm{GL}(V)$ のことである．とくに，G が有限群，V が $\mathbb{C}$ 上の有限次元ベクトル空間である場合を扱い，それらを分析するための最も重要な道具である「指標」の考え方をみる．付録として，$\mathrm{SU}_2, \mathrm{SO}_3$ の複素有限次元既約表現の構成と分類についても簡単な説明を付けた．

8.1　なぜ表現を考えるのか？

次のような行列の行列式を考える．ここで P_σ は置換 σ に対応する置換行列 (例 3.19) である．

$$\begin{bmatrix} x_1 & x_2 \\ x_2 & x_1 \end{bmatrix} = x_1 P_e + x_2 P_{(12)}, \qquad \begin{bmatrix} x_1 & x_3 & x_2 \\ x_2 & x_1 & x_3 \\ x_3 & x_2 & x_1 \end{bmatrix} = x_1 P_e + x_2 P_{(123)} + x_3 P_{(132)}.$$

1 つ目は $(x_1+x_2)(x_1-x_2)$，2 つ目は $x_1^3+x_2^3+x_3^3-3x_1x_2x_3 = (x_1+x_2+x_3)(x_1+\omega x_2+\omega^2 x_3)(x_1+\omega^2 x_2+\omega x_3)$ と複素数の範囲で 1 次式の積に分解する．ここで ω は 1 の原始 3 乗根である．これは一般のサイズでも同様で，$A = \sum_{i=1}^{n} x_i P_{(12\cdots n)}^{i-1}$ で定まる n 次行列の行列式は複素数の範囲で 1 次式の積まで分解される．その理由は，ζ_n を 1 の原始 n 乗根として，$P_{(12\cdots n)}$ の固有値が $1, \zeta_n, \zeta_n^2, \ldots, \zeta_n^{n-1}$ であり，$Q^{-1}P_{(12\cdots n)}Q = \mathrm{diag}(1, \zeta_n, \zeta_n^2, \ldots, \zeta_n^{n-1})$ と対角化できることにある．実際 $Q^{-1}P_{(12\cdots n)}^{i}Q$ も一斉に対角行列になるため，$Q^{-1}AQ$ も対角行列となり，その行

列式 $\det A$ は対角成分の積 $\prod_{j=0}^{n-1}(x_1+\zeta_n^{j}x_2+\zeta_n^{2j}x_3+\cdots+\zeta_n^{(n-1)j}x_n)$ となる．ここでみた $\det A$ は**巡回行列式**とよばれる．巡回行列式に相当する行列式を一般の有限群で導入することは容易にできる．G の各元で添え字づけられた $\boldsymbol{v}_g$ を形式的な基底とする $\mathbb{C}$ 上のベクトル空間 $\mathbb{C}G$ を考える．G の G 自身への左乗法による作用 $G\times G\to G; (h,g)\mapsto hg$ は，このベクトル空間の基底の置換 $\boldsymbol{v}_g\mapsto\boldsymbol{v}_{hg}$ を引き起こし，群の準同型写像 $G\to\mathrm{GL}(\mathbb{C}G)$ が得られる．より明示的にかくために，$G=\{g_1,g_2,\ldots,g_n\}$ であるとして，$\mathbb{C}G$ の基底 $(\boldsymbol{v}_{g_1},\boldsymbol{v}_{g_2},\ldots,\boldsymbol{v}_{g_n})$ をとると，$g\in G$ は，$\boldsymbol{v}_{g_j}$ を $\boldsymbol{v}_{gg_j}$ に移すような置換行列，すなわち $gg_j=g_i$ となるような (i,j)-成分のみ 1 で，他は 0 となる行列 $P_g=\left[\delta_{g=g_ig_j^{-1}}\right]_{ij}$ に対応し，$G\to\mathrm{GL}_n(\mathbb{C}); g\mapsto P_g$ なる準同型写像が得られる．この設定の下で，$A(G)=\sum_{g\in G}x_gP_g$ の行列式を有限群 G の**群行列式**という．たとえば N 次巡回群 $G=C_N=\langle x\rangle$ の場合，$\mathbb{C}G$ の基底として $(x^0,x^1,x^2,\ldots,x^{N-1})$ をとれば，P_x は，$x=x^ix^{-j}=x^{i-j}$ から $i-j\equiv 1 \pmod N$ なる (i,j)-成分のみ 1 で他は 0 の行列となり，$P_x=P_{(12\cdots N)}$ に他ならない．$G=\mathfrak{S}_3$ で

$$P_{(12)}=\begin{bmatrix}0&1&0&0&0&0\\1&0&0&0&0&0\\0&0&0&1&0&0\\0&0&1&0&0&0\\0&0&0&0&0&1\\0&0&0&0&1&0\end{bmatrix},\ P_{(123)}=\begin{bmatrix}0&0&0&0&1&0\\0&0&1&0&0&0\\0&0&0&0&0&1\\1&0&0&0&0&0\\0&0&0&1&0&0\\0&1&0&0&0&0\end{bmatrix},\ A(\mathfrak{S}_3)=\begin{bmatrix}x_1&x_2&x_3&x_5&x_4&x_6\\x_2&x_1&x_4&x_6&x_3&x_5\\x_3&x_5&x_1&x_2&x_6&x_4\\x_4&x_6&x_2&x_1&x_5&x_3\\x_5&x_3&x_6&x_4&x_1&x_2\\x_6&x_4&x_5&x_3&x_2&x_1\end{bmatrix} \tag{8.1}$$

となることが確かめられる．巡回行列式の場合と同様に，もし $Q^{-1}P_gQ$ をすべての $g\in G$ で一斉に対角化できれば，$\det A(G)$ が 1 次式の積に分解するが，実際には，G が可換でない限り，一斉に対角化することはできない．歴史的にはこの「群行列式の因数分解」が「群の表現」を考える直接のきっかけとなった．デデキントは 1896 年 4 月 6 日付けのフロベニウスへの書簡の中でこの問題について尋ね，フロベニウスは，驚くべき速さ (“astonishingly short time”[43]) で，1896 年末には，一般の非可換群の場合の因数分解についての結果を発表している．

線型代数では，1 個の行列 A を $P^{-1}AP$ で標準化する，あるいは 1 個の線型写像 $f: V\to W$ を V, W の基底をうまくとって表現行列を簡単な形にする方法を

中心的に学んだ．この点で上でみた「P_g $(g \in G)$ を一斉に標準化する方法を調べる」ことは，線型代数の直接的な延長線上にある．しかも，数学だけでなく自然科学の多くの場面で，対象の持つ対称性の群 G の元で添え字づけられ，G の積と整合的な行列の組 $\{A_g\ (g \in G)\}$ を一斉に「標準化」することが重要な意味を持つ．このことが群の表現を調べることの重要性の 1 つである．

そのような「行列の組 $\{A_g\}$」が引き出される最も重要な例が「関数の空間」である．集合 X 上の $\mathbb{K}$-値関数の全体 $\mathrm{Func}_{\mathbb{K}}(X)$ は，関数の和 $(f_1 + f_2)(x) = f_1(x) + f_2(x)$ とスカラー倍 $(kf)(x) = kf(x)$ に関して $\mathbb{K}$ 上のベクトル空間となる．例題 4.1 でみたように，群 G が集合 X に作用しているとき，$\rho_g(f) : X \to \mathbb{C}$ を $x \mapsto f(g^{-1} * x)$ で定義すると自然に $\mathrm{Func}_{\mathbb{K}}(X)$ にも G の作用が定まる．このとき，

$$
\begin{aligned}
\rho_g(f_1 + f_2)(x) &\overset{\rho_g\text{の定義}}{=} (f_1 + f_2)(g^{-1} * x) \overset{\text{関数の和}}{=} f_1(g^{-1} * x) + f_2(g^{-1} * x) \\
&\overset{\rho_g\text{の定義}}{=} \rho_g(f_1)(x) + \rho_g(f_2)(x), \\
\rho_g(kf)(x) &\overset{\rho_g\text{の定義}}{=} (kf)(g^{-1} * x) \overset{\text{関数のスカラー倍}}{=} kf(g^{-1} * x) \overset{\rho_g\text{の定義}}{=} k\rho_g(f)(x)
\end{aligned}
$$

が任意の $x \in X$ で成り立つから，$\rho_g(f_1 + f_2) = \rho_g(f_1) + \rho_g(f_2)$ かつ $\rho_g(kf) = k\rho_g(f)$ を満たす．すなわち，$\rho_g : \mathrm{Funk}_{\mathbb{K}}(X) \to \mathrm{Funk}_{\mathbb{K}}(X)$ は線型写像である．$\rho_{g^{-1}}$ が逆写像だから全単射でもある．よって，$g \mapsto \rho_g$ によって G の積を保つ線型写像の組 $\{\rho_g\}$ が得られている．もし $\mathrm{Funk}_{\mathbb{K}}(X)$ が有限次元なら，基底を 1 つとることで，G の積を保つ行列の組になる．

たとえば，$X = G$ 自身とし，G が有限群のとき，$g \in G$ の特性関数 $\delta_g(x) = \delta_{g=x}$ $(x \in G)$ を考えると，$(\rho_{g'}\delta_g)(x) = \delta_g({g'}^{-1}x) = \delta_{g={g'}^{-1}x} = \delta_{g'g=x} = \delta_{g'g}(x)$ だから，$\rho_{g'}\delta_g = \delta_{g'g}$ である．したがって上でみていた $\mathbb{C}G$ は $\mathrm{Func}_{\mathbb{C}}(G)$ と同一視でき，その基底 $\boldsymbol{v}_g$ は δ_g とみなせるから，群行列式の問題は，有限群 G 上の $\mathbb{C}$-値関数全体のなすベクトル空間への G の表現によって得られる行列たちを一斉に標準化する問題であると言い換えることができる．

この見方は有限群だけにとどまらない．たとえば，単位円 $S^1 \cong \mathbb{R}/2\pi\mathbb{Z}$ に S^1 自身を左乗法 $e^{i\alpha} \mapsto e^{i(\alpha+\theta)}$ で作用させると，S^1 上の $\mathbb{C}$-値関数 f には，$\rho_{e^{i\alpha}}(f)(e^{ix}) = f(e^{-i\alpha}e^{ix}) = f(e^{i(x-\alpha)})$ で S^1 が作用する．古典的なフーリエ級数論では，$\mathbb{R}$ 上の周期 2π の周期関数 $f(x)$ に対し，そのフーリエ係数を $c_n =$

$\dfrac{1}{2\pi}\displaystyle\int_0^{2\pi} e^{-in\theta} f(\theta)d\theta$ で定義し，

$$f(x) = \sum_{n=-\infty}^{\infty} c_n e^{inx} \tag{8.2}$$

という展開を考える．(8.2) は，$f \in L^2(S^1)$ のもとで L^2 の意味で収束し，

$$\sum_{n=-\infty}^{\infty} |c_n|^2 = \frac{1}{2\pi}\int_0^{2\pi} |f(\theta)|^2 d\theta = \|f\|_{L^2(S^1)} \tag{8.3}$$

というパーセバルの等式が成り立つことが知られている．

他方，S^1 の元 e^{ix} を mod 2π で x と同一視すれば，$\chi_n : S^1 \to \mathbb{C}^\times$ を $\chi_n(x) = e^{inx}$ で定義することにより (8.2) を，$L^2(S^1)$ に属する関数の χ_n による展開とみなせて，$\{\chi_n\ (n \in \mathbb{Z})\}$ は $L^2(S^1)$ の基底の役割を果たす．この χ_n に対して，$e^{i\alpha} \in S^1$ は，$\rho_{e^{i\alpha}}(\chi_n)(x) = \chi_n(e^{i(x-\alpha)}) = e^{in(x-\alpha)} = e^{-in\alpha}\chi_n(x)$ とスカラー倍で作用するので，S^1 の $L^2(S^1)$ への線型な作用は $\{\chi_n\ (n \in \mathbb{Z})\}$ で対角化されているとみることができる．あるいは，

$$L^2(S^1) \text{ “}\cong\text{” } \bigoplus_{n\in\mathbb{Z}} \langle \chi_n \rangle$$

と直和に分解され，$\langle \chi_n \rangle$ は S^1 の作用で不変な 1 次元部分空間となっているといってもよい．もちろんここでは「無限直和」を考えているので，適切な定式化が必要である．

G の G 自身への作用だけではない．SO_3 は空間内の単位球面 $S^2 = \{\boldsymbol{x} \in \mathbb{R}^3 \mid \|x\| = 1\}$ に (推移的に) 作用していたから，S^2 上の 2 乗可積分関数の空間 $L^2(S^2)$ にも自然に SO_3 の線型な作用が定まる (問 4.11 はその一例である)．この空間の SO_3-不変な部分空間を記述することは，球面調和関数などの重要な応用を持つ．

最後に，双対性の観点についても一言だけ述べておく.「群がわかる」とは「すべての表現をみること」という視点である．あとで示すように，有限アーベル群の複素有限次元表現は 1 次元のものに限られるので，有限アーベル群の双対性 (問 7.9) により，有限アーベル群においては，群自身とその表現すべてを考えることが等価になる．こうした等価性はすべての群で成り立つというわけではないが，G 上の関数と $\widehat{G}$ 上の関数とを結びつけるポアソンの和公式やフーリエ変換のよ

うに，群とその表現の間の双対性に根差した等式も興味深い (たとえば問 8.14).

8.2 表現の基礎概念

定義 8.1　群 G に対し，体 $\mathbb{K}$ 上のベクトル空間 V と群準同型写像 $\rho : G \to \mathrm{GL}(V)$ の組を G の $\mathbb{K}$-**線型表現**という．以下では，単に ($\mathbb{K}$-) **表現**という．$\dim_{\mathbb{K}} V$ をこの表現の**次元**という．

混乱がなければ，G の表現 ρ とか G の表現 V のように省略して述べることが多い．V を ρ の表現空間とよぶこともある．

まず 1 次元表現をいくつかみてみよう．1 次元表現とは $G \to \mathrm{GL}_1(\mathbb{K}) = \mathbb{K}^{\times}$ という準同型写像に他ならない．

例 8.1 (1 次元表現の例)

(1)　G のすべての元に 1 を対応させる準同型写像を**自明表現**とよぶ．

(2)　$G = \mathbb{Z}_n = \{0, 1, 2, \ldots, n-1\}$ とし，ζ_n を 1 の原始 n 乗根として，$\chi_j(i) = \zeta_n^{ij}$ $(0 \leqq i, j \leqq n-1)$ と定義すると，n 個の 1 次元表現 $\chi_0, \chi_1, \ldots, \chi_{n-1} : \mathbb{Z}_n \to \mathbb{C}^{\times}$ が得られる．$j = 0$ のときが自明表現である．

(3)　n 次対称群には自明表現以外に 1 次元表現がもう一つある．

$$\mathrm{sgn} : \mathfrak{S}_n \to \mathbb{C}^{\times}; \sigma \mapsto \mathrm{sgn}(\sigma)$$

である．これを**符号表現**とよぶ．

(4)　$\det : \mathrm{GL}_n(\mathbb{C}) \to \mathbb{C}^{\times}$ は $\mathrm{GL}_n(\mathbb{C})$ の 1 次元表現である．

(5)　二面体群 $D_n = \langle c = R_{2\pi/n}, r = \sigma_{\pi/n} \rangle$ にも非自明な 1 次元表現がある．$\rho : D_n \to \mathbb{C}^{\times}$ とすると，$\rho(c)$ は 1 の n 乗根であり，$\rho(r) = \pm 1$ となるしかなく，$\rho(c^{-1}) = \rho(rcr) = \rho(r)\rho(c)\rho(r)^{-1} = \rho(c)$ より，$\rho(c) = \rho(c)^{-1}$ でなければならないので $\rho(c) = \pm 1$ となるしかない．n の偶奇に応じて 1 の n 乗根に -1 が含まれるか否かが変わることに注意すると，n が偶数なら，$\rho(c) = \pm 1, \rho(r) = \pm 1$ を複号任意で選んだ 4 通り，n が奇数なら，$\rho(c) = 1, \rho(r) = \pm 1$ を複号任意で選んだ 2 通りの 1 次元表現が得られる．

次元の大きな表現も容易にみることができる．

定義 8.2 群 G が有限集合 X に作用しているとき，X の元で添え字づけられた $\boldsymbol{v}_x$ $(x \in X)$ を基底とする $\mathbb{K}$ 上 $|X|$ 次元のベクトル空間を $\mathbb{K}X$ とする．このとき，$\rho_g(\boldsymbol{v}_x) = \boldsymbol{v}_{g*x}$ $(g \in G, x \in X)$ を線型に拡張して得られる $\rho_g \in \mathrm{GL}(\mathbb{K}X)$ を用いて，G の表現 $\rho : G \to \mathrm{GL}(\mathbb{K}X)$ が定義される．これを G の**置換表現**とよぶことがある．とくに，有限群 G に対して，X を G 自身にとった場合を G の**正則表現**という．

例 8.2 命題 3.16 でみたように，$\mathfrak{S}_n$ の各元 σ に置換行列 P_σ を対応させることで，$\mathfrak{S}_n$ の n 次元 $\mathbb{K}$-表現が得られる．たとえば，$\mathfrak{S}_3$ の場合，

$$e \mapsto \begin{bmatrix} 1 & 0 & 0 \\ 0 & 1 & 0 \\ 0 & 0 & 1 \end{bmatrix}, \quad (123) \mapsto \begin{bmatrix} 0 & 0 & 1 \\ 1 & 0 & 0 \\ 0 & 1 & 0 \end{bmatrix}, \quad (132) \mapsto \begin{bmatrix} 0 & 1 & 0 \\ 0 & 0 & 1 \\ 1 & 0 & 0 \end{bmatrix},$$

$$(12) \mapsto \begin{bmatrix} 0 & 1 & 0 \\ 1 & 0 & 0 \\ 0 & 0 & 1 \end{bmatrix}, \quad (23) \mapsto \begin{bmatrix} 1 & 0 & 0 \\ 0 & 0 & 1 \\ 0 & 1 & 0 \end{bmatrix}, \quad (13) \mapsto \begin{bmatrix} 0 & 0 & 1 \\ 0 & 1 & 0 \\ 1 & 0 & 0 \end{bmatrix}$$

という準同型写像である．

ここで行列表示と $\rho : G \to \mathrm{GL}_{\mathbb{K}}(V)$ の関係について注意しておこう．$\rho_g \in \mathrm{GL}(V)$ はあくまで V から V への全単射線型写像である．たとえば上の例 8.2 では，$\rho_\sigma : \mathbb{K}^3 \to \mathbb{K}^3$ は，$\begin{bmatrix} x_1 \\ x_2 \\ x_3 \end{bmatrix} \mapsto \begin{bmatrix} x_{\sigma^{-1}(1)} \\ x_{\sigma^{-1}(2)} \\ x_{\sigma^{-1}(3)} \end{bmatrix}$ という全単射線型写像である (例 4.3)．$\mathbb{K}^3$ の基底を 1 つ固定することで全単射線型写像を $\mathrm{GL}_3(\mathbb{K})$ の元として行列表示できる．たとえば上の行列表示は，$\mathbb{K}^3$ の基底として基本ベクトルからなる基底 $(\boldsymbol{e}_1, \boldsymbol{e}_2, \boldsymbol{e}_3)$ をとった場合の行列表示である．たとえば別の基底 $(\boldsymbol{e}_1 + \boldsymbol{e}_2 + \boldsymbol{e}_3, \boldsymbol{e}_1, \boldsymbol{e}_1 + \boldsymbol{e}_2)$ をとると，次のように変化する．

$$e \mapsto \begin{bmatrix} 1 & 0 & 0 \\ 0 & 1 & 0 \\ 0 & 0 & 1 \end{bmatrix}, \quad (123) \mapsto \begin{bmatrix} 1 & 0 & 1 \\ 0 & -1 & -1 \\ 0 & 1 & 0 \end{bmatrix}, \quad (132) \mapsto \begin{bmatrix} 1 & 1 & 1 \\ 0 & 0 & 1 \\ 0 & -1 & -1 \end{bmatrix}$$

$$(12) \mapsto \begin{bmatrix} 1 & 0 & 0 \\ 0 & -1 & 0 \\ 0 & 1 & 1 \end{bmatrix}, \quad (23) \mapsto \begin{bmatrix} 1 & 0 & 1 \\ 0 & 1 & 1 \\ 0 & 0 & -1 \end{bmatrix}, \quad (13) \mapsto \begin{bmatrix} 1 & 1 & 1 \\ 0 & 0 & -1 \\ 0 & -1 & 0 \end{bmatrix}. \tag{8.4}$$

たとえば，$\boldsymbol{x}_1 = \boldsymbol{e}_1 + \boldsymbol{e}_2 + \boldsymbol{e}_3, \boldsymbol{x}_2 = \boldsymbol{e}_1, \boldsymbol{x}_3 = \boldsymbol{e}_1 + \boldsymbol{e}_2$ とおくと，$P_{(123)}(\boldsymbol{x}_1, \boldsymbol{x}_2, \boldsymbol{x}_3) = (\boldsymbol{e}_2 + \boldsymbol{e}_3 + \boldsymbol{e}_1, \boldsymbol{e}_2, \boldsymbol{e}_2 + \boldsymbol{e}_3) = (\boldsymbol{x}_1, \boldsymbol{x}_3 - \boldsymbol{x}_2, \boldsymbol{x}_1 - \boldsymbol{x}_2) = (\boldsymbol{x}_1, \boldsymbol{x}_2, \boldsymbol{x}_3) \begin{bmatrix} 1 & 0 & 1 \\ 0 & -1 & -1 \\ 0 & 1 & 0 \end{bmatrix}$ と定義通りに求めることもできるし，$(\boldsymbol{e}_1, \boldsymbol{e}_2, \boldsymbol{e}_3)$ から $(\boldsymbol{e}_1 + \boldsymbol{e}_2 + \boldsymbol{e}_3, \boldsymbol{e}_1, \boldsymbol{e}_1 + \boldsymbol{e}_2)$ への基底変換行列 $P = \begin{bmatrix} 1 & 1 & 1 \\ 1 & 0 & 1 \\ 1 & 0 & 0 \end{bmatrix}$ を用いてすべての行列表示を一斉に $P^{-1} \bullet P$ と変換してもよい．前節で述べたように，われわれの目標の一つは，このように一斉に行列表示を変化させたときにどのような標準形に変形できるかをみることだった．そこで，基底のとり換えで見かけの行列表示が変わることは，表現を考える上では同じ表現の見え方が変わっているにすぎないとみなして同一視したい．より一般に，2 つの表現 $(\rho, V), (\tau, W)$ についても，ベクトル空間 V, W 上の基底をうまくとると ρ_g, τ_g $(g \in G)$ の行列表示が完全に一致するなら同じ表現であるとみなしたい．次のように定義しよう．

定義 8.3　群 G の 2 つの表現 $(\rho, V), (\tau, W)$ に対して，線型写像 $T : V \to W$ であって，すべての $g \in G$ に対し，$\tau_g \circ T = T \circ \rho_g$ を満たしているとき，T は **G-線型写像**であるという．V から W への G-線型写像全体を $\mathrm{Hom}_G(V, W)$ とかく．

とくに T が全単射のとき，表現の同型写像であるといい，このような T が存在するとき，2 つの表現 ρ, τ は**同値な表現** (表現として同型) であるといい，$(\rho, V) \cong (\tau, W)$ とかく．以下では単に $V \cong W$ と略記することも多い．

$$\begin{array}{ccc} V & \xrightarrow{\ T\ } & W \\ {\scriptstyle \rho_g}\downarrow & \circlearrowleft & \downarrow{\scriptstyle \tau_g} \\ V & \xrightarrow[\ T\ ]{} & W \end{array}$$

われわれの目標は，(有限) 群 G の表現を (同値な表現は同じ表現とみなして) 分類することである．そのために次に注目したいのは，表現の中により小さな表現が含まれている場合である．

定義 8.4 G の表現 (ρ, V) に対して，V の部分空間 W で，$\rho_g(W) \subset W$ がすべての $g \in G$ に対して成り立つとき，W は V の G-**不変部分空間**であるという．このとき，各 ρ_g を W に制限することで，$(\rho|_W, W)$ という G の表現が定まる．これを G の表現 (ρ, V) の**部分表現**という．

W が ρ の部分表現となっているとき，W の基底をとって，それを V に延長することで V の基底を作る．すると ρ_g の行列表示は，$\rho_g(W) \subset W$ から，$\left[\begin{array}{c|c} \rho_g|_W\text{の行列表示} & * \\ \hline \mathbf{0} & * \end{array}\right]$ とブロック上三角行列となる．

例 8.2 では，$W = \langle \boldsymbol{e}_1 + \boldsymbol{e}_2 + \boldsymbol{e}_3 \rangle \subset \mathbb{K}^3$ は明らかにすべての $\mathfrak{S}_3$ の元で固定されているので，1 次元の部分表現を与える．行列表示 (8.4) をみるとブロック上三角になっていることがみてとれる．

注意 G の表現 V とその部分表現 W が与えられたとき，

$$\overline{\rho} : G \to \mathrm{GL}(V/W); g \mapsto \overline{\rho}_g = (\overline{\boldsymbol{v}} \mapsto \overline{\rho_g(\boldsymbol{v})})$$

により $(\overline{\rho}, V/W)$ は G の表現となる．これを V の W による**商表現**という．上のブロック上三角行列はより精密に，$\left[\begin{array}{c|c} \rho_g|_W\text{の行列表示} & * \\ \hline \mathbf{0} & \overline{\rho}_g\text{の行列表示} \end{array}\right]$ となっている．(たとえば，[20, 命題 11.5, 問 11.4] を参照．)

定義 8.5 G の 2 つの表現 $(\rho_1, V_1), (\rho_2, V_2)$ が与えられたとき，

$$\rho_1 \oplus \rho_2 : G \to \mathrm{GL}(V_1 \oplus V_2); g \mapsto ((\boldsymbol{v}_1, \boldsymbol{v}_2) \mapsto ((\rho_1)_g(\boldsymbol{v}_1), (\rho_2)_g(\boldsymbol{v}_2)))$$

により，$(\rho_1 \oplus \rho_2, V_1 \oplus V_2)$ は G の表現となる．これを V_1, V_2 の**直和表現**とよぶ．

G の表現 (ρ, V) が直和表現 $V_1 \oplus V_2$ と同値な表現になるとき，V_1, V_2 の基底をそれぞれとって並べたものを V の基底としてとれば，ρ_g の行列表示は，$\left[\begin{array}{c|c} (\rho_1)_g\text{の行列表示} & \mathbf{0} \\ \hline \mathbf{0} & (\rho_2)_g\text{の行列表示} \end{array}\right]$ と一斉にブロック対角行列とできる．

例 8.3 $\mathfrak{S}_3$ の置換表現の直和分解を考える．例 8.2 では，$W = \langle \boldsymbol{e}_1 + \boldsymbol{e}_2 + \boldsymbol{e}_3 \rangle$ と $U = \langle \boldsymbol{e}_1 - \boldsymbol{e}_2, \boldsymbol{e}_2 - \boldsymbol{e}_3 \rangle$ をとると，

$$(12):\begin{cases}\boldsymbol{e}_1-\boldsymbol{e}_2\mapsto-(\boldsymbol{e}_1-\boldsymbol{e}_2)\\ \boldsymbol{e}_2-\boldsymbol{e}_3\mapsto\boldsymbol{e}_1-\boldsymbol{e}_3=(\boldsymbol{e}_1-\boldsymbol{e}_2)+(\boldsymbol{e}_2-\boldsymbol{e}_3)\end{cases}\tag{8.5}$$

$$(23):\begin{cases}\boldsymbol{e}_1-\boldsymbol{e}_2\mapsto\boldsymbol{e}_1-\boldsymbol{e}_3=(\boldsymbol{e}_1-\boldsymbol{e}_2)+(\boldsymbol{e}_2-\boldsymbol{e}_3)\\ \boldsymbol{e}_2-\boldsymbol{e}_3\mapsto-(\boldsymbol{e}_2-\boldsymbol{e}_3)\end{cases}\tag{8.6}$$

となっていることから，U も部分表現であり，直和表現 $W\oplus U$ と同値になる．行列表示は，$(\boldsymbol{e}_1+\boldsymbol{e}_2+\boldsymbol{e}_3,\boldsymbol{e}_1-\boldsymbol{e}_2,\boldsymbol{e}_2-\boldsymbol{e}_3)$ への基底変換行列 $P=\begin{bmatrix}1&1&0\\1&-1&1\\1&0&-1\end{bmatrix}$ を使って一斉に変換してもよいし，上の (8.5), (8.6) のように直接基底の行先を求めてもよい．次のようになることがわかる．

$$e\mapsto\begin{bmatrix}1&0&0\\0&1&0\\0&0&1\end{bmatrix},\quad(123)\mapsto\begin{bmatrix}1&0&0\\0&0&-1\\0&1&-1\end{bmatrix},\quad(132)\mapsto\begin{bmatrix}1&0&0\\0&-1&1\\0&-1&0\end{bmatrix}$$

$$(12)\mapsto\begin{bmatrix}1&0&0\\0&-1&1\\0&0&1\end{bmatrix},\quad(23)\mapsto\begin{bmatrix}1&0&0\\0&1&0\\0&1&-1\end{bmatrix},\quad(13)\mapsto\begin{bmatrix}1&0&0\\0&0&-1\\0&-1&0\end{bmatrix}\tag{8.7}$$

非自明な部分表現を持たない表現に注目して群の表現の様子を調べるために，次のような定義をおく．

定義 8.6　G の表現 (ρ,V) が，$V\neq\{\mathbf{0}\}$ で，V 自身や $\{\mathbf{0}\}$ 以外の G-不変部分空間を持たないとき，表現 (ρ,V) は**既約**であるという．既約でないとき**可約**であるという．さらに，表現が既約な表現の直和表現に分解するとき，**完全可約**な表現であるという．

1 次元表現はすべて既約である．

例題 8.1　n 次対称群 $\mathfrak{S}_n$ の $\mathbb{C}$ 上の置換表現 $\rho:\mathfrak{S}_n\to\mathrm{GL}_n(\mathbb{C});\sigma\mapsto P_\sigma$ は，自明表現と $n-1$ 次元の既約表現の直和表現に同値であることを示せ．この $n-1$ 次元既約表現を対称群の**スタンダード表現**とよぶことがある．

解　$\mathbb{C}^n$ の基本ベクトル $\boldsymbol{e}_1,\ldots,\boldsymbol{e}_n$ をとる．ρ は $\mathbb{C}^n$ の成分の入れ替え，基

本ベクトルの置換を引き起こす．このとき，$\boldsymbol{e}_1+\cdots+\boldsymbol{e}_n$ は ρ_σ $(\sigma\in\mathfrak{S}_n)$ すべてで固定されているから $W=\langle\boldsymbol{e}_1+\cdots+\boldsymbol{e}_n\rangle$ は $\mathfrak{S}_n$ の自明表現に同値な部分表現を与える．他方，$U=\{\boldsymbol{x}\in\mathbb{R}^n \mid x_1+x_2+\cdots+x_n=0\}$ も ρ の部分表現であることに注意する．ベクトル空間として $\dim U=n-1$ であり，$\boldsymbol{e}_1-\boldsymbol{e}_j$ $(2\leqq j\leqq n)$ が基底となる．よって，ρ は $W\oplus U$ に同値な表現である．

U が既約であることを示す．U の $\{\boldsymbol{0}\}$ ではない部分表現 U' が存在するとする．

まず，ある i で，$\boldsymbol{e}_1-\boldsymbol{e}_i\in U'$ となっていれば，$\rho_{(ki)}$ $(2\leqq k\leqq i-1)$ と $\rho_{(ik)}$ $(i+1\leqq k\leqq n)$ を行うことで，すべての $\boldsymbol{e}_1-\boldsymbol{e}_j\in U'$ が言え，$U'=U$ となる．

次に，$\boldsymbol{0}\neq\boldsymbol{x}\in U'$ に対し，$\rho_{(12)}\boldsymbol{x}-\boldsymbol{x}=(x_2-x_1)(\boldsymbol{e}_1-\boldsymbol{e}_2)\in U'$．$x_1=x_2$ 以外なら $\boldsymbol{e}_1-\boldsymbol{e}_2\in U'$ となり $U'=U$．もし $x_1=x_2$ なら $\rho_{(23)}(\boldsymbol{x})-\boldsymbol{x}=(x_3-x_2)(\boldsymbol{e}_2-\boldsymbol{e}_3)\in U'$．$x_2\neq x_3$ 以外なら $\boldsymbol{e}_2-\boldsymbol{e}_3\in U'$．$\rho_{(12)}$ をさらに施せば $\boldsymbol{e}_1-\boldsymbol{e}_3\in U'$ となって $U=U'$．以下帰納的に $x_1=x_2=\cdots=x_n$ 以外では $U=U'$ が言え，$x_1=x_2=\cdots=x_n$ のとき $\boldsymbol{x}=\boldsymbol{0}$ となり $\boldsymbol{x}$ のとり方に反す．以上により，U は $n-1$ 次元既約表現である．□

問 8.1 問 4.11 で与えた SO_3 の 3 次元表現が既約であることを確かめよ．

ここで，表現を考えるベクトル空間の係数 $\mathbb{K}$ について注意を述べておく．

例 8.4 $\mathbb{K}=\mathbb{R},\mathbb{C}$ として，加法群 $\mathbb{R}$ の 2 つの 2 次元 $\mathbb{K}$-表現を考える．

$$\rho_1:\mathbb{R}\to \mathrm{GL}_2(\mathbb{K});x\mapsto\begin{bmatrix}1 & x\\ 0 & 1\end{bmatrix},\qquad \rho_2:\mathbb{R}\to \mathrm{GL}_2(\mathbb{K});x\mapsto R_x=\begin{bmatrix}\cos x & -\sin x\\ \sin x & \cos x\end{bmatrix}.$$

まず ρ_1 は可約である．なぜなら，$\langle\boldsymbol{e}_1\rangle\subset\mathbb{K}^2$ はすべての $(\rho_1)_x$ で不変な部分空間であり，ρ_1 の部分表現になるからである．しかし ρ_1 が $\langle\boldsymbol{e}_1\rangle\oplus U$ という直和表現と同値になるような U はとれない．なぜならもしとれたとすると $\dim U=1$ ですべての $(\rho_1)_x$ で不変でなければならないが，$\begin{bmatrix}1 & x\\ 0 & 1\end{bmatrix}$ は，$x\neq 0$ である限り $c\boldsymbol{e}_1$ $(c\neq 0)$ 以外の固有ベクトルを持たないからである．したがって，ρ_1 は完全可約ではない．

他方，ρ_2 は $\mathbb{K}=\mathbb{C}$ なら 1 次元表現の直和に分解する．なぜなら，R_x の複素固

有値 $e^{\pm ix}$ に対応する固有ベクトルとして，x によらず $\begin{bmatrix} 1 \\ \mp i \end{bmatrix}$ がとれるからである．したがって，$\mathbb{C}^2 \cong \mathbb{C}\begin{bmatrix} 1 \\ -i \end{bmatrix} \oplus \mathbb{C}\begin{bmatrix} 1 \\ i \end{bmatrix}$ という 1 次元表現の直和表現に同値になる．しかし，R_x には，実数固有値は存在しないため，$\mathbb{K} = \mathbb{R}$ の場合には，$\mathbb{R}^2$ に固有ベクトルはとれず，$\mathbb{R}^2$ 中に 1 次元の不変部分空間をとることはできない．つまり，$\mathbb{R}$-表現 $\rho_2 : \mathbb{R} \to \mathrm{GL}_2(\mathbb{R}); x \mapsto R_x$ は既約である．

例 8.5 $G = \mathbb{Z}_2$ の正則表現を $\mathbb{C}$ 上と $\mathbb{F}_2$ 上でそれぞれ考えてみる．

$\mathbb{C}\mathbb{Z}_2 = \{c_1\boldsymbol{v}_0 + c_2\boldsymbol{v}_1\ (c_1, c_2 \in \mathbb{C})\}$ であり，$(\boldsymbol{v}_0, \boldsymbol{v}_1)$ を基底とする複素 2 次元ベクトル空間である．$0 \in \mathbb{Z}_2$ は $\boldsymbol{v}_0, \boldsymbol{v}_1$ をともに固定し，$1 \in \mathbb{Z}_2$ は $\boldsymbol{v}_0, \boldsymbol{v}_1$ を入れ替えるので，$\mathbb{C}\mathbb{Z}_2 \cong \langle \boldsymbol{v}_0 + \boldsymbol{v}_1 \rangle \oplus \langle \boldsymbol{v}_0 - \boldsymbol{v}_1 \rangle$ と 1 次元表現の直和に分解する．

しかし，$\mathbb{F}_2\mathbb{Z}_2 = \{0, \boldsymbol{v}_0, \boldsymbol{v}_1, \boldsymbol{v}_0 + \boldsymbol{v}_1\}$ は 4 点からなる $\mathbb{F}_2$ 上 2 次元のベクトル空間であり，1 次元部分空間は $\{0, \boldsymbol{v}_0\}, \{0, \boldsymbol{v}_1\}, \{0, \boldsymbol{v}_0 + \boldsymbol{v}_1\}$ の 3 種類しかない．$1 \in \mathbb{Z}_2$ が $\boldsymbol{v}_0, \boldsymbol{v}_1$ を入れ替えるので，前の 2 つの部分空間は正則表現の不変部分空間にはなれない．3 つ目は不変部分空間だが，$\mathbb{F}_2\mathbb{Z}_2 \cong \{0, \boldsymbol{v}_0 + \boldsymbol{v}_1\} \oplus U$ となる部分表現 U はとれないため，正則表現は可約だが完全可約ではない．

この 2 つの例からわかるように，

- **群が一定のクラスから外れると，(たとえ可換群でも) 表現の完全可約性が崩れることがある．**
- **表現の係数をとり換えると，既約なものが直和に分解したり，完全可約性が崩れることがある．**

本書では，群の表現の最も容易な部分，すなわち，有限群の $\mathbb{C}$-係数の有限次元表現に限定して述べるが，この場合には，任意の表現が完全可約になることを次節で証明する．

$\mathbb{C}$-係数の有限次元表現を考えるなら，線型代数で学んだ固有値・固有ベクトルの考え方も使うことができる．有限群の場合には，すべての元が位数有限なので，位数 m の元 g に対応する $\rho_g \in \mathrm{GL}(V)$ は $\rho_g^m = \mathrm{id}_V$ を満たす．したがって，ρ_g の最小多項式は，$X^m - 1$ を割り切るため，複素数の範囲で重根を持つことはなく，

対角化可能である♣．また線型写像 $f: V \to V$ が対角化可能で，$f(W) \subset W$ を満たすなら，$f|_W : W \to W$ も対角化可能である．

例 8.6 最も位数の小さい非可換群である $\mathfrak{S}_3$ の表現を考えよう．$\mathfrak{S}_3$ は $x = (123), y = (12)$ で生成されているので，x, y の作用に注目する．

まず，P_x は，$P_x^3 = I_3$ を満たすので，その固有値は $1, \omega, \omega^2$ であり，固有ベクトルとして，$\boldsymbol{u}_1 = \begin{bmatrix} 1 \\ 1 \\ 1 \end{bmatrix}, \boldsymbol{u}_\omega = \begin{bmatrix} \omega^2 \\ \omega \\ 1 \end{bmatrix}, \boldsymbol{u}_{\omega^2} = \begin{bmatrix} \omega \\ \omega^2 \\ 1 \end{bmatrix}$ がとれる．このとき，$P_y[\boldsymbol{u}_1, \boldsymbol{u}_\omega, \boldsymbol{u}_{\omega^2}] = [\boldsymbol{u}_1, \boldsymbol{u}_{\omega^2}, \boldsymbol{u}_\omega]$ より P_y は $\boldsymbol{u}_\omega, \boldsymbol{u}_{\omega^2}$ を交換する．$\mathbb{C}\boldsymbol{u}_1$ が自明表現，$\mathbb{C}\boldsymbol{u}_\omega \oplus \mathbb{C}\boldsymbol{u}_{\omega^2}$ がスタンダード表現を与える．

より一般に，$\mathfrak{S}_3$ の複素有限次元表現 (ρ, V) を考える．ρ_x は対角化可能で，とりうる固有値の候補は，$1, \omega, \omega^2$ である．もし $\boldsymbol{u}$ が ρ_x の固有値 ω の固有ベクトルであるとすると，$\rho_x(\boldsymbol{u}) = \omega\boldsymbol{u}$．このとき，$xy = yx^2$ から $\rho_x\rho_y = \rho_y\rho_x^2$ なので $\rho_x(\rho_y(\boldsymbol{u})) = \rho_y((\rho_x)^2\boldsymbol{u}) = \rho_y(\omega^2\boldsymbol{u}) = \omega^2\rho_y(\boldsymbol{u})$ となる．$\boldsymbol{u} \neq \boldsymbol{0}$ だから $\rho_y(\boldsymbol{u}) \neq \boldsymbol{0}$ であり，$\rho_y(\boldsymbol{u})$ は ρ_x の固有値 ω^2 の固有ベクトルとなる．すると，2 次元部分空間 $\langle \boldsymbol{u}, \rho_y(\boldsymbol{u}) \rangle$ は $\mathfrak{S}_3$ の部分表現であり，ρ_y は $\boldsymbol{u}, \rho_y(\boldsymbol{u})$ を入れ替えることに注意すれば，$\boldsymbol{u}_\omega \mapsto \boldsymbol{u}, \boldsymbol{u}_{\omega^2} \mapsto \rho_y(\boldsymbol{u})$ という対応で，この 2 次元表現は，$\mathfrak{S}_3$ のスタンダード表現に同値となる．つまり ρ_x の固有値 ω の固有空間の基底を求め，それらに ρ_y を作用させることで ρ_x の固有値 ω^2 の固有空間の基底が得られ，ρ_x の固有値 ω の固有空間と固有値 ω^2 の固有空間を直和した部分空間が，スタンダード表現の直和に分解する．ρ_y に注目すると，$\boldsymbol{u} \pm \rho_y(\boldsymbol{u})$ が ρ_y の固有値 ± 1 の固有ベクトルとなっていることに注意しておく．

他方，ρ_x の固有値 1 の固有空間を考える．$\rho_x(\boldsymbol{u}) = \boldsymbol{u}\,(\neq \boldsymbol{0})$ のとき，$\rho_x(\rho_y(\boldsymbol{u})) = \rho_y(\rho_x^2(\boldsymbol{u})) = \rho_y(\boldsymbol{u})$ となるので，$\rho_y(\boldsymbol{u})$ も ρ_x の固有値 1 の固有ベクトルとなる．したがって，固有値 1 の固有空間も $\mathfrak{S}_3$-不変部分空間になる．ρ_y はこの不変部分空間に制限しても対角化可能であり，固有値は ± 1 なので，ρ_y の固有値 1 の固有空間は自明表現の直和，固有値 -1 の固有空間は符号表現の直和に分解する．

以上をまとめると，$\mathfrak{S}_3$ の複素有限次元表現は，$\mathrm{tri}^{\oplus a} \oplus \mathrm{sgn}^{\oplus b} \oplus \mathrm{std}^{\oplus c}$ と直和に分解する．ここで c は ρ_x の固有値 ω の固有空間の次元である．また $a + c$ が ρ_y の固有値 1 の固有空間の次元であり，$b + c$ が ρ_y の固有値 -1 の固有空間の次

元となる．しかもこのことから，$\mathfrak{S}_3$ の複素有限次元既約表現は，自明表現，符号表現，スタンダード表現の 3 種類に限られることも示されている．

上で得た既約分解の方法を，$\mathfrak{S}_3$ の正則表現に適用する．ρ_x が $\boldsymbol{v}_e \mapsto \boldsymbol{v}_{(123)} \mapsto \boldsymbol{v}_{(132)}$, $\boldsymbol{v}_{(12)} \mapsto \boldsymbol{v}_{(13)} \mapsto \boldsymbol{v}_{(23)}$ と動かすので，この基底でみた ρ_x の表現行列は，(基底の順番をとり換えることで) 3 次の置換行列が 2 つブロック対角に並んだ行列とみてよい．したがって，固有値 ω の固有空間が 2 次元，固有値 1 の固有空間が 2 次元となる．ρ_y が $\boldsymbol{v}_e \leftrightarrow \boldsymbol{v}_{(12)}$，$\boldsymbol{v}_{(23)} \leftrightarrow \boldsymbol{v}_{(123)}$，$\boldsymbol{v}_{(132)} \leftrightarrow \boldsymbol{v}_{(13)}$ と動かすことから，この基底でみた ρ_y の表現行列は (基底の順番をとり換えることで) $\begin{bmatrix} 0 & 1 \\ 1 & 0 \end{bmatrix}$ が 3 つブロック対角に並んだ行列とみてよい．したがって，固有値 1 の固有空間が 3 次元，固有値 -1 の固有空間が 3 次元となる．これらの次元から，上の記号で $a = b = 1, c = 2$ とわかり，$\mathbb{C}\mathfrak{S}_3 \cong \mathrm{tri} \oplus \mathrm{sgn} \oplus \mathrm{std}^{\oplus 2}$ と分解することがわかる．

問 8.2 $\mathrm{tri} \oplus \mathrm{sgn} \oplus \mathrm{std}^{\oplus 2}$ に即した $\mathbb{C}\mathfrak{S}_3$ の基底を 1 つ与えよ．

群の表現が与えられたとき，そこから新しい表現を作る方法をいくつか述べる．

まずベクトル空間のテンソル積について簡単に説明する．ベクトル空間 V, W が与えられたとき，ベクトル空間の**テンソル積** $V \otimes W$ という新しいベクトル空間を導入する．ナイーブには次のようなベクトル空間である．すなわち，V の基底 $\{\boldsymbol{v}_1, \ldots, \boldsymbol{v}_n\}$ と W の基底 $\{\boldsymbol{w}_1, \ldots, \boldsymbol{w}_m\}$ をとって，$\boldsymbol{v}_i \otimes \boldsymbol{w}_j$ という形式的な元を基底とする $\dim V \cdot \dim W$ 次元のベクトル空間である．ただし，$\boldsymbol{v} = \sum_i a_i \boldsymbol{v}_i, \boldsymbol{w} = \sum_j b_j \boldsymbol{w}_j$ に対して，$\boldsymbol{v} \otimes \boldsymbol{w} = \sum_{i,j} a_i b_j \boldsymbol{v}_i \otimes \boldsymbol{w}_j$ とすることで，$\boldsymbol{v} \otimes \boldsymbol{w}$ $(\boldsymbol{v} \in V, \boldsymbol{w} \in W)$ を自然に $V \otimes W$ の元とみなす．

注意 ベクトル空間のテンソル積についていくつか注意を述べる．

たとえば，$(6\boldsymbol{v}) \otimes (\boldsymbol{w}) = (2\boldsymbol{v}) \otimes (3\boldsymbol{w}) = (3\boldsymbol{v}) \otimes (2\boldsymbol{w}) = 6(\boldsymbol{v} \otimes \boldsymbol{w})$ とみる．また $\mathbb{R}^2 \otimes \mathbb{R}^2$ において，$\begin{bmatrix} 2 \\ 1 \end{bmatrix} \otimes \begin{bmatrix} -3 \\ 1 \end{bmatrix} = (2\boldsymbol{e}_1 + \boldsymbol{e}_2) \otimes (-3\boldsymbol{e}_1 + \boldsymbol{e}_2) = -6\boldsymbol{e}_1 \otimes \boldsymbol{e}_1 + 2\boldsymbol{e}_1 \otimes \boldsymbol{e}_2 - 3\boldsymbol{e}_2 \otimes \boldsymbol{e}_1 + \boldsymbol{e}_2 \otimes \boldsymbol{e}_2$ である．

$\mathbb{R}^2 \otimes \mathbb{R}^2$ において，$a_{11}\boldsymbol{e}_1 \otimes \boldsymbol{e}_1 + a_{12}\boldsymbol{e}_1 \otimes \boldsymbol{e}_2 + a_{21}\boldsymbol{e}_2 \otimes \boldsymbol{e}_1 + a_{22}\boldsymbol{e}_2 \otimes \boldsymbol{e}_2$ が $(x_1\boldsymbol{e}_1 + y_1\boldsymbol{e}_2) \otimes (x_2\boldsymbol{e}_1 + y_2\boldsymbol{e}_2)$ と表されるとすると，$a_{11} = x_1 x_2$，$a_{12} = x_1 y_2$，$a_{21} = y_1 x_2$，$a_{22} =$

y_1y_2 なので，$a_{11}a_{22} = a_{12}a_{21}$ でなければならない．したがってたとえば，$\boldsymbol{e}_1 \otimes \boldsymbol{e}_1 + \boldsymbol{e}_1 \otimes \boldsymbol{e}_2 + \boldsymbol{e}_2 \otimes \boldsymbol{e}_1$ は $\boldsymbol{x} \otimes \boldsymbol{y}$ $(\boldsymbol{x}, \boldsymbol{y} \in \mathbb{R}^2)$ とは表せないことに注意しよう．一般に，$V \otimes W$ の元は，$\boldsymbol{v} \otimes \boldsymbol{w}$ $(\boldsymbol{v} \in V, \boldsymbol{w} \in W)$ と表せるとは限らず，この形の元の有限和で表される．

$V \otimes W$ の厳密な定義の 1 つは普遍性を用いた定義である．すなわち，ベクトル空間 V, W に対して，次の普遍性を満たすベクトル空間 $T(V, W)$ と線型写像 $\iota : V \times W \to T(V, W)$ が存在する．すなわち，任意のベクトル空間 U と双線型写像 $f : V \times W \to U$ に対して，線型写像 $\overline{f} : T(V, W) \to U$ であって，$\overline{f} \circ \iota = f$ が成り立つ．この性質を満たす $T(V, W)$ は同型を除いて一意的に定まり，$V \otimes W$ とかいて，ベクトル空間のテンソル積とよぶ．

本書では，表現の行列表示がはっきりすればよい部分が多いので，厳密な定義には踏み込まず，冒頭のナイーブな定義のまま進めることにする．

命題 8.7 群 G の 2 つの有限次元表現 $(\rho, V), (\tau, W)$ に対して，V, W のテンソル積 $V \otimes W$ と $g \in G$ に対し，$\rho_g \otimes \tau_g : V \otimes W \to V \otimes W$ を，

$$(\rho_g \otimes \tau_g)(\boldsymbol{v} \otimes \boldsymbol{w}) = \rho_g(\boldsymbol{v}) \otimes \tau_g(\boldsymbol{w})$$

を線型に拡張することで定義すると，$\rho \otimes \tau : G \to \mathrm{GL}(V \otimes W); g \mapsto \rho_g \otimes \tau_g$ は，G の表現となる．これを V, W の**テンソル積表現**という．V の基底 $(\boldsymbol{v}_1, \ldots, \boldsymbol{v}_n)$ に関する ρ_g の行列表示を A_g，W の基底 $(\boldsymbol{w}_1, \ldots, \boldsymbol{w}_m)$ に関する τ_g の行列表示を B_g とするとき，第 1 成分に関して辞書式順序に，つまり

$$\boldsymbol{v}_1 \otimes \boldsymbol{w}_j \ (1 \leqq j \leqq m), \quad \boldsymbol{v}_2 \otimes \boldsymbol{w}_j \ (1 \leqq j \leqq m), \quad \ldots, \quad \boldsymbol{v}_n \otimes \boldsymbol{w}_j \ (1 \leqq j \leqq m)$$

と並べて $V \otimes W$ の基底を作ると，$\rho_g \otimes \tau_g$ の行列表示は，

$$\begin{bmatrix} (A_g)_{11}B_g & (A_g)_{12}B_g & \cdots & (A_g)_{1n}B_g \\ (A_g)_{21}B_g & (A_g)_{22}B_g & \cdots & (A_g)_{2n}B_g \\ \vdots & \vdots & \ddots & \vdots \\ (A_g)_{n1}B_g & (A_g)_{n2}B_g & \cdots & (A_g)_{nn}B_g \end{bmatrix} \tag{8.8}$$

で定義される nm 次正方行列になる．(A_g, B_g のクロネッカー積ともいう．)

行列表示についてだけ説明しておく．$(A_g)\boldsymbol{v}_i = \sum_k (A_g)_{ki}\boldsymbol{v}_k$，$(B_g)\boldsymbol{w}_j = \sum_\ell (B_g)_{\ell j}\boldsymbol{w}_\ell$ とすると，$(A_g\boldsymbol{v}_i) \otimes (B_g\boldsymbol{w}_j) = \sum_{k,\ell} (A_g)_{ki}(B_g)_{\ell j}\boldsymbol{v}_k \otimes \boldsymbol{w}_\ell$ だから，行列表示の $\boldsymbol{v}_i \otimes \boldsymbol{v}_j$ に対応する列は，まず $(A_g)_{1i} \cdot (B_g$の第 j 列$)$ が上から m 行まで

の成分を与え，以下，$(A_g)_{ki}\cdot(B_g$の第 j 列) が，$(k-1)m+1$ 行から km 行までの成分を与えることになるので，命題の行列表示が得られる．

例 8.7 $\mathfrak{S}_3$ のスタンダード表現 std のテンソル積表現 $\mathrm{std}\otimes\mathrm{std}$ を考える．std には例 8.6 の冒頭でみたように，$\rho_{(123)}\boldsymbol{u}_1=\omega\boldsymbol{u}_1, \rho_{(123)}\boldsymbol{u}_2=\omega^2\boldsymbol{u}_2$ かつ $\rho_{(12)}\boldsymbol{u}_1=\boldsymbol{u}_2, \rho_{(12)}\boldsymbol{u}_2=\boldsymbol{u}_1$ となる基底 $(\boldsymbol{u}_1,\boldsymbol{u}_2)$ がとれる．この基底で $\rho_{(123)}$ と $\rho_{(12)}$ を行列表示すれば，$\begin{bmatrix}\omega & 0\\ 0 & \omega^2\end{bmatrix}, \begin{bmatrix}0 & 1\\ 1 & 0\end{bmatrix}$ となる．するとテンソル積表現 $\mathrm{std}\otimes\mathrm{std}$ の基底として $(\boldsymbol{u}_1\otimes\boldsymbol{u}_1, \boldsymbol{u}_2\otimes\boldsymbol{u}_1, \boldsymbol{u}_1\otimes\boldsymbol{u}_2, \boldsymbol{u}_2\otimes\boldsymbol{u}_2)$ がとれる．(8.8) から行列表示もすぐに求められるし，(123), (12) の基底への作用がすぐわかる．(123) は $\boldsymbol{u}_i\otimes\boldsymbol{u}_j$ を $(\rho_{(123)}\boldsymbol{u}_i)\otimes(\rho_{(123)}\boldsymbol{u}_j)$ に移すから，$\boldsymbol{u}_1\otimes\boldsymbol{u}_1$ は固有値 ω^2，$\boldsymbol{u}_2\otimes\boldsymbol{u}_1, \boldsymbol{u}_1\otimes\boldsymbol{u}_2$ は固有値 1，$\boldsymbol{u}_2\otimes\boldsymbol{u}_2$ は固有値 $\omega^4=\omega$ の固有ベクトルである．同様に，(12) は $\boldsymbol{u}_1\otimes\boldsymbol{u}_1$ と $\boldsymbol{u}_2\otimes\boldsymbol{u}_2$ を入れ替え，$\boldsymbol{u}_2\otimes\boldsymbol{u}_1$ と $\boldsymbol{u}_1\otimes\boldsymbol{u}_2$ を入れ替えるから，固有値 $1,-1$ の固有空間がそれぞれ 2 次元ずつある．例 8.6 の方法に従えば，$\mathrm{std}\otimes\mathrm{std}=\mathrm{tri}\oplus\mathrm{sgn}\oplus\mathrm{std}$ と分解することがわかる．

問 8.3 $\mathrm{tri}\oplus\mathrm{sgn}\oplus\mathrm{std}$ に即した $\mathrm{std}\otimes\mathrm{std}$ の基底を 1 つ与えよ．

テンソル積表現以外にさらにあと 2 つ表現を作る操作について述べておく．

命題 8.8 G の有限次元表現 $(\rho,V),(\tau,W)$ が与えられたとき，

(1) V^* を V の $\mathbb{K}$ 上の双対空間とするとき，$\rho^*: G\to GL(V^*); g\mapsto\rho^*_g$ を，$\rho^*_g(f)(\boldsymbol{v})=f(\rho_{g^{-1}}(\boldsymbol{v}))$ により，G の表現 (ρ^*,V^*) が定まる．V の基底 $(\boldsymbol{v}_1,\ldots,\boldsymbol{v}_n)$ に関する ρ_g の行列表示を A_g とするとき，V^* に $(\boldsymbol{v}^*_1,\ldots,\boldsymbol{v}^*_n)$ という双対基底をとると，ρ^*_g の行列表示は，${}^tA_{g^{-1}}$ となる．これを (ρ,V) の**双対表現** (あるいは**反傾表現**) という．

(2) V から W への線型写像の全体を $\mathrm{Hom}_{\mathbb{K}}(V,W)$ とかくとき，$\eta: G\to\mathrm{GL}(\mathrm{Hom}_{\mathbb{K}}(V,W))$ を $\eta_g(\varphi)(\boldsymbol{v})=\tau_g(\varphi(\rho_{g^{-1}}(\boldsymbol{v})))$ と定義することにより，$(\eta,\mathrm{Hom}_{\mathbb{K}}(V,W))$ は G の表現となる．さらに，この表現はテンソル積表現 $V^*\otimes W$ と同値な表現である．

問 8.4 ρ^*, η が準同型写像であることをそれぞれ自分の手でチェックせよ．(例題 4.1, 問 4.4 も参照せよ．)

ρ_g^* の行列表示について説明する．$\rho_g^*(\boldsymbol{v}_i^*)(\boldsymbol{v}_j) = \boldsymbol{v}_i^*(\rho_{g^{-1}}\boldsymbol{v}_j) = (A_{g^{-1}})_{ij}$ となるから，$\rho_g^*(\boldsymbol{v}_i^*) = \sum_j (A_{g^{-1}})_{ij}\boldsymbol{v}_j^*$ である．よって ρ^* の行列表示の第 i 列に，$A_{g^{-1}}$ の第 i 行を転置した成分がでてくるので，ρ_g^* の行列表示は ${}^tA_{g^{-1}}$ となる．

η について，$f \in V^*$, $\boldsymbol{w} \in W$ に対して，$\varphi_{f,\boldsymbol{w}}(\boldsymbol{v}) = f(\boldsymbol{v})\boldsymbol{w}$ で $\varphi_{f,\boldsymbol{w}} \in \mathrm{Hom}_{\mathbb{K}}(V, W)$ が定義される．$f \otimes \boldsymbol{w} \mapsto \varphi_{f,\boldsymbol{w}}$ を線型に拡張することで $\Phi : V^* \otimes W \to \mathrm{Hom}_{\mathbb{K}}(V, W)$ を定義する．これが G-線型写像であることは，

$$\varphi_{\rho_g^* f, \tau_g \boldsymbol{w}}(\boldsymbol{v}) = (\rho_g^*(f))(\boldsymbol{v})(\tau_g \boldsymbol{w}) = f(\rho_{g^{-1}}\boldsymbol{v})\tau_g(\boldsymbol{w})$$

$$\begin{aligned}(\eta_g \varphi_{f,\boldsymbol{w}})(\boldsymbol{v}) &= \tau_g(\varphi_{f,\boldsymbol{w}}(\rho_{g^{-1}}(\boldsymbol{v}))) = \tau_g(f(\rho_{g^{-1}}(\boldsymbol{v}))\boldsymbol{w}) \\ &= f(\rho_{g^{-1}}(\boldsymbol{v}))\tau_g(\boldsymbol{w}) \qquad (\because\ f(\rho_{g^{-1}}(\boldsymbol{v})) \in \mathbb{K}, \tau_g \text{は線型})\end{aligned}$$

から従う．V^* の双対基底 $\boldsymbol{v}_i^*$ と W の基底 $\boldsymbol{w}_j$ をとると，$\varphi_{\boldsymbol{v}_i^*, \boldsymbol{w}_j}(\boldsymbol{v}_k) = \boldsymbol{v}_i^*(\boldsymbol{v}_k)\boldsymbol{w}_j = \delta_{ik}\boldsymbol{w}_j$ となる．つまり $\varphi_{\boldsymbol{v}_i^*, \boldsymbol{w}_j}$ の行列表示は行列単位 E_{ji} になるから，Φ が全単射であることも言える．

8.3 完全可約性とシューアの補題

以下，とくに断りのない限り，G は有限群とし，$\mathbb{K} = \mathbb{C}$ とする．

補題 8.9 群 G の表現 (ρ, V) とその部分表現 W を考える．このとき，$V = W \oplus W'$ となる G-不変部分空間 W' が存在する．

2 通りの方法で示す．

補題 8.9 の第一の証明 (部分空間への射影子の平均化)

まずベクトル空間として $V = W \oplus U$ となる部分空間 U をとり，$p : V \to W$ を射影子とする．すなわち $\boldsymbol{v} = \boldsymbol{w} + \boldsymbol{u}$ と (一意的に) 分解したとき，$p(\boldsymbol{v}) = \boldsymbol{w}$ で定義される線型写像である．このとき，W は部分表現だから $\rho_g \circ p \circ \rho_g^{-1} : V \to W$ となることに注意して，次で定義される線型写像 $p_0 : V \to W$ を考える．

$$p_0 = \frac{1}{|G|}\sum_{g \in G} \rho_g \circ p \circ \rho_g^{-1}.$$

p_0 は G-線型写像である．実際，$x \in G$ に対して，

$$\rho_x \circ p_0 \circ \rho_x^{-1} = \frac{1}{|G|} \sum_{g \in G} \rho_x \rho_g \circ p \circ \rho_g^{-1} \rho_x^{-1} = \frac{1}{|G|} \sum_{g \in G} \rho_{xg} \circ p \circ \rho_{xg}^{-1}$$

となる．ここで g がすべての G の元を動くとき，xg も G のすべての元を動くから右辺は p_0 に一致し，$\rho_x \circ p_0 = p_0 \circ \rho_x$ となる．

$p_0(\boldsymbol{w}) = \boldsymbol{w}$ $(\boldsymbol{w} \in W)$ である．実際，W は G-不変だから，$\rho_g^{-1}(\boldsymbol{w}) \in W$ であり，$p(\rho_g^{-1}(\boldsymbol{w})) = \rho_g^{-1}(\boldsymbol{w})$．したがって，$p_0(\boldsymbol{w}) = \dfrac{1}{|G|} \sum_{g \in G} \rho_g \rho_g^{-1}(\boldsymbol{w}) = \boldsymbol{w}$ となる．

そこで，$W' = \operatorname{Ker} p_0$ とおく．このとき，$\boldsymbol{w}' \in W'$ に対し，

$$p_0(\rho_g(\boldsymbol{w}')) \overset{p_0\text{は }G\text{-線型}}{=} \rho_g(p_0(\boldsymbol{w}')) \overset{W'=\operatorname{Ker} p_0}{=} \rho_g(\boldsymbol{0}) = \boldsymbol{0}$$

となるので $\rho_g(\boldsymbol{w}') \in W'$．つまり W' は G-不変部分空間である．$\boldsymbol{v} \in V$ に対し，$p_0(\boldsymbol{v}) \in W$ だから $p_0^2(\boldsymbol{v}) = p_0(\boldsymbol{v})$ となり $\boldsymbol{v} - p_0(\boldsymbol{v}) \in \operatorname{Ker} p_0 = W'$ である．よって $V = W + W'$．$W \cap \operatorname{Ker} p_0 = \{\boldsymbol{0}\}$ だから，$V = W \oplus W'$ と分解する．□

補題 8.9 の第二の証明 (内積の平均化)

まず $\mathbb{C}$-ベクトル空間 V に複素内積を 1 つ入れて $(\bullet, \bullet)$ とかく．(たとえば，V の基底を 1 つとって，それらが正規直交基底となるような内積を考える．) このとき，次式で V 上に新しい複素内積 $\langle \bullet, \bullet \rangle$ が定義される．

$$\langle \boldsymbol{v}_1, \boldsymbol{v}_2 \rangle = \frac{1}{|G|} \sum_{g \in G} (\rho_g(\boldsymbol{v}_1), \rho_g(\boldsymbol{v}_2)).$$

第一成分に関する共役線型性は，$(\bullet, \bullet)$ が内積であることと ρ_g の線型性から従う．第二成分に関する線型性やエルミート性，正値性も同様である．非退化性も，$(\bullet, \bullet)$ の非退化性に帰着される．実際，$(\rho_g(\boldsymbol{v}), \rho_g(\boldsymbol{v})) \geqq 0$ に注意すると，$\langle \boldsymbol{v}, \boldsymbol{v} \rangle = 0$ のとき，すべての g で $(\rho_g(\boldsymbol{v}), \rho_g(\boldsymbol{v})) = 0$ となり，とくに $g = e$ とすれば $(\boldsymbol{v}, \boldsymbol{v}) = 0$ となって $\boldsymbol{v} = \boldsymbol{0}$ である．

新しい内積は，すべての $x \in G$ に対して，$\langle \rho_x(\boldsymbol{v}_1), \rho_x(\boldsymbol{v}_2) \rangle = \langle \boldsymbol{v}_1, \boldsymbol{v}_2 \rangle$ を満たす．このことを内積 $\langle \bullet, \bullet \rangle$ は G-不変であるという．これは g が G のすべての元を動くとき，xg も G のすべての元を動くことから従う．

そこで $\langle \bullet, \bullet \rangle$ に関する W の直交補空間を W' とする．このとき，$\boldsymbol{w} \in W, \boldsymbol{w}' \in W', g \in G$ に対して，$\rho_g^{-1}(\boldsymbol{w}) \in W$ に注意すれば，

$$\langle \boldsymbol{w}, \rho_g(\boldsymbol{w}')\rangle \overset{\langle\bullet,\bullet\rangle \text{ は } G\text{-不変}}{=} \langle \rho_g^{-1}(\boldsymbol{w}), \rho_g^{-1}\rho_g(\boldsymbol{w}')\rangle = \langle \rho_g^{-1}(\boldsymbol{w}), \boldsymbol{w}'\rangle \overset{\boldsymbol{w}'\in W'}{=} 0$$

より，$\rho_g(\boldsymbol{w}') \in W'$ となり，W' は G-不変部分空間である．□

注意 第一の証明は，表現の係数の属する体 $\mathbb{K}$ で $|G| \neq 0$ であれば通用する．(例 8.5 で完全可約性が崩れたのは，$|\mathbb{Z}_2| = 2$ が $\mathbb{F}_2$ では 0 だったためである．) とくに，$\mathbb{R}, \mathbb{Q}$ のような体の場合にも，以下で述べるマシュケの定理が成立して完全可約性が満たされる．ただし，既約表現の同型類は変わることがある．たとえば $\mathbb{C}$ 上と $\mathbb{R}$ 上では $\mathbb{Z}_3$ の既約表現の同型類は異なる．$x = (123)$ の生成する $\mathbb{Z}_3$ を考えたとき，$\mathbb{R}^3$ 上に置換表現を作ると，$\langle \boldsymbol{e}_1 + \boldsymbol{e}_2 + \boldsymbol{e}_3\rangle$ は自明な部分表現を与えるが，その補表現としてとれる $\langle \boldsymbol{e}_1 - \boldsymbol{e}_2, \boldsymbol{e}_2 - \boldsymbol{e}_3\rangle$ は，既約になる．$\mathbb{C}$ 上なら 2 つの 1 次元表現の直和 $\langle \omega^2\boldsymbol{e}_1 + \omega\boldsymbol{e}_2 + \boldsymbol{e}_3\rangle \oplus \langle \omega\boldsymbol{e}_1 + \omega^2\boldsymbol{e}_2 + \boldsymbol{e}_3\rangle$ に分解する．

第二の証明は，$\mathbb{C}$ 上の場合，ρ_g の行列表示を一斉にユニタリ行列にするような内積がとれることを意味している．このような表現を**ユニタリ表現**とよぶ．

補題 8.9 と表現の次元に関する帰納法からただちに次が従う．

定理 8.10 (マシュケの定理) 有限群 G の複素数体 $\mathbb{C}$ 上の有限次元表現は，すべて完全可約である．

定理 8.11 (シューアの補題) V, W を G の既約表現とし，$\varphi : V \to W$ を G-線型写像とするとき，

(1) φ は同型であるかまたは 0-写像である．

(2) $V = W$ のとき，ある $\lambda \in \mathbb{C}$ が存在して，$\varphi = \lambda \cdot \mathrm{id}_V$ となる．

証明 (1) まず $\mathrm{Ker}\,\varphi \subset V$ を考える．これは V の G-不変部分空間である．なぜなら，$\boldsymbol{v} \in \mathrm{Ker}\,\varphi$ のとき，φ が G-線型写像であることから，$\varphi(\rho_g(\boldsymbol{v})) = \rho_g(\varphi(\boldsymbol{v})) = \boldsymbol{0}$ となって，$\rho_g(\boldsymbol{v}) \in \mathrm{Ker}\,\varphi$ となるからである．

他方，V の既約性から，$\mathrm{Ker}\,\varphi = \{\boldsymbol{0}\}$ か $\mathrm{Ker}\,\varphi = V$ となるかのどちらかでなければならない．後者ならば φ は 0-写像である．前者なら φ は単射である．

次に，$\mathrm{Im}\,\varphi \subset W$ も G-不変部分空間である．なぜなら $\boldsymbol{w} \in \mathrm{Im}\,\varphi$ のとき，$\varphi(\boldsymbol{v}) = \boldsymbol{w}$ となる $\boldsymbol{v} \in V$ をとると，φ が G-線型写像であることから，$\varphi(\rho_g(\boldsymbol{v})) = \rho_g(\varphi(\boldsymbol{v})) = \rho_g(\boldsymbol{w})$ となって $\rho_g(\boldsymbol{w}) \in \mathrm{Im}\,\varphi$ となるからである．

すると，φ が単射のとき，W の既約性から，$\operatorname{Im}\varphi = \{\mathbf{0}\}$ であるか $\operatorname{Im}\varphi = W$ であるかのどちらかでなければならない．前者なら $V = \{\mathbf{0}\}$ で φ は 0-写像であり，後者ならば φ は全射．よって φ は同型となる．

(2)　φ の固有値 $\lambda \in \mathbb{C}$ をとる．このとき，固有値 λ の固有ベクトル $\boldsymbol{v} \in V$ は零ベクトルではないので，$\operatorname{Ker}(\varphi - \lambda \cdot \mathrm{id}_V) \neq \{\mathbf{0}\}$ である．$\varphi - \lambda \cdot \mathrm{id}_V$ も V から V への G-線型写像であることに注意すると，$\operatorname{Ker}(\varphi - \lambda \mathrm{id}_V)$ は V の G-不変部分空間になるが，V は既約だから，V 自身に一致するしかない．よって $\varphi = \lambda \cdot \mathrm{id}_V$．□

系 8.12　アーベル群の $\mathbb{C}$ 上の有限次元既約表現はすべて 1 次元である．

証明　G がアーベル群だと，G の表現 (ρ, V) に対し，$\rho_g : V \to V$ は G-線型写像である．なぜなら，G の可換性から，すべての $x \in G$ に対し，$\rho_x \circ \rho_g = \rho_{xg} = \rho_{gx} = \rho_g \circ \rho_x$ だからである．そこで V が既約であるとし，シューアの補題 (2) を用いると，$\rho_g = \lambda_g \cdot \mathrm{id}_V$ となる $\lambda_g \in \mathbb{C}$ がとれるから，V の 1 次元部分空間は必ず G-不変部分空間となる．よって，V の既約性から $\dim V = 1$．□

定義 8.13　群 G の (複素有限次元の) 既約表現の同値類の全体を $\widehat{G}$ とかく．

注意　たとえば，群 G の自明表現 2 つの直和と同値な 2 次元表現 V が与えられたとき，V のどんな 1 次元部分空間をとっても G の部分表現になるので，$V = V_1 \oplus V_2$ (V_1, V_2は G の自明表現に同値) と直和分解する方法は一意的ではない．しかし，一般に，G の表現 V と $\lambda \in \widehat{G}$ に対し，$V^{(\lambda)} = \sum_{W \subset V, W \cong \lambda} W$ とおくと，$V = \bigoplus_{\lambda \in \widehat{G}} V^{(\lambda)}$ という直和分解は一意的に定まることがわかる．これを V の**等型成分分解**という．

命題 8.14　有限群 G の複素 1 次元表現は，アーベル群 $G/D(G)$ の 1 次元表現と 1 対 1 に対応する．

証明　$G \to \mathbb{C}^{\times}$ は，命題 6.18 により，$G/D(G)$ を経由するから，自然に $G/D(G)$ の 1 次元表現を与える．逆に $G/D(G)$ の 1 次元表現は，自然な全射 $\pi : G \to G/D(G)$ と合成すれば，G の 1 次元表現を与える．□

例 6.11 と問 6.8 で $G=\mathfrak{S}_n, D=D_n$ の場合に $G/D(G)$ の構造をみていた．これにより，$\mathfrak{S}_n$ の 1 次元表現は自明表現と符号表現しかないこと，D_n の 1 次元表現は，例 8.1 でみたものに限られることがわかる．

8.4 表現の指標

有限群 G の複素有限次元表現に限っても，次の点を明らかにする必要がある．

- 既約表現の同値類 $\widehat{G}$ を決定せよ．
- 与えられた $\mathbb{C}$ 上の有限次元表現を既約表現の直和に分解する方法を与えよ．

本節では，この 2 つの問題に答えるために，有限群の $\mathbb{C}$ 上の有限次元表現を統制する指標の考え方を述べ，いくつかの有限群について指標表を作成する．

定義 8.15 有限群 G の $\mathbb{C}$ 上の有限次元表現 (ρ,V) に対し，$\chi_V:G\to\mathbb{C}$ を，$\chi_V(g)=\mathrm{tr}(\rho_g)$ で定義する．χ_V を (ρ,V) の**指標**という．

(ρ,V) が 1 次元表現のときは，χ_V は ρ そのものである．

また，行列のトレースは $\mathrm{tr}(P^{-1}AP)=\mathrm{tr}\,A$ を満たすから，指標が行列表示のとり方 (V の基底の選び方) によらずに定まり，A の固有値の重複を込めた総和に一致する．

指標の性質として簡単にわかることをまとめると次のようになる．

命題 8.16

(1) χ_V は G の共役類上で一定値をとる関数である．これを指標は G 上の**類関数**であるという．

(2) $\chi_V(e)=\dim V$.

(3) $\chi_V(g^{-1})=\overline{\chi_V(g)}$.

(4) $\chi_{V\oplus W}=\chi_V+\chi_W$. $\chi_{V\otimes W}=\chi_V\cdot\chi_W$. $\chi_{V^*}=\overline{\chi_V}$.

証明 (1) $\chi_V(hgh^{-1})=\mathrm{tr}(\rho_{hgh^{-1}})=\mathrm{tr}(\rho_h\rho_g\rho_h^{-1})=\mathrm{tr}(\rho_g)=\chi_V(g)$.

(2) $\chi_V(e)=\mathrm{tr}(\rho_e)=\mathrm{tr}(I_{\dim V})=\dim V$.

(3) ρ_g は位数有限なので，ρ_g の固有値は 1 の冪根でなければならない．したがって，ρ_g のすべての固有値 λ_i について $\overline{\lambda_i}=\lambda_i^{-1}$ である．すると，$\overline{\chi_V(g)}=$

$$\overline{\mathrm{tr}(\rho_g)} = \sum_i \overline{\lambda_i} = \sum_i \lambda_i^{-1} = \mathrm{tr}(\rho_g^{-1}) = \chi_V(g^{-1}).$$

(4)　各表現の行列表示をみる．直和はブロック対角の形から，テンソル積表現は (8.8) から従う．双対表現は，$\mathrm{tr}({}^tA_{g^{-1}}) = \mathrm{tr}(A_{g^{-1}})$ に注意して (3) を使う．□

$T: V \to W$ が表現の同値を与えるなら，$\mathrm{tr}\,\tau_g = \mathrm{tr}(T \circ \rho_g \circ T^{-1}) = \mathrm{tr}(\rho_g)$ より，指標は一致する．逆に，指標を用いて表現の同値性や既約性まで判定できることを示すのが，最初の目標である．

補題 8.17　(1)　有限群 G の $\mathbb{C}$ 上の有限次元表現 (ρ, U) に対して，

$$U^G = \{\boldsymbol{u} \in U \mid \text{すべての } g \in G \text{ に対して,} \rho_g(\boldsymbol{u}) = \boldsymbol{u}\}$$

とする．このとき，$\varphi = \dfrac{1}{|G|}\displaystyle\sum_{g \in G} \rho_g$ で定義される線型写像 $\varphi: U \to U$ は，U から U^G への射影子である．さらに，$\dim U^G$ は U の指標 χ_U を用いて $\dim(U^G) = \dfrac{1}{|G|}\displaystyle\sum_{g \in G} \chi_U(g)$ で与えられる．

(2)　有限群 G の $\mathbb{C}$ 上の有限次元表現 $(\rho, V), (\tau, W)$ に対して，G の表現 $\mathrm{Hom}(V, W)$ を考える．このとき，$\mathrm{Hom}(V, W)^G$ は，V から W への G-線型写像の全体 $\mathrm{Hom}_G(V, W)$ に一致する．

証明　(1)　$\boldsymbol{u} \in \mathrm{Im}\,\varphi$ に対し，$\boldsymbol{u} = \varphi(\boldsymbol{v})$ となる $\boldsymbol{v} \in U$ をとると，$h \in G$ に対して，

$$\rho_h(\boldsymbol{u}) = \rho_h(\varphi(\boldsymbol{v})) = \rho_h\left(\frac{1}{|G|}\sum_{g \in G} \rho_g(\boldsymbol{v})\right) = \frac{1}{|G|}\sum_{g \in G} \rho_{hg}(\boldsymbol{v})$$

となる．g が G をすべて動くとき，hg も G をすべて動くから，右辺は $\varphi(\boldsymbol{v}) = \boldsymbol{u}$ に一致する．したがって，$\mathrm{Im}\,\varphi \subset U^G$ である．また，$\boldsymbol{u} \in U^G$ なら $\rho_g(\boldsymbol{u}) = \boldsymbol{u}$ だから，$\varphi(\boldsymbol{u}) = \boldsymbol{u}$ であり，$\varphi: U \to U^G$ は射影子となる．そこで，U^G の基底を 1 つとって，それを U に延長し，φ の行列表示を考えれば，$\dim(U^G)$ が次のように表示できる．

$$\dim(U^G) \overset{\text{射影子}}{=} \mathrm{tr}\,\varphi \overset{\varphi\text{の定義}}{=} \frac{1}{|G|}\sum_{g \in G} \mathrm{tr}(\rho_g) \overset{\chi_U\text{の定義}}{=} \frac{1}{|G|}\sum_{g \in G} \chi_U(g).$$

(2)　$\mathrm{Hom}(V, W)$ への G の表現 η は，$\eta_g(\varphi)(\boldsymbol{v}) = \tau_g(\varphi(\rho_{g^{-1}}(\boldsymbol{v})))$ で定義した．$\eta_g(\varphi) = \varphi \Leftrightarrow \tau_g \circ \varphi \circ \rho_{g^{-1}} = \varphi \Leftrightarrow \tau_g \circ \varphi = \varphi \circ \rho_g$ より主張が従う．□

この補題とシューアの補題を組み合わせることで，既約表現の指標の直交性が

導かれる．

定義 8.18 有限群 G 上の関数 $\varphi, \psi : G \to \mathbb{C}$ に対し，$\langle \bullet, \bullet \rangle$ を次で定義する．

$$\langle \varphi, \psi \rangle = \frac{1}{|G|} \sum_{g \in G} \overline{\varphi(g)} \psi(g).$$

定理 8.19 有限群 G の複素有限次元表現を考える．

(1) 既約表現の指標は，$\langle \bullet, \bullet \rangle$ に関して，正規直交系をなす．

(2) G の表現 V が既約であることと $\langle \chi_V, \chi_V \rangle = 1$ であることは同値．

(3) G の表現 V に含まれる既約表現 λ の個数は，$\langle \chi_V, \chi_\lambda \rangle$ に等しい．

(4) G の正則表現には，すべての既約表現が，その次元の個数だけ現れる．とくに，$|G| = \sum_{\lambda \in \widehat{G}} (\dim \lambda)^2$．

証明 (1) V_1, V_2 を既約とする．補題 8.17 (2) から $\mathrm{Hom}(V_1, V_2)^G = \mathrm{Hom}_G(V_1, V_2)$ である．シューアの補題から，右辺は，$V_1 \cong V_2$ のときはスカラー写像のみ，それ以外は 0-写像のみであるから，$\dim(\mathrm{Hom}(V_1, V_2)^G) = \delta_{V_1 \cong V_2}$．補題 8.17 (1) で与えられた左辺の次元の式を使えば $\frac{1}{|G|} \sum_{g \in G} \chi_{\mathrm{Hom}(V_1, V_2)}(g) = \delta_{V_1 \cong V_2}$ となる．他方，$\mathrm{Hom}(V_1, V_2) \cong V_1^* \otimes V_2$ だから $\chi_{\mathrm{Hom}(V_1, V_2)} = \chi_{V_1^*} \chi_{V_2} = \overline{\chi_{V_1}} \chi_{V_2}$ である．よって既約表現の指標の正規直交性 $\langle \chi_{V_1}, \chi_{V_2} \rangle = \delta_{V_1 \cong V_2}$ が得られる．

(2) $V = \bigoplus_{\lambda \in \widehat{G}} \lambda^{\oplus m_\lambda}$ と既約表現の直和に分解されているとき，$\chi_V = \sum_{\lambda \in \widehat{G}} m_\lambda \chi_\lambda$．(1) から $\langle \chi_V, \chi_V \rangle = \sum_{\lambda \in \widehat{G}} m_\lambda^2$．これが 1 であることと，どれか 1 つの $\lambda \in \widehat{G}$ のみ $m_\lambda = 1$ となること，つまり V が既約であることは必要十分である．

(3) $\langle \chi_V, \chi_\lambda \rangle = \sum_{\mu \in \widehat{G}} m_\mu \langle \chi_\mu, \chi_\lambda \rangle = \sum_{\mu \in \widehat{G}} m_\mu \delta_{\mu\lambda} = m_\lambda$．

(4) G の正則表現の指標を χ_R とかくと，左乗法に関して $gx = x$ となる $x \in G$ は $g \neq e$ では存在しないので，$\chi_R(g) = 0$ $(g \neq e)$．また，$\chi_R(e) = |G|$．すると正則表現の既約分解に現れる $\lambda \in \widehat{G}$ と同型な既約表現の個数 $m_\lambda = \langle \chi_R, \chi_\lambda \rangle = \frac{1}{|G|} \sum_{g \in G} \overline{\chi_R(g)} \chi_\lambda(g) = \frac{1}{|G|}(|G| \cdot \chi_\lambda(e)) = \chi_\lambda(e) = \dim \lambda$．次元をみれば $|G| = \sum_{\lambda \in \widehat{G}} (\dim \lambda)^2$．□

この定理 (3) から，$V \cong \bigoplus_{\lambda\in\widehat{G}} \lambda^{\oplus\langle\chi_V,\chi_\lambda\rangle}$ であり，指標は表現を (同値を除いて) 完全に決定している．

系 8.20 有限群 G の複素有限次元表現 V, W が同値であるための必要十分条件は，$\chi_V = \chi_W$ である．

例 8.8 3 次対称群 $\mathfrak{S}_3$ の既約表現は，例 8.6 で決定していた．指標は各共役類上で一定の値をとるので，各共役類から 1 つ代表元をとって，その行列表示をみれば，それぞれの既約表現の指標の値がわかる．たとえば，スタンダード表現では，$(12) \mapsto \begin{bmatrix} 0 & 1 \\ 1 & 0 \end{bmatrix}, (123) \mapsto \begin{bmatrix} \omega & 0 \\ 0 & \omega^2 \end{bmatrix}$ という行列表示があったので，$\chi_{\mathrm{std}}((12)) = 0, \chi_{\mathrm{std}}((123)) = -1$ となる．それらをまとめて下の表を得る．

たとえば，$\langle\chi_{\mathrm{std}}, \chi_{\mathrm{std}}\rangle = \dfrac{1}{6}(2\cdot 2 + 0\cdot 0 \times 3 + (-1)\cdot(-1) \times 2) = 1$ と既約性が確かめられる．また，テンソル積表現 $\mathrm{std}\otimes\mathrm{std}$ の指標は，χ_{std}^2 なので，$e, (12), (123)$ での値はそれぞれ $4, 0, 1$ になる．

$\lvert\mathfrak{S}_3$ の共役類$\rvert$	1	3	2
代表元	e	(12)	(123)
tri	1	1	1
std	2	0	-1
sgn	1	-1	1

$\chi_{\mathrm{std}}^2 = \chi_{\mathrm{tri}} + \chi_{\mathrm{std}} + \chi_{\mathrm{sgn}}$ となることは一目でわかるが，たとえば，$\langle\chi_{\mathrm{std}}^2, \chi_{\mathrm{tri}}\rangle = \dfrac{1}{6}(4\times 1 + 0\times 1\times 3 + 1\times 1\times 2) = 1$ から $\mathrm{std}\otimes\mathrm{std}$ の既約表現への分解に tri が 1 個だけ含まれることが計算できる．

例 8.9 表現の既約分解は，行列表示を一斉にブロック対角化することであることを思い出せば，G の正則表現の既約分解 (定理 8.19 (4)) から，群行列式の次の因数分解 $\det A(G) = \displaystyle\prod_{\rho\in\widehat{G}} \det\left(\sum_{g\in G} x_g\rho_g\right)^{\dim\rho}$ が得られる．ここで ρ_g は ρ の行列表示を 1 つとって得られる行列と考える．この因数分解から，群行列式は，$\dim\rho$ 次式が指数 $\dim\rho$ で現れることが読みとれる．

次の目標は，既約表現の分類である．有限群 G 上の類関数の和や複素数倍は再び類関数であることに注意すれば，G 上の類関数全体は $\mathbb{C}$-ベクトル空間をなし，その次元は，G の共役類の個数に等しい．すでに G の既約表現の指標は，この類関数のなすベクトル空間の正規直交系であることを示していた．これが基底となることが示せれば，非同値な既約表現の個数は共役類の個数と一致することが導かれる．

補題 8.21 $\chi : G \to \mathbb{C}$ と G の表現 (ρ, V) に対し，$\varphi_{\chi,V} = \sum_{g \in G} \chi(g)\rho_g$ により定義される $\varphi_{\chi,V} : V \to V$ を考える．χ が G 上の類関数であることと，G のどんな表現 V に対しても $\varphi_{\chi,V}$ が G-線型写像になることとは同値である．

証明 まず，χ が G 上の類関数であるとする．このとき，$h \in G$ に対して，g が G の元すべてを動くとき，hgh^{-1} も G の元すべてを動くことに注意して変形すると

$$\begin{aligned}\varphi_{\chi,V}(\rho_h(\boldsymbol{v})) &= \sum_{g \in G} \chi(g)\rho_g(\rho_h(\boldsymbol{v})) = \sum_{g \in G} \chi(hgh^{-1})\rho_{hgh^{-1}}(\rho_h(\boldsymbol{v})) \\ &= \rho_h\left(\sum_{g \in G} \chi(hgh^{-1})\rho_g(\boldsymbol{v})\right) \overset{\chi\text{は類関数}}{=} \rho_h\left(\sum_{g \in G} \chi(g)\rho_g(\boldsymbol{v})\right) = \rho_h\left(\varphi_{\chi,V}(\boldsymbol{v})\right)\end{aligned}$$

となるから，$\varphi_{\chi,V}$ は G-線型写像である．

逆に，どんな表現 V に対しても $\varphi_{\chi,V}$ が G-線型写像なら，V として G の正則表現をとると，その基底 $(\boldsymbol{v}_g)_{g \in G}$ および $h \in G$ に対して

$$\begin{aligned}\rho_h(\varphi_{\chi,V}(\boldsymbol{v}_{h^{-1}})) &= \rho_h\left(\sum_{g \in G} \chi(g)\rho_g(\boldsymbol{v}_{h^{-1}})\right) = \sum_{g \in G} \chi(g)\rho_h\rho_g(\boldsymbol{v}_{h^{-1}}) \\ &= \sum_{g \in G} \chi(g)\boldsymbol{v}_{hgh^{-1}} = \sum_{g \in G} \chi(h^{-1}gh)\boldsymbol{v}_g, \\ \varphi_{\chi,V}(\rho_h(\boldsymbol{v}_{h^{-1}})) &= \sum_{g \in G} \chi(g)\rho_g(\rho_h(\boldsymbol{v}_{h^{-1}})) = \sum_{g \in G} \chi(g)\boldsymbol{v}_g\end{aligned}$$

が一致する．$(\boldsymbol{v}_g)_{g \in G}$ は V の基底だから，各係数が一致して $\chi(h^{-1}gh) = \chi(g)$．よって χ は G 上の類関数である．□

定理 8.22 G を有限群とする．G 上の類関数全体のなすベクトル空間において，G の既約表現の指標は正規直交基底をなす．とくに，$|\widehat{G}|$ は G の共役類の個数に一致する．

証明 G のすべての既約表現の指標と直交する類関数 χ をとる．これが 0-写像であることを示せばよい．G の既約表現 (ρ, V) をとり，補題 8.21 の $\varphi_{\chi,V}$ を考える．χ が類関数だから補題 8.21 より $\varphi_{\chi,V}$ は G-線型写像である．するとシューアの補

題から $\varphi_{\chi,V} = \lambda \cdot \mathrm{id}_V$ となる λ が存在して

$$\lambda \cdot \dim V \overset{\varphi_{\chi,V}=\lambda\cdot\mathrm{id}_V}{=} \mathrm{tr}(\varphi_{\chi,V}) \overset{\varphi_{\chi,V}\text{の定義}}{=} \sum_{g\in G}\chi(g)\,\mathrm{tr}(\rho_g) = \sum_{g\in G}\chi(g)\chi_V(g)$$

$$\overset{\text{命題 8.16 (4)}}{=} \sum_{g\in G}\chi(g)\overline{\chi_{V^*}(g)} = |G|\cdot\langle\chi_{V^*},\chi\rangle = |G|\cdot\overline{\langle\chi,\chi_{V^*}\rangle}$$

となる．χ_{V^*} は既約表現の指標の和で表せるから，すべての既約表現の指標と直交している χ とも直交する．よって上式の右辺は 0．$\dim V > 0$ だから $\lambda = 0$ である．G の表現は完全可約だから既約な直和因子ごとに分けて考えることで，V がどんな G の $\mathbb{C}$ 上の有限次元表現でも $\varphi_{\chi,V} = 0$ が成り立つ．とくに，V として G の正則表現をとり，$\boldsymbol{v}_e$ での値をみると

$$0 = \varphi_{\chi,V}(\boldsymbol{v}_e) = \sum_{g\in G}\chi(g)\rho_g(\boldsymbol{v}_e) = \sum_{g\in G}\chi(g)\boldsymbol{v}_g$$

である．$(\boldsymbol{v}_g)_{g\in G}$ は基底だから，すべての $g \in G$ で $\chi(g) = 0$，つまり $\chi = 0$ となる．□

命題 8.23 (指標の直交関係式) 有限群 G に対して次が成り立つ．

(1) **[第一直交関係式]** χ_1, χ_2 を複素有限次元既約表現の指標とするとき，

$$\sum_{g\in G}\overline{\chi_1(g)}\cdot\chi_2(g) = \begin{cases} |G| & (\chi_1, \chi_2\text{が同値.}) \\ 0 & (\chi_1, \chi_2\text{が同値でない.}) \end{cases}$$

(2) **[第二直交関係式]** $$\sum_{\lambda\in\widehat{G}}\overline{\chi_\lambda(g)}\cdot\chi_\lambda(h) = \begin{cases} |C_G(g)| & (g, h\text{ が共役.}) \\ 0 & (g, h\text{ が共役でない.}) \end{cases}$$

証明 (1) はすでに示した既約表現の指標の直交性 (定理 8.19 (1))．(2) を示すために，$\chi_g(x) = \delta_{g,x\text{ が共役}}$ で定義される G 上の類関数 $\chi_g : G \to \mathbb{C}$ をとる．$\{\chi_\lambda\}_{\lambda\in\widehat{G}}$ が類関数の空間の基底なので，$\chi_g = \sum_{\lambda\in\widehat{G}} m_\lambda\chi_\lambda$ と展開できる．

$$\overline{m_\lambda} = \langle\chi_g, \chi_\lambda\rangle = \frac{1}{|G|}\sum_{x\in G}\overline{\chi_g(x)}\chi_\lambda(x) = \frac{1}{|G|}\sum_{x\text{ は }g\text{ と共役}}\chi_\lambda(x)$$

$$\overset{\text{指標}\chi_\lambda\text{は類関数}}{=} \frac{|g\text{ の共役類}|}{|G|}\chi_\lambda(g) \overset{\text{系 5.15}}{=} \frac{\chi_\lambda(g)}{|C_G(g)|}$$

となることから，$\chi_g = \sum_{\lambda\in\widehat{G}}\dfrac{\overline{\chi_\lambda(g)}}{|C_G(g)|}\cdot\chi_\lambda$ が成り立つ．両辺の $h \in G$ での値をみ

て，χ_g の定義を使うと (2) の関係式が従う．□

共役類と既約表現の指標の値をまとめた表を**指標表**という．簡単な有限群について，指標の直交関係式についても具体例でみつつ，指標表を作成してみよう．

例 8.10 アーベル群の既約表現はすべて 1 次元であり，1 個の元で 1 つの共役類をなすから，既約表現の同値類の個数は $|G|$ に一致する．たとえば，$\mathbb{Z}_n, \mathbb{Z}_2 \times \mathbb{Z}_2$ の指標表は次のようになる．

$\mathbb{Z}_n$	$0 \leqq a \leqq n-1$
χ_j $(0 \leqq j \leqq n-1)$	ζ_n^{aj} $(\zeta_n = e^{2\pi i/n})$

$(\mathbb{Z}_2)^2$	$(0,0)$	$(0,1)$	$(1,0)$	$(1,1)$
$\rho_1 =$ 自明表現	1	1	1	1
ρ_2	1	-1	-1	1
ρ_3	1	-1	1	-1
ρ_4	1	1	-1	-1

例 8.11 [($\mathfrak{S}_4$ の指標表)] $\mathrm{tri}, \mathrm{sgn}$ 以外に 3 次元のスタンダード表現がある．例題 8.1 でみたように，$\mathfrak{S}_4$ の置換表現が自明表現とスタンダード表現の直和に分解するのであった．置換行列のトレースは，対応する置換が固定する数字の個数に一致するから，置換表現の指標は次のようになる．

	e	(12)	(123)	(1234)	$(12)(34)$
置換表現の指標	4	2	1	0	0

これが $\chi_{\mathrm{tri}} + \chi_{\mathrm{std}}$ と一致するので，χ_{std} の指標が決まる．さらに，$\mathrm{std} \otimes \mathrm{sgn}$ は，$\langle \chi_{\mathrm{std}} \cdot \chi_{\mathrm{sgn}}, \chi_{\mathrm{std}} \cdot \chi_{\mathrm{sgn}} \rangle = \dfrac{1}{24}(3^2 + 6 \times (-1)^2 + 8 \times 0^2 + 6 \cdot 1^2 + 3 \times (-1)^2) = 1$ より既約である．残った既約表現の次元は，$24 = 1^2 + 3^2 + 3^2 + 1^2 + d^2$ から $d = 2$ と決まる．指標表を作る際，実際に既約表現の行列表示を構成しなくても，指標の直交関係式だけで指標の値を決められてしまうことがある．この場合のようにほかの既約表現の指標が完全に決まっている場合は，指標の第二直交関係式を使えば，指標の値が確定する．実際に，左下のようにおいて使ってみよう．たとえば，$g = e, h = (12)$ として適用すると，$1 + 3 - 3 - 1 + 2a_1 = 0$ より，$a_1 = 0$．$g = e, h = (123)$ として適用すると，$1 + 0 + 0 + 1 + 2a_2 = 0$ より，$a_2 = -1$ という具合である．$g = h = (12)$ として適用して，$1 + 1 + (-1)^2 + (-1)^2 + a_1^2 = |C_{\mathfrak{S}_4}((12))| = \dfrac{24}{6} = 4$ から $a_1 = 0$ と求めてもよい．結局，$\mathfrak{S}_4$ の指標表は次ページ右上のようになる．

	e	(12)	(123)	(1234)	$(12)(34)$
tri	1	1	1	1	1
std	3	1	0	-1	-1
$\mathrm{std}\otimes\mathrm{sgn}$	3	-1	0	1	-1
sgn	1	-1	1	-1	1
ρ	2	a_1	a_2	a_3	a_4

$\rightsquigarrow$

$\lvert\mathfrak{S}_4$の共役類$\rvert$	1	6	8	6	3
代表元	e	(12)	(123)	(1234)	$(12)(34)$
tri	1	1	1	1	1
std	3	1	0	-1	-1
ρ	2	0	-1	0	2
$\mathrm{std}\otimes\mathrm{sgn}$	3	-1	0	1	-1
sgn	1	-1	1	-1	1

実際に $\mathfrak{S}_4$ の 2 次元既約表現を作る方法の 1 つは，例 6.9 で構成した同型 $\mathfrak{S}_4/K \cong \mathfrak{S}_3$ と自然な全射 $\mathfrak{S}_4 \to \mathfrak{S}_4/K$ を合成し，$\mathfrak{S}_3$ の 2 次元既約表現である std を $\mathfrak{S}_4$ の表現に引き戻す方法である．

問 8.5 $\mathfrak{S}_4 \to \mathfrak{S}_4/K$ を用いて $\mathfrak{S}_3$ のスタンダード表現を合成することで得られる $\mathfrak{S}_4$ の表現の指標が ρ の指標と一致することを自分の手で確認せよ．また $\mathrm{std}\otimes\mathrm{std}$ の既約分解に ρ が 1 つ含まれることを確認せよ．

対称群 $\mathfrak{S}_n$ の既約表現の指標に関する一般的な構成法や，既約表現自体を具体的に構成する方法が知られている．[13], [23], [44] では三者三様の方法でこの問題について述べられている．また対称群の表現論と一般線型群の表現論にはシューア–ワイル双対性のような深い結びつきもある ([23], [33])．興味のある読者は参照されたい．

例 8.12 [($\mathfrak{A}_4$ の指標表)] 4 次交代群の場合，$\mathfrak{S}_4$ の正規部分群 K が $\mathfrak{A}_4$ の正規部分群でもあることから，$\mathfrak{A}_4 \to \mathfrak{A}_4/K \cong \mathbb{Z}_3$ により，3 次巡回群の 3 つの 1 次元表現は，(K 上での指標の値を 1 として) $\mathfrak{A}_4$ の 1 次元表現を与える．例 5.11 でみたように，$\mathfrak{A}_4$ の共役類は 4 つだったので，$12 = 1 + 1 + 1 + d^2$ から，残る 1 つの既約表現は 3 次元とわかる．

直交関係式から求めることもできるが，$\mathfrak{S}_4$ のスタンダード表現を $\mathfrak{A}_4$ に制限して得られる 3 次元表現が既約になることを直接指標から確認してもよい．

$\lvert\mathfrak{A}_4$の共役類$\rvert$	1	4	4	3
代表元	e	(123)	(132)	$(12)(34)$
tri	1	1	1	1
χ_1	1	ζ_3	ζ_3^2	1
χ_2	1	ζ_3^2	ζ_3	1
η	3	0	0	-1

注意 指標の直交関係式を使うときに，複素共役をとることを忘れないようにしよう．たとえば，$\langle\chi_1,\chi_2\rangle = \dfrac{1}{12}(1+4\cdot\overline{\zeta_3}\zeta_3^2+4\cdot\overline{\zeta_3^2}\zeta_3+3) = \dfrac{1}{12}(4+4\zeta_3+4\zeta_3^2) = 0$ と計算できる．

例題 8.2 二面体群 D_4 と四元数群 Q_8 の指標表を作成し，比較せよ．

解 まず $D_4 = \langle c = R_{\pi/2}, r = \sigma_{\pi/4}\rangle$ は，$\{e\},\{c,c^3\},\{c^2\},\{r,rc^2\},\{rc,rc^3\}$ という 5 つの共役類を持つ．また例 8.1 (5) でみたように，4 個の非同値な 1 次元表現を持つ．したがって，残り 1 個の既約表現は $8-1\times 4 = 4 = 2^2$ より 2 次元である．指標の第二直交関係式を使ってもよいが，$c \mapsto R_{\pi/2}, r \mapsto \sigma_{\pi/4}$ 自体が 2 次元表現を与え，その指標をみて，直接既約性を示せばよい．

次に $Q_8 = \{\pm I_2, \pm X, \pm Y, \pm Z\}$ は，例題 5.4 から $\{I_2\},\{-I_2\},\{\pm X\},\{\pm Y\},\{\pm Z\}$ という 5 個の共役類を持つ．また，例 6.11 (3) でみた $D/D(Q_8) \cong (\mathbb{Z}/2\mathbb{Z})^2$ により，$(\mathbb{Z}/2\mathbb{Z})^2$ の 4 つの 1 次元表現を引き戻すことで 4 個の非同値な 1 次元表現が得られる．残り 1 つが 2 次元既約表現となるが，例 3.9 の定義で与えた行列から得られる 2 次元表現の指標をみれば，直接既約性を確認できる．

D_4	e	c^2	$\{c,c^3\}$	$\{r,rc^2\}$	$\{rc,rc^3\}$
tri	1	1	1	1	1
	1	1	-1	1	-1
	1	1	1	-1	-1
	1	1	-1	-1	1
	2	-2	0	0	0

Q_8	I_2	$-I_2$	$\pm X$	$\pm Y$	$\pm Z$
tri	1	1	1	1	1
	1	1	-1	1	-1
	1	1	1	-1	-1
	1	1	-1	-1	1
	2	-2	0	0	0

つまり，指標表だけみると，既約表現の指標の値は完全に一致する．このように非同型な群でも指標表が完全に一致してしまうことがある．□

問 8.6 位数 $2n$ の二面体群 D_n の指標表を作れ．

8.5 誘導表現

有限群 G が有限集合 $X = \{x_1, \ldots, x_m\}$ に作用しているとき，X 上の複素数値関数の全体 $\mathcal{C}_X = \{\varphi : X \to \mathbb{C}\}$ は，$\delta_i(x_j) = \delta_{ij}$ で定まる $x_i \in X$ の特性関数 $\delta_1, \ldots, \delta_m$ を基底とする m 次元ベクトル空間である．G の $\mathcal{C}_X$ への作用は，$(g * \varphi)(x) = \varphi(g^{-1} * x)$ であった．これは，$(g * \delta_j)(x_i) = \delta_j(g^{-1} * x_i)$ より，$g^{-1} * x_i = x_j$ となる i, j に対して，$g * \delta_j = \delta_i$ を満たす．つまり，G の表現 $G \to \mathrm{GL}(\mathcal{C}_X)$ を $(\delta_1, \ldots, \delta_m)$ という $\mathcal{C}_X$ の基底を用いて行列表示すると，$g * x_j = x_i$ となる i, j に対して，(i, j)-成分が 1，ほかの成分は 0 になる．(つまりこの表現は，置換表現 $\mathbb{C}X$ と同値な表現である．)

有限群 G の部分群 H が与えられたとき，$X = G/H$ という右剰余類集合には，G の自然な左作用がある．したがってそこから $G \to \mathrm{GL}(\mathcal{C}_{G/H})$ という $[G : H] = |G|/|H|$ 次元の G の表現が得られる．この表現は，$g \in G$ に対して，$\delta_{xH} \mapsto \delta_{gxH}$ という特性関数の置換を線型に拡張して得られる $\mathrm{GL}(\mathcal{C}_{G/H})$ の元を対応させるので，その指標の値は，$gxH = xH$ となる右剰余類 xH の総数，つまり $x^{-1}gx \in H$ となる代表元 x の個数に一致する．

例 8.13　$G = \mathfrak{S}_4$ とし，いくつかの具体的な H をとって，$\mathcal{C}_{\mathfrak{S}_4/H}$ 上の表現がどのようなものかみてみよう．指標を決定するには $(12), (123), (1234), (12)(34)$ の 4 つの元の指標の値を計算すればよい．

$H = \mathfrak{A}_4$ とすると，$\mathfrak{S}_4/\mathfrak{A}_4 = \{\mathfrak{A}_4, (12)\mathfrak{A}_4\}$ なので，$x = e, (12)$ のうちで，$x^{-1}gx \in \mathfrak{A}_4$ となるものの個数が g の指標の値となる．奇置換 $g = (12), (1234)$ は $x^{-1}gx$ が奇置換なので x はなく，偶置換 $g = (123), (12)(34)$ は $x = e, (12)$ いずれも $x^{-1}gx$ が偶置換なので $\mathfrak{A}_4$ に入る．

$H = \{\sigma \mid \sigma(4) = 4\} \cong \mathfrak{S}_3$ とすると，$\mathfrak{S}_4/\mathfrak{S}_3 = \{\mathfrak{S}_3, (14)\mathfrak{S}_3, (24)\mathfrak{S}_3, (34)\mathfrak{S}_3\}$ である．$x = e, (14), (24), (34)$ のうちで，$x^{-1}gx \in H$ となるものの個数は，$x^{-1}gx$ が 4 を動かすかどうかに注目して数えると，$g = (12)$ なら $x = e, (34)$ の 2 個，$g = (123)$ なら $x = e$ の 1 個，$g = (1234)$ なら 0 個，$g = (12)(34)$ なら 0 個である．

$H = \langle (1234) \rangle \cong \mathbb{Z}_4$ とすると，$\mathfrak{S}_4/\mathbb{Z}_4 = \{\mathbb{Z}_4, (12)\mathbb{Z}_4, (23)\mathbb{Z}_4, (34)\mathbb{Z}_4, (13)\mathbb{Z}_4, (14)\mathbb{Z}_4\}$ である．$x = e, (12), (23), (34), (13), (14)$ のうちで，$x^{-1}gx \in H$ となる x

の個数は，$g=(12)$ や $g=(123)$ は $x^{-1}gx$ が互換や 3 項巡回置換にしかならないのでいずれも 0 個，$g=(1234)$ なら $x=e,(13)$ の 2 個，$g=(12)(34)$ なら $x=(23),(14)$ の 2 個である．

3 つの場合の指標を求めて，例 8.11 で求めた $\mathfrak{S}_4$ の指標表を用いて既約分解を計算すると次のようになる．

指標の値	e	(12)	(123)	(1234)	$(12)(34)$	既約分解
$\mathcal{C}_{\mathfrak{S}_4/\mathfrak{A}_4}$	2	0	2	0	2	$\mathrm{tri}\oplus\mathrm{sgn}$
$\mathcal{C}_{\mathfrak{S}_4/\mathfrak{S}_3}$	4	2	1	0	0	$\mathrm{tri}\oplus\mathrm{std}$
$\mathcal{C}_{\mathfrak{S}_4/\mathbb{Z}_4}$	6	0	0	2	2	$\mathrm{tri}\oplus\rho\oplus(\mathrm{std}\otimes\mathrm{sgn})$

(8.9)

この考え方を一般化して，有限群 G の部分群 H が与えられたとき，H の表現から G の表現を構成する「誘導表現」とよばれる方法について述べる．

H の有限次元表現を (τ,W) とする．このとき，

$$\mathcal{V}_W=\{\varphi:G\to W \mid \text{任意の } h\in H \text{ に対し，} \varphi(xh)=\tau_h^{-1}\varphi(x)\}$$

という G 上の関数からなる複素ベクトル空間を考える．もし τ が H の自明表現なら，$\varphi(xh)=\varphi(x)$ がすべての $h\in H$ で成り立つので，φ は各右剰余類の上で一定値をとる関数の全体になり，$\mathcal{V}_W=\mathcal{C}_{G/H}$ である．

$G=g_1H\sqcup\cdots\sqcup g_mH$ という右剰余類分解をとると，

$$\mathcal{V}_W=\bigoplus_{i=1}^{m}\mathcal{V}_{i,W},\qquad \mathcal{V}_{i,W}=\{\varphi\in\mathcal{V}_W \mid \varphi|_{g_jH}=0\ (j\neq i)\} \tag{8.10}$$

とベクトル空間の直和に分解する．実際，$\varphi\in\mathcal{V}_W$ に対し，g_iH 上で φ に一致し，ほかの g_jH $(j\neq 0)$ となる φ_i をとれば，$\varphi\mapsto(\varphi_i)_{i=1}^m$ が同型を与える．$\mathcal{V}_{i,W}$ の元は $\varphi(g_i)\in W$ を決めれば一意に決まるので，$\dim\mathcal{V}_{i,W}=\dim W$ であり，$\dim\mathcal{V}_W=[G:H]\cdot\dim W$ である．もう少し詳しくかくと $\Psi:\mathcal{V}_{i,W}\to W$ を $f\mapsto f(g_i)$ で定義すると，ベクトル空間の同型を与える．逆写像 $\Phi:W\to\mathcal{V}_{i,W}$ を $\Phi(\boldsymbol{w})(g_ih)=\tau_h^{-1}(\boldsymbol{w})$ で定義すればよい．

問 8.7 Φ,Ψ が互いに逆写像を与えることを自分の手でチェックせよ．

次に，$\mathcal{V}_W$ 上に G の表現を作る．そこでまず $g \in G$ を 1 つとり，$\varphi \in \mathcal{V}_W$ に対して，$\rho_g(\varphi): G \to W$ を

$$\rho_g(\varphi)(x) = \varphi(g^{-1}x) \qquad (x \in G)$$

で定義する．このとき，

$$\rho_g(\varphi)(xh) = \varphi(g^{-1}xh) \overset{\varphi \in \mathcal{V}_W}{=} \tau_h^{-1}\varphi(g^{-1}x) = \tau_h^{-1}\rho_g(\varphi)(x)$$

だから，$\rho_g(\varphi) \in \mathcal{V}_W$ である．$g \mapsto \rho_g$ が積を保ち，$\rho_g \in \mathrm{GL}(\mathcal{V}_W)$ となることは関数への作用の場合と同様である．

定義 8.24 有限群 G の部分群 H，および H の表現 (τ, W) に対して，

$$\mathcal{V}_W = \{\varphi : G \to W \mid \text{任意の } h \in H \text{ に対し，} \varphi(xh) = \tau_h^{-1}\varphi(x)\}$$

上に，$\rho_g(\varphi)(x) = \varphi(g^{-1}x)$ $(x \in G)$ で $[G:H] \cdot \dim W$ 次元の G の表現 $(\rho, \mathcal{V}_W)$ が定まる．これを H の表現 (τ, W) の G への**誘導表現**といい，$\mathrm{Ind}_H^G \tau$ (あるいは $\mathrm{Ind}_H^G W$) とかく．

$\rho_g : \mathcal{V}_W \to \mathcal{V}_W$ を $\mathcal{V}_W$ の直和分解 (8.10) に即して考える．$f \in \mathcal{V}_{i,W}$ のとき，$\rho_g(f)(x) = f(g^{-1}x)$ であり，右辺は $g^{-1}x \in g_iH$，つまり $x \in gg_iH$ となる $x \in G$ 以外では値が 0 となる．これは，$gg_iH = g_jH$ となる g_j に対し，$\rho_g(f) \in \mathcal{V}_{j,W}$ であること，つまり $\rho_g : \mathcal{V}_{i,W} \to \mathcal{V}_{j,W}$ を意味する．

誘導表現の指標を計算するためには，$\rho_g : \mathcal{V}_{i,W} \to \mathcal{V}_{i,W}$ となっている i だけに注目すればよい．これは $gg_iH = g_iH$，つまり $g_i^{-1}gg_i \in H$ を満たす g_i である．$f \in \mathcal{V}_{i,W}$ に注意すると $\rho_g(f)$ は

$$\rho_g(f)(g_i) = f(g^{-1}g_i) = f(g_i(g_i^{-1}g^{-1}g_i)) = \tau_{g_i^{-1}g^{-1}g_i}^{-1}(f(g_i)) = \tau_{g_i^{-1}gg_i}(f(g_i))$$

という値をとる．このことは $\rho_g : \mathcal{V}_{i,W} \to \mathcal{V}_{i,W}$ の行列表示と $\tau_{g_i^{-1}gg_i}$ の行列表示を一致させることができ，とくにそのトレースが一致することを意味する．より詳しくかくと，線型同型 $\Psi : \mathcal{V}_{i,W} \to W$ が $\Psi \circ (\rho_g|_{\mathcal{V}_{i,W}}) = \tau_{g_i^{-1}gg_i} \circ \Psi$ を満たすので，$\rho_g|_{\mathcal{V}_{i,W}}$ と $\tau_{g_i^{-1}gg_i}$ のトレースは一致する．

問 8.8 可換性 $\Psi \circ (\rho_g|_{\mathcal{V}_{i,W}}) = \tau_{g_i^{-1}gg_i} \circ \Psi$ を自分の手でチェックせよ．

したがって，ρ_g の $\mathcal{V}_{i,W}$ に対応するブロックの行列表示は，$\tau_{g_i^{-1}gg_i}$ の行列表示に一致するから

$$\chi_\rho(g) = \mathrm{tr}(\rho_g) = \sum_{\substack{1 \leqq i \leqq m \\ g_i^{-1}gg_i \in H}} \chi_\tau(g_i^{-1}gg_i) = \frac{1}{|H|} \sum_{\substack{x \in G \\ x^{-1}gx \in H}} \chi_\tau(x^{-1}gx)$$

となる．最後の等号では，χ_τ は，$g_i^{-1}gg_i$ と $(g_ih)^{-1}g(g_ih) = h^{-1}(g_i^{-1}gg_i)h$ とで値が同じであることを用いた．

定理 8.25 (誘導指標) (τ, W) の誘導表現 $\mathrm{Ind}_H^G \tau$ の指標は次で与えられる．

$$\chi_{\mathrm{Ind}_H^G(\tau)}(g) = \frac{1}{|H|} \sum_{\substack{x \in G, \\ x^{-1}gx \in H}} \chi_\tau(x^{-1}gx).$$

τ が自明表現なら，右辺は $|\{1 \leqq i \leqq m \mid gg_iH = g_iH\}|$ だから，G の G/H への左作用で固定される右剰余類の個数に他ならない．本節の冒頭でみていた (8.9) は，それぞれ誘導表現 $\mathrm{Ind}_{\mathfrak{A}_4}^{\mathfrak{S}_4}\mathrm{tri}, \mathrm{Ind}_{\mathfrak{S}_3}^{\mathfrak{S}_4}\mathrm{tri}, \mathrm{Ind}_{\mathbb{Z}_4}^{\mathfrak{S}_4}\mathrm{tri}$ の指標である．τ が自明表現ではない場合に，定理 8.25 に従って誘導表現の指標を計算してみよう．

例 8.14 $\mathfrak{S}_3$ を 4 を固定する $\mathfrak{S}_4$ の部分群とみて，誘導表現 $\mathrm{Ind}_{\mathfrak{S}_3}^{\mathfrak{S}_4}\mathrm{std}$ を考える．そのために $\sigma \in \mathfrak{S}_4$ で $\sigma^{-1}g\sigma \in \mathfrak{S}_3$ という条件をみる．$g = (1234), (12)(34)$ のときは，同じ巡回置換型を持つ $\mathfrak{S}_3$ に入る元はないので，$\sigma^{-1}g\sigma \in \mathfrak{S}_3$ となる σ はなく，指標の値は 0. $g = (12)$ のときは，そもそも $\mathfrak{S}_3$ のスタンダード表現の指標の値が 0 なので，誘導表現の指標の値も 0. $g = (123)$ のときは，$\mathfrak{S}_4$ の中で (123) と共役な元は 3 項巡回置換すべてで 8 個ある．すると共役作用に関して (123) を固定する $\mathfrak{S}_4$ の元は 3 個になる．この場合，共役作用で (123) を (132) に移す元も 3 個である．したがって，$\chi_{\mathrm{Ind}_{\mathfrak{S}_3}^{\mathfrak{S}_4}\mathrm{std}}((123)) = \frac{1}{6}(3 \times \chi_{\mathrm{std}}((123)) + 3 \times \chi_{\mathrm{std}}((132))) = -1$.

	e	(12)	(123)	(1234)	(12)(34)
$\mathrm{Ind}_{\mathfrak{S}_3}^{\mathfrak{S}_4}\mathrm{std}$	8	0	−1	0	0

これは $\mathrm{std} \oplus \rho \oplus (\mathrm{std} \otimes \mathrm{sgn})$ と既約分解する．

例 8.15 $\mathfrak{A}_4$ を 5 を固定する偶置換全体として $\mathfrak{A}_5$ の部分群とみて誘導表現

$\mathrm{Ind}_{\mathfrak{A}_4}^{\mathfrak{A}_5}\chi_1$ を考える．そのために $\sigma \in \mathfrak{A}_5$ で $\sigma^{-1}g\sigma \in \mathfrak{A}_4$ という条件をみる．$g = (12345), (13452)$ の場合は，同じ巡回置換型を持つ元で $\mathfrak{A}_4$ に入るものはないので，$\sigma^{-1}g\sigma \in \mathfrak{A}_4$ となる $\sigma \in \mathfrak{A}_4$ はない．$g = (123)$ の場合は，$\mathfrak{A}_5$ の中で 20 個の 3 項巡回置換が 1 つの共役類をなす．共役作用に関して (123) の固定するのは 3 個である．(123) をほかの 3 項巡回置換へ共役作用で移す元も各 3 個になる．他方，3 項巡回置換のうち $\mathfrak{A}_4$ に属するのは 8 個であり，$\mathfrak{A}_4$ の中では，4 個が (123) と共役で χ_1 の値が ω，残りの 4 個が (132) と共役で χ_1 の値が ω^2 になる．したがって，$\chi_{\mathrm{Ind}_{\mathfrak{A}_4}^{\mathfrak{A}_5}\chi_1}((123)) = \dfrac{1}{12}(3 \times 4 \times \omega + 3 \times 4 \times \omega^2) = -1$ となる．$g = (12)(34)$ の場合は，$\mathfrak{A}_5$ の中で 15 個からなる共役類をなす．(12)(34) を共役作用で固定するのは 4 個になる．$(12)(34), (13)(24), (14)(23)$ が $\mathfrak{A}_4$ に属する共役な元で，(12)(34) から共役作用でそれぞれ 4 個の元で移るから，$\chi_{\mathrm{Ind}_{\mathfrak{A}_4}^{\mathfrak{A}_5}\chi_1}((12)(34)) = \dfrac{1}{12}(3 \times 4 \times 1) = 1$．よって誘導表現の指標は次のようになる．指標の内積を直接計算すると $\dfrac{1}{60}(5^2 + (-1)^2 \times 20 + 1^2 \times 15) = 1$ となり既約とわかる．

| 共役類 | 代表元	1 e	20 (123)	15 (12)(34)	12 (12345)	12 (13425)
$\mathrm{Ind}_{\mathfrak{A}_4}^{\mathfrak{A}_5}\chi_1$	5	-1	1	0	0

一般には，部分群 H から G への誘導表現は，既約とは限らない．しかし，上の例でみたように誘導表現自体が既約になる場合もあるし，誘導表現の指標の中からすでにわかっている既約表現の指標をとり除くことで，新しい既約表現の指標をみつけることができる場合がある．次の例でその一端をみてみる．

例 8.16 位数 21 の非可換群 $G = \langle x, y \mid x^7 = y^3 = e, yxy^{-1} = x^2 \rangle$ の指標表を作る．

まず G の共役類を決める．x^j は x と可換だから，x の属する共役類の位数は 3 以下．$yxy^{-1} = x^2, yx^2y^{-1} = x^4$ なので，$\{x, x^2, x^4\}$, $\{x^3, x^5, x^6\}$ がそれぞれ 1 つの共役類となる．他方，$x(x^iy)x^{-1} = x^{i-1}y$ だから，x^iy はすべて共役．e, y, y^2 は y と可換だから y の属する共役類の位数は 7 以下であり，$\{x^iy\ (0 \leqq i \leqq 6)\}$, $\{x^iy^2\ (0 \leqq i \leqq 6)\}$ がそれぞれ 1 つの共役類となる．共役類は 5 個である．

自明表現以外に，1 次元表現が 2 つみつかる．$\chi(x) = 1$ とすると，$yxy^{-1} = x^2$

は $\chi(y)$ に条件を課さないから，$\chi(y)=\omega,\omega^2$ で決まる 2 つの 1 次元表現が作れる．ここで ω は 1 の原始 3 乗根である．残り 2 つの既約表現の次元を d_1, d_2 とすると $d_1^2+d_2^2=21-3=18$ なので $d_1=d_2=3$ となる．

次に，7 次巡回群に同型な正規部分群 $N=\langle x\rangle \triangleleft G$ を考えて，N の 7 つの 1 次元表現 $\chi_k(x)=\zeta_7^k$ を G へ誘導して 3 次元表現を作る．N は正規部分群なので，$\sigma^{-1}g\sigma\in N$ という条件は $g\in N$ と同値だから，どの誘導指標も y, y^2 では値が 0 になる．他方，x の中心化群は N 自身で，$\{x,x^2,x^4\}$ が 1 つの共役類だから，$\sigma^{-1}x\sigma$ は，x,x^2,x^4 にそれぞれ 7 個の $\sigma\in G$ で移る．つまり x での誘導指標の値 $(\mathrm{Ind}_N^G\chi_k)(x)$ は，$\zeta_7^k+\zeta_7^{2k}+\zeta_7^{4k}$ となる．同様に $(\mathrm{Ind}_N^G\chi_k)(x^3)=\zeta_7^{3k}+\zeta_7^{5k}+\zeta_7^{6k}$．すると，$k=1,2,4$ は同値な誘導表現，$k=3,5,6$ も同値な誘導表現を与える．したがって，非同値になる誘導表現は，$k=0,1,3$ だけである．(誘導指標を計算すれば，$\mathrm{Ind}_N^G\chi_0=\tau_0+\tau_1+\tau_2$ と分解することがわかる．)

$|\zeta_7+\zeta_7^2+\zeta_7^4|^2=3+(\zeta_7+\zeta_7^2+\cdots+\zeta_7^6)=2$ などから $\langle\tau_3,\tau_3\rangle$ は

$$\frac{1}{21}(9+3|\zeta_7+\zeta_7^2+\zeta_7^4|^2+3|\zeta_7^3+\zeta_7^5+\zeta_7^6|^2)=1$$

となって τ_3 は既約．同様に τ_4 も既約．以上から指標表は右のようになる．ただし，$\alpha=\zeta_7+\zeta_7^2+\zeta_7^4$, $\beta=\zeta_7^3+\zeta_7^5+\zeta_7^6$ である．□

|共役類|	1	3	3	7	7
代表元	e	x	x^3	y	y^2
τ_0	1	1	1	1	1
τ_1	1	1	1	ω	ω^2
τ_2	1	1	1	ω^2	ω
$\tau_3=\mathrm{Ind}_N^G\chi_1$	3	α	β	0	0
$\tau_4=\mathrm{Ind}_N^G\chi_3$	3	β	α	0	0

例 8.17 $G=\mathrm{GL}_2(\mathbb{F}_3)$ とする．det をとることで，準同型写像 $G\to\mathbb{F}_3^\times$ が得られ，$\mathbb{F}_3^\times=\{1,2\}$ は，自明表現以外に，$1\mapsto 1, 2\mapsto -1$ で定まる 1 次元表現を持つ．したがって，この合成により G には自明表現ともう 1 つ 1 次元表現がある．

一方，G の元のうち上三角行列全体のなす B は 12 個の元からなる指数 4 の部分群で G/B の代表系 $\left\{g_1=I_2, g_2=\begin{bmatrix}0&-1\\1&0\end{bmatrix}, g_3=\begin{bmatrix}1&0\\1&1\end{bmatrix}, g_4=\begin{bmatrix}-1&0\\1&-1\end{bmatrix}\right\}$ がとれることがわかる．B の中で対角成分が 1 の上三角行列 U は正規部分群で $B/U\cong(\mathbb{F}_3^\times)^2$ は 4 つの 1 次元表現 ρ_i $(1\leqq i\leqq 4)$ を持つ (例 8.10 では $\mathbb{Z}_2^2$ の元を加法的にかいている)．$B\to B/U$ に B/U の 1 次元表現を合成することで，B の非同値な 4 つの 1 次元表現が得られる．この 4 つの 1 次元表現を G に誘導して得られる 4 次元の表現を考える．例 5.13 で各共役類の代表元 g をみていたの

で，$g_i^{-1}gg_i \in B\ (1 \leqq i \leqq 4)$ となる g_i について $\tau_{g_i^{-1}gg_i}$ を求めることにより，誘導表現の指標が求められる．直接計算すると $g = I_2, -I_2$ の場合の $g_i(1 \leqq i \leqq 4)$ と $g = \begin{bmatrix}1&1\\0&1\end{bmatrix}, \begin{bmatrix}2&1\\0&2\end{bmatrix}$ の場合の $g_1(=I_2)$ と $g = \begin{bmatrix}1&0\\0&2\end{bmatrix}$ の場合の $g_1(=I_2), g_2$ の場合だけである．最後の場合は $g_2^{-1}gg_2 = \begin{bmatrix}2&0\\0&1\end{bmatrix}$ である．

これらをもとに誘導表現の指標を求めると，$\mathrm{Ind}_B^G\,\rho_3, \mathrm{Ind}_B^G\,\rho_4$ は指標の値が一致し同値となる．内積を計算すれば，$\mathrm{Ind}_B^G\,\rho_3$ は既約となる．他方，$\mathrm{Ind}_B^G\,\rho_1$ には tri が，$\mathrm{Ind}_B^G\,\rho_2$ には det が 1 次元ずつ含まれることも内積からわかり，それぞれからとり除くことで非同値な 3 次元既約表現が得られることも確かめられる．$48 = 1^2 + 1^2 + 4^2 + 3^2 + 3^2 + d_1^2 + d_2^2 + d_3^2$ から $d_1 = d_2 = d_3 = 2$ しかなく，非同値な 2 次元の既約表現が 3 個あることがわかる．

|共役類|	1	1	8	8	12	6	6	6
代表元	I_2	$-I_2$	$\begin{bmatrix}1&1\\0&1\end{bmatrix}$	$\begin{bmatrix}2&1\\0&2\end{bmatrix}$	$\begin{bmatrix}1&0\\0&2\end{bmatrix}$	$\begin{bmatrix}0&1\\1&2\end{bmatrix}$	$\begin{bmatrix}0&1\\1&1\end{bmatrix}$	$\begin{bmatrix}0&2\\1&0\end{bmatrix}$
tri	1	1	1	1	1	1	1	1
det	1	1	1	1	-1	-1	-1	1
$\mathrm{Ind}_B^G\,\rho_1 = \mathrm{tri} \oplus \eta$	4	4	1	1	2	0	0	0
η	3	3	0	0	1	-1	-1	-1
$\mathrm{Ind}_B^G\,\rho_2 = \det \oplus \eta'$	4	4	1	1	-2	0	0	0
η'	3	3	0	0	-1	1	1	-1
$\mathrm{Ind}_B^G\,\rho_3 \cong \mathrm{Ind}_B^G\,\rho_4$	4	-4	1	-1	0	0	0	0

有限体上の線型群の指標表を作る際には，ボレル部分群の 1 次元表現を誘導することで既約表現をとり出す手法が活躍する．興味のある読者は [39] で $\mathrm{GL}_2(\mathbb{F}_q), \mathrm{SL}_2(\mathbb{F}_q)$ の場合の議論，[24, 第 3 章] の本格的な解説を参照されたい．

最後に，誘導表現と両側剰余類についての観察をしておこう．有限群 G の 2 つの部分群 H, K に対し，$\mathcal{C}_{G/H}$ および $\mathcal{C}_{G/K}$ を考える．それぞれ G が左から作用し，$\mathrm{Ind}_H^G(\mathrm{tri}), \mathrm{Ind}_K^G(\mathrm{tri})$ を与えるベクトル空間であった．他方，右剰余類集合 G/K には左から G の部分群である H が左乗法で作用する．この作用は，$(h * \varphi)(x) = \varphi(h^{-1}x)$ で $\mathcal{C}_{G/K}$ への作用を引き起こす．この作用で固定される $\mathcal{C}_{G/K}$

の関数全体は，各両側剰余類上で一定値をとる関数全体

$$\mathcal{C}_{H\backslash G/K} = \{\varphi : G \to \mathbb{C} \mid \varphi(h^{-1}xk) = \varphi(x)\ (h \in H, k \in K)\}$$

であり，$|H\backslash G/K|$ 次元の $\mathbb{C}$-ベクトル空間になっている．

命題 8.26 複素ベクトル空間として $\mathcal{C}_{H\backslash G/K} \cong \mathrm{Hom}_G(\mathcal{C}_{G/H}, \mathcal{C}_{G/K})$ が成り立つ．とくに，$|H\backslash G/K| = \langle \chi_{\mathrm{Ind}_H^G(\mathrm{tri})}, \chi_{\mathrm{Ind}_K^G(\mathrm{tri})} \rangle$ が成り立つ．

証明 (i) まず $\mathcal{C}_{H\backslash G/K} \to \mathrm{Hom}_G(\mathcal{C}_{G/H}, \mathcal{C}_{G/K})$ を構成する．$\varphi \in \mathcal{C}_{H\backslash G/K}$ と $f \in \mathcal{C}_{G/H}$ に対して，$\widetilde{\varphi}(f) : G \to \mathbb{C}$ を $\widetilde{\varphi}(f)(g) = \dfrac{1}{|G|}\displaystyle\sum_{x\in G} \varphi(x^{-1}g)f(x)\ (g \in G)$ で定義すると $\widetilde{\varphi}(f)(gk) = \dfrac{1}{|G|}\displaystyle\sum_{x\in G} \varphi(x^{-1}gk)f(x) \overset{\varphi\in\mathcal{C}_{H\backslash G/K}}{=} \dfrac{1}{|G|}\displaystyle\sum_{x\in G} \varphi(x^{-1}g)f(x) = \widetilde{\varphi}(f)(g)$ を満たすので，$\widetilde{\varphi}(f) \in \mathcal{C}_{G/K}$ である．また，$y \in G$ に対し，

$$\begin{aligned}
(y * \widetilde{\varphi}(f))(g) &\overset{G\text{ の }\mathcal{C}_{G/K}\text{への作用}}{=} \widetilde{\varphi}(f)(y^{-1}g) \overset{\widetilde{\varphi}\text{の定義}}{=} \frac{1}{|G|}\sum_{x\in G} \varphi(x^{-1}y^{-1}g)f(x) \\
&\overset{(yx)\text{ を }z\text{ と置きなおす}}{=} \frac{1}{|G|}\sum_{z\in G} \varphi(z^{-1}g)f(y^{-1}z) \\
&\overset{G\text{ の }\mathcal{C}_{G/H}\text{への作用}}{=} \frac{1}{|G|}\sum_{x\in G} \varphi(x^{-1}g)(y * f)(x) \overset{\widetilde{\varphi}\text{の定義}}{=} \widetilde{\varphi}(y * f)(g).
\end{aligned}$$

だから $\widetilde{\varphi}$ は G-線型である．よって，$\widetilde{\varphi} \in \mathrm{Hom}_G(\mathcal{C}_{G/H}, \mathcal{C}_{G/K})$ となる．

(ii) 次に，$\mathrm{Hom}_G(\mathcal{C}_{G/H}, \mathcal{C}_{G/K}) \to \mathcal{C}_{H\backslash G/K}$ を構成する．$\delta(g) = \delta_{g\in H}\dfrac{|G|}{|H|}$ と定義すると，$h \in H$ に対して，$\delta(gh) = \delta_{gh\in H}\dfrac{|G|}{|H|} = \delta_{g\in H}\dfrac{|G|}{|H|} = \delta(g)$，すなわち $\delta \in \mathcal{C}_{G/H}$ である．そこで $\psi \in \mathrm{Hom}_G(\mathcal{C}_{G/H}, \mathcal{C}_{G/K})$ に対し，$\psi^* : G \to \mathbb{C}$ を，$\psi^* = \psi(\delta) \in \mathcal{C}_{G/K}$ で定義すれば，$\psi^*(h^{-1}gk) \overset{\psi^*\text{の定義}}{=} \psi(\delta)(h^{-1}gk) \overset{H\text{ の }\mathcal{C}_{G/K}\text{への左乗法}}{=} (h * \psi(\delta))(gk) \overset{\psi\text{は }G\text{-線型}}{=} \psi(h * \delta)(gk) \overset{h*\delta=\delta}{=} \psi(\delta)(gk) \overset{\psi(\delta)\in\mathcal{C}_{G/K}}{=} \psi(\delta)(g) = \psi^*(g)$ より $\psi^* \in \mathcal{C}_{H\backslash G/K}$ となる．

(iii) (i) (ii) が互いに逆写像を与えることを示す．$\varphi \in \mathcal{C}_{H\backslash G/K}$ に対し，$\widetilde{\varphi}^*(g) = \widetilde{\varphi}(\delta)(g) = \dfrac{1}{|G|}\displaystyle\sum_{x\in G} \varphi(x^{-1}g)\delta(x) \overset{\delta\text{の定義}}{=} \dfrac{1}{|H|}\displaystyle\sum_{x\in H} \varphi(x^{-1}g) \overset{\varphi\in\mathcal{C}_{H\backslash G/K}}{=} \dfrac{1}{|H|}\displaystyle\sum_{x\in H} \varphi(g) = \varphi(g)$ が任意の $g \in G$ で成り立つから，$\widetilde{\varphi}^* = \varphi$．逆に，$\psi \in \mathrm{Hom}_G(\mathcal{C}_{G/H}, \mathcal{C}_{G/K})$ と $f \in \mathcal{C}_{G/H}$ に対し，

$$\widetilde{\psi^*}(f)(g) = \frac{1}{|G|}\sum_{x\in G}\psi^*(x^{-1}g)f(x) = \frac{1}{|G|}\sum_{x\in G}\psi(\delta)(x^{-1}g)f(x).$$

$f=\delta$ なら $\displaystyle\frac{1}{|G|}\sum_{x\in G}\psi(\delta)(x^{-1}g)\delta(x) = \frac{1}{|H|}\sum_{x\in H}\psi(\delta)(x^{-1}g) = \frac{1}{|H|}\sum_{x\in H}(x*\psi)(\delta)(g)$ $\displaystyle= \frac{1}{|H|}\sum_{x\in H}\psi(x*\delta)(g) = \psi(\delta)(g)$ となって，$\widetilde{\psi^*}(\delta) = \psi(\delta)$ が成り立つ．$y\in G$ をとるとき，$\widetilde{\psi^*},\psi$ はいずれも G-線型だから，$\widetilde{\psi^*}(y*\delta) = y*\widetilde{\psi^*}(\delta) = y*\psi(\delta) = \psi(y*\delta)$ である．$\mathcal{C}_{G/H}$ は，G/H の完全代表系 $(y_i)_{1\leqq i\leqq |G/H|}$ を 1 つとれば，$\{y_i*\delta\}$ で生成されるので，すべての $f\in\mathcal{C}_{G/H}$ で $\widetilde{\psi^*}(f)=\psi(f)$ が成り立ち，$\widetilde{\psi^*}=\psi$ となる．

(iv) 命題の後半は，補題 8.17 を用いて指標の直交性を示した議論と同様．□

この命題の主張は，$\mathcal{C}_{H\backslash G/K}$ を $H\backslash G/K$ 上 $\mathrm{Hom}(V,W)$-値の関数でしかるべき条件を満たすものにとり換えることで，$\mathrm{Hom}_G(\mathrm{Ind}_H^G V, \mathrm{Ind}_K^G W)$ を実現する定理に拡張できる．

本節では有限群の場合の誘導表現を考えたが，誘導表現の考え方は連続群でも重要な役割を果たしている．たとえば，$S^2\cong \mathrm{SO}_3/\mathrm{SO}_2$ から適切な関数空間を設定することで "$L^2(S^2) = L^2(\mathrm{SO}_3/\mathrm{SO}_2) = \mathrm{Ind}_{\mathrm{SO}_2}^{\mathrm{SO}_3}\mathrm{tri}$" とみなせる．また，両側剰余類上の関数全体には，合成積とよばれる積の構造も入る．これらの議論は球面調和解析とよばれる分野と表現論の深い関わりへとつながっている．

8.6 付録：$\mathrm{SU}_2,\mathrm{SO}_3$ の表現

有限群の複素有限次元表現において成り立った完全可約性や指標の理論は，コンパクト群の有限次元表現に一般化できる．紙幅の関係から一般論を述べるだけの余裕はないので，$\mathrm{SU}_2,\mathrm{SO}_3$ の複素有限次元既約表現の構成と分岐則をみる．

命題 8.27 群 G の $\mathbb{C}$ 上の有限次元表現 (ρ,V) に対し，V 上に G-不変な複素内積 $\langle\bullet,\bullet\rangle$ すなわち，任意の $g\in G$ と $\boldsymbol{v},\boldsymbol{w}\in V$ に対して，$\langle\rho_g(\boldsymbol{v}),\rho_g(\boldsymbol{w})\rangle = \langle\boldsymbol{v},\boldsymbol{w}\rangle$ が成り立つ複素内積が与えられているとき，(ρ,V) は**ユニタリ表現**であるという．ユニタリ表現は完全可約である．

証明は，補題 8.9 の第 2 の証明の最後をそのまま使えばよい．

また，シューアの補題 (定理 8.11) は G が有限群であることは使っていないの

で，同様に使える．G が有限群でなくても，表現空間 V が $\mathbb{C}$ 上の有限次元ならば，表現の指標は，$\chi(g)=\mathrm{tr}(\rho_g)$ で定義できる．一方で，指標の直交性を考えるための内積の定義 8.18 は有限群でなければ意味を持たない．そこで，群 G 上の関数を G 上で積分する方法を与える必要がある．

すなわち，G 上の関数 f の積分 $I(f)=\displaystyle\int_G f(g)dg$ であって，

- f に関して線型
- 非負関数 f に対して $I(f)\geqq 0$ かつ，f が常に正値なら $I(f)>0$
- 不変性，すなわち，任意の $x\in G$ に対して，

$$\int_G f(xg)dg=\int_G f(g)dg=\int_G f(gx)dg$$

という 3 つの条件を満たすものが欲しい．この性質を満たす G 上の積分を群上の**不変積分**とよぶ．不変積分は常に存在するわけではないが，有限群や SU_2, SO_3 に代表されるコンパクト群とよばれるクラスでは，定数倍を除いて一意的に存在することが知られており，G 上の連続関数はこの積分に関して積分可能となる．定数倍を調節して，$I(1)=1$ としたものを正規化された不変積分という．

正規化された不定積分を用いると，有限群の表現で用いたいくつかの道具を一般化することができる．まず補題 8.9 の第二の証明でみた「ユニタリ化」がコンパクト群 G 上で可能になる．すなわち，G の $\mathbb{C}$ 上の有限次元表現 (ρ,V) が与えられたとき，まず V 上に勝手な複素内積 $(\bullet,\bullet)$ を入れておき，$\langle \boldsymbol{v},\boldsymbol{w}\rangle=\displaystyle\int_G(\rho_g(\boldsymbol{v}),\rho_g(\boldsymbol{w}))dg$ と定義すると，積分の線型性と正値性から，V 上の複素内積を与える．さらに，

$$\langle\rho_x(\boldsymbol{v}),\rho_x(\boldsymbol{w})\rangle=\int_G(\rho_g(\rho_x\boldsymbol{v}),\rho_g(\rho_x\boldsymbol{w}))dg=\int_G(\rho_{gx}(\boldsymbol{v}),\rho_{gx}(\boldsymbol{w}))dg\overset{\text{右不変性}}{=}\langle\boldsymbol{v},\boldsymbol{w}\rangle$$

となり，ρ は $\langle\bullet,\bullet\rangle$ に関してユニタリ表現となる．命題 8.27 と合わせて次を得る．

命題 8.28 コンパクト群の複素有限次元表現は，完全可約である．

さらに (G 上の 2 乗可積分な関数全体の空間 $L^2(G)$ において)

$$\langle\varphi,\psi\rangle=\int_G\overline{\varphi(g)}\psi(g)dg$$

と定義することにより，指標を用いた既約表現の特徴づけや重複度の記述も有限群の場合と同様に成り立つ．次の命題の証明は，たとえば [21] に譲る．

命題 8.29 コンパクト群の $\mathbb{C}$ 上の有限次元表現において，表現 ρ が既約であるための必要十分条件は $\langle \chi_\rho, \chi_\rho \rangle = 1$ であり，2 つの既約表現 ρ_1, ρ_2 に対して $\langle \chi_{\rho_1}, \chi_{\rho_2} \rangle = \delta_{\rho_1 \cong \rho_2}$ が成り立つ．さらに 2 つの表現が同値であるための必要十分条件は，指標が一致することである．

しかも SU_2 の場合は，指標の値をみるのに特別な部分群だけを考えれば十分である．例 5.12 (1) でみたように，SU_2 の任意の元は SU_2 中の対角行列全体 $T = \{h_\theta\ (0 \leqq \theta < 2\pi)\}$ のいずれかの元と SU_2 の元で共役である．T は絶対値 1 の複素数全体のなす群 S^1 と同型であり，SU_2 の**極大トーラス**とよばれる．

命題 8.30 SU_2 の類関数の値は，極大トーラス T 上の値のみで一意的に定まる．

この命題から SU_2 上の類関数は，$h_\theta = \begin{bmatrix} e^{i\theta} & 0 \\ 0 & e^{-i\theta} \end{bmatrix}$ での値で決まり，θ の関数とみなせる．これを用いると，SU_2 上の積分を θ に関する積分で表示する次の公式が示せる．以下で指標の直交性をみる際には，この命題を認めて計算する．

命題 8.31 (ワイルの積分公式) SU_2 上の類関数 f に対して，

$$\int_{\mathrm{SU}_2} f(g)dg = \frac{2}{\pi} \int_0^\pi f(\theta) \sin^2 \theta d\theta.$$

SU_2 の有限次元既約表現を構成しよう．$m \geqq 0$ に対し，$m+1$ 次元 $\mathbb{C}$-ベクトル空間 V_m を

$$V_m = \{1 \text{ 変数 } z \text{ に関する高々 } m \text{ 次の複素係数多項式}\}$$

とする．$g = \begin{bmatrix} a & b \\ c & d \end{bmatrix} \in \mathrm{SU}_2$ に対し，

$$\rho_g(f(z)) = (bz+d)^m f\left(\frac{az+c}{bz+d}\right)$$

と定義する．右辺は z に関する高々m 次の多項式になるので，ρ_g が線型写像 $V_m \to V_m$ を与える．$g = \begin{bmatrix} a & b \\ c & d \end{bmatrix}, g' = \begin{bmatrix} a' & b' \\ c' & d' \end{bmatrix} \in \mathrm{SU}_2$ に対して，

$$
\begin{aligned}
\rho_g \rho_{g'}(f(z)) &= \rho_g \left((b'z + d')^m f\left(\frac{a'z + c'}{b'z + d'} \right) \right) \\
&= (bz + d)^m \left(b' \cdot \frac{az + c}{bz + d} + d' \right)^m f \left(\frac{a' \dfrac{az + c}{bz + d} + c'}{b' \dfrac{az + c}{bz + d} + d'} \right) \\
&= ((ab' + bd')z + (cb' + dd'))^m f\left(\frac{(aa' + bc')z + (ca' + dc')}{(ab' + bd')z + (cb' + dd')} \right) \\
&= \rho_{gg'}(f(z))
\end{aligned}
$$

となることから，SU_2 の $m+1$ 次元表現 $\rho_m : \mathrm{SU}_2 \to \mathrm{GL}(V_m)$ が得られる．

命題 8.32 SU_2 の $m+1$ 次元表現 ρ_m は既約で，その指標 χ_m の $h_\theta \in T$ での値は $\dfrac{\sin(m+1)\theta}{\sin\theta}$ となる．

証明 V_m の基底 $(1, z, z^2, \ldots, z^m)$ をとると，

$$
(\rho_m)_{h_\theta}(z^k) = (e^{-i\theta})^m \left(\frac{e^{i\theta} z}{e^{-i\theta}} \right)^k = e^{(2k-m)i\theta} z^k
$$

であるから，$t = e^{i\theta}$ とおくと，

$$
\chi_m(h_\theta) = \sum_{k=0}^{m} t^{2k-m} = \frac{t^{-m}(t^{2(m+1)} - 1)}{t^2 - 1} = \frac{t^{m+1} - t^{-(m+1)}}{t - t^{-1}} = \frac{\sin(m+1)\theta}{\sin\theta}
$$

となる．次に，命題 8.31 を使って，

$$
\begin{aligned}
\langle \chi_m, \chi_m \rangle &= \int_{\mathrm{SU}_2} \overline{\chi_m(g)} \chi_m(g) dg = \frac{2}{\pi} \int_0^\pi \left(\frac{\sin(m+1)\theta}{\sin\theta} \right)^2 \sin^2\theta d\theta \\
&= \frac{2}{\pi} \int_0^\pi \sin^2(m+1)\theta d\theta = 1
\end{aligned}
$$

となるので，ρ_m は既約である．□

以上のことをまとめると次の定理を得る．

定理 8.33 SU_2 の複素有限次元表現は完全可約であり，$\{\rho_m \ (m \geqq 0)\}$ が既約表現の同値類の完全代表系を与える．ρ_m の指標 χ_m は極大トーラス T 上での値で決まり，h_θ での値は $\dfrac{\sin(m+1)\theta}{\sin\theta}$ となる．

証明　ρ_m はすべて次元が異なるので非同値である．したがって，$\{\rho_m\ (m \geqq 0)\}$ で既約表現が尽くされることの証明だけが残っている．もしある複素有限次元既約表現 ρ が ρ_m のいずれとも同値でないと仮定する．例 5.12 (1) でみたように h_θ と $h_{-\theta}$ は SU_2-共役だから χ_ρ は θ の関数として偶関数である．また h_θ は周期 2π で同じ SU_2 の元を与えるので，χ_ρ も周期 2π である．ここで，

$$\begin{aligned}\langle \chi_m, \chi_\rho \rangle &= \int_{\mathrm{SU}_2} \overline{\chi_m(g)}\chi_\rho(g)dg = \frac{2}{\pi}\int_0^\pi \frac{\sin(m+1)\theta}{\sin\theta}\chi_\rho(\theta)\sin^2\theta d\theta \\ &= \frac{2}{\pi}\int_0^\pi \sin(m+1)\theta \cdot \chi_\rho(\theta)\sin\theta d\theta\end{aligned}$$

であることに注意する．ρ は ρ_m のいずれとも同値でない既約表現だから，上の値はすべての $m \geqq 0$ で 0 となる．すると，周期 2π の奇関数 $\chi_\rho(\theta)\sin\theta$ のすべてのフーリエ係数が 0 となってしまうので恒等的に 0 でなければならないことが，たとえばパーセバルの等式 (8.3) からわかる．したがって，ρ_m ですべての既約表現が尽くされる．□

注意　V_m の既約性の証明だけであれば，$\mathrm{Hom}_{\mathrm{SU}_2}(V_m, V_m)$ がスカラー倍写像のみからなることを直接チェックしてシューアの補題に帰着する方法もある．また，既約表現の分類については，リー環とよばれる「1 次近似」の表現の分類に帰着する方法もある．いずれの方法も [21] を参照されたい．

指標を利用してテンソル積表現の既約分解も与えておこう．

命題 8.34 (クレブシュ–ゴルダンの法則)　SU_2 の 2 つの既約表現 ρ_m, ρ_n に対し，$\rho_m \otimes \rho_n \cong \rho_{m+n} \oplus \rho_{m+n-2} \oplus \cdots \oplus \rho_{|m-n|}$ が成り立つ．

証明　$m \geqq n$ としてよい．$t = e^{i\theta}$ とおくと，$\chi_m(h_\theta) = \dfrac{t^{m+1} - t^{-(m+1)}}{t - t^{-1}}$ だから

$$\begin{aligned}\chi_{\rho_m \otimes \rho_n}(h_\theta) &= \chi_m(h_\theta)\chi_n(h_\theta) = \left(\frac{t^{m+1} - t^{-(m+1)}}{t - t^{-1}}\right)\left(\frac{t^{n+1} - t^{-(n+1)}}{t - t^{-1}}\right) \\ &= \frac{(t^{m+1} - t^{-(m+1)})(t^n + t^{n-2} + \cdots + t^{-n})}{t - t^{-1}} \\ &= \chi_{m+n}(h_\theta) + \chi_{m+n-2}(h_\theta) + \cdots + \chi_{m-n}(h_\theta)\end{aligned}$$

より従う．□

SO_3 の $\mathbb{C}$ 上の有限次元既約表現は SU_2 に帰着される．実際，$\rho_m(I_2) = \mathrm{id}_{V_m}$，$\rho_m(-I_2) = (-1)^{-m}\mathrm{id}_{V_m}$ であることに注意すると，m が偶数のときに限って，ρ_m は二重被覆 $SU_2 \to SO_3$ を通じて SO_3 の既約表現を与える．$\mathrm{Ad}(h_\theta) = H_{2\theta}$ と，例 5.12 (2) と同様の方法で SO_3 の元はすべて H_θ $(0 \leqq \theta < 2\pi)$ と SO_3-共役になることに注意すると，SO_3 の $\mathbb{C}$ 上の有限次元既約表現について次の定理を得る．

系 8.35 SO_3 の $\mathbb{C}$ 上の有限次元表現は完全可約であり，既約表現の同値類は，SU_2 の既約表現 ρ_{2n} から二重被覆を通じてえられる既約表現で与えられる．この表現を τ_n とかくとき，その指標 χ_n の値は，$\{H_\theta\ (0 \leqq \theta < 2\pi)\}$ 上での値 $\chi_n(H_\theta) = \dfrac{\sin\dfrac{(2n+1)\theta}{2}}{\sin\dfrac{\theta}{2}}$ によって一意的に決まる．さらに，テンソル積表現の既約分解は $\tau_\ell \otimes \tau_k \cong \tau_{\ell+k} \oplus \tau_{\ell+k-1} \oplus \cdots \oplus \tau_{|\ell-k|}$ となる．

ここで，$\{H_\theta\ (0 \leqq \theta < 2\pi)\}$ は SO_3 の極大トーラスであり，$SO_2 \cong S^1$ と同型な部分群である．SO_3 の既約表現を SO_2 に制限すると S^1 の 1 次元既約表現 $\{\pi_n : \theta \mapsto e^{in\theta}\ (n \in \mathbb{Z})\}$ を用いて次のように直和に分解する．

命題 8.36 (SO_3-SO_2 制限分岐則) SO_3 の既約表現 τ_n を SO_2 に制限すると $\pi_n \oplus \pi_{n-1} \oplus \cdots \oplus \pi_{-n}$ と既約分解する．

証明 $t = e^{i\theta}$ とおいて，$\dfrac{\sin\dfrac{(2n+1)\theta}{2}}{\sin\dfrac{\theta}{2}} = \dfrac{t^{(2n+1)/2} - t^{-(2n+1)/2}}{t^{1/2} - t^{-1/2}} = t^n + t^{n-1} + \cdots + t^{-n} = e^{in\theta} + e^{i(n-1)\theta} + \cdots + e^{-in\theta}$ から従う．□

この分岐則の特徴は，どんな SO_3 の既約表現を SO_2 に制限しても，必ず自明表現をちょうど 1 個含み，正負に関して対称に既約表現が現れることにある．問 8.15 で示す「フロベニウスの相互律」の SO_3 版も定式化でき，上の分岐則から，SO_2 の自明表現を SO_3 に誘導して得られる誘導表現には，すべての既約表現がちょうど 1 個ずつ現れることがわかる．この誘導表現は，単位球面 S^2 上の 2 乗可積分関数の空間 $L^2(S^2)$ とみなせ，SO_3 の既約表現に対応する成分がちょうど 1 個存在することになる．これは，3 変数同次調和多項式を球面上に制限して得られる空間と一致することも示せる．これらの記述や分岐則は，数学だけでなく物理的にも水素原子のエネルギー準位や対称性の破れの記述などへの応用がある．

演習問題

問 8.9 群 G の表現 V が n 次元で，その基底を $(\boldsymbol{e}_1,\ldots,\boldsymbol{e}_n)$ とするとき，$\{\boldsymbol{e}_{i_1}\otimes\cdots\otimes\boldsymbol{e}_{i_N} \mid 1 \leqq i_1,\ldots i_N \leqq n\}$ を基底に持つ $(\dim V)^N$ 次元ベクトル空間 $V^{\otimes N}$ 上にも成分ごとに G を作用させることで G の表現が定義でき，V の N 階テンソル積表現という．$\sigma \in \mathfrak{S}_N$ に対し，

$$\boldsymbol{w}_1\otimes\cdots\otimes\boldsymbol{w}_N \mapsto \boldsymbol{w}_{\sigma^{-1}(1)}\otimes\cdots\otimes\boldsymbol{w}_{\sigma^{-1}(N)} \qquad (\boldsymbol{w}_1,\ldots,\boldsymbol{w}_N \in V)$$

を線型に拡張することで，$V^{\otimes N}$ に $\mathfrak{S}_N$ が作用する．この作用に関して不変な元の全体 $S^N(V) = \{\boldsymbol{v}\in V^{\otimes N} \mid \sigma\cdot\boldsymbol{v} = \boldsymbol{v}\ (\sigma\in\mathfrak{S}_N)\}$ と交代的な元の全体 $\bigwedge^N V = \{\boldsymbol{v}\in V^{\otimes N} \mid \sigma\cdot\boldsymbol{v} = \mathrm{sgn}(\sigma)\boldsymbol{v}\ (\sigma\in\mathfrak{S}_N)\}$ は G の表現 $V^{\otimes N}$ の部分表現であることを示せ．$\left\{\boldsymbol{e}_{i_1}\cdots\boldsymbol{e}_{i_N} = \sum_{\sigma\in\mathfrak{S}_N}\sigma(\boldsymbol{e}_{i_1}\otimes\cdots\otimes\boldsymbol{e}_{i_N})\,(1\leqq i_1\leqq\cdots\leqq i_N\leqq n)\right\}$ が $S^N(V)$ の基底であり，$\left\{\boldsymbol{e}_{i_1}\wedge\cdots\wedge\boldsymbol{e}_{i_N} = \sum_{\sigma\in\mathfrak{S}_N}\mathrm{sgn}(\sigma)\sigma(\boldsymbol{e}_{i_1}\otimes\cdots\otimes\boldsymbol{e}_{i_N})\,(1\leqq i_1<\cdots<i_N\leqq n)\right\}$ が $\bigwedge^N V$ の基底を与える．$S^N(V)$ を V の N 階対称テンソル表現，$\bigwedge^N V$ を V の N 階交代テンソル表現という．これらの指標について，次式を示せ．

$$\chi_{S^2(V)}(g) = \frac{1}{2}(\chi_V(g)^2 + \chi_V(g^2)), \qquad \chi_{\bigwedge^2 V}(g) = \frac{1}{2}(\chi_V(g)^2 - \chi_V(g^2)).$$

問 8.10 対称群 $\mathfrak{S}_n$ の表現について，次を示せ．

(1) 既約表現 τ に対し，$\tau\otimes\mathrm{sgn}$ は既約．

(2) $k\leqq\dim\mathrm{std}$ のとき，$\bigwedge^k\mathrm{std}$ は既約．

問 8.11 $V=\mathbb{C}^n$ とし，$G\subset \mathrm{GL}_n(\mathbb{C})$ を有限部分群とする．このとき，G は $S^N(V^*)$ に自然に作用する．この作用に関して不変な元の全体 $(S^N(V^*))^G$ はベクトル空間となるので，その次元 $a_N = \dim(S^N(V^*))^G$ を用いて形式的べき級数 $P_G(t) = \sum_{N\geqq 0} a_N t^N$ を定義する．

(1) $P_G(t) = \dfrac{1}{|G|}\sum_{g\in G}\dfrac{1}{\det(I_n - tg)}$ を示せ．ここで，右辺の分母は，g の固有多

項式 $\Phi_g(t)=\det(tI_n-g)$ を用いて，$t^n\Phi_g(t^{-1})$ ともかける．

(2)　$n=2$ とし，$G=\{\pm I_2\}$，$\left\langle\begin{bmatrix}0&1\\-1&0\end{bmatrix}\right\rangle$，$\left\langle\begin{bmatrix}\omega&0\\0&\omega^{-1}\end{bmatrix},\ \begin{bmatrix}0&1\\1&0\end{bmatrix}\right\rangle$ の場合に，それぞれ $P_G(t)$ を求めよ．ただし，ω は 1 の原始 3 乗根である．

注意　$\mathbb{C}^n$ の自然な基底 $\boldsymbol{e}_1,\ldots,\boldsymbol{e}_n$ に対し，その双対基底 x_i をとることで，$S((\mathbb{C}^n)^*)$ は多項式環 $\mathbb{C}[x_1,\ldots,x_n]$，その G-不変部分は，不変式環 $\mathbb{C}[x_1,\ldots,x_n]^G$ とみなせる．上の問 8.11 (1) の結果はモリーンの定理とよばれている．$P_G(t)$ は不変式環の構造を反映している．興味を持たれた方は [24], [36] などへ進まれたい．

問 8.12　生成元と基本関係式で定義された (無限) 群 $B_n=\langle x_1,\ldots,x_{n-1}\mid x_ix_{i+1}x_i=x_{i+1}x_ix_{i+1}\ (1\leqq i\leqq n-2), x_ix_j=x_jx_i\ (|i-j|\geqq 2)\rangle$ とする．$t\neq 0$ をパラメータとし，$X=\begin{bmatrix}1-t&t\\1&0\end{bmatrix}$ とおいて．$X_i=\mathrm{diag}(I_{i-1},X,I_{n-i-1})$ $(1\leqq i\leqq n)$ とする．このとき，$f_t(x_i)=X_i$ で B_n の n 次元表現が与えられることを示せ．

注意　B_n は対称群 $\mathfrak{S}_n$ の基本関係式のうち $s_i^2=e$ を除いたもので，組みひも群とよばれている．ここで得られる表現 f_t は B_n のブラウ表現とよばれており，$n\geqq 3$ では可約で，$n\geqq 5$ では忠実でないことも知られている．この表現は，結び目不変量とかかわりが深い．

問 8.13　2 つの有限群 G_1,G_2 と G_1 の複素有限次元表現 (ρ_1,V_1), G_2 の複素有限次元表現 (ρ_2,V_2) に対し，$V_1\otimes V_2$ 上に

$$\rho_{(g_1,g_2)}(\boldsymbol{v}_1\otimes\boldsymbol{v}_2)=((\rho_1)_{g_1}(\boldsymbol{v}_1)\otimes(\rho_2)_{g_2}(\boldsymbol{v}_2))$$
$$((g_1,g_2)\in G_1\times G_2, \boldsymbol{v}_1\in V_1, \boldsymbol{v}_2\in V_2)$$

により，直積群 $G_1\times G_2$ の表現 ρ が定まる．これを $\rho_1\boxtimes\rho_2$ とかいて，ρ_1,ρ_2 の**外部テンソル積表現**という．

(1)　指標を用いて，ρ_1,ρ_2 が既約ならば，$\rho_1\boxtimes\rho_2$ も既約であることを示せ．

(2)　$\widehat{G}_1\times\widehat{G}_2\ni(\rho_1,\rho_2)\mapsto\rho_1\boxtimes\rho_2\in\widehat{G_1\times G_2}$ は全単射であることを示せ．

問 8.14　$G\supset H$ を有限アーベル群とするとき，$f:G\to\mathbb{C}$ に対して，$\widehat{f}_H(\chi)=$

$\dfrac{1}{|H^{\perp}|}\sum_{g\in G}\overline{\chi(g)}f(g)$ とおくと次の等式が成り立つことを示せ.

$$\sum_{h\in H} f(h) = \sum_{\chi\in H^{\perp}} \widehat{f}_H(\chi).$$

これは**ポアソンの和公式**の 1 つである.

問 8.15 $\rho: G \to \mathrm{GL}(V)$ を G の部分群 H に制限することで, V は H の表現と思える. これを V の H への**制限**といい, $\mathrm{Res}_H^G\,\rho$ (あるいは $\mathrm{Res}_H^G\,V$) とかく. 有限群 G の複素有限次元表現 V と, G の部分群 H の複素有限次元表現 W に対して, 次が成り立つ. $\langle \chi_{\mathrm{Ind}_H^G W}, \chi_V\rangle_G = \langle \chi_W, \chi_{\mathrm{Res}_H^G V}\rangle_H$ を示せ. これを**フロベニウスの相互律**という.

問 8.16 次ページに $\mathfrak{S}_5, \mathfrak{A}_5, \mathfrak{S}_6$ の指標表がある. これを用いて以下の問に答えよ.

(1) 次の群 G と部分群 H の組について, H の既約表現の G への誘導表現の既約分解と G の既約表現の H への制限の既約分解をしらべよ. 指標表とフロベニウスの相互律を用いると制限だけをみればよい.

$$(G, H) = (\mathfrak{S}_4, \mathfrak{A}_4),\ (\mathfrak{S}_4, \mathfrak{S}_3),\ (\mathfrak{S}_5, \mathfrak{S}_4),\ (\mathfrak{S}_5, \mathfrak{S}_2\times\mathfrak{S}_3).$$

(2) $\mathfrak{A}_4$ の 3 次元既約表現 $\eta = \mathrm{std}|_{\mathfrak{A}_4}$ の $\mathfrak{A}_5$ への誘導表現を既約分解せよ.

(3) 例 5.15 のように $\mathfrak{S}_6$ の部分群 $\mathbb{Z}_6, \mathfrak{S}_3\times\mathfrak{S}_3, D_6$ をとる. $\mathrm{Ind}_{\mathbb{Z}_6}^{\mathfrak{S}_6}\mathrm{tri}$, $\mathrm{Ind}_{D_6}^{\mathfrak{S}_6}\mathrm{tri}$, $\mathrm{Ind}_{\mathfrak{S}_3\times\mathfrak{S}_3}^{\mathfrak{S}_6}\mathrm{tri}$ の既約分解を求めよ. さらに, $\dim\mathrm{Hom}_G(\mathrm{Ind}_{\mathbb{Z}_6}^{\mathfrak{S}_6}\mathrm{tri}, \mathrm{Ind}_{\mathfrak{S}_3\times\mathfrak{S}_3}^{\mathfrak{S}_6}\mathrm{tri})$, $\dim\mathrm{Hom}_G(\mathrm{Ind}_{D_6}^{\mathfrak{S}_6}\mathrm{tri}, \mathrm{Ind}_{\mathfrak{S}_3\times\mathfrak{S}_3}^{\mathfrak{S}_6}\mathrm{tri})$ を計算し, 例 5.15 で求めた両側剰余類の個数と一致することを確かめよ.

指標表

$\mathfrak{S}_5$ 共役類の位数	1	10	20	30	24	15	20
代表元	e	(12)	(123)	(1234)	(12345)	$(12)(34)$	$(12)(345)$
tri	1	1	1	1	1	1	1
std	4	2	1	0	-1	0	-1
τ	5	-1	-1	1	0	1	-1
$\bigwedge^2 \mathrm{std}$	6	0	0	0	1	-2	0
$\tau \otimes \mathrm{sgn}$	5	1	-1	-1	0	1	1
$\mathrm{std} \otimes \mathrm{sgn}$	4	-2	1	0	-1	0	1
sgn	1	-1	1	-1	1	1	-1

$\mathfrak{A}_5$ 共役類の位数	1	20	15	12	12
代表元	e	(123)	$(12)(34)$	(12345)	(13452)
tri	1	1	1	1	1
η_1	3	0	-1	$\frac{1+\sqrt{5}}{2}$	$\frac{1-\sqrt{5}}{2}$
η_2	3	0	-1	$\frac{1-\sqrt{5}}{2}$	$\frac{1+\sqrt{5}}{2}$
$\mathrm{std}\,\vert_{\mathfrak{A}_5}$	4	1	0	-1	-1
$\tau\vert_{\mathfrak{A}_5}$	5	-1	1	0	0

$\mathfrak{S}_6$ 共役類の位数	1	15	45	15	40	120	40	90	90	144	120
巡回置換型	(1^6)	(21^5)	$(2^2 1^2)$	(2^3)	(31^3)	(321)	(3^2)	(41^2)	(42)	(51)	(6)
χ_1	1	1	1	1	1	1	1	1	1	1	1
χ_2	5	3	1	-1	2	0	-1	1	-1	0	-1
χ_3	9	3	1	3	0	0	0	-1	1	-1	0
χ_4	10	2	-2	-2	1	-1	1	0	0	0	1
χ_5	5	1	1	-3	-1	1	2	-1	-1	0	0
χ_6	16	0	0	0	-2	0	-2	0	0	1	0
χ_7	10	-2	-2	2	1	1	1	0	0	0	-1
χ_8	5	-1	1	3	-1	-1	2	1	-1	0	0
χ_9	9	-3	1	-3	0	0	0	1	1	-1	0
χ_{10}	5	-3	1	1	2	0	-1	-1	-1	0	1
χ_{11}	1	-1	1	-1	1	-1	1	-1	1	1	-1

問の解答

問 1.7　(1)　$a+b\sqrt{2}+c\sqrt{3}=0$ となる $a,b,c\in\mathbb{Q}$ をとる．$a=-b\sqrt{2}-c\sqrt{3}$ を 2 乗して，$a^2=2b^2+3c^2+2bc\sqrt{6}$．$\sqrt{6}$ は無理数なので $2bc=0$．$b=0$ なら $\sqrt{3}$ が無理数より $a=c=0$．$c=0$ なら $\sqrt{2}$ が無理数より $a=b=0$．よって $1,\sqrt{2},\sqrt{3}$ は $\mathbb{Q}$ 上一次独立．次に，$a+b\sqrt{2}+c\sqrt{3}+d\sqrt{6}=0$ となる $a,b,c,d\in\mathbb{Q}$ をとる．$a+b\sqrt{2}+(c+d\sqrt{2})\sqrt{3}=0$ とみて，$c-d\sqrt{2}$ を掛けると $(ac-2bd)+(bc-ad)\sqrt{2}+(c^2-2d^2)\sqrt{3}=0$．$1,\sqrt{2},\sqrt{3}$ の一次独立性より $c^2-2d^2=0$．$\sqrt{2}$ は無理数だから $c=d=0$．よって $a+b\sqrt{2}=0$ となって $a=b=0$．

(2)　$a+b\sqrt[3]{2}+c\sqrt[3]{4}=0$ となる $a,b,c\in\mathbb{Q}$ をとる．$c=0$ なら $\sqrt[3]{2}$ が無理数より $a=b=0$．$c\neq 0$ のときは，c で割って，$a+b\sqrt[3]{2}=\sqrt[3]{4}$ としてよい．$\sqrt[3]{2}$ を掛けて，$a\sqrt[3]{2}+b\sqrt[3]{4}=2$．$\sqrt[3]{4}$ を消去して，$a\sqrt[3]{2}+b(a+b\sqrt[3]{2})=2$．$\sqrt[3]{2}$ が無理数だから，$ab=2, b^2+a=0$．a を消去して $b^3=-2$ となり，$\sqrt[3]{2}$ が無理数であることに反す．(3) は実部と虚部に分けて (2) を使う．

問 1.9　$\psi\circ\psi'(xy)=\psi(\psi'(x)\psi'(y))=\psi(\psi'(x))\psi(\psi'(y))$ に注意すれば，積を保つ写像の合成も積を保つ．したがって合成の表から ψ_2,ψ_4 が積を保つことを確かめれば十分である．積を保つことの計算は，$\psi(xy)$ と $\psi(x)\psi(y)$ を $1,\ \sqrt[3]{2},\ \sqrt[3]{4},\omega,\ \sqrt[3]{2}\omega,\ \sqrt[3]{4}\omega,\ \omega^2,\ \sqrt[3]{2}\omega^2,\ \sqrt[3]{4}\omega^2$ の一次結合でかいてみれば確かめられる．

問 2.1　(1) $x\overset{(G2)}{=}e\circ x\overset{(G3)}{=}(g_1^{-1}\circ g_1)\circ x\overset{(G1)}{=}g_1^{-1}\circ(g_1\circ x)=g_1^{-1}g_2$．$y$ も同様に $y=g_2\circ g_1^{-1}$．(2) $g_1=g_1\circ e=g_1\circ(g_3\circ g_3^{-1})=(g_1\circ g_3)\circ g_3^{-1}=(g_2\circ g_3)\circ g_3^{-1}=g_2\circ(g_3\circ g_3^{-1})=g_2\circ e=g_2$．後半も同様．

問 2.2　$z,w\in S^1$ とすると $|zw^{-1}|=|z|\cdot|w|^{-1}=1$ より $zw\in S^1$ だから，S^1 は $\mathbb{C}^\times$ の部分群．絶対値が 1 以下の 0 でない複素数として，たとえば $z=\dfrac{1}{2}$ をとれば，$z^{-1}=2$ は絶対値が 1 より大きく，逆元に関して閉じていない．実部が正の複素数として，たとえば $z=\dfrac{1+i}{2}$ をとると，$z^2=\dfrac{i}{2}$ となる．これは実部が正でなく，積に関して閉じていない．

問 2.3　$A,B\in\mathrm{U}_n$ のとき，$AB\overline{{}^t(AB)}=A(B\overline{{}^tB})\overline{{}^tA}=I_n$ より，$AB\in\mathrm{U}_n$．$A^{-1}=\overline{{}^tA}$ だから，$A^{-1}\overline{{}^tA^{-1}}=\overline{{}^tA}A=I_n$ より，$A^{-1}\in\mathrm{U}_n$．よって U_n は $\mathrm{GL}_n(\mathbb{C})$ の部分群であり，同じく $\mathrm{GL}_n(\mathbb{C})$ の部分群である $\mathrm{SL}_n(\mathbb{C})$ との共通部分 SU_n も部分群である．

$g=\begin{bmatrix} a & b \\ c & d \end{bmatrix}\in\mathrm{SU}_2$ とおいて $\overline{{}^tg}g=I_2$ と $\det g=1$ を成分計算すると $|a|^2+|c|^2=1$, $|b|^2+|d|^2=1$, $a\overline{b}+c\overline{d}=0$, $ad-bc=1$ が成り立つ．4 番目の式に $\overline{a}$ を掛けて $|a|^2d-\overline{a}bc=\overline{a}$．第 3 式の複素共役をとって $\overline{a}b$ に代入すると，$|a|^2d+|c|^2d=\overline{a}$．第 1 式を使って，$d=$

$\overline{a}$. 同様に，4 番目の式に $\overline{c}$ を掛けて $ad\overline{c} - b|c|^2 = \overline{c}$. 第 3 式の複素共役をとって $\overline{c}d$ に代入すると，$-|a|^2b - b|c|^2 = \overline{c}$. 第 1 式を使って $-b = \overline{c}$.

問 2.4　$n_1n_2 = q_1N + r_1$, $r_1n_3 = q_2N + r_2$ とおくと，$n_1n_2n_3 = q_1n_3N + q_2N + r_2$ より，$(n_1 * n_2) * n_3 = (n_1n_2n_3$を N で割った余り$)$ となることから従う.

問 2.5　$g^2 = e$ の両辺に g^{-1} を (左から) 掛けて $g = g^{-1}$ がすべての $g \in G$ に対して成り立つ. すると $g_1, g_2 \in G$ に対して，$g_1g_2 = (g_1g_2)^{-1} = g_2^{-1}g_1^{-1} = g_2g_1$.

問 2.6　C.G.Small "*Functional Equations and How to Solve Them*" (Springer, 2007) Example 4.6 より. 与えられた関数方程式で $y = 1$ とすると $f(x)\{f(x) - f(1)\} = (x - 1)f(x)f(1)$ より，$\{f(x)\}^2 = xf(x)f(1)$. ここでさらに $x = 0$ とすると $\{f(0)\}^2 = 0$ となるので $f(0) = 0$，つまり $0 \notin G$. さらに，$x, y \in G$，すなわち $f(x), f(y) \neq 0$ とすると，$f(x)\{f(xy^{-1}) - f(y)\} = (xy^{-1} - y)f(xy^{-1})f(y)$ が成り立つ. $f(xy^{-1}) = 0$ だとすると，$-f(x)f(y) = 0$ となってしまい $x, y \in G$ に反するから，$f(xy^{-1}) \neq 0$. よって $xy^{-1} \in G$ が言えて，G は $\mathbb{R}^\times$ の部分群.

問 2.7　AA' の (i, j)-成分 $\sum_{\ell=1}^{n} a_{i\ell}a'_{\ell j}$ が 0 以外の値をとりうるのは $\ell - i \geqq k$ かつ $j - \ell \geqq k'$ のとき，つまり $j - i \geqq k + k'$ のときに限るから $AA' \in \mathfrak{n}_{k+k'}$ である. したがって，$\mathfrak{n}_k\mathfrak{n}_{k'} \subset \mathfrak{n}_{k+k'}$. $U^{(k)}$ は $(I_n + A)(I_n + A') - I_n = A + A' + AA' \in \mathfrak{n}_k$ より積で閉じている. また $A \in \mathfrak{n}_k$ は十分大きな整数 N をとれば，$A^N = \mathbf{0}$ なので，$(I_n + A)^{-1} - I_n = -A + A^2 - A^3 + \cdots$ は有限和になり $\mathfrak{n}_k$ に入る. よって $U^{(k)}$ は逆元でも閉じており，U_n^+ の部分群.

問 2.8　(1)　$A, B \in \mathrm{SO}_{n,1}$ のとき，${}^t(AB)J_{n,1}(AB) = {}^tB({}^tAJ_{n,1}A)B = {}^tBJ_{n,1}B = J_{n,1}$ より $AB \in \mathrm{SO}_{n,1}$. ${}^tAJ_{n,1}A = J_{n,1}$ に左から ${}^t(A^{-1})$，右から A^{-1} を掛けて，$J_{n,1} = {}^t(A^{-1})J_{n,1}A^{-1}$ となるから，$A^{-1} \in J_{n,1}$. よって $\mathrm{SO}_{n,1}$ は部分群.

${}^tgJ_{n,1}g = J_n$ の両辺の $(n+1, n+1)$-成分を比較して $\sum_{i=1}^{n} g_{i,n+1}^2 - g_{n+1,n+1}^2 = -1$ より，$g_{n+1,n+1}^2 = 1 + \sum_{i=1}^{n} g_{i,n+1}^2 \geqq 1$. よって $g_{n+1,n+1} \geqq 1$ または $\leqq -1$. 次に $g \in \mathrm{SO}_{n,1}$ に対し，$J_{n,1}{}^tgJ_{n,1}g = J_{n,1}^2 = I_{n+1}$ から $g^{-1} = J_{n,1}{}^tgJ_{n,1}$ となる. $g, h \in \mathrm{SO}_{n,1}$ に対し，$g^{-1}h = J_{n,1}{}^tgJ_{n,1}h$ の $(n+1, n+1)$-成分は，$g_{n+1,n+1}h_{n+1,n+1} - \sum_{i=1}^{n} g_{i,n+1}h_{i,n+1}$ である. $g_{n+1,n+1} = 1 + \sum_{i=1}^{n} g_{i,n+1}^2$ と $h_{n+1,n+1} = 1 + \sum_{i=1}^{n} h_{i,n+1}^2$ からコーシー–シュワルツの不等式を使えば，$\left(1 + \sum_{i=1}^{n} g_{i,n+1}h_{i,n+1}\right)^2 \leqq g_{n+1,n+1}^2h_{n+1,n+1}^2$ となる. よって，

$g_{n+1,n+1}, h_{n+1,n+1} \geqq 1$ なら $g^{-1}h$ の $(n+1,n+1)$-成分も 1 以上となる.

(2) 部分群であることは上と同様. $g = \begin{bmatrix} a & b \\ c & d \end{bmatrix}$ に対し,

$$ {}^t\overline{g} I_{1,1} g = \begin{bmatrix} -|a|^2 + |c|^2 & -\overline{a}b + \overline{c}d \\ -a\overline{b} + c\overline{d} & -|b|^2 + |d|^2 \end{bmatrix} $$

より, $|a|^2 - |c|^2 = 1$, $-|b|^2 + |d|^2 = 1$, $-a\overline{b} + \overline{c}d = 0$. 第 3 式と $ad - bc = 1$ から d を消去すると, $b(|a|^2 - |c|^2) = \overline{c}$. よって $b = \overline{c}$. 同様に c を消去して $d = \overline{a}$. よって $\mathrm{SU}_{1,1} = \left\{ \begin{bmatrix} a & b \\ \overline{b} & \overline{a} \end{bmatrix} \in \mathrm{SL}_2(\mathbb{C}) \;\middle|\; |a|^2 - |b|^2 = 1 \right\}$.

(3) (1) と同様.

問 2.9 $\begin{bmatrix} A & B \\ C & D \end{bmatrix} \in \mathrm{Sp}_{2n} \Leftrightarrow {}^tAC, {}^tBD$ がいずれも対称行列で ${}^tAD - {}^tCB = I_n$. $A + iB \in U_n \Leftrightarrow {}^tAA + {}^tBB = I_n$ かつ ${}^tBA = {}^tAB$. さらに, $\begin{bmatrix} A & B \\ -B & A \end{bmatrix}^{-1} = \begin{bmatrix} {}^tA & -{}^tB \\ {}^tB & {}^tA \end{bmatrix}$, $\begin{bmatrix} P & Q \\ 0 & {}^tP^{-1} \end{bmatrix}^{-1} = \begin{bmatrix} P^{-1} & -{}^tQ \\ 0 & {}^tP \end{bmatrix}$ などに注意すれば, 部分群になることが確かめられる. 行列式が 1 であることは, たとえば $\begin{vmatrix} A & B \\ -B & A \end{vmatrix} = |A + iB||A - iB|$ などから確かめられる.

問 3.1 $\mathbb{Z}_{13}^{\times}$ の場合は, 2^n $(0 \leqq n \leqq 11)$ に 1 から 12 までがちょうど 1 回ずつ現れることをみればよい. n が 12 と互いに素な $2, 2^5 = 6, 2^7 = 11, 2^{11} = 7$ が生成元となりうる元. $\mathbb{Z}_{25}^{\times}$ の場合も, 2^n $(0 \leqq n \leqq 19)$ に 25 と互いに素な 20 個の整数がちょうど 1 回ずつ現れることをみればよい. n が 20 と互いに素な $n = 1, 3, 7, 9, 11, 13, 17, 19$ の場合, つまり $2, 8, 3, 12, 23, 17, 22, 13$ が生成元となりうる元.

問 3.2 $\sigma = (134), \tau = (14)(23)$ とおくと, $\sigma\tau = (243)$, $\tau\sigma = (123)$, $\tau\sigma\tau = (142)$ となるのであとは 2 乗すればすべての 3 項巡回置換が作れるから $\mathfrak{A}_4$ を生成する. $n \geqq 5$ のときは, $(abc) = (ac)(de) \cdot (de)(ab)$ となることから, すべての 3 項巡回置換を $(ab)(cd)$ の形の元から作れるので, $\mathfrak{A}_n$ を生成する.

問 3.3 $h_1, h_2 \in G_2$ に対し, $\varphi(g_i) = h_i$ $(i = 1, 2)$ なる $g_1, g_2 \in G_1$ がとれて, $\varphi^{-1}(h_i) = g_i$ $(i = 1, 2)$. このとき, $\varphi^{-1}(h_1 h_2) = \varphi^{-1}(\varphi(g_1)\varphi(g_2)) = \varphi^{-1}(\varphi(g_1 g_2)) = g_1 g_2 = \varphi^{-1}(h_1)\varphi^{-1}(h_2)$.

問 3.4 $\varphi : \mathbb{Q}^{\times} \to \mathbb{Q}$ を群の同型写像とすると, 単位元が単位元に移されるので, $\varphi(1) = 0$. このとき, $0 = \varphi(1) = \varphi((-1) \cdot (-1)) = \varphi(-1) + \varphi(-1)$ となって, $\varphi(-1) = 0$. これは φ が全単射であることに反す.

問 3.5 $e_H \in K$ と $f(e_G) = e_H$ より $e_G \in f^{-1}(K)$. $x, y \in f^{-1}(K)$ とすると $f(x), f(y) \in K$. K は部分群だから $f(x)f(y)^{-1} \in K$. すると $f(xy^{-1}) = f(x)f(y^{-1}) = f(x)f(y)^{-1} \in K$ となり $xy^{-1} \in f^{-1}(K)$.

問 3.6 $\varphi(x)=\pm1,\pm i \Leftrightarrow x=m,\dfrac{m}{2},\dfrac{m}{4}$ $(m\in\mathbb{Z})$ だから，$\varphi^{-1}(H)=\left\{\dfrac{n}{4}\,\middle|\,n\in\mathbb{Z}\right\}$. $f_6(z)=\pm1,\pm i\Leftrightarrow z^6=\pm1,\pm i\Leftrightarrow z^{24}=1$ なので，$f_6^{-1}(H)=\{1$ の 24 乗根$\}$.

問 3.7 立方体の対面の中心を結ぶ 3 本の軸に関する π 回転 3 個は，f で単位元に移る．ほかに，4 本の対角線を軸とする $120^\circ,240^\circ$ 回転は，対面の中心を結ぶ 3 本の軸を巡回的に入れ替えるから，f で H に移される．これ以外の回転は，f で H に入らない．対面の中心を結ぶ軸を中心とする $\pi/2,3\pi/2$ 回転は，これらの軸の互換を引き起こすし，対辺の中点を結ぶ軸を中心とする π 回転も，互換を引き起こすからである．よって，$\mathrm{Ker}\,f=\{$ 恒等変換，立方体の対面の中心を結ぶ 3 本の軸に関するπ回転 3 個 $\}$，$f^{-1}(H)=$

$$\left\{\begin{array}{l}\text{恒等変換,}\\ \text{立方体の対面の中心を結ぶ 3 本の軸に関する}\pi\text{回転 3 個,}\\ \text{4 本の対角線を軸とする } 2\pi/3,4\pi/3 \text{ 回転 8 個}\end{array}\right\}.$$

なお，$f^{-1}(H)$ は同型 $T_4\cong\mathfrak{S}_4$ のもとで $\mathfrak{A}_4$ に移る．

問 3.9 a と nm が互いに素とする．商と余りによる表示を $a=mq_1+r_1$, $a=nq_2+r_2$ とすれば，r_1 は m と互いに素，r_2 も n と互いに素となる．よって乗法に関する準同型写像 $f:\mathbb{Z}_{mn}^\times\to\mathbb{Z}_m^\times\times\mathbb{Z}_n^\times$ が，$f(a)=(r_1,r_2)$ で定まる．$f(a)=(1,1)$ とすると，$a=qm+1=q'n+1$ となって $qm=q'n$. m,n は互いに素だから q が n で割り切れる．よって $a=1\in\mathbb{Z}_{mn}^\times$ 以外に $f(a)=(1,1)$ となる $a\in\mathbb{Z}_{mn}^\times$ はなく，f は単射．次に，$b\in\mathbb{Z}_m^\times, c\in\mathbb{Z}_n^\times$ をとる．m,n が互いに素だから，$mx+ny=1$ となる整数 x,y が存在する．$a=bny+cmx$ とおくと，$a\equiv b \pmod m$, $a\equiv c \pmod n$ となるので，a は m,n と互いに素で $a \pmod{mn}\in\mathbb{Z}_{mn}^\times$ かつ $f(a \pmod{mn})=(b,c)$ であり，f は全射．なお，p が素数のとき，$|\mathbb{Z}_{p^e}^\times|=p^e-p^{e-1}$ であり，素因数分解 $N=p_1^{e_1}p_2^{e_2}\cdots p_r^{e_r}$ に対して $\mathbb{Z}_N^\times\cong\mathbb{Z}_{p_1^{e_1}}^\times\times\cdots\times\mathbb{Z}_{p_r^{e_r}}^\times$ と分解して，$|\mathbb{Z}_N^\times|=\prod_{i=1}^{r}(p_i^{e_i}-p_i^{e_i-1})=N\prod_{\text{素数 } p|N}(1-p^{-1})$ となる．

問 3.10 $A\in\mathrm{O}_3$ が SO_3 に属さないとき，$\det A=-1$ なので，$\det(-A)=1$ であることから $-A\in\mathrm{SO}_3$. つまり，O_3 の元は $\pm A$ $(A\in\mathrm{SO}_3)$ と表される．よって $H=\mathrm{SO}_3, K=\{\pm I_3\}$ とすれば，$\mathrm{O}_3=HK$. $H\cap K=\{I_3\}$ であり，$\pm I_3$ は O_3 のすべての元と可換．よって直積分解 $\mathrm{O}_3\cong\mathrm{SO}_3\times\mathbb{Z}_2$ が成り立つ．

問 3.11 合同条件は和と逆元で保たれるから部分群になる．$\mathrm{rank}[{}^t\boldsymbol{x}_1,\ldots,{}^t\boldsymbol{x}_{n-2}]=n-2$ だから ${}^t[v_1,\ldots,v_{n-2}]$ を ${}^t\boldsymbol{x}_1,\ldots,{}^t\boldsymbol{x}_{n-2}$ の整数係数一次結合で表せる．すると，$(v_1,\ldots,v_n)=\sum_{i=1}^{n-2}c_i\boldsymbol{x}_i+(0,\ldots,0,w_1,w_2)$ となる $c_i,w_1,w_2\in\mathbb{Z}$ がとれる．

$(v_1, \ldots, v_n), \boldsymbol{x}_i \in G$ だから $w_1 + w_2 \equiv 0 \pmod 3$．よって，$(0, \ldots, 0, w_1, w_2) = w_1 \boldsymbol{y}$.

問 3.12　まず前半の 5 個は可換群，後半の 7 個は非可換群であり，可換群と非可換群が同型になることはない．

そこでまず可換群から考える．$\mathbb{Z}_8 \times \mathbb{Z}_3 \cong \mathbb{Z}_{24}$，$\mathbb{Z}_2 \times \mathbb{Z}_3 \cong \mathbb{Z}_6$，$\mathbb{Z}_3 \times \mathbb{Z}_4 \cong \mathbb{Z}_{12}$ だから，$\mathbb{Z}_6 \times \mathbb{Z}_4 \cong \mathbb{Z}_2 \times \mathbb{Z}_3 \times \mathbb{Z}_4 \cong \mathbb{Z}_2 \times \mathbb{Z}_{12}$ である．そこで $\mathbb{Z}_{24}, \mathbb{Z}_2 \times \mathbb{Z}_{12}, \mathbb{Z}_6 \times \mathbb{Z}_2 \times \mathbb{Z}_2$ の 3 つが同型ではないことを示す．

$(a,b) \in \mathbb{Z}_2 \times \mathbb{Z}_{12}$ は $(a,b)^{12} = (a^{12}, b^{12}) = (0,0)$ なのですべての元が位数 12 以下である．よってこれは巡回群 $\mathbb{Z}_{24}$ とは同型にならない．他方，$(0,1) \in \mathbb{Z}_2 \times \mathbb{Z}_{12}$ は位数 12 の元であることに注意する．$(a,b,c) \in \mathbb{Z}_6 \times \mathbb{Z}_2 \times \mathbb{Z}_2$ は $(a,b,c)^6 = (a^6, b^6, c^6) = (0,0,0)$ だからすべての元の位数が 6 以下である．したがってこれは巡回群 $\mathbb{Z}_{24}$ と同型にならないし，$\mathbb{Z}_2 \times \mathbb{Z}_{12}$ とも同型にならない．(後の章でみる有限生成アーベル群の基本定理 (定理 7.4) の主張には非同型であることまで含まれている．)

次に，非可換群を考える．例 3.12 (1) や例 3.25 (3) から $D_6 \cong \mathbb{Z}_2 \times \mathfrak{S}_3$ なので $\mathbb{Z}_2 \times D_6 \cong \mathbb{Z}_2 \times \mathbb{Z}_2 \times \mathfrak{S}_3$ である．そこで，$\mathbb{Z}_4 \times \mathfrak{S}_3$，$\mathbb{Z}_2 \times \mathfrak{A}_4$，$\mathbb{Z}_3 \times D_4$，$\mathbb{Z}_2 \times D_6$，$D_{12}, S_4$ という 6 個の群が非同型であることを示す．そのために各群に含まれる位数 2 の元の個数をみる．

$\mathfrak{S}_4$ の位数 2 の元は，互換 6 個，交わりのない互換の積 $(12)(34), (13)(24), (14)(23)$ の合計 9 個．D_{12} には $R_\pi, \sigma_{k\pi/12}$ $(0 \leqq k \leqq 11)$ の合計 13 個の位数 2 の元がある．

一般に，$(g,h)^2 = (g^2, h^2)$ だから，$G \times H$ の元 (g,h) が位数 2 であるための必要十分条件は，$(g,e), (e,h), (g,h)$ (g, h は位数 2 の元) のいずれかになっていることである．$\mathbb{Z}_3$ には位数 2 の元が存在しないから，$\mathbb{Z}_3 \times D_4$ の位数 2 の元は $(0,g)$ ($g \in D_4$は位数 2) の形に限られる．D_4 の位数 2 の元は 5 個だから，$\mathbb{Z}_3 \times D_4$ の位数 2 の元も 5 個．$\mathbb{Z}_2 \times \mathfrak{A}_4$ の位数 2 の元は，$(0,g), (1,g)$ ($g \in \mathfrak{A}_4$は位数 2 の元) と $(1,e)$ の形がある．$\mathfrak{A}_4$ の位数 2 の元は，位数 2 の偶置換なので，$(12)(34), (13)(24), (14)(23)$ の 3 個．よって $\mathbb{Z}_2 \times \mathfrak{A}_4$ の位数 2 の元は 7 個．$\mathbb{Z}_4 \times \mathfrak{S}_3$ の位数 2 の元は，$\mathbb{Z}_4$ の位数 2 の元が 2 のみであり，S_3 の位数 2 の元は $(12), (13), (23)$ の 3 個だけだから，$(0,g), (2,g)$ $(g = (12), (13), (23))$ と $(2,e)$ の合計 7 個．

$\mathbb{Z}_4 \times \mathfrak{S}_3$ と $\mathbb{Z}_2 \times \mathfrak{A}_4$ が非同型であることをみるために，位数 3 の元を考える．3 項巡回置換 8 個はすべて $\mathfrak{A}_4$ に含まれるので，$\mathbb{Z}_2 \times \mathfrak{A}_4$ には，位数 3 の元が少なくとも 8 個以上ある．しかし，$\mathbb{Z}_4$ には位数 3 の元がなく，$\mathfrak{S}_3$ の位数 3 の元は $(123), (132)$ の 2 つのみだから，$\mathbb{Z}_4 \times \mathfrak{S}_3$ の位数 3 の元は 2 個のみ．よって $\mathbb{Z}_4 \times \mathfrak{S}_3$ と $\mathbb{Z}_2 \times \mathfrak{A}_4$ は同型にならない．

問 3.13　Silverman-Tate "*Rational Points on Elliptic Curves*" Exercise 1.11 (足立恒雄ほか訳『楕円曲線論入門』，丸善出版，2012) による．

(1) $x+y=e*(x*y)\overset{\text{(i)}}{=}e*(y*x)=y+x$. $x+e=e*(x*e)\overset{\text{(i)}}{=}e*(e*x)\overset{\text{(ii)}}{=}x$.

(2) $(x*(y*e))+x=e*((x*(y*e))*x)\overset{\text{(i)}}{=}e*(x*(x*(y*e)))\overset{\text{(ii)}}{=}e*(y*e)\overset{\text{(i)}}{=}e*(e*y)\overset{\text{(ii)}}{=}y$ より $z=x*(y*e)$ は $z+x=y$ の解．次に，$z_1+x=z_2+x$ であるとすると，$e*(z_1*x)=e*(z_2*x)$．両辺に左から $e*$ を施して (ii) を使うと，$z_1*x=z_2*x$．(i) を使うと，$x*z_1=x*z_2$．両辺に左から $x*$ を施して (ii) を使うと $z_1=z_2$．よって，$z+x=y$ の解 z は一意的である．

(3) $(x+y)+z=e*(x*y)+z=e*((e*(x*y))*z)$，$x+(y+z)=e*(x*(y+z))=e*(x*(e*(y*z)))$．これが等しいとき，左から $e*$ を施して (ii) を使うと，$(e*(x*y))*z=x*(e*(y*z))$．左辺に (i) を使うと $z*(e*(x*y))=x*(e*(y*z))$．逆にこれが成り立つとき，両辺に左から $e*$ を施して (i) を使えば，$(x+y)+z=x+(y+z)$ が成り立つ．

(4) $\varphi(x)+'\varphi(y)=(e*(e'*x))+'(e*(e'*y))=e'*((e*(e'*x))*(e*(e'*y)))\overset{\text{(i),(3)}}{=}e'*(e'*(e*(y*(e*(e'*x)))))\overset{\text{(ii)}}{=}e*(y*(e*(e'*x)))\overset{\text{(i),(3)}}{=}e*(e'*(e*(x*y)))=e*(e'*(x+y))=\varphi(x+y)$．$\varphi$ の逆写像 ψ は，$\psi(x)=e'*(e*x)$ で与えられる．

出典にもあるように，本問は楕円曲線のもつ群構造に関わりがある．なお，条件 (i)(ii) を満たすが群とはならない例は，有限集合で作れる．$\mathbb{F}_2$ 上の n 次元ベクトル空間 $V=\mathbb{F}_2^n$ を考え，V での加法を $\oplus$ とかく．$S=V\backslash\{\mathbf{0}\}$ とし，$a\neq b\in S$ に対して，$a*a=a, a*b=a\oplus b$ とすると，条件 (i),(ii) が成り立つ．とくに，$b\neq\mathbf{0}, a\neq b$ なので $a\oplus b\neq\mathbf{0}, a$ だから，$a*(a*b)=a*(a\oplus b)=2a\oplus b=b$．$n=2$ のときは直接乗積表をかけば問で定義された $+$ で S は 3 次巡回群と同型とわかるが，$n=3$ のときは，たとえば $e=(1,0,0)$ として，$((1,0,1)+(1,1,1))+(1,1,0)=(0,1,0)$, $(1,0,1)+((1,1,1)+(1,1,0))=(0,0,1)$ となって結合法則は満たされず群にならない．$a\neq e$ はすべて位数 3 であることがわかるので，後の章で学ぶラグランジュの定理の系を使えば，$|S|=7$ に矛盾すると考えてもよい．こうした構成の背景には,「シュタイナー系」とよばれる構造がある．

問 3.14 $S_{ij}(\lambda)\in\mathrm{SL}_n(\mathbb{K})$．さらに，$S_{21}(-1)S_{12}(1)S_{21}(-1)=\begin{bmatrix}0&1\\-1&0\end{bmatrix}$ である．$A=[a_{ij}]\in\mathrm{SL}_n(\mathbb{K})$ のとき，$a_{11}\neq0$ なら $S_{ij}(\lambda)$ を左右から掛けて $\begin{bmatrix}a_{11}&\mathbf{0}\\\mathbf{0}&*\end{bmatrix}$ とできる．$a_{11}=0$ のとき，A の第 1 列は $\mathbf{0}$ ではないから，$a_{i1}\neq0$ となる i がとれる．$1,i$ 行と $1,i$ 列に注目すれば上の 2×2 の行列の計算により，$S_{1i}(\pm1), S_{i1}(\pm1)$ を使って a_{i1} を $(1,1)$ に移すことができる．したがってこの場合も $S_{ij}(\lambda)$ を用いて $\begin{bmatrix}a_{i1}&\mathbf{0}\\\mathbf{0}&*\end{bmatrix}$ とできる．これを繰り返して，A は $S_{ij}(\lambda)$ を用いて対角行列にでき，対角成分は 0 ではない．そこで，

$$\begin{bmatrix}a&0\\0&b\end{bmatrix}\xrightarrow{S_{12}(b^{-1})}\begin{bmatrix}a&1\\0&b\end{bmatrix}\xrightarrow{S_{21}(1-b)}\begin{bmatrix}a&1\\(1-b)a&1\end{bmatrix}\xrightarrow{S_{12}(-1)}\begin{bmatrix}ba&0\\(1-b)a&1\end{bmatrix}\xrightarrow{S_{21}(1-b^{-1})}\begin{bmatrix}ba&0\\0&1\end{bmatrix}$$

を使って，(n,n)-成分から順次 1 に変形できる．最後に残る $(1,1)$-成分は，$\mathrm{SL}_n(\mathbb{K})$ に入っていることから 1 になるしかない．よって $S_{ij}(\lambda)$ によって A を単位行列にできる．$S_{ij}(\lambda)^{-1}=S_{ij}(-\lambda)$ だから，A は $S_{ij}(\lambda)$ の積で表せる．

問 3.15　$P_{\sigma,\boldsymbol{v}}$ は行を並べ替えれば $P_{\mathrm{id},\boldsymbol{v}}$ にでき，これは正則．$P_{\sigma,\boldsymbol{v}}P_{\tau,\boldsymbol{w}} = \sum_{i,j=1}^{n} \zeta_N^{v_{\sigma(i)}+w_{\tau(j)}} E_{\sigma(i),i}E_{\tau(j),j} = \sum_{j=1}^{n} \zeta_N^{v_{\sigma(\tau(j))}+w_{\tau(j)}} E_{\sigma(\tau(j)),j} \in G$．逆元 $P_{\sigma,\boldsymbol{v}}^{-1} = P_{\sigma^{-1},(-v_{\sigma(1)},\dots,-v_{\sigma(n)})} \in G$．$H$ を定める $\equiv 0 \pmod N$ の条件は，$v_{\sigma(\tau(j))}+w_{\tau(j)}$ でも $-v_{\sigma(j)}$ でも成り立つので，H は G の部分群．

問 3.16　(1)　$\mathrm{GL}_2(\mathbb{F}_2) = \left\{ \begin{bmatrix} 1 & 0 \\ 0 & 1 \end{bmatrix}, \begin{bmatrix} 1 & 1 \\ 0 & 1 \end{bmatrix}, \begin{bmatrix} 1 & 0 \\ 1 & 1 \end{bmatrix}, \begin{bmatrix} 0 & 1 \\ 1 & 0 \end{bmatrix}, \begin{bmatrix} 1 & 1 \\ 1 & 0 \end{bmatrix}, \begin{bmatrix} 0 & 1 \\ 1 & 1 \end{bmatrix} \right\}$．直接乗積表をかいてもよいが，$\begin{bmatrix} 0 & 1 \\ 1 & 0 \end{bmatrix}\begin{bmatrix} 0 & 1 \\ 1 & 1 \end{bmatrix} = \begin{bmatrix} 1 & 1 \\ 1 & 0 \end{bmatrix}\begin{bmatrix} 0 & 1 \\ 1 & 0 \end{bmatrix}$ に注目すると，$\begin{bmatrix} 0 & 1 \\ 1 & 0 \end{bmatrix} \mapsto (12)$，$\begin{bmatrix} 0 & 1 \\ 1 & 1 \end{bmatrix} \mapsto (123)$ から同型写像が作れる．後の章の群作用の言葉を使うと，$\mathrm{GL}_2(\mathbb{F}_2)$ は 3 点集合 $X = \mathbb{F}_2^2 \setminus \{0\}$ に作用し，これから誘導される $\mathrm{GL}_2(\mathbb{F}_2) \to \mathfrak{S}(X) \cong \mathfrak{S}_3$ が同型を与える．

(2)　(i)　位数 8．(ii)　$x = \begin{bmatrix} 1 & 1 \\ 0 & 1 \end{bmatrix}$ は位数 3, $y = \begin{bmatrix} 1 & 0 \\ 0 & 2 \end{bmatrix}$ は位数 2, $yxy = x^2 = x^{-1}$ から $H_1 \cong D_3$．$z = \begin{bmatrix} 0 & 1 \\ 1 & 0 \end{bmatrix}$ は位数 2, yz は位数 4 で，$z(yz)z = zy = (yz)^{-1}$．$y = (yz)z$ だから H_2 の生成系として (z, yz) もとれるから，$H_2 = \langle y, z \rangle = \langle z, yz \rangle \cong D_4$．(iii)　$A^2 = B^2 = (AB)^2 = -I_2$, $BA = -AB$ から，$H_3 = \{\pm I_2, \pm A, \pm B, \pm AB\}$ となって $H_3 \cong Q_8$．

問 3.17　(1)　$\dfrac{2k\pi}{5}$ 回転軸は ii' の 6 本．$\dfrac{2k\pi}{3}$ 回転軸は面のペアの 10 本．π 回転軸は辺のペアの 15 本．したがって，$1 + 6 \times 4 + 10 \times 2 + 15 = 60$ 個の回転対称性がある．

(2)　$66'$ 軸まわりの $\dfrac{2\pi}{5}$ 回転は，$\begin{bmatrix} 1 & 2 & 3 & 4 & 5 \\ 3 & 5 & 2 & 1 & 4 \end{bmatrix} = (13254)$．$123$-$1'2'3'$ 軸まわりの $\dfrac{2\pi}{3}$ 回転は，$\begin{bmatrix} 1 & 2 & 3 & 4 & 5 \\ 1 & 5 & 2 & 4 & 3 \end{bmatrix} = (253)$．$12$-$1'2'$ 軸まわりの π 回転は，$\begin{bmatrix} 1 & 2 & 3 & 4 & 5 \\ 5 & 2 & 4 & 3 & 1 \end{bmatrix} = (15)(34)$．

(3)　面の中心を通る軸まわりの $\dfrac{2k\pi}{3}$ 回転で 3 項巡回置換が作れることに注意すると，$24'5'$-$2'45$ から (123)，$346'$-$3'4'6$ から (125)，126-$1'2'6'$から (124) が得られるので，G には $(123), (124), (125)$ が含まれる．したがって，G は，この 3 つの 3 項巡回置換から生成される 5 次交代群 $\mathfrak{A}_5$ を含む．$|G| = |\mathfrak{A}_5| = 60$ に注意すれば，$G \cong \mathfrak{A}_5$．

(4)　(i)　$\sigma = (12345), \tau = (13254)$ とするとき，$\sigma\tau = (142)$，$\sigma(142)\sigma^{-1} = (253)$，$\sigma(253)\sigma^{-1} = (143)$，$\sigma(143)\sigma^{-1} = (254)$ となる．すると，$\{3,1,4,2,5\}$ と並べたとき，$(3,1,4), (1,4,2), (4,2,5)$ という 3 項巡回置換が含まれるので，これから生成される部分群 $\mathfrak{A}_5$ を含む．位数が等しいから，$G = \langle g_1, g_2 \rangle$．

(ii)　$\sigma = (12345), x = (123)$ とすると，$\sigma x \sigma^{-1} = (234), \sigma(125)\sigma^{-1} = (345)$ だから，$(123), (234), (345)$ という 3 項巡回置換を含むので，これから生成される部分群 $\mathfrak{A}_5$ を含む．

位数が等しいから，G に一致する．

(iii) 15-$1'5'$ から $y=(12)(34)$, 16-$1'6'$ から $z=(23)(45)$ が得られる．このとき，$c=yz=(12453)$ で yz の位数は 5．$yc=c^{-1}y$ となることに注意して，例 3.18 の方法を使うと $\langle y,z\rangle\cong D_5$.

問 3.18 列ベクトル表示 $g=[\boldsymbol{a}_1,\ldots,\boldsymbol{a}_n]\in\mathrm{GL}_n(\mathbb{R})$ で，$(\boldsymbol{a}_1,\ldots,\boldsymbol{a}_n)$ は $\mathbb{R}^n$ の基底．この順番で $\mathbb{R}^n$ の標準内積に関してグラム–シュミットの直交化法を適用すると，$\boldsymbol{v}'_1=\boldsymbol{a}_1$ から帰納的に $\boldsymbol{v}'_k=\boldsymbol{a}_k-\sum_{i=1}^{k-1}\dfrac{(\boldsymbol{a}_i,\boldsymbol{v}'_i)}{(\boldsymbol{v}'_i,\boldsymbol{v}'_i)}\boldsymbol{v}'_i$ で $(\boldsymbol{v}'_1,\ldots,\boldsymbol{v}'_n)$ を作り，$\boldsymbol{u}_k=\dfrac{\boldsymbol{v}'_k}{(\boldsymbol{v}'_k,\boldsymbol{v}'_k)}$ と正規化することで正規直交基底 $(\boldsymbol{u}_1,\ldots,\boldsymbol{u}_n)$ が得られる．$\boldsymbol{a}_k=b_{kk}\boldsymbol{u}_k+\sum_{i=1}^{k-1}b_{ik}\boldsymbol{u}_i$ つまり，$g=[\boldsymbol{a}_1,\ldots,\boldsymbol{a}_n]=[\boldsymbol{u}_1,\ldots,\boldsymbol{u}_n][b_{ij}]$ と表せ，$b_{ij}=0\ (i>j), b_{kk}>0$ となり，$[b_{ij}]\in AN$ である．なお，$\begin{bmatrix}0&1\\-1&0\end{bmatrix}\in K$ と $\begin{bmatrix}1&1\\0&1\end{bmatrix}$ は可換ではなく，$K\times AN$ と分解しているわけではない．

問 3.19 $n=2$ のとき，回転は 2 つの線対称移動の合成で表されるので主張は成り立つ．$n\geqq 3$ とし，n に関する帰納法で示す．$f:\mathbb{R}^n\to\mathbb{R}^n$ を合同変換とする．f が恒等写像なら 1 つの鏡映を 2 回合成すれば得られるので，$f\neq\mathrm{id}$ とする．このとき，$f(\boldsymbol{x})=\boldsymbol{y}\neq\boldsymbol{x}$ となる $\boldsymbol{0}\neq\boldsymbol{x},\boldsymbol{y}\in\mathbb{R}^n$ が存在するので，$r_{\boldsymbol{x}-\boldsymbol{y}}\circ f$ を考える．これが高々$n-1$ 個の鏡映の合成で表せることを言えばよい．そこで，f が合同変換だから $\|\boldsymbol{y}\|=\|\boldsymbol{x}\|$ であることに注意すれば，$r_{\boldsymbol{x}-\boldsymbol{y}}\circ f(\boldsymbol{x})=r_{\boldsymbol{x}-\boldsymbol{y}}(\boldsymbol{y})=\boldsymbol{y}-\dfrac{2(\boldsymbol{y},\boldsymbol{x}-\boldsymbol{y})}{(\boldsymbol{x}-\boldsymbol{y},\boldsymbol{x}-\boldsymbol{y})}(\boldsymbol{x}-\boldsymbol{y})=\boldsymbol{y}-(\boldsymbol{x}-\boldsymbol{y})=\boldsymbol{x}$ が成り立つ．また $r_{\boldsymbol{x}-\boldsymbol{y}}\circ f$ も合同変換だから内積を保つことにより，$r_{\boldsymbol{x}-\boldsymbol{y}}\circ f$ は $n-1$ 次元部分空間 $H_{\boldsymbol{x}}$ を不変に保つ．帰納法の仮定から $r_{\boldsymbol{x}-\boldsymbol{y}}\circ f|_{H_{\boldsymbol{x}}}$ は高々$n-1$ 個の鏡映の合成で表される．$r_{\boldsymbol{x}-\boldsymbol{y}}\circ f$ は $\boldsymbol{x}$ を固定しているので，$\boldsymbol{x}$ を含む $\mathbb{R}^n$ の超平面に関する高々$n-1$ の鏡映の合成で表せる．

問 3.20 (1) L_g,R_g の表現行列は $A_g=\begin{bmatrix}a&-d&c&-b\\d&a&-b&-c\\-c&b&a&-d\\b&c&d&a\end{bmatrix}$，$B_g=\begin{bmatrix}a&-d&c&-b\\d&a&b&c\\-c&-b&a&d\\b&-c&-d&a\end{bmatrix}$.

$g\in\mathrm{SU}_2$ のとき，$a^2+b^2+c^2+d^2=1$ であることと異なる列ベクトルが直交していることから，$A_g,B_g\in O_4$．行列式が 1 であることは，直接行列式を計算してもよいし，SU_2 の生成元 (命題 3.9) の行先で確かめてもよい．

(2) $i=1,2,3$ で $\overline{{}^tX_i}=-X_i$ であることと $g\in\mathrm{SU}_2$ が $\overline{{}^tg}g=I_2$ を満たすことに注意すると，$r_g(gX_0)=-gX_0, r_g(gX_i)=gX_i\ (i=1,2,3)$．よって，$W$ を $\mathbb{R}^4$ と同一視すると，r_g は A_g の第 1 列 $\begin{bmatrix}a\\d\\-c\\b\end{bmatrix}$ に直交する超平面に関する鏡映．g を動かせば A_g の第 1 列は，

$\mathbb{R}^4$ の大きさ 1 のベクトルをすべて動けるので，$\mathbb{R}^4$ の鏡映は r_g の形ですべて得られる．

問 4.1　まず ρ_g が X 上の全単射であることを示す．$g * x = y$ のとき，$g^{-1} * y = g^{-1} * (g * x) \overset{\text{条件 (ii)}}{=} (g^{-1} \circ g) * x = e * x \overset{\text{条件 (i)}}{=} x$ となることに注意する．これを使えば，$\rho_g(x_1) = \rho_g(x_2)$ のとき，$g * x_1 = g * x_2$ だから両辺に g^{-1} を作用させて，$x_1 = x_2$ となる．よって ρ_g は単射．また，任意の $y \in X$ に対して，$x = g^{-1} * y$ と定義すれば，$g * x = y$ となるから，$\rho_g(x) = y$ となる $x \in X$ がとれるので ρ_g は全射．よって $\rho(g) \in \mathfrak{S}(X)$ が成り立つ．

次に，$\rho : G \to \mathfrak{S}(X); g \mapsto \rho_g$ が準同型写像であることを示す．$\rho_{g_1 \circ g_2}(x) \overset{\rho\text{の定義}}{=} (g_1 \circ g_2) * x \overset{\text{条件 (ii)}}{=} g_1 * (g_2 * x) \overset{\rho\text{の定義}}{=} \rho_{g_1}(g_2 * x) \overset{\rho\text{の定義}}{=} \rho_{g_1}(\rho_{g_2}(x)) \overset{\text{写像の合成}}{=} (\rho_{g_1} \circ \rho_{g_2})(x)$ が任意の $x \in X$ に対して成り立つので，X 上の写像として，$\rho_{g_1 \circ g_2} = \rho_{g_1} \circ \rho_{g_2}$ が成り立つ．

問 4.2　$h * x = x$ とすると，$(ghg^{-1}) * y = g * (h * (g^{-1} * y) = g * (h * x) = g * x = y$ より，$ghg^{-1} \in G_y$．よって $gG_xg^{-1} \subset G_y$．逆に，$h' * y = y$ とすると，$(g^{-1}h'g) * x = g^{-1} * (h' * (g * x)) = g^{-1} * (h' * y) = g^{-1} * y = x$ より，$g^{-1}G_yg \subset G_x$ も成り立つ．

問 4.3　ρ に関して，$\left\{ \begin{bmatrix} 1 & b \\ 0 & d \end{bmatrix} \ (d \neq 0) \right\}$．$\varphi$ に関して，$\left\{ \begin{bmatrix} a & b \\ 0 & a \end{bmatrix} \ (a \neq 0) \right\}$．

問 4.4　定義の右辺にある $\mathrm{Map}(X, Y)$ の元を $g \star f$ とかく．$e \star f = f$ は明らか．$g_1 \star (g_2 \star f)(x) = g_1 *_Y ((g_2 \star f)(g_1^{-1} *_X x)) = g_1 *_Y (g_2 *_Y f(g_2^{-1} *_X (g_1^{-1} *_X x))) = (g_1g_2) *_Y f((g_1g_2)^{-1} *_X x) = ((g_1g_2) \star f)(x)$ だから，$g_1 \star (g_2 \star f) = (g_1g_2) \star f$.

問 4.5　$b(\boldsymbol{x}, \boldsymbol{x}) = 0$ だから，$\dim V = 1$ なら $r = 0$ で V の任意の基底をとればよい．$\dim V \geqq 2$ とする．もし $V^{\perp} = V$ なら $r = 0$ で，V の任意の基底をとればよい．$V^{\perp} \neq V$ であるとすると，$\boldsymbol{x}_1 \notin V^{\perp}$ となる V の元 $\boldsymbol{x}_1$ と，$b(\boldsymbol{x}_1, \boldsymbol{y}) \neq 0$ となる $\boldsymbol{y} \in V$ がとれて，$\boldsymbol{y}_1 = \dfrac{\boldsymbol{y}}{b(\boldsymbol{x}_1, \boldsymbol{y})}$ とすれば，$b(\boldsymbol{x}_1, \boldsymbol{y}_1) = 1$. $U = \langle \boldsymbol{x}_1, \boldsymbol{y}_1 \rangle$ とおく．$b(\alpha\boldsymbol{x}_1 + \beta\boldsymbol{y}_1, \boldsymbol{x}_1) = -\beta$, $b(\alpha\boldsymbol{x}_1 + \beta\boldsymbol{y}_1, \boldsymbol{y}_1) = \alpha$ だから，$\alpha\boldsymbol{x}_1 + \beta\boldsymbol{y}_1 \in U^{\perp}$ なら $\alpha = \beta = 0$. よって $U \cap U^{\perp} = \{\boldsymbol{0}\}$. さらに，任意の $\boldsymbol{v} \in V$ に対して，$\boldsymbol{v}' = \boldsymbol{v} - b(\boldsymbol{v}, \boldsymbol{y}_1)\boldsymbol{x}_1 + b(\boldsymbol{v}, \boldsymbol{x}_1)\boldsymbol{y}_1$ とおくと，$b(\boldsymbol{v}', \boldsymbol{x}_1) = b(\boldsymbol{v}', \boldsymbol{y}_1) = 0$ となって $\boldsymbol{v}' \in U^{\perp}$．よって $V = U + U^{\perp}$ となる．$V = U \oplus U^{\perp}$ で $\dim U^{\perp} < n$ となり，b を $U^{\perp}$ に制限した交代形式に対して，帰納法を使うことで $(\boldsymbol{x}_2, \ldots \boldsymbol{x}_r, \boldsymbol{y}_2, \ldots, \boldsymbol{y}_r, \boldsymbol{z}_1, \ldots, \boldsymbol{z}_{n-2r})$ という条件を満たす $U^{\perp}$ の基底がとれ，$(\boldsymbol{x}_1, \boldsymbol{x}_2, \ldots, \boldsymbol{x}_r, \boldsymbol{y}_1, \boldsymbol{y}_2, \ldots, \boldsymbol{y}_r, \boldsymbol{z}_1, \ldots, \boldsymbol{z}_{n-2r})$ が定理の条件を満たす V の基底を与える．r の一意性は，$n - 2r = \dim V^{\perp}$ から従う．

問 4.6　$\begin{bmatrix} 4 & 7 \\ -3 & -5 \end{bmatrix} \cdot (2i) = -\dfrac{83}{61} + \dfrac{2}{61}i.$ 定理 4.12 の証明 (1) と (4) の議論を使うと，$T^{-2}ST^{-3}ST \begin{bmatrix} 4 & 7 \\ -3 & -5 \end{bmatrix}$ が $2i$ を固定する．実際に計算するとこれは $\mathrm{SL}_2(\mathbb{Z})$ で$-I_2$ となっ

ているから，たとえば $\begin{bmatrix}4 & 7\\ -3 & -5\end{bmatrix} = S^2T^{-1}S^{-1}T^3S^{-1}T^2$.

問 4.7　$\mathrm{SL}_2(\mathbb{Z})$ は，S, T で生成されるが，$S^4 = I_2$ と $(ST)^6 = I_2$ に注意すると，位数 4 の元 S と位数 6 の元 ST でも生成される．$\mathrm{SL}_2(\mathbb{Z}) \to \mathbb{C}^\times$ の像は，1 の 4 乗根 i と 1 の 6 乗根 $\dfrac{1+\sqrt{3}i}{2}$ で生成される $\mathbb{C}^\times$ の部分群，すなわち 1 の 12 乗根全体に含まれる．

問 4.8　(1)　玉をすべて区別すると ${}_6\mathrm{C}_2 \cdot {}_4\mathrm{C}_2 = 90$ 通りの並べ方がある．$G_1 = \langle c\rangle \cong \mathbb{Z}_6$ の場合．e は 90 通りすべてを固定する．c, c^5 で固定される並べ方はすべての玉が同色，また c^2, c^4 で固定される並べ方は 2 個おきに同色の玉をおくため，いずれも 3 色 2 個ずつでは実現できない．c^3 で固定される並べ方は向かい合った玉が同色だから，6 通り．求める円順列の総数は $\dfrac{1}{6}(90+6) = 16$ 通り．$G_2 = \langle c, r\rangle \cong D_6$ の場合．c^ir の形の元は，3 色 2 個ずつの玉を使う場合，6 通りの並べ方をそれぞれ固定する．実際，玉を通る中心軸の場合，中心軸の左右は同色だが，3 色で塗る場合には中心軸の通る玉同士も同色にしなければならない．玉を通らない対称軸の場合は，軸の左右が同色になる．よって数珠順列の総数は，$\dfrac{1}{12}(90+6+6\times 6) = 11$ 通り．

(2)　例 4.14 と同様に，$\dfrac{1}{24}(k^{12}+6k^3+3k^6+6k^7+8k^4)$.

問 4.9　$e*(x,y) = (e*x, e*y) = (x,y)$, $g_1*(g_2*(x,y)) = g_1*((g_2*x, g_2*y)) = (g_1*(g_2*x), g_1*(g_2*y)) = ((g_1g_2)*x, (g_1g_2)*y) = (g_1g_2)*(x,y)$ より作用になる．

$X_3 \times X_3$ への作用において，$\mathcal{O} = \{(1,1),(2,2),(3,3)\}$ は明らかに 1 個の軌道である．たとえば $(1,1)$ の固定化部分群は，1 を固定する $\mathfrak{S}_3$ の元からなる $\{e,(23)\} \cong \mathbb{Z}_2$ である．$(1,2) \overset{(23)}{\mapsto} (1,3) \overset{(12)}{\mapsto} (2,3)$ や $(1,2) \overset{(13)}{\mapsto} (3,2) \overset{(12)}{\mapsto} (3,1) \overset{(23)}{\mapsto} (2,1)$ から，$\mathcal{O}' = \{(i,j) \mid 1 \leqq i \neq j \leqq 3\}$ も 1 つの軌道であることがわかるので，軌道は 2 個．たとえば，$(1,2)$ を固定する $\mathfrak{S}_3$ の元は，$1, 2$ をともに固定しなければならないので，恒等置換しかない．よって固定化部分群は $\{e\}$ である．交代群 $\mathfrak{A}_3$ は巡回群なので，生成元 (123) での動き方を考えればよい．$(1,1) \overset{(123)}{\mapsto} (2,2) \overset{(123)}{\mapsto} (3,3)$ なので，$\mathcal{O}$ は $\mathfrak{A}_3$-軌道でもある．他方，$(1,2) \overset{(123)}{\mapsto} (2,3) \overset{(123)}{\mapsto} (3,1)$ と $(2,1) \overset{(123)}{\mapsto} (3,2) \overset{(123)}{\mapsto} (1,3)$ から，$\mathcal{O}'$ は 2 つの $\mathfrak{A}_3$-軌道に分解することがわかる．

問 4.10　$t \in \mathbb{R}^\times$ が動くとき，$\begin{bmatrix} ta \\ t^2b \end{bmatrix}$ は，$a, b \neq 0$ なら放物線 $y = \dfrac{b}{a^2}x^2$ 上の原点以外の点をすべて動く．$\begin{bmatrix} a \\ b \end{bmatrix}$ を固定する元は $t = 1$ のみだから，固定化部分群は $\{1\}$．$a = b = 0$ なら原点のみが 1 個の軌道で，固定化部分群は $\mathbb{R}^\times$．$a = 0$ のときは，$b > 0$ なら y 軸正の部分，$b < 0$ なら y 軸負の部分を動くので，それぞれが 1 個の軌道である．$b = 0$ のときは，a の正負によらず x 軸上の原点以外のすべての点を動くのでこれが 1 個の軌道となる．$a =$

$0, b = 1$ のときの固定化部分群は $\{\pm 1\} (\cong \mathbb{Z}_2)$．$a = 1, b = 0$ のときの固定化部分群は $\{1\}$．

$t \in \mathbb{R}^{\times}$ が動くとき，$\begin{bmatrix} ta \\ t^{-1}b \end{bmatrix}$ は，$a, b \neq 0$ なら双曲線 $xy = ab$ 上の原点以外の点をすべて動く．$\begin{bmatrix} a \\ b \end{bmatrix}$ を固定する元は $t = 1$ のみだから，固定化部分群は $\{1\}$．$a = b = 0$ なら原点のみが 1 個の軌道で，固定化部分群は $\mathbb{R}^{\times}$．$a = 0$ の場合は b の正負によらず y 軸上の原点以外のすべての点を動き，$b = 0$ の場合も a の正負によらず x 軸上の原点以外のすべての点を動く．$a = 1, b = 0$ のときも，$a = 0, b = 1$ のときも固定化部分群は $\{1\}$．

問 4.11 $H_\psi * f_1\left(\begin{bmatrix} x \\ y \\ z \end{bmatrix}\right) = f_1\left(H_{-\psi}\begin{bmatrix} x \\ y \\ z \end{bmatrix}\right) = f_1\left(\begin{bmatrix} x\cos\psi + y\sin\psi \\ -x\sin\psi + y\cos\psi \\ z \end{bmatrix}\right) = (x\cos\psi + y\sin\psi) + i(-x\sin\psi + y\cos\psi) = e^{-i\psi}(x + iy)$ より，$H_\psi * f_1 = e^{-i\psi} f_1$．同様に $H_\psi * f_0 = f_0, H_\psi f_{-1} = e^{i\psi} f_{-1}$．$K_\theta * f_1\left(\begin{bmatrix} x \\ y \\ z \end{bmatrix}\right) = f_1\left(K_{-\theta}\begin{bmatrix} x \\ y \\ z \end{bmatrix}\right) = f_1\left(\begin{bmatrix} x\cos\theta + z\sin\theta \\ y \\ -x\sin\theta + z\cos\theta \end{bmatrix}\right) = x\cos\theta + z\sin\theta + iy = \dfrac{\cos\theta + 1}{2}(x + iy) + z\sin\theta + \dfrac{\cos\theta - 1}{2}(x - iy)$ より，$K_\theta * f_1 = \dfrac{\cos\theta + 1}{2} f_1 + (\sin\theta) f_0 + \dfrac{\cos\theta - 1}{2} f_{-1}$．同様に $K_\theta * f_0 = -\dfrac{\sin\theta}{2} f_1 + (\cos\theta) f_0 - \dfrac{\sin\theta}{2} f_{-1}$，$K_\theta * f_{-1} = \dfrac{\cos\theta - 1}{2} f_1 - (\sin\theta) f_0 + \dfrac{\cos\theta + 1}{2} f_{-1}$．

問 4.12 (1) $x \in X$ とすると $gx = x$ となる $g \neq e$ がとれる．$h \in G$ に対して，$(hgh^{-1})(hx) = hgx = hx$ だから hx は hgh^{-1} で固定される．$hgh^{-1} \neq e$ だから $hx \in X$ である．よって G は X に作用する．

(2) G の元の X 上の固定点の個数は，e は X の点すべて，$g \neq e$ なら 2 点だから，バーンサイドの公式を使うと $2(1 - 1/|G|) = N - |X|/|G|$ が得られる．G-軌道の完全代表系として $\{x_1, \ldots, x_N\}$ をとると，$|X| = \sum_{i=1}^{N} |\mathcal{O}_{x_i}| = \sum_{i=1}^{N} |G|/|G_{x_i}|$ だから，$2(1 - 1/|G|) = \sum_{i=1}^{N} (1 - 1/|G_{x_i}|)$ が得られる．$G \neq \{e\}$ なら，$|G| \geqq 2$，$|G_{x_i}| \geqq 2$ であることに注意すると，この式を満たす $N = 2, 3$ となる．

(3) $\dfrac{1}{p} + \dfrac{1}{q} + \dfrac{1}{r} = 1 + \dfrac{1}{s} (> 1)$ を満たす正の整数解 p, q, r, s をすべて求めればよい．

問 4.13 (1) $J = J_{2,1}$ とかく．$g = [g_{ij}]$ に対し，$g\boldsymbol{e}_1 = \boldsymbol{e}_1$ となる条件は，$g_{11} = 1, g_{21} = g_{31} = 0$．また，$g \in \mathrm{SO}_{2,1}^{\circ}$ で $\boldsymbol{e}_1$ を固定するとき，$\boldsymbol{e}_1 = J\boldsymbol{e}_1 = {}^t gJg\boldsymbol{e}_1 = {}^t gJ\boldsymbol{e}_1 = {}^t g\boldsymbol{e}_1$ から ${}^t g$ も $\boldsymbol{e}_1$ を固定するので，$g_{12} = g_{13} = 0$．これらをふまえて $g \in \mathrm{SO}_{2,1}^{\circ}$ となる条件は直接成分計算する．$g_{22}^2 - g_{32}^2 = 1, g_{33}^2 - g_{23}^2 = 1, g_{33} \geqq 1$ から $g_{33} = \cosh t, g_{23} = \sinh t, g_{22} = \pm\cosh u, g_{32} = \pm\sinh u$(複号同順) とおける．さらに $g_{22}g_{23} - g_{32}g_{33} = 0, g_{22}g_{33} - g_{23}g_{32} = 1$ から，$u = t$ と符号 $+$ が適する．よって，$A = \left\{ a_t = \begin{bmatrix} 1 & 0 & 0 \\ 0 & \cosh t & \sinh t \\ 0 & \sinh t & \cosh t \end{bmatrix} \ (t \in \mathbb{R}) \right\}$．同様

に，$g\boldsymbol{e}_3 = \boldsymbol{e}_3$ となる条件を考えると，$g_{33} = 1, g_{13} = g_{23} = 0$．$g \in \mathrm{SO}^\circ_{2,1}$ で $\boldsymbol{e}_3$ を固定するとき，$\boldsymbol{e}_3 = -J\boldsymbol{e}_3 = -{}^tgJg\boldsymbol{e}_3 = -{}^tgJ\boldsymbol{e}_3 = {}^tg\boldsymbol{e}_3$ から ${}^tg$ も $\boldsymbol{e}_3$ を固定するので，$g_{31} = g_{32} = 0$．このとき，g のブロック $[g_{ij}]_{1 \leqq i,j \leqq 2}$ は SO_2 に入り，回転行列になる．よって，$K = \left\{ k_\theta = \begin{bmatrix} \cos\theta & -\sin\theta & 0 \\ \sin\theta & \cos\theta & 0 \\ 0 & 0 & 1 \end{bmatrix} \ (0 \leqq \theta < 2\pi) \right\}$.

(2)　$b(\boldsymbol{x}, \boldsymbol{y}) = {}^t\boldsymbol{x}J\boldsymbol{y}$ とすると，$b(g\boldsymbol{x}, g\boldsymbol{x}) = {}^t\boldsymbol{x}{}^tgJg\boldsymbol{x} = {}^t\boldsymbol{x}J\boldsymbol{x} = b(\boldsymbol{x}, \boldsymbol{x})$ だから，$b(\boldsymbol{x}, \boldsymbol{x}) = -1$ を満たす $\boldsymbol{x} \in \mathbb{R}^3$ の全体 $x^2 + y^2 - z^2 = -1$ を保つ．さらに，$g \in \mathrm{SO}^\circ_3$ に属す条件 $g_{31}^2 + g_{32}^2 - g_{33}^2 = -1$ に注意すると，$(g_{31}x + g_{32}y)^2 \leqq (g_{31}^2 + g_{32}^2)(x^2 + y^2) = (g_{33}^2 - 1)(z^2 - 1) \leqq g_{33}^2 z^2$ から $|g_{31}x + g_{32y}| \leqq g_{33}z$ となる．よって $\boldsymbol{x}$ の z-座標が正なら，$g\boldsymbol{x}$ の z 座標も正となるので，$\mathrm{SO}^\circ_{2,1}$ は $x^2 + y^2 - z^2 = -1$ $(z \geqq 1)$ に作用する．さらに $x^2 + y^2 - z^2 = -1$ $(z \geqq 1)$ 上の点は，$z = \cosh t, x = \sinh t \sin\theta, y = \sinh t \cos\theta$ とおけるから，$k_{-\theta}a_t\boldsymbol{e}_3$ と表せ，1 個の $\mathrm{SO}^\circ_{2,1}$-軌道となる．

(3)　$g \in \mathrm{SO}^\circ_{2,1}$ に対して，$g\boldsymbol{e}_3 = k_{-\theta}a_t\boldsymbol{e}_3$ となる θ, t をとれば，$a_{-t}k_\theta g$ は $\boldsymbol{e}_3$ を固定するので K に入る．よって，$a_{-t}k_\theta g = k_{\theta'}$ と表せるから，$g = k_{-\theta}a_t k_{\theta'}$ と表せる．

問 5.1　$\mathbb{Z}_p^2$ の非自明な部分群はすべて位数 p でそれは巡回群に限る．一方，単位元以外のすべての元は位数 p であり，しかも 2 つの位数 p の部分群は単位元以外に共通元をもたない．よって，$p-1$ 個ずつが単位元と合わせて位数 p の部分群を作り，その総数は $p+1$ 個である．よって求める部分群の総数は自明な部分群もあわせて $p+3$ 個.

問 5.3　$y_1, y_2 \in f(\mathcal{O})$ をとると，$f(x_1) = y_1, f(x_2) = y_2$ となる $x_1, x_2 \in X$ がとれる．x_1, x_2 は同じ G-軌道に属しているから，$g * x_1 = x_2$ となる $g \in G$ がとれる．$g * y_1 = g * f(x_1) = f(g * x_1) = f(x_2) = y_2$ だから y_1, y_2 は同じ G-軌道に属す．他方，$y \in f(\mathcal{O})$ と $y' \in Y$ に対し，$g * y = y'$ となっているとすると，$f(x) = y$ となる $x \in \mathcal{O}$ をとれば，$g * x \in \mathcal{O}$ で $f(g * x) = g * f(x) = g * y = y'$ となるので $y' \in f(\mathcal{O})$ となる．

問 5.4　$rc^ir^{-1} = c^{-i}, c(rc^i)c^{-1} = rc^{i-2}$ に注意する．共役類の様子は，n の偶奇で変わる．n が偶数のとき，$c^{n/2}$ はすべての元と可換になるので，$\{e\}, \{c^{n/2}\}, \{c^i, c^{-i}\} \left(1 \leqq i \leqq \dfrac{n}{2} - 1\right), \left\{rc^{2i} \ (0 \leqq i \leqq \dfrac{n}{2} - 1)\right\}, \left\{rc^{2i+1} \left(0 \leqq i \leqq \dfrac{n}{2} - 2\right)\right\}$ の合計 $\dfrac{n}{2}+3$ 個．なお，c の中心化群は $\langle c \rangle$, r, cr の中心化群はそれぞれ $\langle e, r, c^{n/2}, c^{n/2}r \rangle$, $\langle e, cr, c^{n/2}, c^{n/2+1}r \rangle$ となる．r と cr の共役類の元の個数は $\dfrac{n}{2}$ である．n が奇数のとき，e 以外にすべての元と可換な元はなく，$\{e\}, \{c^i, c^{-i}\} \left(1 \leqq i \leqq \dfrac{n-1}{2}\right), \{rc^i \ (0 \leqq i \leqq n-1)\}$ の合計 $\dfrac{n+3}{2}$ 個. なお，r の中心化群は $\{e, r\}$ であり，r の共役類の元の個数は n になる．

問 5.5　$\mathfrak{S}_n$ の場合，$\sigma \in Z(\mathfrak{S}_n)$ とし，$\sigma \neq e$ とすると，相異なる i, j で $\sigma(i) = j$ となるものがとれる．$n \geqq 3$ なので，i, j とは異なる k があり，$(jk)\sigma$ と $\sigma(jk)$ で i の行先が k, j と異なるため，$(jk)\sigma \neq \sigma(jk)$．よって $Z(\mathfrak{S}_n) = \{e\}$．$\mathfrak{A}_n$ についても同様に，$\sigma(i) = j$ となる i, j をとり，$n \geqq 4$ から i, j とは異なる $k \neq \ell$ をとると，$(jk\ell)\sigma$ と $\sigma(jk\ell)$ で i の行先が k, j と異なる．よって $Z(\mathfrak{A}_n) = \{e\}$．

$\mathrm{GL}_n(\mathbb{K})$ の場合，$S_{ij}(c)$ $(c \neq 0)$ のすべてと可換な元は，対角成分の等しい対角行列に限られる．$S_{ij}(c) \in \mathrm{SL}_n(\mathbb{K})$ であることに注意すれば，これは SL でも同様．SL の場合は対角成分の積が 1 でなければならない．このような対角行列がすべての GL, SL の元で可換なのは明らかだから，$Z(\mathrm{GL}_n(\mathbb{K})) = \{aI_n \mid a \in \mathbb{K}\}$．$Z(\mathrm{SL}_n(\mathbb{K})) = \{aI_n \mid a \in \mathbb{K}, a^n = 1\}$．なお，後者は $\mathbb{K}$ 中の $x^n - 1$ の根によって様子が変わる．

D_n の場合，上の問 5.4 でみた通り，n が奇数なら $\{e\}$, n が偶数なら $\{e, c^{n/2}\}$．

問 5.6　基本行列 $P_{12}, P_{23}, P_{24} \in \mathrm{O}_4$ と可換であること，$\mathrm{diag}\left(\begin{bmatrix} 0 & -1 \\ 1 & 0 \end{bmatrix}, \begin{bmatrix} 1 & 0 \\ 0 & 1 \end{bmatrix}\right) \in \mathrm{O}_4$ と可換であることを使えば，$Z(\mathrm{O}_4) = \{\pm I_4\}$ となる．$\mathrm{SO}_4 \times \mathbb{Z}_2$ では，$(\pm I_4, 0), (\pm I_4, 1)$ という 4 つの元が中心に入るため，O_4 と $\mathrm{SO}_4 \times \{\pm I_4\}$ は同型でない．

問 5.7　$ghg^{-1} \in H$ がすべての $h \in H$ に対して成り立つとき，$ghg^{-1} = h'$ となる $h' \in H$ がとれる．$gh = h'g \in Hg$ である．よって $gH \subset Hg$．G が有限群なら，$|gH| = |Hg|$ なので，$gH = Hg$ が成り立つ．しかし，G が無限群の場合には，$H = \left\langle \begin{bmatrix} 1 & 1 \\ 0 & 1 \end{bmatrix} \right\rangle = \left\{ \begin{bmatrix} 1 & k \\ 0 & 1 \end{bmatrix} \ (k \in \mathbb{Z}) \right\}$ とすると，$g = \begin{bmatrix} 2 & 0 \\ 0 & \dfrac{1}{2} \end{bmatrix}$ に対して，$gHg^{-1} = \left\{ \begin{bmatrix} 1 & 4k \\ 0 & 1 \end{bmatrix} \ (k \in \mathbb{Z}) \right\} \subsetneqq H$．つまり，$gH \subsetneqq Hg$ である．

問 5.8　まず，$f_A(z)$ の分母 $cz + d = \bar{b}z + \bar{a}$ が 0 でないことを確認する．$b = 0$ なら $\bar{a} \neq 0$ なので $\bar{b}z + \bar{a} \neq 0$．$b \neq 0$ のとき，$\bar{b}z + \bar{a} = 0$ となる $z = -\dfrac{\bar{a}}{\bar{b}}$ だが，$|z|^2 = \dfrac{|a|^2}{|b|^2} = \dfrac{1 + |b|^2}{|b|^2} > 1$ なので，$\mathbb{D}$ には属さない．次に，$z \in \mathbb{D}$ なら $f(z) \in \mathbb{D}$ であることを示す．$|z| < 1$ のとき，$A = \begin{bmatrix} a & b \\ \bar{b} & \bar{a} \end{bmatrix} \in \mathrm{SU}_{1,1}$ に対し，$|f_A(z)| = \left| \dfrac{az + b}{\bar{b}z + \bar{a}} \right|$ を 2 乗すると，$\dfrac{|a|^2|z|^2 + a\bar{b}z + \bar{a}b\bar{z} + |b|^2}{|b|^2|z|^2 + \bar{a}b\bar{z} + a\bar{b}z + |a|^2}$ となる．$|a|^2 - |b|^2 = 1$ に注意して，分子 − 分母を計算すると $|z|^2 - 1 < 0$ となるので，$|f_A(z)| < 1$．よって，$f_A(z) \in \mathbb{D}$．準同型であることは例 4.12 と同様．よって $\mathrm{SU}_{1,1}$ は $\mathbb{D}$ に作用する．$f_A(0) = 0$ となる条件は，$b = 0$ だから，0 の固定化部分群は，$T = \left\{ \begin{bmatrix} a & 0 \\ 0 & \bar{a} \end{bmatrix} \ (|a| = 1) \right\}$．任意の $0 \neq w \in \mathbb{D}$ に対して，$A = \dfrac{1}{\sqrt{1 - |w|^2}} \begin{bmatrix} 1 & w \\ \bar{w} & 1 \end{bmatrix} \in SU_{1,1}$ とすれば，$f_A(0) = w$ となるので，この作用は推移的．よって，$\mathrm{SU}_{1,1}/T \cong \mathbb{D}$．

$w = f_P(z)$ のとき，$z = \dfrac{i + w}{1 + iw}$．$1 - |w|^2 = \dfrac{4 \operatorname{Im} z}{|1 - iz|^2}$, $\operatorname{Im} z = \dfrac{1 - |w|^2}{|1 + iw|^2}$ が得られる

ので，$\mathbb{H}\to\mathbb{D}$ なる全単射を与える．また $A=\begin{bmatrix}a & b\\ c & d\end{bmatrix}\in \mathrm{GL}_2(\mathbb{C})$ に対して，$PAP^{-1}=\dfrac{1}{2}\begin{bmatrix}(a+d)+(b-c)i & (b+c)+(a-d)i\\ (b+c)-(a-d)i & (a+d)-(b-c)i\end{bmatrix}$ であり，$PAP^{-1}\in \mathrm{SU}_{1,1}\Leftrightarrow A\in \mathrm{SL}_2(\mathbb{R})$ が成り立つ．(とくに，$PAP^{-1}\in \mathrm{SU}_{1,1}$ のとき，$a,b,c,d\in\mathbb{R}$ となることに注意．) なお，f_P は**ケーリー変換**とよばれ，例 4.12 と本問は，双曲幾何学のモデルと関係している．

問 5.9　$\mathrm{tr}(gXg^{-1})=\mathrm{tr}\,X$ だから，$\mathrm{SL}_2(\mathbb{R})$ は M に作用する．また，$\det(gXg^{-1})=\det X=-x^2-x^2+z^2$ だから，$\mathbb{R}^3$ の中で，$\mathrm{SL}_2(\mathbb{R})$-軌道は，$-x^2-y^2+z^2=c$ という図形に含まれる．(なお問 6.17 も参照．)

$g=R_\theta$ のとき，$\begin{bmatrix}x\\ y\\ z\end{bmatrix}\mapsto\begin{bmatrix}x\cos 2\theta-y\sin 2\theta\\ x\sin 2\theta+y\cos 2\theta\\ z\end{bmatrix}$．そこで，$-x^2-y^2+z^2=c$ 上の点に対して R_θ を使うことで，z 軸周りに回転し，yz 平面上へ動かせる．一方，$g=\mathrm{diag}(a,a^{-1})$ のとき，$\begin{bmatrix}0\\ y\\ z\end{bmatrix}\mapsto\dfrac{1}{2}\begin{bmatrix}0\\ a^2(y+z)+a^{-2}(y-z)\\ a^2(y+z)-a^{-2}(y-z)\end{bmatrix}$ である．

$c>0$ のとき，$-x^2-y^2+z^2=c$ は，$z>0$ と $z<0$ に現れる二葉双曲面である．yz 平面上の点 $(0,y,z)$ $(-y^2+z^2=c)$ を $(0,0,\pm\sqrt{c})$ へ $\mathrm{diag}(a,a^{-1})$ の作用で動かせる．$a^4=\dfrac{z-y}{z+y}$ となるように a をとればよい．($z^2-y^2=c>0$ に注意．) 他方，2 点 $(0,0,\pm\sqrt{c})$ を共役で移す $\mathrm{SL}_2(\mathbb{R})$ の元 g はない．実際，$\begin{bmatrix}g_{11} & g_{12}\\ g_{21} & g_{22}\end{bmatrix}\begin{bmatrix}0 & \sqrt{c}\\ -\sqrt{c} & 0\end{bmatrix}=\begin{bmatrix}0 & \sqrt{c}\\ -\sqrt{c} & 0\end{bmatrix}\begin{bmatrix}g_{11} & g_{12}\\ g_{21} & g_{22}\end{bmatrix}$ とすると $g_{22}=-g_{11},g_{12}=g_{21}$ となって $-g_{11}^2-g_{12}^2=1$ となる実数はとれない．よって二葉双曲面は $z>0$ と $z<0$ でそれぞれ 1 個の軌道になる．$(0,0,\pm\sqrt{c})$ に対応する $\begin{bmatrix}0 & \pm\sqrt{c}\\ \mp\sqrt{c} & 0\end{bmatrix}\in M$ を固定する $\mathrm{SL}_2(\mathbb{R})$ の元の条件は，上と同様の成分計算で SO_2 に属すとわかり，二葉双曲面の $z>0,z<0$ は，いずれも $\mathrm{SL}_2(\mathbb{R})/\,\mathrm{SO}_2$ と $\mathrm{SL}_2(\mathbb{R})$-同型である．

$c<0$ の場合は z 軸まわりの一葉双曲面であり，R_θ で yz 平面へ動かし，$z^2-y^2=c<0$ に注意すると，$a^4=\dfrac{y-z}{y+z}$ となる a をとれば，$\mathrm{diag}(a,a^{-1})$ で $(0,\sqrt{-c},0)$ へ動かせるので，一葉双曲面全体が 1 個の軌道になる．固定化部分群は一葉双曲面上の点 $(\sqrt{-c},0,0)$ に対応する $\begin{bmatrix}\sqrt{-c} & 0\\ 0 & -\sqrt{-c}\end{bmatrix}\in M$ の固定化部分群が簡明で，対角行列全体 T_2．よって一葉双曲面は $\mathrm{SL}_2(\mathbb{R})/T_2$ と $\mathrm{SL}_2(\mathbb{R})$-同型である．

$c=0$ の場合，原点で接する 2 つの円錐になるが，原点は動かせないので $\{\mathbf{0}\}$ は 1 個の軌道である．R_θ で z 軸周りに回転して yz 平面上の $y>0$ の点に $(0,y,\pm y)$ へ動かせる．$a^2y=1$ となる a をとれば，$\mathrm{diag}(a,a^{-1})$ でそれぞれ $(0,1,\pm 1)$ へ動かせる．$(0,1,\pm 1)$ に対応する $\begin{bmatrix}0 & 2\\ 0 & 0\end{bmatrix}$ と $\begin{bmatrix}0 & 0\\ 2 & 0\end{bmatrix}$ を共役で移す $\mathrm{SL}_2(\mathbb{R})$ の元がとれないことは成分計算でわかるので，$z>0$ と $z<0$ はそれぞれ 1 個の軌道となる．$(0,1,1)$ に対応する $\begin{bmatrix}0 & 2\\ 0 & 0\end{bmatrix}\in M$ の固定

化部分群は，$N = \left\{ \begin{bmatrix} \pm 1 & t \\ 0 & \pm 1 \end{bmatrix} \ (t \in \mathbb{R}) \right\}$ である．$z < 0$ の側は $(0, -1, -1)$ を代表元にとれば，固定化部分群は上と同じ N となり，いずれも $\mathrm{SL}_2(\mathbb{R})/N$ と $\mathrm{SL}_2(\mathbb{R})$-同型となる．

問 5.10 (1) $Z = X + iY \in \mathbb{H}_n$ に対し，$P = AZ + B, Q = CZ + D$ とおく．問 2.9 の解でみた A, B, C, D の条件と ${}^tZ = Z$ から直接計算で ${}^tP\overline{Q} - {}^tQ\overline{P} = Z - \overline{Z} = 2iY$ と ${}^tPQ - {}^tQP = 0$ が得られる．

まず Q が正則であることを示す．$\boldsymbol{w} \in \mathbb{C}^n$ に対し，$Q\boldsymbol{w} = \boldsymbol{0}$ とすると，${}^t\boldsymbol{w}{}^tQ = \boldsymbol{0}, \overline{Q}\overline{\boldsymbol{w}} = \boldsymbol{0}$ から，$\boldsymbol{0} = {}^t\boldsymbol{w}({}^tP\overline{Q} - {}^tQ\overline{P})\overline{\boldsymbol{w}} = 2i{}^t\boldsymbol{w}Y\overline{\boldsymbol{w}}$. $\boldsymbol{w} = \boldsymbol{x} + i\boldsymbol{y}$ と表すと，${}^t\boldsymbol{w}Y\overline{\boldsymbol{w}} = {}^t\boldsymbol{x}Y\boldsymbol{x} - i{}^t\boldsymbol{x}Y\boldsymbol{y} + i{}^t\boldsymbol{y}Y\boldsymbol{x} + {}^t\boldsymbol{y}Y\boldsymbol{y} \overset{Y\text{ は実対称}}{=} {}^t\boldsymbol{x}Y\boldsymbol{x} + {}^t\boldsymbol{y}Y\boldsymbol{y}$. さらに Y は正定値より，右辺は $\boldsymbol{x} = \boldsymbol{y} = \boldsymbol{0}$ 以外では正の値だから $\boldsymbol{w} = \boldsymbol{0}$ となり，Q は正則．

次に，$W = PQ^{-1} \in \mathbb{H}_n$ であることを示す．$W = PQ^{-1}$ が対称であることは，${}^tPQ = {}^tQP$ から従う．$W - \overline{W} = {}^tW - \overline{W} = {}^tQ^{-1}({}^tP\overline{Q} - {}^tQ\overline{P})\overline{Q}^{-1} = 2i{}^tQ^{-1}Y\overline{Q}^{-1}$ から W の虚部は ${}^tQ^{-1}Y\overline{Q}^{-1}$．$W$ は対称だから虚部は実対称である．$Q^{-1} = R_1 + iR_2$ とおくと，${}^tQ^{-1}Y\overline{Q}^{-1} = {}^tR_1YR_1 + {}^tR_2YR_2 + i({}^tR_2YR_1 - {}^tR_1YR_2)$ だが，これは実行列だから ${}^tR_1YR_1 + {}^tR_2YR_2$ と正定値行列で表される．よって $W \in \mathbb{H}_n$ である．

さらに $Z \mapsto W = PQ^{-1}$ が作用となっていることを確かめる．$g = I_{2n}$ なら $gZ = Z$. $g_i = \begin{bmatrix} A_i & B_i \\ C_i & D_i \end{bmatrix} \in \mathrm{Sp}_{2n} \ (i = 1, 2)$ のとき，$g_1(g_2Z)$,$(g_1g_2)Z$ に右から $\{C_1(A_2Z + B_2)(C_2Z + D_2)^{-1} + D_1\}(C_2Z + D_2) = C_1(A_2Z + B_2) + D_1(C_2Z + D_2)$ という可逆行列を掛けるといずれも $A_1(A_2Z + B_2) + B_1(C_2Z + D_2)$ に一致することから，$g_1(g_2Z) = (g_1g_2)Z$.

(2) まず「正定値実対称行列 Y に対して，${}^tuDu = Y$ となる対角成分が正の対角行列 D と対角成分が 1 の上三角行列 n がとれる」ことに注意する．実際，実対称行列 Y は直交行列で対角化でき，正定値性から対角成分がすべて正となる．したがって対角成分の平方根を並べた対角行列を使えば，$Y = {}^tyy$ となる正則行列 y がとれる．y を問 3.18 に従って $y = kau$ と分解すれば，$Y = {}^tua^2u$ と表せる．$D = a^2$ である．

次に，$X + iY \in \mathbb{H}_n$ をとると，$Y \in \mathcal{S}_n^+$ だから ${}^tuDu = Y$ を上のようにとり，$D^{\pm 1}$ の対角成分の平方根をとった行列を $D^{\pm 1/2}$ とかくと，

$$\begin{bmatrix} I_n & X \\ 0 & I_n \end{bmatrix} \begin{bmatrix} {}^tu & 0 \\ 0 & u^{-1} \end{bmatrix} \begin{bmatrix} D^{1/2} & 0 \\ 0 & D^{-1/2} \end{bmatrix} = \begin{bmatrix} {}^tuD^{1/2} & Xu^{-1}D^{-1/2} \\ 0 & u^{-1}D^{-1/2} \end{bmatrix} \in \mathrm{Sp}_{2n}$$

は，$iI_n \in \mathbb{H}_n$ を $({}^tuD^{1/2}iI_n + Xu^{-1}D^{-1/2})(u^{-1}D^{-1/2})^{-1} = i{}^tuDu + X = X + iY$ へ移す．したがって，$\mathbb{H}_n$ のすべての元は iI_n の Sp_{2n}-軌道に属することになり作用は推移的である．また，$\begin{bmatrix} A & B \\ C & D \end{bmatrix}(iI_n) = (Ai + B)(Ci + D)^{-1}$ であり，これが iI_n となるためには，

$Ai+B=i(Ci+D)$，すなわち $B=-C, A=D$ が必要十分．したがって，iI_n の固定化部分群は K.

(3)　X は実対称だから，上の議論でとった $\begin{bmatrix} I_n & X \\ 0 & I_n \end{bmatrix}\begin{bmatrix} {}^tu & 0 \\ 0 & u^{-1} \end{bmatrix} = \begin{bmatrix} {}^tu & Xu^{-1} \\ 0 & u^{-1} \end{bmatrix} \in N$ であり，$\mathrm{diag}(D^{1/2}, D^{-1/2}) \in A$ である．よって任意の $X+iY \in \mathbb{H}_n$ に対して，$X+iY = u'a'(iI_n)$ となる $u' \in N, a' \in A$ が存在する．$g \in \mathrm{Sp}_{2n}$ に対して，$g^{-1}(iI_n) = u'a'(iI_n)$ となる $u' \in N, a' \in A$ をとれば，$gu'a'$ は iI_n を固定するので K に入るから，$g = ka'^{-1}u'^{-1} \in KAN$ と分解する．K, A, N の元の行列式が 1 だから $\det g = 1$.

問 5.11　well-defined な写像であること．$\mathcal{O}_{g_1H, g_2K} = \mathcal{O}_{g_1'H, g_2'K}$ のとき，$g*(g_1H, g_2K) = (g_1'H, g_2'K)$ となる $g \in G$ がとれるので，$gg_1H = g_1'H, gg_2K = g_2'K$．したがって，$gg_1 = g_1'h, gg_2 = g_2'k$ となる $h \in H, k \in K$ がとれ，$g_1^{-1}g_2 = (g^{-1}g_1'h)^{-1}(g^{-1}g_2'k) = h^{-1}(g_1')^{-1}gg^{-1}g_2'k = h^{-1}(g_1')^{-1}g_2'k$．よって $g_1^{-1}g_2$ と $(g_1')^{-1}g_2'$ は G 中で同じ $H \times K$-軌道に属し，$Hg_1^{-1}g_2K = H(g_1')^{-1}g_2'K$．全射性．$HgK$ に対して，$\mathcal{O}_{H,gK} \mapsto HgK$ より．単射性．$Hg_1^{-1}g_2K = H(g_1')^{-1}g_2'K$ のとき，$g_1^{-1}g_2 = h(g_1')^{-1}g_2'k^{-1}$ となる $h \in H, k \in K$ がとれて $g_1hg_1'^{-1} = g_2kg_2'^{-1}$．これを g とおけば，$gg_1' = g_1h, gg_2' = g_2k$ だから，$gg_1'H = g_1H$, $gg_2'K = g_2K$．よって $g*(g_1'H, g_2'K) = (g_1H, g_2K)$ となり，$\mathcal{O}_{g_1H,g_2K} = \mathcal{O}_{g_1'H,g_2'K}$.

問 6.1　$f(n) \in f(N)$ と $f(g) \in f(G)$ に対し，$f(g)f(n)f(g)^{-1} = f(gng^{-1})$．$N \triangleleft G$ より $gng^{-1} \in N$ だから $f(g)f(n)f(g)^{-1} \in f(N)$．$g \in G$ と $x \in f^{-1}(K)$ をとると，$f(x) \in K \triangleleft H$．このとき $f(gxg^{-1}) = f(g)f(x)f(g)^{-1} \in K$．よって $gxg^{-1} \in f^{-1}(K)$.

問 6.3　$\varphi \in \mathrm{Aut}(G)$ と $\rho_g \in \mathrm{Inn}(G), x \in G$ に対して，$(\varphi \circ \rho_g \circ \varphi^{-1})(x) = \varphi(g\varphi^{-1}(x)g^{-1})$ $= \varphi(g)\varphi(\varphi^{-1}(x))\varphi(g^{-1}) = \rho_{\varphi(g)}(x)$．よって，$\varphi \circ \rho_g \circ \varphi^{-1} = \rho_{\varphi(g)} \in \mathrm{Inn}(G)$.

問 6.4　$N = \langle x_1, \ldots, x_n \rangle$ とし，G の元 $y_1, \ldots, y_s$ であって，$G/N = \langle \overline{y_1}, \ldots, \overline{y_s} \rangle$ となっているものを一組とる．任意の $g \in G$ をとると，$\overline{g} = \overline{y_{j_1}}^{a_1} \cdots \overline{y_{j_k}}^{a_k} \in G/N$ $(1 \leqq j_1, \ldots, j_k \leqq s)$ と表示できる．$h = y_{j_1}^{a_1} \cdots y_{j_k}^{a_k} \in G$ とおけば，$\overline{gh^{-1}}$ は G/N の単位元になり，$gh^{-1} \in N$．そこで $gh^{-1} = x_{i_1}^{b_1} \cdots x_{i_r}^{b_r}$ $(1 \leqq i_1, \ldots, i_r \leqq n)$ と表示すれば，$g = x_{i_1}^{b_1} \cdots x_{i_r}^{b_r} y_{j_1}^{a_1} \cdots y_{j_k}^{a_k}$ と表せる．よって $G = \langle x_1, \ldots, x_n, y_1, \ldots, y_s \rangle$ となり，G は有限生成である．

問 6.5　自然な全射 $\pi : H \to H/N$ と f の合成 $G \to H \to H/N$ は全射準同型．その核は，$f(g) \in N$ となる $g \in G$ の全体，すなわち $f^{-1}(N)$．よって，準同型定理から $G/f^{-1}(N) \cong H/N$.

問 6.6　具体的に，$\dfrac{1}{2}\mathrm{tr}\left(\begin{bmatrix} ix_3 & -x_2+ix_1 \\ x_2+ix_1 & -ix_3 \end{bmatrix}\begin{bmatrix} -iy_3 & y_2-iy_1 \\ -y_2-iy_1 & iy_3 \end{bmatrix}\right) = x_1y_1 + x_2y_2 + x_3y_3$ となることから V と $\mathbb{R}^3$ が計量同型であることが従う．内積を保つことは，

$$\langle \mathrm{Ad}_g(X_1), \mathrm{Ad}_g(X_2)\rangle = \langle gX_1\overline{{}^tg}, gX_2\overline{{}^tg}\rangle = \frac{1}{2}\,\mathrm{tr}(gX_1\overline{{}^tg}\cdot\overline{{}^t(gX_2\overline{{}^tg})}) = \frac{1}{2}\,\mathrm{tr}(gX_1\overline{{}^tg}\cdot g\overline{{}^tX_2}\ \overline{{}^tg})$$
$$= \frac{1}{2}\,\mathrm{tr}(gX_1\overline{{}^tX_2}\ g^{-1}) = \frac{1}{2}\,\mathrm{tr}(X_1\overline{{}^tX_2}) = \langle X_1, X_2\rangle.$$

問 6.7 $g \in G, h \in H$ に対し，$ghg^{-1} = [g,h]h$．$[g,h] \in D(G) \subset H$ より，右辺は H に属すから，$ghg^{-1} \in H$．

問 6.8 (1) 相異なる a,b,c,i,j に対し，$(abi)(acj)(abi)^{-1}(acj)^{-1} = (abi)(acj)(aib)(ajc)$ $= (abc)$ となることから，$(abc) \in D(\mathfrak{A}_n)$ が成り立つ．$\mathfrak{A}_n$ は 3 項巡回置換で生成されているから，$D(\mathfrak{A}_n) = \mathfrak{A}_n$．

(2) 位数 $2n$ の二面体群 D_n を考える．D_n の元は c^j, rc^j の形に表される．交換子は $[c^j, c^k] = e$, $[c^j, rc^k] = c^jrc^kc^{-j}c^{-k}r = c^{2j}$，$[rc^j, rc^k] = rc^jrc^kc^{-j}rc^{-k}r = c^{2(k-j)}$ となるから，$D(D_n) \subset \langle c^2\rangle$．しかも $c^2 = [c, rc]$ とかけるから，逆向きも言えて，$D(D_n) = \langle c^2\rangle$．

n が奇数なら，c^2 の位数も n なので，$\langle c^2\rangle = \langle c\rangle \cong \mathbb{Z}_n$ であり，$D_n/D(D_n) \cong \mathbb{Z}_2$．$n$ が偶数なら，c^2 は位数 $n/2$ で，$\langle c^2\rangle = \{e, c^2, c^4, \ldots, c^{n-2}\} \cong \mathbb{Z}_{n/2}$．このとき，$D_n/D(D_n)$ は位数 4 のアーベル群だが，単位元以外の 3 つの元として，たとえば $cD(D_n), rD(D_n), crD(D_n)$ を代表元としてとれば，これらはいずれも位数 2 である．よって，$D_n/D(D_n) \cong \mathbb{Z}_2^2$．

問 6.9 (i) 行列式が t となる正則行列は，$A\,\mathrm{diag}(t, 1, \ldots, 1)$ $(A \in \mathrm{SL}_n(\mathbb{K}))$ とかける．そこで，$H = \{\mathrm{diag}(t, 1, \ldots, 1)\ (t \neq 0)\} \cong \mathbb{K}^\times$ とすると，この中で行列式が 1 なのは I_n のみ．

(ii) $[G:N] = 2$ だから H は位数 2 でなければならないことに注意して，$H = \langle(12)\rangle$ とする．$\mathfrak{S}_n$ の奇置換はすべて $\sigma(12)$ $(\sigma \in \mathfrak{A}_n)$ と表せる．$H \cap \mathfrak{A}_n = \{e\}$ も成り立つ．

(iii) $[\mathfrak{S}_4 : K] = 6$ であり，$H = \{4$ を動かさない $\mathfrak{S}_4$の元 $\} \cong \mathfrak{S}_3$ とする．K の単位元以外の元はすべて 4 を動かすから，$H \cap K = \{e\}$ である．$\mathfrak{S}_4 = KH$ は，例 6.9 でもみた．

問 6.11 $(\boldsymbol{v}, \sigma) * (\boldsymbol{w}, \tau) = (\boldsymbol{v} + \sigma(\boldsymbol{w}), \sigma\tau)$ であることに注意する．$\boldsymbol{v} + \sigma(\boldsymbol{w})$ の第 j 成分は $v_j + w_{\sigma^{-1}(j)}$ になる．他方，問 3.15 で，$P_{\sigma,\boldsymbol{v}}P_{\tau,\boldsymbol{w}} = \sum_{j=1}^{n} \zeta_N^{v_{\sigma(\tau(j))} + w_{\tau(j)}} E_{\sigma(\tau(j)),j}$ を示していたので，$P_{\sigma,\boldsymbol{v}}P_{\tau,\boldsymbol{w}} = P_{\sigma\tau,\boldsymbol{u}}$ と表したとき，$u_{\sigma\tau(k)} = v_{\sigma\tau(k)} + w_{\tau(k)}$ となっていることに注意すれば，$\boldsymbol{u} = \boldsymbol{v} + \sigma(\boldsymbol{w})$ とわかる．後半はこの準同型写像の像 (± 1 を成分とする 2 次の置換行列全体) が D_4 になることをチェックすればよい．

問 6.12 G が位数 8 の非可換群とする．位数 8 の元が存在すれば巡回群だから，G の単位元以外の元の位数は，2, 4 である．問 2.5 でみたように，単位元以外の元がすべて位数 2 だと可換群になるので，位数 4 の元が少なくとも 1 つ存在する．これを x とおく．$N = \langle x\rangle$ は位数 4 の巡回群であり，$[G:N] = 2$ だから例題 6.1 でみたように N は G の正規部分群である．G の元 $y \notin N$ をとると，$yxy^{-1} \in N$ であり，$yxy^{-1} = x^i$ である．$i = 0$ なら $x = e$, $i = 2$ なら $yx = x^2y$ から $yx^2 = x^4y = y$ となって $x^2 = e$ であり，いずれも x が位数 4 に反す．$yxy^{-1} = x$ なら可換群となるので不適．よって $yxy^{-1} = x^3$ である．y が位数 2 なら D_4 と同型である．y が位数 4 なら $G = \langle x, y \rangle$ で $x^4 = e, x^2 = y^2, yxy^{-1} = x^3$ を満たしている．これは四元数群 Q_8 と同型である．

問 6.13　(1)　全射のみ示す．$A = \begin{bmatrix} a & b \\ c & d \end{bmatrix} \in \mathrm{SL}_2(\mathbb{Z}_N)$ とする．このとき，$ad - bc \equiv 1 \pmod N$ だから，a, b, N の最大公約数は 1．他方，b を割り切らず a を割り切る素数すべての積を k とすれば，$b' = b + kN$ は a と互いに素である．したがって，$b' \equiv b$ かつ $xa - yb' = 1$ となる整数 x, y がとれる．このとき，$\begin{bmatrix} a & b' \\ c + y(1-(ad-b'c)) & d + x(1-(ad-b'c)) \end{bmatrix}$ は，$\mathrm{SL}_2(\mathbb{Z})$ に属し，与えられた写像で A に移される．

(2)　準同型のみ示す．$\begin{bmatrix} a & b \\ c & d \end{bmatrix} \begin{bmatrix} a' & b' \\ c' & d' \end{bmatrix} = \begin{bmatrix} * & ab' + bd' \\ * & * \end{bmatrix} \mapsto (ab' + bd' \pmod N) = (b' + b \pmod N)$ より準同型．

(3)　$\begin{bmatrix} a & b \\ c & d \end{bmatrix} \in \Gamma_0(N)$ とすると，$ad - bc = 1$ かつ $c \equiv 0 \pmod N$ だから $ad \equiv 1 \pmod N$．よって $a \in \mathbb{Z}_N^\times$．また，$\begin{bmatrix} a & b \\ c & d \end{bmatrix} \begin{bmatrix} a' & b' \\ c' & d' \end{bmatrix} = \begin{bmatrix} aa' + bc' & * \\ * & * \end{bmatrix} \mapsto (aa' + bc' \pmod N) = (aa' \pmod N)$ より準同型．$a \in \mathbb{Z}_N^\times$ のとき，a と N は互いに素だから，$ax - Ny = 1$ となる整数 x, y がとれて，$\begin{bmatrix} a & y \\ N & x \end{bmatrix} \in \Gamma_0(N)$ が a に移されるから全射．よって，$[\Gamma_0(N) : \Gamma_1(N)] = |\mathbb{Z}_N^\times| \overset{\text{問 3.9}}{=} N \prod_{\text{素数 } p \mid N} (1 - p^{-1})$.

(4)　例 4.12 でみた S, T について，$T \in \Gamma_1(N) \subset \Gamma_0(N)$ だが，$STS^{-1} = \begin{bmatrix} 1 & 0 \\ -1 & 1 \end{bmatrix} \notin \Gamma_0(N)$.

(5)　まず $|\mathrm{SL}_2(\mathbb{Z}_p)|$ を求める．$\mathrm{GL}_2(\mathbb{Z}_p) \to \mathbb{Z}_p^\times ; A \mapsto \det A$ は全射準同型で，核が $\mathrm{SL}_2(\mathbb{Z}_p)$ だから $|\mathrm{SL}_2(\mathbb{Z}_p)| = \dfrac{|\mathrm{GL}_2(\mathbb{Z}_p)|}{|\mathbb{Z}_p^\times|} = \dfrac{(p^2-1)(p^2-p)}{p-1} = p^3(1 - p^{-2})$.

次に，$\mathrm{SL}_2(\mathbb{Z}) \to \mathrm{SL}_2(\mathbb{Z}_{p^e})$ はすべての $e \geqq 2$ で全射だから，$\mathrm{SL}_2(\mathbb{Z}_{p^{e-1}})$ の元の逆像をとって $\bmod p^e$ を考えれば $\mathrm{SL}_2(\mathbb{Z}_{p^e}) \to \mathrm{SL}_2(\mathbb{Z}_{p^{e-1}})$ も全射．$\mathbb{Z}_{p^e}$ の元で $\bmod p^{e-1}$ によって 1,0 に移されるのは，それぞれ $1 + ap^{e-1}, bp^{e-1}$ $(0 \leqq a, b \leqq p-1)$ と表されるから，$\mathrm{SL}_2(\mathbb{Z}_{p^e}) \to \mathrm{SL}_2(\mathbb{Z}_{p^{e-1}})$ の核は，$\begin{bmatrix} 1 + ap^{e-1} & bp^{e-1} \\ cp^{e-1} & 1 + dp^{e-1} \end{bmatrix}$ $(0 \leqq a, b, c, d \leqq p-1)$ かつ行列式が $\pmod{p^e}$ で 1 となる行列からなる．行列式は，$(1 + ap^{e-1})(1 + dp^{e-1}) - bcp^{2e-2} \equiv 1 + (a+d)p^{e-1} \pmod{p^e}$．これが 1 になるので $a + d \equiv 0 \pmod p$ が必要十分．よって核は p^3 個の元からなる．すなわち，$|\mathrm{SL}_2(\mathbb{Z}_{p^e})| = p^3 |\mathrm{SL}_2(\mathbb{Z}_{p^{e-1}})|$.

(6)　N の素因数分解が $N = p_1^{e_1} \cdots p_r^{e_r}$ (p_iは素数で $e_i \geqq 2$) のとき，$\det A \equiv 1 \pmod N$ なら $\det A \equiv 1 \pmod{p_i^{e_i}}$ だから，$\mathrm{SL}_2(\mathbb{Z}_N) \to \mathrm{SL}_2(\mathbb{Z}_{p_1^{e_1}}) \times \cdots \times \mathrm{SL}_2(\mathbb{Z}_{p_r^{e_r}})$ が定義され

る．中国剰余定理から $\mathbb{Z}_N \cong (\mathbb{Z}_{p_1^{e_1}}) \times \cdots \times (\mathbb{Z}_{p_r^{e_r}})$ であることに注意すれば，これは同型．したがって，$|\mathrm{SL}_2(\mathbb{Z}_N)| = N^3 \prod_{\text{素数 } p|N} (1 - p^{-2})$ となる．

問 6.14 u は位数 8 (問 3.16) だから $g \in N_G(H_1)$ は $gu = u^j g$ $(j = 1, 3, 5, 7)$ である．u, u^3 の固有多項式は $\lambda^2 - 2\lambda - 1$ で u^5, u^7 の固有多項式は $\lambda^2 - \lambda - 1$ と異なるので $j = 1, 3$ だけ考えればよい．それぞれ g は 8 通りずつあり，$|N_G(H_1)| = 16$ で

$$N_G(H_1) = H_1 \sqcup \left\{ \begin{bmatrix} 2 & 1 \\ 1 & 1 \end{bmatrix}, \begin{bmatrix} 2 & 0 \\ 0 & 1 \end{bmatrix}, \begin{bmatrix} 2 & 2 \\ 2 & 1 \end{bmatrix}, \begin{bmatrix} 1 & 1 \\ 1 & 2 \end{bmatrix}, \begin{bmatrix} 1 & 0 \\ 0 & 2 \end{bmatrix}, \begin{bmatrix} 1 & 2 \\ 2 & 2 \end{bmatrix}, \begin{bmatrix} 0 & 1 \\ 1 & 0 \end{bmatrix}, \begin{bmatrix} 0 & 2 \\ 2 & 0 \end{bmatrix} \right\}.$$

$g \in N_G(H_2)$ とすると，$gx = xg$ または $gx = x^2 g$ のいずれかが成り立つ．それを求めると $|N_G(H_2)| = 12$ で，$N_G(H_2)$ は

$$H_2 \sqcup \left\{ \begin{bmatrix} 2 & 0 \\ 0 & 2 \end{bmatrix}, \begin{bmatrix} 2 & 1 \\ 0 & 2 \end{bmatrix}, \begin{bmatrix} 2 & 2 \\ 0 & 2 \end{bmatrix}, \begin{bmatrix} 2 & 0 \\ 0 & 1 \end{bmatrix}, \begin{bmatrix} 1 & 1 \\ 0 & 1 \end{bmatrix}, \begin{bmatrix} 2 & 2 \\ 0 & 1 \end{bmatrix}, \begin{bmatrix} 1 & 0 \\ 0 & 2 \end{bmatrix}, \begin{bmatrix} 1 & 1 \\ 0 & 2 \end{bmatrix}, \begin{bmatrix} 1 & 2 \\ 0 & 2 \end{bmatrix} \right\}.$$

H_3 の場合は，g による共役で x が移る位数 3 の元が x, x^2 の 2 通り，y が移る位数 2 の元が y, xy, y^2 の 3 通りある．この組 6 通りからそれぞれ g が 2 通りずつ得られ，$N_G(H_3) = N_G(H_2)$ で位数は 12 となっている．

$H_4 = \langle yz, z \rangle$ であり，位数 4 の元 yz の $g \in N_G(H_4)$ による共役の行き先は位数 4 の元 $yz, (yz)^3$ の 2 通り，位数 2 の元 z の g による共役の行き先は位数 2 の元 $z, z(yz), z(yz)^2, z(yz)^3$ と $(yz)^2$ の 5 通りあるが，$(yz)^2 = 2I_2$ と z は固有多項式が異なるので gzg^{-1} の候補は 4 通りになる．この組 8 通りからそれぞれ 2 つの g が得られ，$|N_G(H_4)| = 16$ で

$$N_G(H_4) = H_4 \sqcup \left\{ \begin{bmatrix} 1 & 1 \\ 2 & 1 \end{bmatrix}, \begin{bmatrix} 1 & 2 \\ 1 & 1 \end{bmatrix}, \begin{bmatrix} 2 & 1 \\ 2 & 2 \end{bmatrix}, \begin{bmatrix} 2 & 2 \\ 2 & 1 \end{bmatrix}, \begin{bmatrix} 1 & 1 \\ 2 & 1 \end{bmatrix}, \begin{bmatrix} 1 & 2 \\ 2 & 2 \end{bmatrix}, \begin{bmatrix} 2 & 1 \\ 1 & 1 \end{bmatrix}, \begin{bmatrix} 2 & 2 \\ 1 & 2 \end{bmatrix} \right\}.$$

A, B はいずれも固有多項式が $\lambda^2 + 1$ である．G には固有多項式 $\lambda^2 + 1$ の元が 6 個存在する (例 5.13) が，それらはすべて H_5 に含まれる．よって $g \in G$ に対し，gAg^{-1}, gBg^{-1} の固有多項式は A, B の固有多項式と等しいので，これらは H_5 に含まれない元には移れない．よって H_5 は G の正規部分群で $N_G(H_5) = G$.

問 6.15 (1) 素数位数の巡回群は非自明な部分群を持たないので単純群．逆に，$G \neq \{e\}$ を可換な単純群としたとき，$g \neq e$ をとると $\langle g \rangle$ は G の $\{e\}$ と異なる正規部分群なので，G が単純群なら $\langle g \rangle = G$. もし $\operatorname{ord} g = \infty$ なら $\langle g^2 \rangle$ が非自明な正規部分群となる．$\operatorname{ord} g = n$ なら，G は n 次巡回群．n が素数でなければ，n の約数ごとに非自明な正規部分群がとれ，単純群でない．

(2)　もし $N \triangleleft \mathfrak{A}_5$ が非自明な正規部分群であるとすると，$2 \leqq |N|$ は $\mathfrak{A}_5 = 60$ の約数である．他方，正規部分群はいくつかの共役類の和集合になる (命題 6.3)．例 5.11 でみたように，$\mathfrak{A}_5$ には，5 つの共役類があった．

共役類の代表元	e	(123)	(12)(34)	(12345)	(13452)
共役類の位数	1	20	15	12	12

すると $|N|$ は 13 以上になるしかないから，$15, 20, 30$ のいずれかだが，単位元とそれ以外のいくつかの共役類を合わせてこの位数を実現することはできない．したがって，$\mathfrak{A}_5$ には非自明な正規部分群は存在せず，単純群となる．

(3)　二重被覆 $\mathrm{SU}_2 \to \mathrm{SO}_3$ の核が $\{\pm I_2\}$ であったことに注意すると，SO_3 の正規部分群の引き戻しは SU_2 の $\{\pm I_2\}$ を含む正規部分群となる．これが SU_2 全体に一致するしかないことを示せばよい．例 5.12 (1) でみたように，SU_2 の共役類がトレースによって区間 $[-2, 2]$ と 1 対 1 に対応し，代表元として $h_\theta = \mathrm{diag}(e^{i\theta}, e^{-i\theta})$ がとれていた．$\{\pm I_2\} \subsetneqq N \triangleleft \mathrm{SU}_2$ とすると，$h_{\theta_0} \in N$ かつ $2\cos\theta_0 \neq \pm 2$ となる θ_0 がとれる．このとき，N は正規部分群で $h_{\theta_0} \in N$ から，任意の SU_2 の元 $g = \begin{bmatrix} a & b \\ -\bar{b} & \bar{a} \end{bmatrix}$ $(|a|^2 + |b|^2 = 1)$ を使って $g h_{\theta_0} g^{-1} h_{\theta_0}^{-1} \in N$ である．そのトレースは $2(a\bar{a} + b\bar{b}\cos 2\theta_0) = 2(1 - (1 - \cos 2\theta_0)|b|^2)$ である．b を動かせば，区間 $(2\cos\theta_0, 2)$ のすべての値をとれるので，この区間に対応する共役類はすべて N に含まれる．一方，任意の $\theta \neq 0, \pi$ に対して，m を十分大きくとれば，$\mathrm{tr}(h_{\theta/m})$ がこの区間に入るようにできるから，$h_{\theta/m} \in N$．すると $N \ni (h_{\theta/m})^m = h_\theta$．以上をまとめるとすべての $h_\theta \in N$ が言えて，$N = \mathrm{SU}_2$ となる．

問 6.16　$\rho_{(g_1, g_2)(g_1', g_2')}(X) = \rho_{(g_1 g_1', g_2 g_2')}(X) = (g_1 g_1')X(g_2 g_2')^{-1} = g_1(g_1' X {g_2'}^{-1})g_2^{-1} = \rho_{(g_1, g_2)} \circ \rho_{(g_1', g_2')}(X)$ と問 3.20 (1) より準同型 $\mathrm{SU}_2 \times \mathrm{SU}_2 \to \mathrm{SO}_4$ が定まる．問 3.20(2) より $\mathbb{R}^4$ の原点を固定する合同変換は高々4 個の鏡映の合成で表される．そのうち行列式が 1 のものは，2 個または 4 個の鏡映の合成で表される．$r_{g_1} \circ r_{g_2}(X) = r_{g_1}(-g_2 \overline{{}^t X} g_2) = -g_1 \overline{{}^t(-g_2 \overline{{}^t X} g_2)} g_1 = g_1 \overline{{}^t g_2} X \overline{{}^t g_2} g_1 = \rho_{(g_1 g_2^{-1}, g_1^{-1} g_2)}(X)$ であることに注意すると，$\mathbb{R}^4$ の鏡映 2 個の合成は ρ の像に入る．よって鏡映 4 個の合成も ρ の像に入るから，ρ は全射である．$\rho_{(g_1, g_2)} = \mathrm{id}_W$ であるとすると，$g_1 X_0 g_2^{-1} = X_0$ から $g_1 g_2^{-1} = I_2$，つまり $g_1 = g_2$ であることが必要．このとき，$g_1 X_1 = X_1 g_1, g_1 X_2 = X_2 g_1$ を成分計算すれば，$g_1 = g_2 = \pm I_2$ とわかる．$\mathrm{SU}_2 \times \mathrm{SU}_2$ の正規部分群 $\{(g, I_2)\ (g \in \mathrm{SU}_2)\}$ の ρ による像は SO_4 の非自明な正規部分群である．

問 6.17 $g = \begin{bmatrix} a & b \\ c & d \end{bmatrix} \in \mathrm{SL}_2(\mathbb{R})$ の引き起こす M 上の線型写像 $X \mapsto gXg^{-1}$ について，M の基底 $\left(X_1 = \begin{bmatrix} 1 & 0 \\ 0 & -1 \end{bmatrix}, X_2 = \begin{bmatrix} 0 & 1 \\ 1 & 0 \end{bmatrix}, X_3 = \begin{bmatrix} 0 & 1 \\ -1 & 0 \end{bmatrix}\right)$ に関する表現行列 $A_g = \begin{bmatrix} ad+bc & -ac+bd & -ac-bd \\ -ab+cd & \dfrac{a^2-b^2-c^2+d^2}{2} & \dfrac{a^2+b^2-c^2-d^2}{2} \\ -ab-cd & \dfrac{a^2-b^2+c^2-d^2}{2} & \dfrac{a^2+b^2+c^2+d^2}{2} \end{bmatrix}$．${}^tA_g J_{2,1} A_g = J_{2,1}$ は直接計算で確かめてもよいし，本質的に $\det X = \det(gXg^{-1})$ からも従う．$|A_g| = \begin{vmatrix} ad+bc & -2ac & -bd \\ -ab & a^2 & \dfrac{b^2}{2} \\ -2cd & 2c^2 & d^2 \end{vmatrix} = (ad-bc)^3 = 1$ である．よって $A_g \in \mathrm{SO}_{2,1}$．このとき $(3,3)$-成分は $\geqq 1$ か $\leqq -1$ なので，上の行列の形から $\geqq 1$ であり，$A_g \in \mathrm{SO}^\circ_{2,1}$．また，$R_{\theta/2}, \mathrm{diag}(e^t, e^{-t}) \in \mathrm{SL}_2(\mathbb{R})$ の像が，問 4.13 の解答でみた $k_\theta, a_t \in \mathrm{SO}^\circ_{2,1}$ となるので，問 4.13 (3) から全射．核は表現行列が I_3 となる条件をみれば，$\{\pm I_2\}$ とわかる．

問 7.1 G の生成元 $g_1, \dots, g_n$ をとると，階数 n の有限生成自由アーベル群 $F^n = \langle x_1, \dots, x_n \rangle$ からの全射準同型 $\pi : F^n \to G$ が $\pi(x_i) = g_i$ で定まる．G の部分群 H に対し，$\pi^{-1}(H)$ は F^n の部分群だから，命題 7.2 (3) より，有限生成自由アーベル群になる．H には $\pi^{-1}(H)$ からの全射があることになり，有限生成となる．

問 7.3 $Z_p = \mathrm{Ker}\,\partial_p, B_p = \mathrm{Im}\,\partial_{p+1}$ とし，$W_p = \{x \in G_p \mid Nx \in B_p$ となる $N > 0$ が存在$\}$ とすると，$B_p \subset W_p \subset Z_p$ が成り立ち，W_p は全射 $Z_p \to H_p = Z_p/B_p \to H_p/\mathrm{Tor}(H_p)$ の核である．$H_p/\mathrm{Tor}(H_p)$ は有限生成自由アーベル群だから，$Z_p/W_p \cong H_p/\mathrm{Tor}(H_p)$ の基底を引き戻して，$Z_p = V_p \oplus W_p$ と分解する．G_p の基底 $(x_1, \dots, x_n)$ と G_{p-1} の基底 $(x'_1, \dots, x'_m)$ をとって，∂_p の行列表示が $\left[\begin{array}{c|c} \mathrm{diag}(d_1, \dots, d_\ell) & \mathbf{0} \\ \hline \mathbf{0} & \mathbf{0} \end{array}\right]$ $(d_i \in \mathbb{Z}_{\geqq 1},\ d_i | d_{i+1})$ となるようにできて，$(x_{\ell+1}, \dots, x_n)$ は Z_p の基底，$(x'_1, \dots, x'_\ell)$ は W_{p-1} の基底，$(d_1 x'_1, \dots, d_\ell x'_\ell)$ は B_{p-1} の基底となる．このとき，$x_1, \dots, x_\ell$ を基底とする自由アーベル群を U_p として，$G_p = U_p \oplus Z_p = U_p \oplus V_p \oplus W_p$ と分解でき，$H_{p-1} \cong V_{p-1} \oplus (W_{p-1}/B_{p-1}) \cong V_{p-1} \oplus (\mathbb{Z}_{d_1} \oplus \cdots \oplus \mathbb{Z}_{d_\ell})$．

問 7.4 まず，$s_0 = (\{-1, 1, \dots, 1\}, \mathrm{id})$ と $s_i = (\{1, 1, \dots, 1\}, (i, i+1)\})$ を考え，与えられた関係式が成り立つことを示す．次に，$H = \langle s_0, s_1, s_2, \dots, s_{n-2} \rangle$ とおいて，

$$s_{n-1}H,\ s_{n-2}s_{n-1}H,\ \dots,\ s_1 s_2 \cdots s_{n-1}H,$$

$$s_0 s_1 s_2 \cdots s_{n-1}H,\ s_1 s_0 s_1 s_2 \cdots s_{n-1}H,\ \dots,\ s_{n-1}s_{n-2} \cdots s_1 s_0 s_1 s_2 \dots s_{n-1}H$$

という $2n$ 個の H に関する右剰余類に s_i $(i=0,1,\ldots,n-1)$ を左から掛けて，これら以外の右剰余類が現れないことを関係式を利用してチェックすればよい．

問 7.5　(1)　$[G:H]=5$, $\{1=H, 2=yH, 3=zH, 4=xyH, 5=xzH\}$, $x\mapsto(24)(35)$, $y\mapsto(123)$, $z\mapsto(13524)$. $[G:K]=6$, $\{1=H, 2=yH, 3=zH, 4=xyH, 5=zyH, 6=yxyH\}$, $x\mapsto(24)(56)$, $y\mapsto(123)(465)$, $z\mapsto(12354)$.

(2)　$[G:H]=5$, $\{1=H, 2=xH, 3=yH, 4=x^2H, 5=y^2H\}$, $x\mapsto(124)$, $y\mapsto(135)$.

問 7.6　$H=\langle x,y\rangle$ とする．$x(zH)=(zx^2)H=zH$ だから $2=zH$ とすれば $x2=2$. $3=z^{-1}H$ とする．$4=z^{-1}3$ とする．$y4=3$ となる．$5=y^{-1}2$ とする．$z^{-1}5=2$, $x5=5$, $y^{-1}5=5$ となる．すると $2=5=1=3=4$ となって，G/H は自明となる．よって G は x,y で生成されるが，$yx=xy^2$ から G の元は x^iy^j と表せる．$z=x^iy^j$ とすると，$x^{i+1}y^j=x^iy^jx^2=x^{i+2}y^{2j}$. これは $xy^j=e$ と書き直せて，$x=y^{-j}$. $yy^{-j}=y^{-j}y^2$ から $y=e$. よって $x=e$ も出るから，G は自明な群となる．

なお，4 つの生成元からなる $\langle x,y,z,w \mid yx=xy^2, zy=yz^2, wz=zw^2, xw=wx^2\rangle$ とすると無限群であることが知られている [16, 2-6 問題 6,7].

問 7.7　まず一般に G の部分群 H に対し，$D(H)\leqq D(G)\cdots(*)$ である．また群の準同型写像 $\varphi: G\to G'$ に対し，$\varphi(D(G))=D(\varphi(G))\cdots(**)$ が成り立つ．実際，$a,b\in G$ に対して，$\varphi([a,b])=\varphi(aba^{-1}b^{-1})=[\varphi(a),\varphi(b)]$ だから $\varphi(D(G))\subset D(\varphi(G))$. 逆に $x,y\in\varphi(G)$ とすると $\varphi(a)=x, \varphi(b)=y$ となる a,b がとれて，$\varphi([a,b])=[x,y]$ となるから $\varphi(D(G))\supset D(\varphi(G))$ となる．

(2)　$H\leqq G$ のとき，$D^0(H)\leqq D^0(G)$. $(*)$ を繰り返し適用すれば，帰納的に $D_i(H)\leqq D_i(G)$ が成り立つので，したがって，G が可解なら，H の高階交換子列も有限で止まり，H は可解．G/N の高階交換子列が有限で止まることを示すために，$(**)$ を $\pi: G\to G/N$ に適用すると $\pi(D(G))=D(G/N)$. つまり，π は全射 $D(G)\to D(G/N)$ を与える．再び $(**)$ を適用すれば，$\pi(D(D(G)))=D(D(G/N))$ つまり $\pi(D_2(G))=D_2(G/N)$. 以下帰納的に $\pi(D_i(G))=D_i(G/N)$. よって G が可解なら G/N の高階交換子列も有限でとまり，G/N は可解．

(3)　(2) でみたように $\pi(D_i(G))=D_i(G/N)$ が成り立つ．G/N が可解なので，$D_m(G/N)=\{e_{G/N}\}$ となる m をとると $\pi(D_m(G))=\{e_{G/N}\}$. G/N の単位元は N だから，$D_m(G)\subset N$ である．N が可解なので，$D_\ell(N)=\{e\}$ となる ℓ をとると，$(*)$ を繰り返し用いて $D_{m+\ell}(G)\leqq D_\ell(N)=\{e\}$ となり，G の高階交換子列も有限で止まり，G は可解．

問 7.8 $D_n = \langle c = R_{2\pi/n}, r = \sigma_{\pi/n}\rangle$ において，$\Gamma_1(D_n) = D(D_n) = \langle c^2\rangle$(問 6.8 (2)). 以下帰納的に $\Gamma_k(D_n) = \langle c^{2^k}\rangle$ となることが言える．実際，$[c^j, (c^{2^k})^s] = e$, $[rc^j, (c^{2^k})^s] = rc^jc^{s2^k}c^{-j}rc^{-s2^k} = (c^{2^{k+1}})^{-s}$ となるから，$\Gamma_{k+1}(D_n) \leqq \langle c^{2^{k+1}}\rangle$. $c^{2^{k+1}} = [rc, c^{-2^k}]$ とかけているから逆向きの包含関係も言える．よって，D_n が冪零となるための必要十分条件は，$\langle c^{2^k}\rangle = \{e\}$ となる k が存在すること，つまり c の位数 n が 2 の冪である．

問 7.9 $\widehat{G}$ の単位元は，$\lambda(g) = 1$ $(g \in G)$ で定まる $\widehat{G}$ の元．$\lambda \in \widehat{G}$ の逆元は，$\mu(g) = \lambda(g)^{-1}$ で定まる $\mu \in \widehat{G}$.

(1) まず，$\lambda \in \widehat{G}$ に対して，$\lambda(g_i)^{d_i} = \lambda(g_i^{d_i}) = \lambda(e) = 1$ なので，$\lambda(g_i)$ は 1 の d_i 乗根でなければならないことに注意する．逆に，λ は生成元 $g_1, \ldots, g_r$ での値を決めれば，すべての G の元に対して値が決まるので，$\lambda(g_i) = \zeta_{d_i}^{k_i}$ から定まる $\lambda \in \widehat{G}$ は，$\lambda = \lambda_1^{k_1} \cdots \lambda_r^{k_r}$ と一意的に表示できる．$\mathrm{ord}(\lambda_i) = d_i$ $(1 \leqq i \leqq r)$ より，主張の同型が成り立つ．

(2) $g^*(\lambda\mu) = (\lambda\mu)(g) = \lambda(g)\mu(g) = g^*(\lambda)g^*(\mu)$ より $g^* \in \widehat{\widehat{G}}$. また，$(gh)^*(\lambda) = \lambda(gh) = \lambda(g)\lambda(h) = g^*(\lambda)h^*(\lambda)$ より $(gh)^* = g^*h^*$ なので $g \mapsto g^*$ は準同型である．$g \neq e$ とすると，$g = g_1^{k_1} \ldots g_r^{k_r}$ $(0 \leqq k_i < d_i)$ と表したとき，$k_1, \ldots, k_r$ の中に 0 でないものが少なくとも 1 つあるので，それを k_i とすれば，$g^*(\lambda_i) = \lambda_i(g) = \zeta_{d_i}^{k_i} \neq 1$ であるから g^* は $\widehat{G}$ の単位元ではない．よって，$g \mapsto g^*$ は単射．(1) から $G, \widehat{G}, \widehat{\widehat{G}}$ の位数は等しいから全単射．

(3) $\lambda_1, \lambda_2 \in H^\perp$ に対し，$(\lambda_1\lambda_2^{-1})(h) = \lambda_1(h)\lambda_2(h)^{-1} = 1$ より $\lambda_1\lambda_2^{-1} \in H^\perp$ から従う．

(4) 自然な全射 $\pi : G \to G/H$ に対し，$\widehat{G/H} \ni \lambda \mapsto \lambda \circ \pi \in \widehat{G}$ が単射準同型なのは明らかで，像は $H^\perp$ である．実際，$\lambda \circ \pi$ は H 上で自明なので，像は $H^\perp$ に含まれる．逆に，$\mu \in H^\perp$ とすると，$gH = g'H$ なら $g^{-1}g' \in H$ で $1 = \mu(g^{-1}g') = \mu(g)^{-1}\mu(g')$ から $\overline{\mu}(gH) = \mu(g)$ は well-defined な $\widehat{G/H}$ の元を与え，$\mu = \overline{\mu} \circ \pi$ である．よって，$\widehat{G/H} \cong H^\perp$. また，$\widehat{G} \ni \lambda \to \lambda|_H \in \widehat{H}$ は準同型で，核は $H^\perp$ であるから，$\widehat{G}/H^\perp$ は $\widehat{H}$ の部分群に同型となる．両辺の位数を比べると，$|\widehat{G}/H^\perp| \overset{|\widehat{G}|=|G|}{=} |G|/|H^\perp| \overset{|H^\perp|=|\widehat{G/H}|}{=} |G|/|\widehat{G/H}| \overset{|\widehat{G/H}|=|G/H|}{=} |H| = |\widehat{H}|$ となり，$\widehat{G}/H^\perp \cong \widehat{H}$.

(5) $\lambda \in \widehat{G}$ が H 上で自明なら $K \subset H$ 上でも自明なので，$H^\perp \subset K^\perp$.

次に $H_1^\perp = H_2^\perp$ とする．このとき，$H_1H_2 \supset H_1$ だから，$H_1^\perp \supset (H_1H_2)^\perp = H_1^\perp \cap H_2^\perp = H_1^\perp$ に注意すると，$(H_1H_2)^\perp = H_1^\perp$. よって $|H_1| = |G|/|H_1^\perp| = |G|/|(H_1H_2)^\perp| = |H_1H_2|$ となり $H_1 = H_1H_2$. 同様に $H_1H_2 = H_2$ も言えるから，$H_1 = H_2$ である．よって $\perp$ をとる写像は単射．$G \cong \widehat{G}$ だから $|\mathcal{S}(G)| = |\mathcal{S}(\widehat{G})|$ なので全単射となる．

問 7.10　G が冪零より，有限で止まる中心列 $G = G_0 \geqq G_1 \geqq \cdots \geqq G_n = \{e\}$ をとる．$H \subsetneqq G$ なので，$G_{i+1} \subset H$ かつ $G_i \not\subset H$ となる i がとれる．このとき，$h \in H, g \in G_i$ に対して，$[h,g] \in [H, G_i] \leqq [G, G_i] \overset{\text{中心列}}{\leqq} G_{i+1} \subset H$．つまり，$hgh^{-1}g^{-1} \in H$ だから $ghg^{-1} \in H$．h は任意だから $g \in N_G(H)$．しかし $g \in G_i$ は H 以外からとれるから，$H \subsetneqq N_G(H)$．

問 7.11　$\mathfrak{S}_4$ の非自明な部分群の位数は，$12, 8, 6, 4, 3, 2$ である．位数 12 は $\mathfrak{A}_4$ のみ．これは正規部分群である．位数 2 の部分群は位数 2 の元の個数だけあり，$6 + 3 = 9$ 個．たとえば $\{e, (12)\}$ や $\{e, (12)(34)\}$ があるが，いずれもたとえば (23) による共役で保たれず正規部分群ではない．

位数 3 の部分群も位数 3 の元から得られる．3 項巡回置換は 8 個あるので $\{e, (123), (132)\}$ のように 2 つずつで合計 4 個の部分群がある．位数 3 の部分群は 3-シロー部分群であり，この 4 個はすべて共役だから正規部分群ではない．位数 8 の部分群は $\mathfrak{S}_4$ の 2-シロー部分群で，その個数は 3 を法として 1 と合同で，しかも 3 の約数だから 1 または 3 個．実際に $\langle (12), (1324) \rangle, \langle (13), (1234) \rangle, \langle (14), (1243) \rangle$ の 3 個存在するのでこれですべてである．すべて D_4 に同型．この例をみるには $\mathfrak{S}_4$ を立方体の回転全体のなす群とみて，対面の中心を通る軸 ℓ とそれに垂直な軸 ℓ' を 1 つずつ指定するごとに ℓ 周りの $\pi/4$ 回転と ℓ' 周りの π 回転で生成される部分群とみるのが簡明である．位数 4 の部分群は $\mathfrak{S}_4$ の 2-部分群であり，2-シロー部分群のいずれかに含まれるから，上記の 3 つの位数 8 の部分群の中で探せばよい．位数 4 の元を持つものがそれぞれ $(1324), (1234), (1243)$ で生成される 3 個ある．位数 4 の元を持たないものは $C_2 \times C_2$ に同型であり，$\langle (12), (34) \rangle, \langle (13), (24) \rangle, \langle (14), (23) \rangle$ と $K = \{e, (12)(34), (13)(24), (14)(23)\}$ の 4 個ある．K は正規部分群であり，K 以外の 6 個の部分群は共役で保たれない互換が簡単にみつかるので正規ではない．位数 6 の部分群を考える．$\mathfrak{S}_4$ 中の 3-シロー部分群は 4 個あり，これらがすべて共役だから，3-シロー群の正規化群は指数 4，つまり位数 6 である．逆に，もし位数 6 の部分群 N があると，N 中にも位数 3 の部分群 H があり，H は $\mathfrak{S}_4$ の 3-シロー部分群である．その正規化群は位数 6 だが，H は N の指数 2 の部分群で N の正規部分群だから，H の正規化群は N 全体を含む．よって $N = N_{\mathfrak{S}_4}(H)$ となる．これらのことから $\mathfrak{S}_4$ の位数 6 の部分群は，3-シロー部分群の正規化群に限られる．$\{e, (123), (132)\}$ の正規化群は $\{e, (12), (23), (13), (123), (132)\}$ である．これが正規部分群でないことはたとえば (14) による共役で保たれないことをみればよい．他も同様に作れて，位数 6 の部分群は 4 個である．

よって位数 $12, 8, 6, 4, 3, 2$ の部分群はそれぞれ $1, 3, 4, 7, 4, 9$ 個あり，非自明な正規部分群

は $K, \mathfrak{A}_4$ のみ.

問 7.12　3-シロー部分群の個数は 4 の約数で 3 を法として 1 と合同だから 1 個または 4 個である．3-シロー部分群が 4 個の場合，それらは G の共役作用で移りあうから，3-シロー部分群 4 個の集合に G が共役で作用し，その作用は推移的である．これを $\varphi: G \to \mathfrak{S}_4$ とかくとその像は 4 点集合に推移的に作用するので，位数は 4 の倍数である (軌道-固定部分群定理)．他方，核の位数は $|G| = 12$ の約数でなければならないから，$(|\operatorname{Ker}\varphi|, |\operatorname{Im}\varphi|) = (3,4), (1,12)$ のいずれかになる．前者は $\operatorname{Ker}\varphi$ が G の位数 3 の正規部分群を与えるため，3-シロー部分群が 4 個 G-共役で存在することに反する．後者の場合は φ が単射となり $\mathfrak{S}_4$ の位数 12 の部分群と同型になる．それは $\mathfrak{A}_4$ である (例題 6.5)．3-シロー部分群が 1 個の場合を考える．それを N とおく．N は G の正規部分群である．他方，位数 4 の 2-シロー部分群 H が少なくとも 1 つ存在する．H には位数 3 の元はないので，$N \cap H = \{e\}$．また第二同型定理から $HN/N = H/(H \cap N)$ だから $|HN| = |H| \cdot |N| = 12$ であり，$G = NH$．したがって，$\psi: H \to \operatorname{Aut}(N)$ を用いて $G \cong N \rtimes_\psi H$ と半直積に分解する．N は位数 3 だから巡回群 C_3 と同型である．その生成元を x とかく．H は位数 4 だから C_4 または $C_2 \times C_2$ と同型である．$H \cong C_4$ の場合，ψ が自明なら直積 $G \cong C_3 \times C_4$．非自明なら H の生成元 y に対して $\psi(y)(x) = x^i$ は $i = 2$ となるしかない．この半直積群は $\langle x, y \mid x^3 = y^4 = e, yxy^{-1} = x^2 \rangle$ である．$H \cong C_2 \times C_2 = \{1, a, b, ab\}$ の場合，ψ が自明なら直積 $G \cong C_2 \times C_2 \times C_3$．$\psi$ が非自明なら $\psi(h)(x) = x^2$ となる $h \in H$ があるから必要なら生成元の役割をとり換えることで $\psi(a)(x) = x, \psi(b)(x) = x^2$ としてよい．このとき，$(x,a)^2 = (x\psi(a)(x), a^2) = (x^2, a^2) = (x^2, e_H)$ や $(e_N, b)(x,a)(e_N, b) = (\psi(b)(x), ba)(e_N, b) = (x^2, bab) = (x^2, a) = (x,a)^{-1}$ から (x,a) が位数 6 で $G \cong D_6$．(D_6 に位数 4 の元はないので前述の非可換群とは非同型．)

問 8.1　V の部分表現 $W \neq \{\mathbf{0}\}$ をとる．$e^{\pm i\psi}, 1$ が相異なるように ψ をとって H_ψ を W に制限すれば，W は f_1, f_0, f_{-1} のいずれか少なくとも 1 つを含む．θ をとり換えて K_θ で動かせば，f_1, f_0, f_{-1} のいずれが含まれていても 3 つすべてを含み $W = V$ とわかる．なお，付録でみる指標を使うと H_θ での指標の値は $e^{i\theta} + 1 + e^{-i\theta} = 2\cos\theta + 1 = \dfrac{\sin(3\theta/2)}{\sin(\theta/2)}$ となって，系 8.35 でいう ρ_2 と同値な表現になる．

問 8.2　tri が $\langle \boldsymbol{v}_e + \boldsymbol{v}_{(12)} + \boldsymbol{v}_{(23)} + \boldsymbol{v}_{(123)} + \boldsymbol{v}_{(132)} + \boldsymbol{v}_{(13)} \rangle$, sgn が $\langle \boldsymbol{v}_e - \boldsymbol{v}_{(12)} - \boldsymbol{v}_{(23)} + \boldsymbol{v}_{(123)} + \boldsymbol{v}_{(132)} - \boldsymbol{v}_{(13)} \rangle$, std が $\langle \omega^2 \boldsymbol{v}_e + \omega \boldsymbol{v}_{(123)} + \boldsymbol{v}_{(132)}, \omega^2 \boldsymbol{v}_{(12)} + \omega \boldsymbol{v}_{(23)} + \boldsymbol{v}_{(13)} \rangle$ と $\langle \omega \boldsymbol{v}_e + \omega^2 \boldsymbol{v}_{(123)} + \boldsymbol{v}_{(132)}, \omega \boldsymbol{v}_{(12)} + \omega^2 \boldsymbol{v}_{(23)} + \boldsymbol{v}_{(13)} \rangle$.

問 8.3　tri が $\langle \boldsymbol{u}_2 \otimes \boldsymbol{u}_1 + \boldsymbol{u}_1 \otimes \boldsymbol{u}_2 \rangle$, sgn が $\langle \boldsymbol{u}_2 \otimes \boldsymbol{u}_1 - \boldsymbol{u}_1 \otimes \boldsymbol{u}_2 \rangle$, std が $\langle \boldsymbol{u}_1 \otimes \boldsymbol{u}_1, \boldsymbol{u}_2 \otimes \boldsymbol{u}_2 \rangle$.

問 8.6 1 次元表現は偶奇に応じて，$\mathbb{Z}_2, \mathbb{Z}_2^2$ の 1 次元表現を引き戻す．2 次元既約表現は，$c \mapsto R_{2m\pi/n}, r \mapsto \sigma_{m\pi/n}$ で定まる 2 次元表現 ρ_m から得られる．ただし，n が偶数のときは，$m = \dfrac{n}{2}$ のときだけ既約にならないことに注意せよ．なお，この ρ_m は，$\langle c \rangle \triangleleft D_n$ の 1 次元表現からの誘導表現でもある．

問 8.9 部分表現になることは，G の作用と $\mathfrak{S}_N$ の作用が交換可能であることから従う．指標をみるために，$g \in G$ を 1 つとって固定する．ρ_g は対角化可能なので，ρ_g を対角化するような V の基底 $\boldsymbol{v}_1, \ldots, \boldsymbol{v}_n$ をとり，$\boldsymbol{v}_i$ の固有値を λ_i とする．このとき ρ_{g^2} も同時に対角化されていて，$\boldsymbol{v}_1, \ldots, \boldsymbol{v}_n$ は，固有値 λ_i^2 の固有ベクトルを与えている．さらに，$\boldsymbol{e}_{i_1} \wedge \boldsymbol{e}_{i_2}$ $(1 \leqq i_1 < i_2 \leqq n)$ は固有値 $\lambda_{i_1}\lambda_{i_2}$ の固有ベクトルからなる $\bigwedge^2 V$ の基底を与えるから，トレースは，$\displaystyle\sum_{1 \leqq i_1 < i_2 \leqq n} \lambda_{i_1}\lambda_{i_2} = \frac{1}{2}\left(\left(\sum_{i=1}^{n} \lambda_i\right)^2 - \sum_{i=1}^{n} \lambda_i^2\right) = \frac{\chi_V(g)^2 - \chi_V(g^2)}{2}$．$S^2V$ についても同様．

問 8.10 (1) $\tau' = \tau \otimes \mathrm{sgn}$ とおくと，$|\chi_{\tau'}(g)|^2 = |\chi_\tau(g)|^2$ がすべての $g \in \mathfrak{S}_n$ で成り立つので，$\langle \chi_\tau, \chi_\tau \rangle = 1$ なら $\langle \chi_{\tau'}, \chi_{\tau'} \rangle = 1$ が成り立つ．

(2) $\mathfrak{S}_n$ が $\mathbb{C}^n$ に作用してできる置換表現 $\rho = \mathrm{std} \oplus \mathrm{tri}$ から $\bigwedge^k \rho = \bigwedge^k \mathrm{std} \oplus \bigwedge^{k-1} \mathrm{std}$ が成り立つ．$k \leqq \dim \mathrm{std}$ のとき，$\langle \chi_{\wedge^k \rho}, \chi_{\wedge^k \rho} \rangle = 2$ が示せれば，$\langle \chi_{\wedge^k \mathrm{std}}, \chi_{\wedge^k \mathrm{std}} \rangle = 1$ が従い，$\bigwedge^k \mathrm{std}$ は既約となる．

$\mathbb{C}^n$ の基本ベクトルからなる基底をとって $\bigwedge^k \mathbb{C}^n$ の基底を $\boldsymbol{e}_{i_1} \wedge \cdots \wedge \boldsymbol{e}_{i_k}$ $(1 \leqq i_1 < \cdots < i_k \leqq n)$ で作れば，$\displaystyle\chi_{\wedge^k \rho}(\sigma) = \sum_{\substack{1 \leqq i_1 < \cdots < i_k \leqq n \\ \sigma\text{は } \{i_1, \ldots, i_k\} \text{ を保つ}}} \mathrm{sgn}(\sigma|_{\{i_1, \ldots, i_k\}})$．このとき，

$$\begin{aligned}\langle \chi_{\wedge^k \rho}, \chi_{\wedge^k \rho} \rangle &= \frac{1}{n!} \sum_{\substack{S, T \subset [1,n], \\ |S| = |T| = k}} \sum_{\substack{\sigma \in \mathfrak{S}_n, \\ \sigma(S) = S, \sigma(T) = T}} \mathrm{sgn}(\sigma|_S)\,\mathrm{sgn}(\sigma|_T) \\ &= \frac{1}{n!} \sum_{\substack{S, T \subset [1,n], \\ |S| = |T| = k}} \sum_{\substack{\sigma \in \mathfrak{S}_n, \\ \sigma(S) = S, \sigma(T) = T}} \mathrm{sgn}(\sigma|_{S \setminus (S \cap T)})\,\mathrm{sgn}(\sigma|_{T \setminus (S \cap T)})\end{aligned}$$

となる．ここで $|S \cap T| = m$ とすると，$\sigma \in \mathfrak{S}_n$ に関する和は

$$m!(n - 2k + m)! \left(\sum_{\sigma' \in \mathfrak{S}_{k-m}} \mathrm{sgn}(\sigma')\right) \left(\sum_{\sigma'' \in \mathfrak{S}_{k-m}} \mathrm{sgn}(\sigma'')\right)$$

となるが，$k - m \geqq 2$ の場合，σ', σ'' に関する符号の和は 0 である．したがって，$|S \cap T| = k, k-1$ の場合のみ考えればよい．前者は $S = T$ なので，$[1, n]$ の k 個の元からなる部分集合の選び方を考えればよく，後者は $|S \cup T| = k + 1$ になっているので，$[1, n]$ から，まず $k + 1$ 個を選び，その中から 2 つの元を順序付きで選ぶと考えれば，

$$\langle \chi_{\wedge^k\rho}, \chi_{\wedge^k\rho}\rangle = \frac{1}{n!}\left({}_n\mathrm{C}_k \cdot k!(n-k)! + {}_n\mathrm{C}_{k+1}k(k+1)\cdot(k-1)!(n-k-1)!\right) = 2.$$

問 8.11 (1) g は $V = \mathbb{C}^n$ 左からの掛け算で作用するので，V^* には ${}^tg^{-1}$ で作用する．det は転置不変だから，$\dfrac{1}{|G|}\displaystyle\sum_{g\in G}\frac{1}{\det(I_n - tg)} = \frac{1}{|G|}\sum_{g\in G}\frac{1}{\det(I_n - t{}^tg^{-1})}$ であることに注意する．また ${}^tg^{-1}$ は有限位数なので，その最小多項式は $X^{\mathrm{ord}(g)} - 1$ を割り切る多項式であり，重根を持たない．したがって，${}^tg^{-1}$ は V^* に対角化可能に作用しているから，V^* の基底 $(\boldsymbol{v}_1, \ldots, \boldsymbol{v}_n)$ を ${}^tg^{-1}\boldsymbol{v}_i = \lambda_i\boldsymbol{v}_i$ となるようにとれる．$S^N(V^*)$ の基底として $\{\boldsymbol{v}_1^{c_1}\cdots\boldsymbol{v}_n^{c_n} \mid c_1 + \cdots + c_n = N\}$ を考えれば，${}^tg^{-1}$ の作用に関する固有値は，$\{\lambda_1^{c_1}\cdots\lambda_n^{c_n} \mid c_1 + \cdots + c_n = N\}$ となる．G の作用に関する G-不変部分の次元は，補題 8.17 より，$\dfrac{1}{|G|}\displaystyle\sum_{g\in G}\mathrm{tr}({}^tg^{-1}) = \frac{1}{|G|}\sum_{g\in G}({}^tg^{-1}$の固有値の重複を込めた総和)，すなわち $\displaystyle\sum_{c_1+\cdots+c_n=N}\lambda_1^{c_1}\cdots\lambda_n^{c_n}$ になる．他方，$t^n\Phi_{{}^tg^{-1}}(t^{-1}) = (1-\lambda_1 t)\cdots(1-\lambda_n t)$ と分解するので，$\dfrac{1}{\det I_n - t{}^tg^{-1}} = \displaystyle\prod_{i=1}^n\frac{1}{1-\lambda_i t} = \prod_{i=1}^n\left(\sum_{k\geqq 0}\lambda_i^k t^k\right)$．右辺に現れる t^N の係数は $\displaystyle\sum_{c_1+\cdots+c_n=N}\lambda_1^{c_1}\cdots\lambda_n^{c_n}$ なので，求める等式が従う．

(2) G の元を列挙してそれぞれの固有値をもとに $\det(I_n - tg)$ を計算すればよい．それぞれ $\mathbb{Z}_2, \mathbb{Z}_4, \mathfrak{S}_3$ に同型で $\dfrac{1+t^2}{(1-t^2)^2}, \dfrac{1-t^8}{(1-t^2)(1-t^4)}, \dfrac{1}{(1-t^2)(1-t^3)}$．

問 8.12 X_i が正則で，B_n の基本関係式を満たすことをチェックすればよい．

問 8.13 (1) $\langle\chi_{\rho_1\boxtimes\rho_2}, \chi_{\rho_1\boxtimes\rho_2}\rangle_{G_1\times G_2} = \dfrac{1}{|G_1\times G_2|}\displaystyle\sum_{(g_1,g_2)\in G_1\times G_2}|\chi_{\rho_1\boxtimes\rho_2}(g_1,g_2)|^2$
$= \left(\dfrac{1}{|G_1|}\displaystyle\sum_{g_1\in G_1}|\chi_{\rho_1}(g_1)|^2\right)\left(\dfrac{1}{|G_2|}\sum_{g_2\in G_2}|\chi_{\rho_2}(g_2)|^2\right) = \langle\chi_{\rho_1}, \chi_{\rho_1}\rangle\langle\chi_{\rho_2}, \chi_{\rho_2}\rangle$ であり，ρ_1，ρ_2 がいずれも既約なら右辺は定理 8.19 (2) より 1 となって，$\rho_1\boxtimes\rho_2$ も既約．

(2) もし，既約表現 $\rho_1, \rho_1' \in \widehat{G}_1, \rho_2, \rho_2' \in \widehat{G}_2$ に対し，$\rho_1\boxtimes\rho_2 \cong \rho_1'\boxtimes\rho_2'$ であるとすると，$\chi_{\rho_1}(g_1)\chi_{\rho_2}(g_2) = \chi_{\rho_1'}(g_1)\chi_{\rho_2'}(g_2)$ が任意の $g_1 \in G_1, g_2 \in G_2$ で成り立つ．$g_1 = e_{G_1}$ とすれば，$\chi_{\rho_2} = \chi_{\rho_2'}$ となり $\rho_2 \cong \rho_2'$．同様に $\rho_1 \cong \rho_1'$．したがって，$\widehat{G}_1\times\widehat{G}_2 \ni (\rho_1, \rho_2) \mapsto \rho_1\boxtimes\rho_2 \in \widehat{G_1\times G_2}$ は単射．他方，$\displaystyle\sum_{(\rho_1,\rho_2)\in\widehat{G}_1\times\widehat{G}_2}(\dim(\rho_1\boxtimes\rho_2))^2 = \left(\sum_{\rho_1\in\widehat{G}_1}(\dim\rho_1)^2\right)\cdot\left(\sum_{\rho_2\in\widehat{G}_2}(\dim\rho_2)^2\right) \overset{\text{定理 8.19 (4)}}{=} |G_1|\cdot|G_2| = |G_1\times G_2|$ となっているので，再び定理 8.19 (4) から，$\rho_1\boxtimes\rho_2$ の形ですべての既約表現がつくされることが言えて全射．

問 8.14 $\displaystyle\sum_{\chi\in H^\perp}\widehat{f}_H(\chi) = \frac{1}{|H^\perp|}\sum_{\chi\in H^\perp}\sum_{g\in G}\overline{\chi(g)}f(g) = \frac{1}{|H^\perp|}\sum_{g\in G}\left(\sum_{\chi\in H^\perp}\overline{\chi(g)}\right)f(g)$

$$\overset{\text{問 }7.9\ (4)}{=} \frac{1}{|H^{\perp}|}\sum_{g\in G}\left(\sum_{\mu\in\widehat{G/H}}\mu(gH)\right)f(g) \overset{\text{命題 }8.23\ (2)}{=} \frac{1}{|H^{\perp}|}\sum_{g\in G}\left(|G/H|\cdot\delta_{gH=H}\right)f(g)$$

$$= \frac{1}{|H^{\perp}|}\sum_{g\in G}\left(|H^{\perp}|\cdot\delta_{g\in H}\right)f(g) = \sum_{h\in H}f(h).$$

問 8.15 まず定理 8.25 から $\langle\chi_{\mathrm{Ind}_H^G W},\chi_V\rangle_G = \dfrac{1}{|G|}\displaystyle\sum_{g\in G}\overline{\chi_{\mathrm{Ind}_H^G W}(g)}\chi_V(g)$

$$= \frac{1}{|G||H|}\sum_{g\in G}\sum_{\substack{x\in G,\\ x^{-1}gx\in H}}\overline{\chi_W(x^{-1}gx)}\chi_V(g).$$

次に，1 対 1 対応 $\{(x,g)\in G\times G \mid x^{-1}gx\in H\}\ni(x,g)\mapsto(x,x^{-1}gx)\in G\times H$ を使うと，$\dfrac{1}{|G||H|}\displaystyle\sum_{x\in G}\sum_{h\in H}\overline{\chi_W(h)}\chi_V(xhx^{-1}) = \dfrac{1}{|H|}\sum_{h\in H}\overline{\chi_W(h)}\chi_V(h) = \langle\chi_W,\chi_{\mathrm{Res}_H^G V}\rangle_H$.

問 8.16 (1)

$\mathfrak{A}_4\backslash\mathfrak{S}_4$	tri	std	ρ	std$\otimes$sgn	sgn
tri	1				1
χ_1			1		
χ_2			1		
χ		1		1	

$\mathfrak{S}_4\backslash\mathfrak{S}_5$	tri	std	τ	$\bigwedge^2$std	$\tau\otimes$sgn	std$\otimes$sgn	sgn
tri	1	1					
std		1		1	1		
ρ			1		1		
std$\otimes$sgn			1	1		1	
sgn						1	1

$\mathfrak{S}_3\backslash\mathfrak{S}_4$	tri	std	ρ	std$\otimes$sgn	sgn
tri	1	1			
std		1	1	1	
sgn				1	1

$\mathfrak{S}_2\times\mathfrak{S}_3\backslash\mathfrak{S}_5$	tri	std	τ	$\bigwedge^2$std	$\tau\otimes$sgn	std$\otimes$sgn	sgn
$\chi_0\boxtimes$tri	1	1			1		
$\chi_0\boxtimes$std		1	1	1	1		
$\chi_0\boxtimes$sgn				1		1	
$\chi_1\boxtimes$tri		1		1			
$\chi_1\boxtimes$std			1	1	1	1	
$\chi_1\boxtimes$sgn			1			1	1

(2) フロベニウスの相互律を用いると，$\mathrm{Ind}_{\mathfrak{A}_4}^{\mathfrak{A}_5}\eta = \eta_1\oplus\eta_2\oplus\mathrm{std}|_{\mathfrak{A}_5}\oplus\tau|_{\mathfrak{A}_5}$.

(3) フロベニウスの相互律を用いると，指標表の記号で $\mathrm{Ind}_{\mathfrak{S}_3\times\mathfrak{S}_3}^{\mathfrak{S}_6}\mathrm{tri}\cong\chi_1\oplus\chi_2\oplus\chi_3\oplus\chi_5$. $\mathrm{Ind}_{\mathbb{Z}_6}^{\mathfrak{S}_6}\mathrm{tri}\cong\chi_1\oplus2\chi_3\oplus2\chi_4\oplus\chi_5\oplus2\chi_6\oplus2\chi_7\oplus2\chi_8\oplus\chi_9\oplus\chi_{10}$. $\mathrm{Ind}_{D_6}^{\mathfrak{S}_6}\mathrm{tri}\cong\chi_1\oplus2\chi_3\oplus\chi_6\oplus\chi_7\oplus2\chi_8\oplus\chi_{10}$. これらを比較してシューアの補題から $\dim\mathrm{Hom}_G(\mathrm{Ind}_{\mathbb{Z}/6\mathbb{Z}}^{\mathfrak{S}_6},\mathrm{Ind}_{\mathfrak{S}_3\times\mathfrak{S}_3}^{\mathfrak{S}_6}) = 4$，$\dim\mathrm{Hom}_G(\mathrm{Ind}_{D_6}^{\mathfrak{S}_6},\mathrm{Ind}_{\mathfrak{S}_3\times\mathfrak{S}_3}^{\mathfrak{S}_6}) = 3$. なお，$\dim\mathrm{Hom}_G$ を求める場合には，フロベニウスの相互律を再び使って $\mathrm{Res}_{\mathbb{Z}_6}^{\mathfrak{S}_6}\mathrm{Ind}_{\mathfrak{S}_3\times\mathfrak{S}_3}^{\mathfrak{S}_6}$ と $\mathrm{Res}_{D_6}^{\mathfrak{S}_6}\mathrm{Ind}_{\mathfrak{S}_3\times\mathfrak{S}_3}^{\mathfrak{S}_6}$ にそれぞれ自明表現がいくつ含まれるかをみてもよく，それは $\chi_1,\chi_2,\chi_3,\chi_5$ の $\mathbb{Z}_6, D_6$ への制限が自明表現をいくつ含むかだけ計算すればわかる．

参考文献

[1] 星 明考『群論序説』 日本評論社 (2016)

[2] 雪江明彦『代数学 1 群論入門』 日本評論社 (2010)

[3] 雪江明彦『代数学 2 環と体とガロア理論』 日本評論社 (2010)

[4] 雪江明彦『代数学 3 代数学の広がり』 日本評論社 (2011)

[5] 川口 周『代数学入門』 日本評論社 (2017)

[6] 佐藤隆夫『シローの定理』 近代科学社 (2015)

[7] 佐藤隆夫『群の表示』 近代科学社 (2017)

[8] 齋藤正彦 『はじめての群論』 日本評論社 (2005)

[9] 斎藤 毅『線形代数の世界』 東大出版会 (2007)

[10] M. A. アームストロング (佐藤信哉 訳)『対称性からの群論入門』 丸善出版 (2012)

[11] 河野俊丈『結晶群』共立出版 (2015)

[12] 志賀浩二『群論への 30 講』 朝倉書店 (1989)

[13] 寺田 至・原田耕一郎『群論』 岩波書店 (2001/2006)

[14] 赤尾和男『線形代数と群』 共立出版 (1998)

[15] 高橋礼司『線型代数講義——現代数学への誘い』 日本評論社 (2014)

[16] 鈴木通夫『群論 (上・下)』 岩波書店 (1977/1978)

[17] 近藤 武『群論』 岩波書店 (1991)

[18] 森田康夫『代数概論』 裳華房 (1987)

[19] 竹山美宏『線形代数——行列と数ベクトル空間』 日本評論社 (2015)

[20] 竹山美宏『ベクトル空間』 日本評論社 (2016)

[21] 杉浦光夫・山内恭彦『連続群論入門』 裳華房 (1960/2010)

[22] 小林俊行・大島利雄『リー群と表現論』 岩波書店 (2005)

[23] 岩堀長慶『対称群と一般線型群の表現論』 岩波書店 (1978/2019)

[24] 堀田良之・渡辺敬一・庄司俊明・三町勝久『群論の進化』 朝倉書店 (2004)

[25] 庄司俊明 『代数群の幾何的表現論 I —— 代数群のシュプリンガー対応と指標層』『代数群の幾何的表現論 II —— コストカ関数と対称空間のシュプリンガー対応』(2021)

[26] 岡田聡一『古典群の表現論と組合せ論 (上・下)』 培風館 (2006)

[27] 熊原啓作『行列・群・等質空間』 日本評論社 (2001)

[28] 松木敏彦『リー群入門』 日本評論社 (2005)

[29] 中島匠一『代数方程式とガロア理論』 共立出版 (2006)

[30] 木村俊一『ガロア理論』共立出版 (2012)

[31] 前野俊昭『Schubert 多項式とその仲間たち 』 数学書房 (2016)

[32] 池田 岳『数え上げ幾何学講義 —— シューベルト・カルキュラス入門』 東大出版会 (2018)

[33] 池田 岳『テンソル代数と表現論 —— 線型代数続論』 東大出版会 (2022)

[34] W. フルトン (池田 岳・井上 玲・岩尾慎介 訳)『ヤング・タブロー —— 表現論と幾何への応用』丸善出版 (2019)

[35] D. Joyner (川辺治之 訳)『群論の味わい —— 置換群で解き明かすルービックキューブと 15 パズル』 共立出版 (2010)

[36] 向井 茂『モジュライ理論 I』 岩波書店 (2008)

[37] N. コブリッツ (上田 勝 訳)『楕円曲線と保型形式』丸善出版 (2012)

[38] Jay R.Goldman (鈴木将史 訳)『数学の女王——歴史から見た数論入門』 共立出版 (2013)

[39] W. Fulton, J. Harris "*Representation Theory A First Course*" Springer GTM (2004)

[40] J. L. Alperin, R. B. Bell "*Groups and Representations*" Springer GTM (1995)

[41] M. Artin "*Algebra*" Pearson (2010), 2nd.ed. (2018)

[42] J. J. Rotman "*An Introduction to the Theory of Groups*" Springer GTM (1995)

[43] C. W. Curtis, Pioneers of representation theory: Frobenius, Burnside, Schur, and Brauer., History of Mathematics, 15. *American Mathematical Society* (1999)

[44] I. G. Macdonald "*Symmetric Functions and Hall Polynomials*" Oxford University Press (1999), 2nd.ed. (2005)

[45] G. D. James and A.Kerber "*The Representation Theory of the Symmetric Group*" Cambridge University Press (1984)

索引

アルファベット

あ 行

か 行

さ 行

た 行

な 行

は 行

ま 行

や 行

ら 行

わ 行

榎本　直也 (えのもと・なおや)

1980年　東京都練馬区生まれ.
2003年　京都大学理学部理学科数学専攻卒業.
2009年　京都大学理学研究科数学・数理解析専攻数理解析系博士課程 修了.
　　　　京都大学博士 (理学).
　　　　京都大学理学研究科特定助教,
　　　　奈良女子大学理学部数理科学科特任助教を経て
現　在　電気通信大学准教授 (2014年2月-).

著　書　『理工系　基礎数学演習』(共著, 2015年, コロナ社).

NBS Nippyo Basic Series　**日本評論社ベーシック・シリーズ=NBS**

群論
(ぐんろん)

2022 年 9 月 30 日　第 1 版・第 1 刷発行

著　者———**榎本直也**
発行所———**株式会社 日本評論社**
　　　　　　〒170-8474 東京都豊島区南大塚 3-12-4
電　話———**(03) 3987-8621 (販売) -8599 (編集)**
印　刷———**三美印刷**
製　本———**難波製本**
挿　画———**オビカカズミ**
装　幀———**図工ファイブ**

ISBN 978-4-535-80636-8